TensorFlow 深度学习从入门到进阶

张德丰　编著

机 械 工 业 出 版 社

本书以 TensorFlow 为主线进行讲解，书中每章节都以理论引出，以 TensorFlow 应用巩固结束，理论与实践相结合，让读者快速掌握 TensorFlow 机器学习。本书共 11 章，主要包括 TensorFlow 与深度网络、TensorFlow 编程基础、TensorFlow 编程进阶、线性回归、逻辑回归、聚类分析、神经网络算法、卷积神经网络、循环神经网络、其他网络、机器学习综合实战等内容。

本书适合 TensorFlow 初学者阅读，也适合研究 TensorFlow 的广大科研人员、学者、工程技术人员学习参考。

图书在版编目（CIP）数据

TensorFlow 深度学习从入门到进阶 / 张德丰编著. —北京：机械工业出版社，2020.4

ISBN 978-7-111-65263-2

Ⅰ. ①T…　Ⅱ. ①张…　Ⅲ. ①人工智能－算法　Ⅳ. ①TP18

中国版本图书馆 CIP 数据核字（2020）第 057033 号

机械工业出版社（北京市百万庄大街 22 号　邮政编码 100037）

策划编辑：张淑谦　　责任编辑：张淑谦

责任校对：张艳霞　　责任印制：郜　敏

北京中兴印刷有限公司印刷

2020 年 5 月・第 1 版第 1 次印刷

184mm×260mm・24 印张・596 千字

0001－2000 册

标准书号：ISBN 978-7-111-65263-2

定价：109.00 元

电话服务
客服电话：010-88361066
010-88379833
010-68326294

网络服务
机　工　官　网：www.cmpbook.com
机　工　官　博：weibo.com/cmp1952
金　　书　　网：www.golden-book.com
机工教育服务网：www.cmpedu.com

前　言

近年来，机器学习已经从科学和理论专家的技术资产转变为 IT 领域大多数大型企业日常运营中的常见主题。深度学习等相关技术开始用于应对数据量的爆炸问题，使得访问前所未有的大量信息成为可能。此外，硬件领域的限制促使研发人员开发大量的并行设备，这让用于训练同一模型的数据能够成倍增长。

硬件和数据可用性方面的进步使研究人员能够重新审视先驱者在基于视觉的神经网络架构（卷积神经网络等）方面开展的工作，将它们用于许多新的问题。这都归功于具备普遍可用性的数据以及现在计算机拥有的强悍的计算能力。

为了解决这些新的问题，机器学习的从业者创建了许多优秀的机器学习包，它们每个都拥有一个特定的目标来定义、训练和执行机器学习模型。2015 年 11 月 9 日，谷歌公司进入了机器学习领域，决定开源自己的机器学习框架 TensorFlow，谷歌内部许多项目都以此为基础。

本书将机器学习背后的基本理论与应用实践联系起来，通过这种方式让读者聚焦于如何正确地提出问题、解决问题。书中讲解了如何使用 TensorFlow 强大的机器学习库和一系列统计模型来解决一系列的机器问题。不管你是数据科学领域的初学者，还是想进一步拓展对数据科学领域认知的进阶者，本书都是一个重要且不可错过的选择，它能帮助你了解如何使用 TensorFlow 解决数据爆炸问题。

之所以学习利用 TensorFlow 解决机器问题，是因为 TensorFlow 完全绑定兼容 Python，即 Python 具有的特点，TensorFlow 也具备，所以利用 TensorFlow 对大数据进行提取、分析、降维完全没有压力。

本书共分四大部分：

第一部分，介绍 TensorFlow 及深度学习的基础知识（第 1～3 章）。

这部分主要介绍深度学习的定义、优势、应用、TensorFlow 的特点、环境搭建、张量、图、会话、变量、队列与线程等内容。通过本部分内容的学习，读者将对深度学习、TensorFlow 的特点、功能及其编程基础、进阶编程有全面的认识，可轻松掌握 TensorFlow 并认识深度学习。

第二部分，介绍 TensorFlow 在线性回归、逻辑回归、聚类分析等方面的机器应用（第 4～6 章）。

本部分内容主要介绍如何利用 TensorFlow 软件解决实现线性回归问题、戴明回归算法、岭回归与 Lasso 回归算法、弹性网络回归算法、逻辑函数的逆函数、Softmax 回归、支持向量机、K-均值聚类法等问题。本部分每章节都采用理论、公式、应用实例相结合的方式，让读者领略利用 TenosrFlow 解决机器问题的方便、快捷。

第三部分，介绍神经网络等相关问题（第 7～10 章）。

本部分内容主要包括反向网络、激励函数、卷积网络、循环网络、自编码网络、对抗网络等内容，通过这部分内容的学习，读者将学会从各个方面利用 TensorFlow 软件深入透彻解决神经网络等机器问题，进一步领略 TensorFlow 的强大功能，感受到 TensorFlow 可以成为现今流行软件的原因。

第四部分，介绍机器学习的综合实例（第 11 章）。

本部分主要是在前面介绍的机器学习相关知识的基础上，综合应用机器学习知识求解实际问题。其中有几个实例都用同一组数据集，利用不同的方法进行求解，比较各种方法的求解结果，通过对比学习，让读者更直观地感受各方法的优缺点，以使读者在以后的应用中根据需要选择合适的方法。

本书适合 TensorFlow 初学者阅读，也适合研究 TensorFlow 的广大科研人员、学者、工程技术人员学习参考。

由于作者水平有限，错误和疏漏之处在所难免。在此，诚恳地期望得到各领域专家和广大读者的批评指正。

张德丰

目　录

第 1 章　TensorFlow 与深度学习

TensorFlow 是一个采用数据流图（Data Flow Graphs）进行数值计算的开源软件库。TensorFlow 最初由谷歌大脑小组（隶属于谷歌机器智能研究机构）的研究员和工程师开发，是基于 DistBelief 研发的第二代人工智能学习系统，用于机器学习和深度神经网络方面的研究，但这个系统的通用性使其也可广泛用于其他计算领域。2015 年 11 月 9 日，谷歌发布人工智能系统 TensorFlow 并宣布开源。

其命名来源于本身的原理，Tensor（张量）意味着 N 维数组，Flow（流）意味着基于数据流图的计算。TensorFlow 运行过程就是张量从图的一端流动到另一端的计算过程。张量从图中流过的直观图像是其取名为“TensorFlow”的原因。

1.1　深度学习的由来

在 2011 年，谷歌开展了大规模的面向科学和产品开发的深度学习应用研究，其中就包括 TensorFlow 的前身 DistBelief。DistBelief 主要用于构建各尺度下的神经网络分布式学习和交互系统，又被称为“第一代机器学习系统”，其在 Alphabet 旗下其他公司的产品开发中得到改进和广泛应用。2015 年，在 DistBelief 的基础上，谷歌完成了对“第二代机器学习系统”TensorFlow 的开发并对代码进行了开源。相比于 DistBelief，TensorFlow 的性能得到了改进，构架更灵活、可移植性更强。此后，TensorFlow 得到了快速发展。

1.2　语言与系统的支持

随着 TensorFlow 技术的发展与完善，其不仅支持多种客户端语言下的安装和运行，还可以绑定并支持版本兼容运行的 C 和 Python 语言。

1. Python

在 Python 语言框架下，TensorFlow 有 3 个不同的版本，分别为 CPU 版本（TensorFlow）、包含 GPU 加速的版本（TensorFlow-gpu）、每日编译版本（tf-nightly、tf-nightly-gpu）。其中，安装 Python 版本的 TensorFlow 可以使用模块管理工具 pip/pip3 或 anaconda 在终端直接运行。

此外，Python 版 TensorFlow 也可以使用 Docker 安装。

2. C

TensorFlow 中兼容了 C 语言下的 API，可用于构建其他语言的 API。支持 macOS 10.12.6

Sierra 或更高版本，macOS 版本不包含 GPU 加速。其安装过程如下：

- 下载 TensorFlow 预编译的 C 语言文件到本地系统路径下并解压缩。
- 使用 ldconfig 编译链接。
- 用户还可在其他路径解压文件并手动编译链接。
- 编译 C 接口时要确保本地的 C 编译器能够访问 TensorFlow 库。

3. 配置 GPU

TensorFlow 支持在 Linux 和 Windows 系统下使用统一计算架构。配置 GPU 时要求系统有相对应的支持版本。

在 Linux 下配置 GPU 时，将 CUDA Toolkit 和 CUPTI 的路径加入$LD_LIBRARY_PATH 的环境变量中即可。对于 CUDA 为 3.0 或其他版本的 NVIDIA 程序，需要从源文件中来编译 TensorFlow。对 Windows 下的 GPU 配置，需要将 CUDA、CUPTI 和 cuDNN 的安装路径添加到%PATH%的环境变量中。

Linux 系统下使用 docker 安装的 Python 版 TensorFlow 也可配置 GPU 加速且无需 CUDA Toolkit。

1.3 TensorFlow 的特点

TensorFlow 能在这么短的时间内得到如此广泛的应用，主要得益于它自身的特点。

首先，TensorFlow 作为一个支持深度学习的计算框架，能够支持 Linux、Windows 等各种移动平台。

其次，TensorFlow 本身提供了非常丰富的机器学习相关的 API，是目前所有机器学习框架中提供 API 最齐全的。在 TensorFlow 中可实现基本的向量矩阵计算、各种优化算法、卷积神经网络、循环神经网络等，TensorFlow 还提供了可视化的辅助工具和及时更新的最新算法库。

更重要的是，谷歌大力支持 TensorFlow，同时开源世界众多贡献者为其添砖加瓦，使其得到飞速发展。

TensorFlow 的特点主要表现在：

- 灵活性高

在 TensorFlow 中，只要把一个计算过程表示成数据流图即可实现计算。可以用计算图建立计算网络进行相关操作。用户可以基于 TensorFlow 编写自己的库，还可以编写底层的 C++代码，并能自定义地将编写的功能添加到 TensorFlow 中。

- 可移植性强

TensorFlow 有很强的可移植性，可以在台式计算机中的一个或多个 CPU（或 GPU）、服务器、移动设备等上运行。

- 自动求微分

TensorFlow 有强大的自动求微分能力。TensorFlow 用户只需要定义预测模型的结构，将结构和目标函数结合在一起、添加数据，即可利用 TensorFlow 自动计算相关的微分导数。

● 支持多语言

TensorFlow 支持多种语言，如 Python、C++、Java、Go 语言，它可以直接采用 Python 来构建和执行计算图，还可以采用交互式的 IPython 语言执行 TensorFlow 程序。

● 开源项目丰富

TensorFlow 在 GitHub 上的主项目下包含了许多应用领域的最新研究算法的代码实现，如自然语言某些处理领域达到人类专家水平的 syntaxnet 项目等。TensorFlow 的使用者可以方便地借鉴这些已有的高质量项目快速构建自己的机器学习应用。

● 算法库丰富

TensorFlow 的算法库是开源机器学习框架中最齐全的，而且还可以不断地添加新的算法库。这些算法库基本上满足了使用者大部分的需要。

● 性能最优化

由于给予了线程、队列、异步操作等最佳的支持，TensorFlow 可以将用户手边硬件的计算潜能全部发挥出来。用户可以自由地将 TensorFlow 图中的计算元素分配到不同设备上，TensorFlow 可以帮我们管理好这些不同副本。

● 科研和产品相结合

谷歌的科学家用 TensorFlow 尝试新的算法，产品团队则用 TensorFlow 来训练和使用计算模型，并直接提供给在线用户。TensorFlow 可以让应用型研究者将想法迅速运用到产品中，还可以让学术型研究者更直接地彼此分享代码，从而提高科研产出率。

1.4 核心组件

TensorFlow 的核心组件（Core Runtime）如图 1-1 所示，主要包括分发中心（Distributed Master）、执行器（Dataflow Executor）、内核应用（Kernel Implementation）以及最底端的网络层（Networking Layer）和设备层（Device Layer）。

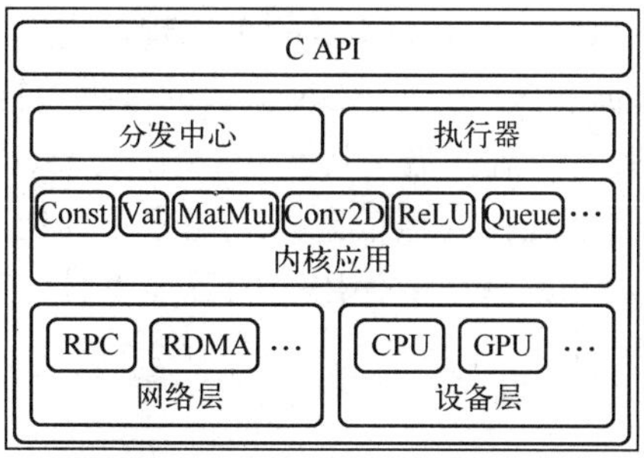

图 1-1 核心组件结构图

分发中心从输入的数据流图中剪取子图，将其划分为操作片段并启动执行器。分发中心处理数据流图时会进行预设定的操作优化，包括公共子表达式消去、常量折叠等。

执行器负责图操作在进程和设备中的运行、收发其他执行器的结果。执行器在调度本地设备时会选择进行并行计算和 GPU 加速。

内核应用负责单一的图操作，包括数学计算、数组操作、控制流和状态管理操作。内核应用使用 Eigen 执行张量的并行计算；cuDNN 库等执行 GPU 加速，此外用户可以在内核应用中注册额外的内核以提升基础操作。

1.5 TensorFlow 的主要依赖包

本节将介绍 TensorFlow 依赖的两个最主要的工具包——Protocol Buffer 和 Bazel。虽然 TensorFlow 依赖的工具包不仅限于这两个，但 Protocol Buffer 和 Bazel 是相对比较重要的，用户在使用 TensorFlow 的过程中很有可能会接触到。

1.5.1 Protocol Buffer 包

Protocol Buffer 包是谷歌公司开发的一种数据描述语言，可用于数据存储、通信协议等方面。它不依赖于语言和平台且可扩展性很强。Protocol Buffer 的结构化数据是什么呢？假设要记录一些用户信息，包括每个用户的名字、ID 和 E-mail 地址等信息，那么其结构形式为：

```
name:李明
id:112233
email:liming@126.com
```

上面的用户信息就是一个结构化数据。此处介绍的结构化数据指的是拥有多种属性的数据，如上述用户信息中包含名字、ID 和 E-mail 地址 3 种不同属性，那么它就是一个结构化数据。要将这些结构化的用户信息持久化或者进行网络传输，就需要先将它们序列化。何为序列化？就是将结构化的数据变成数据流的格式（变为一个字符串）。将结构化的数据序列化，并从序列化之后的数据流中还原出原来的结构化数据，统称为处理结构化数据，这就是 Protocol Buffer 包解决的主要问题。

除 Protocol Buffer 之外，XML 和 JSON 是两种比较常用的结构化数据处理工具。

Protocol Buffer 格式的数据和 XML 或 JSON 格式的数据有比较大的区别：首先，Protocol Buffer 序列化之后得到的数据是二进制流；其次，XML 或 JSON 格式的数据信息都包含在了序列化之后的数据中，不需要任何其他信息就能还原序列化之后的数据。

Protocol Buffer 是 TensorFlow 系统中使用到的重要工具，TensorFlow 中的数据基本都是通过 Protocol Buffer 来组织的。

1.5.2 Bazel 包

Bazel 是从谷歌开源的自动化构成工具，谷歌内部大部分的应用都是通过它来编译的。Bazel 在速度、可伸缩性、灵活性以及对不同程序语言和平台的支持上都要更加出色。本节将简单介绍 Bazel 是怎样工作的。

workspace（工作空间）是 Bazel 的一个基本概念。一个 workspace 可以简单地理解为一个文件夹，在这个文件夹中包含了编译一个软件所需要的源代码以及输出编译结果的链接地址。一个 workspace 所对应的文件夹是这个项目的根目录，在这个根目录中需要有一个 workspace 文件，此文件定义了对外部资源的依赖关系。

在一个 workspace 内，Bazel 通过 BUILD 文件来找到需要编译的目标。BUILD 文件采用一种类似于 Python 的语法来指定每一个编译目标的输入、输出以及编译方式。Bazel 的编译方式是事先定义好的。Bazel 对 Python 支持的编译方式有 3 种：py_binary、py_library 和 by_test。其中 py_binary 将 Python 程序编译为可执行文件，py_test 将 Python 编译为测试程序，py_library 将 Python 程序编译为库函数，供其他 py_binary 或 py_test 调用。

下面给出一个简单的样例来说明 Bazel 是如何工作的。如下面的代码所示，在样例项目空间中有 4 个文件：workspace、BUILD、hello_world.py 和 hello.lib.py。

```
-rw-rw-rr—root root 208 BUILD
-rw-rw-rr—root root 48 hello_lib.py
-rw-rw-rr—root root 47 hello_world.py
-rw-rw-rr—root root 0 workspace
```

workspace 给出此项目的外部依赖关系。为了简单起见，这里使用一个空文件，表明这个项目没有对外部的依赖。hello_lib.py 完成打印“Hello World”的简单功能，它的代码为：

```
def print_hello_world():
  print("Hello World")
```

hello_world.py 通过调用 hello_lib.py 中定义的函数来完成输出，它的代码为：

```
import hello_lib
hello_lib.print_hello_world()
```

在 BUILD 文件中定义的两个编译目标：

```
py_library{
    name="hello_lib",
    srcs=[
      "hello_lib.py",
     ]
}

py_binary{
    name="hello_world ",
    srcs=[
       "hello_world.py",
    ],
    deps=[
      ":hello_lib",
    ],
}
```

从这个样例中可看出，BUILD 文件是由一系列编译目标组成的。定义编译目标的先后顺序不会影响编译的结果。在每一个编译目标的第一行要指定编译方式，在这个样例中就是 py_library 或者 py_binary。在样例中 hello_world.py 需要调用 hello_lib.py 中的函数，所以 hello_world 的编译目标中将 hello_lib 作为依赖关系。

1.6 搭建环境

本节主要介绍在 Windows 的平台上如何安装 TensorFlow，以及简单的运行测试。

1.6.1 安装环境

因为深度学习计算过程中大量的操作是向量和矩阵的计算，而 GPU 在向量和矩阵计算方面比 CPU 有一个数量级的速度提升，所以机器学习在 GPU 上运算效率更高。

通过以下方式来查看 Windows 系统上的 GPU 信息。

在“运行”对话框中输入 dxdiag，如图 1-2 所示，然后单击“确定”按钮，此时会打开“DirectX 诊断工具”对话框。单击其中的“显示”选项卡，可以查看机器的显卡信息，如图 1-3 所示。

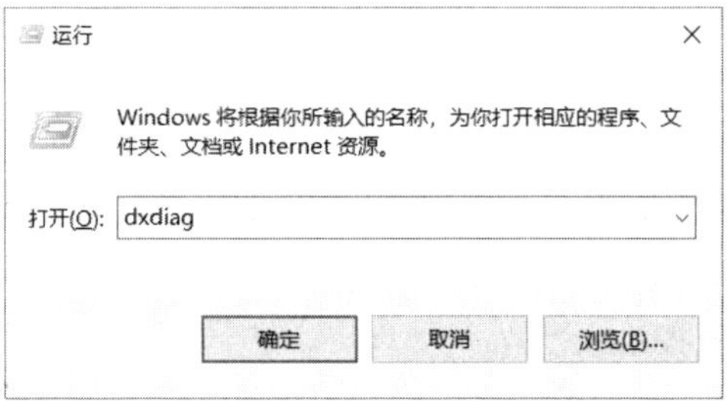

图 1-2 输入 dxdiag 命令

图 1-3 查看 Windows 的显卡信息

由图1-3可以看到，这个机器上的显卡芯片类型是Intel(R) HD Graphics Family。

1.6.2 安装TensorFlow

TensorFlow的Python语言API支持Python 2.7和Python 3.3以上的版本。本书使用的是TensorFlow 3.6.5版本。

1. 安装pip

pip是用来安装和管理Python包的管理工具。首先，去Python官网下载pip最新版本（https://pypi.python.org/pypi/pip#downloads），下载完成后，在Windows系统上安装pip的命令为：

```
python setup.py install
```

接着在Windows中设置环境变量，方法为在Windows环境变量的PATH变量后添加“\Python安装目录\Scripts”。

目前，TensorFlow在Windows上只支持64位的Python 3.6.5版本。

2. 通过pip安装TensorFlow

TensorFlow已经把最新版本的安装程序上传到了Pypi，所以可以通过最简单的方式来安装TensorFlow（要求pip版本在8.1版本或者更高）。

安装CPU版本的TensorFlow的命令如下：

```
#Python3.6.5
sudo pip3 install tensorflow
```

安装支持GPU版本的TensorFlow的命令如下：

```
#Python3.6.5
sudo pip3 install tensorflow-gpu
```

在Windows系统上安装CPU版本（0.12版本）的命令如下：

```
C:\> pip install --upgrade
   https://storage.googleapis.com/tensorflow/windows/cpu/tensorflow-
0.12.0-cp35
```

TensorFlow在Windows上依赖MSVCP140.DLL，这里需要提前安装Visual C++ 2015 redistributable（x64位），其下载地址为https://www.microsoft.com/en-us/download/details.aspx?id=53587，下载文件为vc_redist.x64.exe。

1.6.3 安装测试

如果顺利的话，到这里已经成功安装了TensorFlow，那么简单测试一下安装是否成功。

```
>>> import tensorflow as tf
>>>print(tf.__version__)
1.7.0
```

上面这段代码若正常运行，会打印出 TensorFlow 的版本号，这里是“1.7.0”。

但也可能会存在一些问题：

如果在 import tensorflow as tf 之后，打印出来 Cuda 的 so 或者 CuDNN 的 so 没有找到，一般是因为 Cuda 或者 CuDNN 的路径没有添加到环境变量里。

下面再进行一个简单的计算，看看 TensorFlow 是否运行正常。输入如下代码：

```
>>> import tensorflow as tf
>>>hello = tf.constant('Hello, TensorFlow!')
>>>sess = tf.Session()
2020-03-9  12:18:51.120893:  I  T:\src\github\tensorflow\tensorflow\core\platform\cpu_feature_guard.cc:140] Your CPU supports instructions that this TensorFlow binary was not compiled to use: AVX2
>>>print(sess.run(hello))
b'Hello, TensorFlow!'
>>> a = tf.constant(2)
>>> b = tf.constant(3)
>>> c=sess.run(a + b)
>>>print("2+3= %d"%c)
2+3=5
```

如果这段代码可以正常输出“Hello, TensorFlow!”和“2+3= 5”，那么说明 TensorFlow 已经成功安装了。

1.7 Geany

Geany 是一个小巧的使用 GTK+2 开发的跨平台开源集成开发环境，以 GPL 许可证分发源代码，是免费的自由软件，当前版本为 1.31。它支持基本的语法高亮、代码自动完成、调用提示、插件扩展。支持文件类型包括 C、CPP、Java、Python、PHP、 HTML、DocBook、Perl、LateX 和 Bash 脚本。该软件小巧、启动迅速，主要缺点是界面简陋、运行速度慢、功能简单。

要下载 Windows Greany 安装程序，可访问 httt://geany.org/，单击 Download 下的 Releases，找到安装程序 geany-1.25_setup.exe 或类似的文件。下载安装程序后，运行它并接受所有的默认设置。

启动 Geany，选择“文件|另存为”，将当前的空文件保存为 hello_world.py，再在编辑窗口中输入代码：

```
print("hello world!")
```

效果如图 1-4 所示。

现在选择菜单“生成|设置生成”命令，将看到文字 Compile 和 Execute，它们旁边都有一个命令。默认情况下，这两个命令都是 Python（全部小写），但 Geany 不知道这个命令位于系统的什么地方。需要添加启动终端会话时使用的路径。在编译命令和执行中，添加命令 Python 所在的驱动器和文件夹。编译命令应类似于图 1-5 所示。

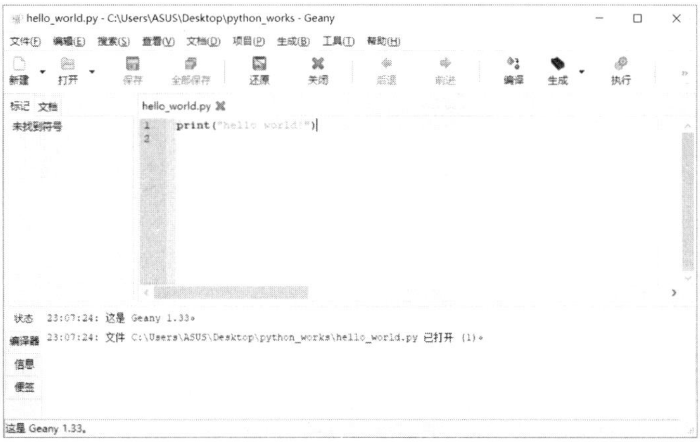

图 1-4　Windows 系统下的 Geany 编辑器

图 1-5　编译命令效果

提示：务必确定空格和大小写都与图 1-5 中显示的完全相同。正确设置这些命令后，单击“确定”按钮即可成功运行程序。

在 Geany 中运行程序的方式有 3 种，比如为运行程序 hello_world.py，可选择菜单“生成|Execute”，或单击 执行 按钮或按〈F5〉键。运行 hello_world.py 时，将弹出一个终端窗口，效果如图 1-6 所示。

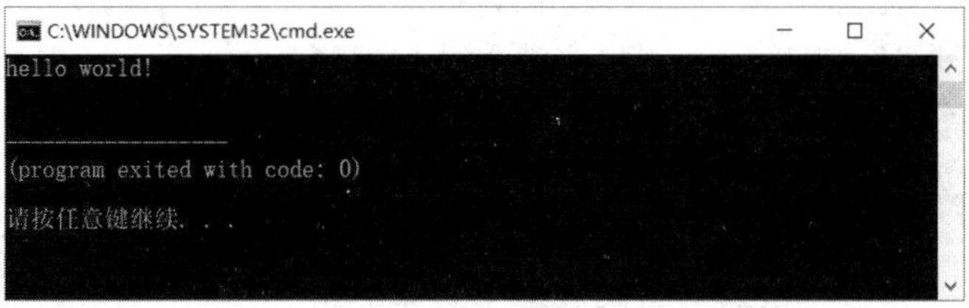

图 1-6　运行效果

1.8 揭开深度学习的面纱

虽然“深度学习”这个名称在 2006 年才提出来，但深度学习依托的神经网络算法却早在 20 世纪 40 年代就出现了。

1.8.1 人工智能、机器学习与深度学习

深度学习解决的核心问题之一就是自动将简单的特征组合成更加复杂的特征，并使用这些组合特征解决问题。深度学习是机器学习的一个分支，它除了可以学习特征和任务之间的关联外，还能自动从简单特征中提取更加复杂的特征。图 1-7 展示了深度学习和传统机器学习在流程上的差异。深度学习算法可以从数据中学习更加复杂的特征表达，使得最后一步权重学习变得更加简单且有效。

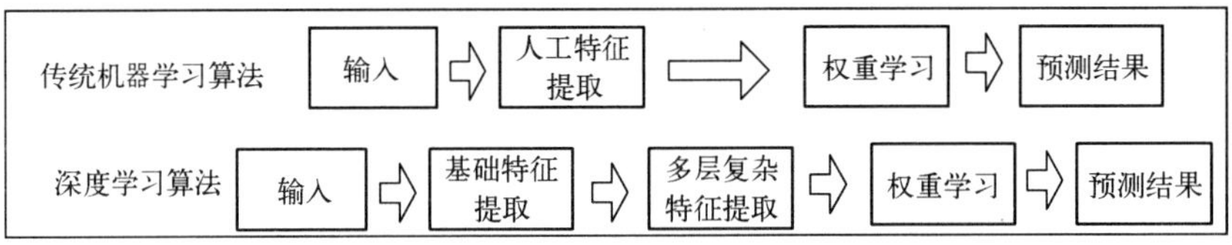

图 1-7 传统机器学习和深度学习流程对比

早期的深度学习受到了神经科学的启发，它们之间有着非常密切的联系。科学家们在神经科学上的发现使得我们相信深度学习可以胜任很多人工智能的任务。神经科学家发现，如果将小白鼠的视觉神经连接到听觉中枢，一段时间之后小白鼠可以习得使用听觉中枢“看”世界。这说明虽然哺乳动物大脑分了很多区域，但这些区域的学习机制却是相似的。在这一假想得到验证之前，机器学习的研究者们通常会为不同的任务设计不同的算法。而且直到今天，学术机构的机器学习领域也被分为了自然语言处理、计算机视觉和语音识别等不同的实验室。因为深度学习的通用性，深度学习的研究者往往可以跨越多个研究方向，甚至同时活跃于所有的研究方面。

模拟人类大脑也不再是深度学习研究的主导方向。我们不应该认为深度学习是在试图模仿人类大脑。目前科学家对人类大脑学习机制的理解还不足以为当下的深度学习模型提供指导，现在的深度学习已经超越了神经科学，它可以更广泛地适用于各种并不是由神经网络启发而来的机器学习框架。深度学习领域主要关注如何搭建智能的计算机系统，解决人工智能中遇到的问题。计算机学则主要关注如何建立更准确的模型来模拟人类大脑的工作。

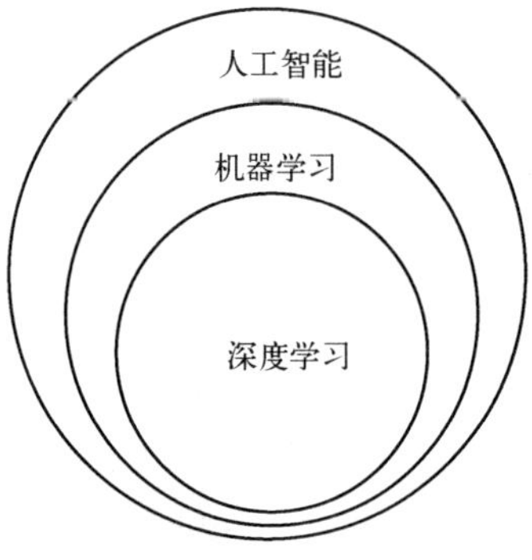

图 1-8 人工智能、机器学习以及深度学习间的关系图

总的来说，人工智能、机器学习和深度学习是非常相关的几个领域。图 1-8 总结了它们之间的关系。人工智能是一类非常广泛的问题，机器学习是解决这类问题

的一个重要手段，深度学习则是机器学习的一个分支。深度学习突破了传统机器学习方法的限制，有力地推动了人工智能领域的发展。

1.8.2 深度学习的核心思想

目前大家所熟知的“深度学习”基本上是深层神经网络的一个代名词，而神经网络技术可以追溯到 1943 年。深度学习之所以看起来像是一门新技术，一个很重要的原因是它在 21 世纪初期并不流行。深度学习是无监督学习的一种，含多隐层的多层感知器就是一种深度学习结构。深度学习通过组合低层特征形成更加抽象的高层表示属性类别或特征，以发现数据的分布式特征表示。

传统的前馈神经网络能够被看作拥有等于层数的深度（比如对于输出层为隐层数加 1）。SVMs 有深度 2（一个对应于核输出或者特征空间，另一个对应于所产生输出的线性混合）。需要使用深度学习解决的问题有以下的特征：

- 深度不足会出现问题。
- 人脑具有一个深度结构。
- 认知过程逐层进行、逐步抽象。

在许多情形中，深度 2 就足够表示任何一个带有给定目标精度的函数。我们可以将深度架构看作一种因子分解。大部分随机选择的函数不能被有效表示，无论是用深的还是浅的架构。但是许多能够有效地被深度架构表示的却不能被用浅的架构高效表示。一个深度的存在，意味着可能隐含着某种函数结构。如果不存在任何结构，那将不可能很好地泛化。

如果把学习结构看作一个网络，则深度学习的核心思路如下：

1）无监督学习用于每一层网络的 pre-train。

2）每次用无监督学习只训练一层，将其训练结果作为其高一层的输入。

3）用监督学习去调整所有层。

1.8.3 深度学习的应用

深度学习最早兴起于图像识别，但是在短短几年的时间内，深度学习推广到了机器学习的各个领域。如今，深度学习在很多机器学习领域都有非常出色的表现，在图像识别语音、音频处理、自然语言处理、机器人、生物信息处理、化学、计算机游戏、搜索引擎、网络广告投放、医学自动诊断和金融等各大领域均有应用。本节将选取几个深度学习应用比较广泛的领域进行介绍。

1. 计算机视觉

计算机视觉是深度学习技术最早实现突破性成就的领域，其与其他领域的关系如图 1-9 所示。随着 2012 年深度学习算法 AlexNet 赢得图像分类比赛 ILSVRC 的冠军，深度学习开始受到学术界广泛的关注。ILSVRC 是基于 ImageNet 图像数据集举办的图像识别技术比赛，这个比赛在计算机视觉领域有很高的影响力。

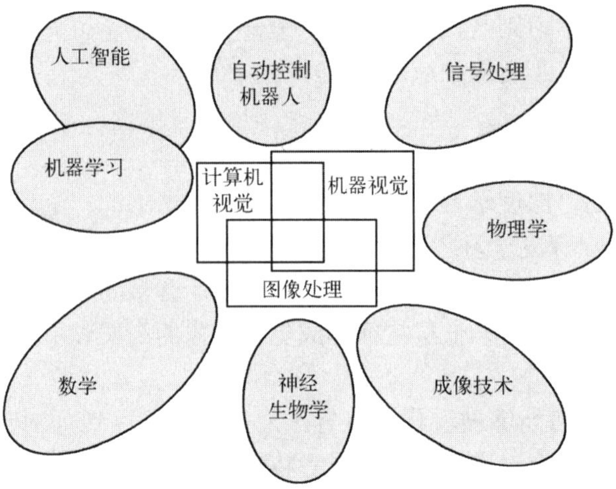

图 1-9 计算机视觉与其他领域的关系图

在 ImageNet 数据集上，深度学习不仅突破了图像分类的技术瓶颈，同时也突破了物体识别的技术瓶颈。物体识别的难度比图像分类更高。图像分类问题只需判断图片中包含哪一种物体。但在物体识别问题中，需要给出所包含物体的具体位置，而且一张图片中可能出现多个需要识别的物体。图 1-10 展示了人脸识别数据集中的样例图片。

图 1-10 人脸识别样例图片

在技术不断革新的同时，图像分类、物体识别也被应用于各种产品中。在谷歌，图像分类、物体识别技术已经在谷歌无人驾驶车、YouTube、谷歌地图、谷歌图像搜索等产品中得到了广泛的应用。

在物体识别问题中，人脸识别是一类应用非常广泛的技术。它既可以应用于娱乐行业，也可以应用于安防、风控行业。在娱乐行业中，基于人脸识别的相机自动对策、自动美颜几乎已经成为自拍软件的必备功能；在安防、风控领域，人脸识别应用更是大大提高了工作效率并节省了人力成本；在互联网金融行业，为了控制贷款风险，在用户注册或贷款发放时需要验证个人信息。个人信息验证中一个很重要的步骤是验证用户提供的证件和用户是否为同一个人。通过人脸识别技术，这个过程可以被更加高效的实现。

在深度学习得到广泛应用之前，传统的机器学习技术并不能很好地满足人脸识别的精度要求。人脸识别的最大挑战在于不同人脸的差异较小，有时同一个人在不同光照条件、姿态或者脸部的差异甚至会比不同人脸之间的差异更大。传统的机器学习算法很难抽象出足够有效的特征，使得学习模型既可以区分不同的个体，又可以区分相同个体在不同环境中的变化。深度学习技术通过从海量数据中自动习得更加有效的人脸特征表达，可以很好地解决这个问题。在人脸识别数据集 LFW（Labeled Faces in the Wild）中，基于深度学习算法的系统 DeepID2 可以达到 99.47%的识别率。

在计算机视觉领域，光学字符识别（Optical Character Recognition，OCR）也是使用深度学习较早的领域之一。所谓光学字符识别，就是使用计算机程序将计算机无法理解的图片中的字符，比如数字、字母、汉字等，转化为计算机可以理解的文本格式。

光学字符识别在工业界的应用也十分广泛。在 21 世纪初期，Yann LeCun 将基于卷积神经网络的手写体数字识别系统应用于银行支票的数额识别，这个系统在 2000 年左右已经处理了美国全部支票数量的 10%～20%。谷歌也将数字识别技术用在了谷歌地图的开发中。该数字识别系统可以从谷歌街景图中识别任意长度的数字，在 SVHN 数据集上可以达到 96%的正确率。到 2013 年为止，这个系统已经帮助谷歌抽取了超过 1 亿个门牌号码，大大加速了谷歌地图的制作过程并节省了巨额的人力成本。

2. 语言识别

深度学习在语言识别领域取得了突破性的成绩，并对该领域产生了巨大的影响。深度学习的概念于 2009 年被引入语音识别领域，短短几年时间内，深度学习的方法在 TIMIT 数据集上将基于传统的混合高斯模型（Gaussian Mixture Model，GMM）的错误率从 21.7% 降低到了 17.9%。在业界，包括谷歌、苹果、微软、IBM、百度等在内的大型 IT 公司都提供了基于深度学习算法的语音相关产品，比如谷歌的 Google Now、苹果的 Siri、软件的 Xbox 和 Skype 等。

随着数据量的加大，使用深度学习模型的算法无论在正确率的增长数值上还是在增长比率上都要优于使用混合高斯模型的算法。这样的增长在语音识别的历史上是从未出现过的，而深度学习之所以能完成这样的技术突破，最主要的原因是它可以自动从海量数据中提取更加复杂且有效的特征，而不是如高斯混合模型那样需要人工提取特征。

3. 自然语言处理

深度学习在自然语言处理领域中也有广泛的应用。在过去的几年中，深度学习已经在语言模型、机器翻译、词性标注、实体识别、情感分析、广告推荐以及搜索排序等方向上取得了突出成就。与深度学习在计算机视觉和语音识别等领域的突破类似，深度学习在自然语言处理问题上的突破也是能够更加智能、自动地提取复杂特征。在自然语言处理领域，使用深度学习实现智能特征提取的一个非常重要的技术是单词向量，它是深度学习解决很多上述自然语言处理问题的基础。

（1）自然语言的发展

随着计算机和互联网的广泛应用，计算机可处理的自然语言文本数量空前增长，面向海量信息的跨语言信息处理、文本挖掘、信息提取、人机交互等应用需求急速增长，自然语言处理研究将对我们的生活产生深远的影响。

（2）自然语言的特点

自然语言处理发展的 4 个特点：

1）基于句法—语义规则的理性主义方法受到质疑，随着语料库建设和语料库语言学的崛起，大规模真实文本的处理成为自然语言处理的主要战略目标。

2）自然语言处理中越来越多地使用机器自动学习的方法来获取语言知识。

3）统计数学方法越来越受到重视。

4）自然语言处理中越来越重视词汇的作用，出现了强烈的“词汇主义”的倾向。

（3）自然语言的缺陷

自然语言分析主要依赖逻辑语言对这种分析的表述。自然语言的高度形式化描写对计算机程序的机械模仿至关重要，但理解力模仿不同于机械模仿，机械模仿涉及的是形式性质，而理解力模仿涉及的则是准语义性质。现阶段计算机以机械模仿为主并通过逻辑语言与人类的自然语言进行对话。

现代逻辑作为分析自然语言的工具，认为自然语言的缺陷有：

1）表达式的层次结构不够清晰。

2）个体化认知模式体现不够明确。

3）量词管辖的范围不太确切。

4）句子成分的语序不固定。

5）语形和语义不对应。

从自然语言的视角衡量逻辑语言，其不足有：

1）初始词项的种类不够多样。

2）量词的种类比较贫乏。

3）存在量词的辖域在公式系列中不能动态地延伸。

4）由于语境的缺失而使语言传达信息的效率不高。

1.9 深度学习的优劣势

根据深度学习的训练过程，其学习优势主要表现在：深度学习提出了一种让计算机自动学习出模式特征的方法，并将特征学习融入到了建立模型的过程中，从而减少了人为设计特征造成的不完备性。而目前以深度学习为核心的某些机器学习应用，在满足特定条件的应用场景下，已经达到了超越现有算法的识别或分类性能。

但同时，深度学习也有劣势，主要表现在：只能提供有限数据量的应用场景下，深度学习算法不能够对数据的规律进行无偏差的估计。为了达到很好的精度，需要大数据支撑。深度学习中图模型的复杂化导致算法的时间复杂度急剧提升，为了保证算法的实时性，需要更高的并行编程技巧和更多更好的硬件支持。因此，只有一些经济实力比较强大的科研机构或企业才能够用深度学习来做一些前沿而实用的研究应用。

第 2 章　TensorFlow 编程基础

TensorFlow 是一个开源软件库，用于使用数据流图进行数值计算。图中的节点表示数学运算，而图边表示在它们之间传递的多维数据数组（张量，tensor）。

该库包括各种功能，能够实现和探索用于图像和文本处理的前沿卷积神经网络（CNN）和循环神经网络（RNN）架构。由于以图形的形式表示复杂计算，可以将 TensorFlow 用作一个框架，轻松开发自己的模型，并在机器学习领域使用它们。

它还能够在不同的环境中运行，从 CPU 到移动处理器，包括高度并行的 GPU 计算，并且新的服务架构能够运行所有命名选项非常复杂的混合，见表 2-1。

表 2-1　TensorFlow

<table>
<tr><td>张量（Tensor）</td><td>操作（Operation）</td></tr>
<tr><td colspan="2">图（Graph）</td></tr>
<tr><td colspan="2">运行时（CPU、GPU、移动设备等）</td></tr>
</table>

TensorFlow 的核心工作模式：

首先，定义数据流图：

```
import tensorflow as tf
```

接着，运行数据流图（在数据上）：

```
import tensorflow as tf
# 在“input”节点上输入数据
a = tf.constant(6, name= 'input_a')
b = tf.constant(3, name= 'input_b')

# 定义运算节点“Operation”(简称：Op)
c = tf.multiply(a, b, name= 'mul_c')
d = tf.add(a, b, name= 'add_d')
e = tf.add(c, d, name= 'add_e')

# 运行数据流图
with tf.Session() as sess:
    s = sess.run(e)
    print(s)
```

输出如下：

```
27
```

接着，创建 summary.FileWriter 对象，并赋值给 writer：

```
writer = tf.summary.FileWriter('./my_graph', sess.graph)

writer.close()
sess.close()

a = tf.constant([5, 3], name= 'input_a')
b = tf.reduce_prod(a, name= 'prod_b')   # 所有元素的乘积
c = tf.reduce_sum(a, name= 'sum_c')    # 所有元素的和
d = tf.add(c, d, name= 'add_d')

with tf.Session() as sess:
   print(sess.run([a, b, c, d]))
```

输出如下：

```
[array([5, 3]), 15, 8, 17]
```

2.1 张量

TensorFlow 中 Tensor 的意思是“张量”，Flow 的意思是“流或流动”。任意维度的数据可以称作“张量”，如一维数组、二维数组、N 维数组。它最初想要表达的含义是保持计算节点不变，让数据在不同的计算设备上传输并计算。

2.1.1 张量的概念

张量可以被简单理解为多维阵列，其中零阶张量表示标量，也就是一个数。一阶张量表示为一个一维阵列，n 阶张量表示 n 维阵列。

张量在 TensorFlow 中的不是直接采用阵列的形式实现的，它只是对 TensorFlow 中运算结果的引用。张量中并没有真正储存数字，它储存的是如何得到这些数字的计算过程。例如：

```
import tensorflow as tf
a = tf.constant([1.0, 2.0], name="a")
b = tf.constant([2.0, 3.0], name="b")
res = tf.add(a, b, name="add")
print (res)
```

运行程序，输出如下：

```
Tensor("add:0", shape=(2,), dtype=float32)
```

TensorFlow 中的张量和 Numpy 中的阵列不同，TensorFlow 的计算结果不是一个具体的数字，而是一个张量的结构。一个张量储存了 3 个属性：名字、维度和型别。表 2-2 列出了张量的数据类型。

表 2-2 张量数据类型

数据类型	Python 类型	描述
DT_FLOAT	tf.float32	32 位浮点数
DT_DOUBLE	tf.float64	64 位浮点数
DT_INT8	tf.int8	8 位有符号整型
DT_INT16	tf.int16	16 位有符号整型
DT_INT32	tf.int32	32 位有符号整型
DT_INT64	tf.int64	64 位有符号整型
DT_UINT8	tf.uint8	8 位无符号整型
DT_STRING	tf.string	可变长度的字节数组，每一个张量元素都是一个字节数组
DT_BOOL	tf.bool	布尔型

2.1.2 张量的使用

张量的使用可以总结为两大类。

第一类用途是对中间计算结果的引用。当一个计算包含很多计算结果时，使用张量可以提高代码的可读性。下面为使用张量和不使用张量记录中间结果来完成向量相加的代码对比。

```
import tensorflow as tf
#使用张量记录中间结果
a=tf.constant([1.0,2.0],name='a')
b=tf.constant([2.0,3.0],name='b')
result=a+b

#直接结算
result=tf.constant([1.0,2.0],name='a')+
tf.constant([2.0,3.0],name='b')
```

从上面的程序样例可以看到，a 和 b 其实就是对常量生成这个运算结果的引用，这样在做加法时可以直接使用这两个变量，而不需要再去生成这些常量。同时通过张量来存储中间结果，这样可以很方便地获取中间结果。比如在卷积神经网络中，卷积层或者池化层有可能改变张量的维度，通过 result.get_shape 函数来获取结果张量的维度信息可以免去人工计算的麻烦。

第二类用途是当完成计算图构造之后，张量可以来获得计算结果，也就是得到真实的数字。虽然张量本身没有存储具体的数字，但可以通过会话 session 得到这些具体的数字。比如使用 tf.Session().run(result)语句来得到计算结果。

2.1.3 Numpy 库

TensorFlow 的数据类型是基于 NumPy 的数据类型，如：

```
>>> import numpy as np
>>> import tensorflow as tf
```

```
>>> np.int64 == tf.int64
True
>>>
```

任何一个 NumPy 数组均可传递给 TensorFlow 对象。

对于数值类型和布尔类型，TensorFlow 和 NumPy dtype 属性是完全一致的。然而，在 NumPy 中并无与 tf.string 精确对应的类型，即 TensorFlow 可以从 NumPy 中完美地导入字符串数组，只是不要在 NumPy 中显式指定 dtype。

在运行数据流图之前之后，都可以利用 NumPy 库的功能，因为从 Session.run 方法返回的张量均为 NumPy 数组。如：

```
>>> t1 = np.array(50, dtype= np.int64)
# 在 NumPy 中使用字符串时，不要显式指定 dtype 属性
>>> t2 = np.array([b'apple', b'peach', b'grape'])

>>> t3 = np.array([[True, False, False],[False, False, True], [False, True, True]], dtype = np.bool)
>>> t4 = np.array([[[1]]], dtype= np.float32)
```

虽然 TensorFlow 是为理解 NumPy 原生数据类型而设计的，但不要贸然尝试用 tf.int32 去初始化一个 NumPy 数组。

```
>>> a = np.array(3, np.int) #不是 np.int32
>>> a.dtype
dtype('int32')
>>>
>>> a = np.array(3, np.float)
>>> a.dtype
dtype('float64')
>>>
>>> a.dtype
dtype('float64')
>>>
>>> a = np.array(3, np.float32)
>>> a.dtype
dtype('float32')
>>>
```

手工指定张量对象时，常被推荐的是使用 NumPy 的方式。

2.1.4 张量的阶

张量的阶（rank）表征了张量的维度，但是跟矩阵的秩（rank）不一样。它表示张量的维度的质量。

阶为 1 的张量等价于向量，阶为 2 的向量等价于矩阵。对于一个阶为 2 的张量，通过 $t[i, j]$ 就能获取它的每个元素。对于一个阶为 3 的张量，需要通过 $t[i, j, k]$ 进行寻址，以此类推，见表 2-3。

表 2-3 张量的阶

阶	数学实体	实例
0	Scalar	scalar=999
1	Vector	vector=[3,6,9]
2	Matrix	matrix=[[1,4,7],[2,5,8],[3,6,9]]
3	3-tensor	tensor=[[[5],[1],[3]],[[99],[9],[100]],[[0],[8],[2]]]
n	n-tensor	...

在下面的例子中，可创建一个张量来获取其结果：

```
>>> import tensorflow as tf
>>> tens1=tf.constant([[[1,2],[3,6]],[[-1,7],[9,12]]])
>>> sess=tf.Session()
```

这个张量的阶是 3，因为该张量包含的矩阵中的每个元素都是一个向量。

2.1.5 张量的形状

TensorFlow 文档使用 3 个术语来描述张量的维度：阶（rank）、形状（shape）和维数（dimension number）。表 2-4 展示了它们彼此之间的关系。

表 2-4 三者之间的关系

阶	形状	维数	实例
0	[]	0-D	5
1	[D0]	1-D	[4]
2	[D0,D1]	2-D	[3,9]
3	[D0,D1,D2]	3-D	[1,4,0]
n	[D0,D1,...,Dn-1]	n-D	形为[D0,D1,...,Dn-1]张量

如下代码创建了一个三阶张量，并打印出了它的形状。

```
>>> import tensorflow as tf
>>> tens1=tf.constant([[[1,2],[3,6]],[[-1,7],[9,12]]])
>>> tens1
<tf.Tensor 'Const:0' shape=(2, 2, 2) dtype=int32>
>>> printf sess.run(tens1) [1,1,0]
```

2.1.6 张量应用实例

下面直接通过一个实例来进一步理解张量的概念。代码为：

```
import tensorflow as tf
# 模拟数据
img = tf.Variable(tf.constant([1.0,2.0,3.0,4.,5.0],shape=[2,4,5,3]))
# 定义卷积核
filter = tf.Variable(tf.constant([1,2,3,4,5,6,7,8,9,10,11,12,13,14,15,16,
```

```
17,18,19,20,21,22,23,24,25,26,27,28,29,30,31,0],shape=[2,3,3,5]))

    with tf.Session() as sess:
        sess.run(tf.global_variables_initializer())
        print("img:\n",sess.run(img))
        print("filter:\n", sess.run(filter))
```

运行程序，输出如下：

```
img:
 [[[[1. 2. 3.]
   [4. 5. 5.]
   [5. 5. 5.]
   [5. 5. 5.]
   [5. 5. 5.]]
  [[5. 5. 5.]
   [5. 5. 5.]
   [5. 5. 5.]
   [5. 5. 5.]
   [5. 5. 5.]]
……
  [[ 0  0  0  0  0]
   [ 0  0  0  0  0]
   [ 0  0  0  0  0]]
  [[ 0  0  0  0  0]
   [ 0  0  0  0  0]
   [ 0  0  0  0  0]]]]
```

（1）图像张量的分析

下面就来分析一下。

首先说明的是在 TensorFlow 中数据定义格式是 NHWC，即 N 代表个数、H 代表高、W 代表宽、C 代表通道数。

```
img = tf.Variable(tf.constant([1.0,2.0,3.0,4.,5.0],shape=[2,4,5,3]))
```

从 shape 上来看，维度是[2,4,5,3],表示 2 个 4×5 的 3 通道图像。也就是模拟生成 2 张图片，每张图片大小是 4 行 5 列，通道数是 3。因为常量值提供了 5 个，当初始化数据不够时，TensorFlow 默认选择最后一个数据重用。

这幅图代表的是第一张图片的内容，对应的是 img 输出虚线上面的部分，下面具体分析。

```
[[1. 2. 3.]
  [4. 5. 5.]
  [5. 5. 5.]
  [5. 5. 5.]
  [5. 5. 5.]]
```

1.，2.，3.分别代表第一张图片的第一个像素位置 3 个通道上的值，在第二行代表的是第二个位置 3 个通道的值，依次类推，这里有 5 行数据，说明这个图片有 5 列。那么上面这个矩阵就代表了 3 个通道第一行的内容。虚线上的那个矩阵有 4 个部分，那么也就是这张计算图有 4 行，如图 2-1 所示。

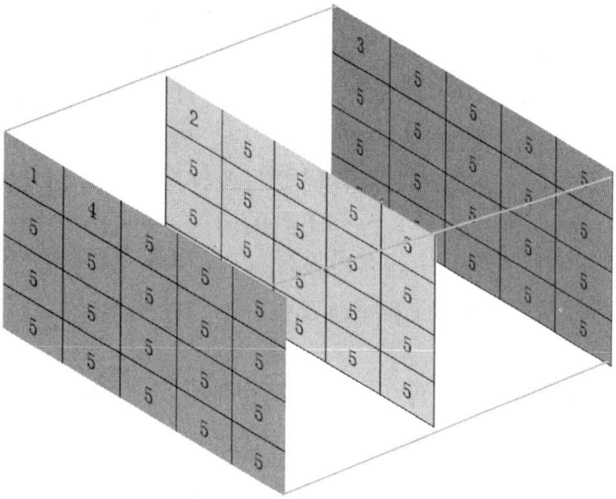

图 2-1 3 个通道

上面定义了两张图片，第二张图片放置在第二个位置，3 个通道的数据全部是 5，这里就不画出来了。其次还要关注一点，这两个图像本身是三维的张量，最后又放在一个矩阵当中并列的位置，构成了四维张量。

（2）滤波器张量的分析

首先是 TensorFlow 中滤波器的定义格式，filter 相当于 CNN 中的卷积核，它要求是一个 Tensor 具有[filter_height, filter_width,in_channels, out_channels]这样的 shape，具体含义是[卷积核的高度，卷积核的宽度，图像通道数，卷积核个数]，要求类型与参数 input 相同，有一个地方需要注意，第三维 in_channels 就是参数 input 的第四维。

```
filter = tf.Variable(tf.constant([1,2,3,4,5,6,7,8,9,10,11,12,13,14,15,16,
17,18,19,20,21,22,23,24,25,26,27,28,29,30,31,0],shape=[2,3,3,5]))
```

在上述代码中，定义了高为 2、宽为 3、通道数为 3、卷积核个数为 5 的滤波器。

2.2 图的实现

机器学习框架中“动态计算图”和“静态计算图”的含义分别是：支持动态计算图的叫动态框架，支持静态计算图的叫静态框架。当然，也有同时支持动态和静态的框架。

在静态框架中使用的是静态声明策略，计算图的声明和执行是分开的。在静态框架运行的方式下，先定义计算执行顺序和内存空间分配策略，然后执行过程按照规定的计算执行顺序和当前需求进行计算，数据就在这张实体计算图中计算和传递。常见的静态框架有 TensorFlow、MXNet、Theano 等。

而动态框架中使用的是动态声明策略，其声明和执行是一起进行的。动态框架可以根据实时需求构建对应的计算图，在灵活性上，动态框架会更胜一筹。Torch、DyNet、Chainer等是动态框架。

动态框架灵活性很好，但使用代价高，所以在现在流行的程序中，静态框架占比更重。静态框架将声明和执行分开的最大的好处是在执行前就知道了所有需要进行的操作，所以可以对图中各节点的计算顺序和内存分配进行合理规划，这样就可以较快地执行所需的计算。

有了张量和基于张量的各种操作之后，需要将各种操作整合起来输出结果。但随着操作种类和数量的增多，有可能引发各种意想不到的问题，包括多个操作之间应该并行还是顺次执行、如何协同各种不同的底层设备以及如何避免各种类型的冗余操作等。这些问题有可能拉低整个深度学习网络的运行效率或者引入不必要的 Bug，计算图正是为解决这一问题而产生的。

一个使用 TensorFlow 编写的程序主要分为两个部分：一个是构建计算图部分，一个是执行计算图部分。下面来构建一个非常简单的计算图。

```
import tensorflow as tf

if __name__ == "__main__":
    a = tf.constant([1.0,2.0],name="a")
    b = tf.constant([2.0,3.0],name="b")
    result = a + b
```

在上面的代码中，TensorFlow 会自动将定义的计算转化成计算图上的节点，系统还会自动维护一个默认的计算图。可以通过下面的代码来获取当前默认的计算图：

```
#通过 a.graph 来获取当前节点所属的计算图
print(a.graph)
# <tensorflow.python.framework.ops.Graph object at  0x000001AE4A2A73C8>
#判断当前的张量是不是属于默认的计算图
print(a.graph is tf.get_default_graph())
# True
```

TensorFlow 提供了 tf.Graph()方法来产生一个新的计算图，在不同的计算图中张量不会共享。如：

```
g1 = tf.Graph()
#将计算图 g1 设置为默认计算图
with g1.as_default():
    # 在计算图 g1 中定义变量 c，并将变量 c 初始化为 0
    c = tf.get_variable("c",initializer=tf.zeros_initializer,shape=(1))
#定义第二个计算图
g2 = tf.Graph()
#将计算图 g2 设置为默认计算图
with g2.as_default():
    # 在计算图 g2 中定义变量 c，并将变量 c 初始为 1
    c = tf.get_variable("c",initializer=tf.ones_initializer,shape=(1))
```

```
#在计算图 g1 中读取变量 c
with tf.Session(graph=g1) as sess:
    # 初始化变量
    tf.initialize_all_variables().run()
    with tf.variable_scope("",reuse=True):
        # 在计算图 g1 中，定义变量 c 为 0
        print(sess.run(tf.get_variable("c")))
        #[ 0.]
#在计算图 g2 中读取变量 c
with tf.Session(graph=g2) as sess:
    #初始化变量
    tf.initialize_all_variables().run()
    with tf.variable_scope("",reuse=True):
        # 在计算图 g2 中定义变量 c 为 1
        print(sess.run(tf.get_variable("c")))
        #[ 1.]
```

分别在计算图 g1 和 g2 中都定义张量 c，在 g1 中初始化为 0，在 g2 中初始化为 1，从上面的代码可以看出，当运行不同的计算图时，张量 c 的值是不一样的。所以，在 TensorFlow 中可以通过计算图来隔离张量的运算。除此之外，TensorFlow 还为计算图提供了管理张量的机制，我们可以设置运行是在 GPU 还是在 CPU 上进行，通过设置使用 GPU 可以加速运行，需要计算机上有 GPU，如：

```
g = tf.Graph()
    #指定计算图 g 在 gpu 0(计算机上有多个 gpu，需要指定)上运行
    with g.device("/gpu:0"):
        result = a + b
```

2.3 会话的实现

TensorFlow 中使用会话（session）来执行定义好的运算，会话拥有并管理 TensorFlow 程序运行时的所有资源，当计算完成之后需要关闭会话，以帮助系统回收资源。

可以明确调用会话生成函数和关闭函数：

```
import tensorflow as tf

#定义两个向量 a,b
a = tf.constant([1.0, 2.0], name='a')
b = tf.constant([2.0, 3.0], name='b')
result = a+b
sess = tf.Session() #生成一个会话，通过一个会话 session 来计算结果
print(sess.run(result))
sess.close() #关闭会话
```

运行程序，输出如下：

```
[3. 5.]
```

如果程序在执行中异常退出，可能不能关闭会话，所以可以使用 Python 上下文管理器的机制将所有的计算放在"with"的内部，在代码块中执行时就可以保持在某种运行状态，而当离开该代码块时就结束当前状态，省去会话关闭代码：

```
with tf.Session() as sess:
    print(sess.run(result))
    #print(result.eval())  #这行代码也可以直接计算
```

TensorFlow 不会自动生成默认的会话，需要程序员将会话指定为默认会话，则 TensorFlow 执行时会自动启用此会话：

```
sess = tf.Session()
with sess.as_default():
    print(result.eval()) #tf.Tensor.eval 在默认会话中可直接计算张量的值
```

在使用 Python 编写时，可以使用函数直接构建默认会话：

```
sess = tf.InteractiveSession()
print(result.eval())
sess.close()
```

会话可以通过 ConfigProto Protocol Buffer 来进行功能配置，类似于并行的线程数、GPU 分配策略、运算超过时间等参数设置。比较常用的是以下两个：

```
config = tf.ConfigProto(allow_soft_placement=True, log_device_placement=
True)
sess1 = tf.InteractiveSession(config=config)
sess2 = tf.Session(config=config)
```

第一个 allow_soft_placement 参数，当其为 True 时，在以下任意一个条件成立时，GPU 上的运算可以放到 CPU 上计算：

- 运算不能在 GPU 上运行。
- 没有空闲 GPU 可使用。
- 运算输入包含对 CPU 计算结果的引用。

当设置为 True 时，代码的可移植性更强。

第二个 log_device_placement 参数，当其为 True 时，日志中将会记录每个节点被安排在了哪个设备上，但会增加日志量。

如果上述代码在没有 GPU 的机器上运行，会获得以下输出：

```
Device mapping: no known devices.
```

下面通过一个例子来演示张量、计算图及会话的相关操作。

【例 2-1】 张量、计算图及会话的相关操作。

```
import tensorflow as tf
```

```
#tensor 张量：零阶张量是标量 scalar，一阶张量是向量 vector，n 阶张量理解为 n 维数组
#张量在 TensorFlow 中不是直接采用数组的形式，只是运算结果的引用。并没有保存数组，保存的是如何得到这些数字的计算过程
#tf.constan 是一个计算，结果为一个张量，保存在变量 a 中
a=tf.constant([1.0,2.0],name="a")
b=tf.constant([2.0,3.0],name="b")

result=a+b
print(result)

result=tf.add(a,b,name="add")
print(result)

#张量保存 3 个属性：名字 name（唯一标识），维度 shape，类型 dtype
#张量的命名以 node: src_output 形式给出，node 是节点名称，src_output 是表示张量来自节点第几个输出
#add_1:0 说明是 add 节点的第一个输出（编号从 0 开始）
#shape=(2,)一维数组，长度为 2

#dtype=float32 每个张量类型唯一，不匹配将报错
a=tf.constant([1,2],name="a")
b=tf.constant([2.0,3.0],name="b")
result=a+b
print(result)

#result.get_shape 获取张量的维度
print(result.get_shape)

#当计算图构造完成后，张量可以获得计算结果 （张量本身没有存储具体的数字）

#使用 session 来执行定义好的运算 （也就是张量存储了运算的过程，使用 session 执行运算获取结果）
#创建会话
sess=tf.Session()
res=sess.run(result)
print(res)

#关闭会话使本地运行使用到的资源释放
sess.close()

#也可以使用 python 上下文管理器机制，把所有的计算放在 with 中，上下文管理器推出时自动释放所有资源，可以避免忘记 sess.close()去释放资源
with tf.Session() as sess:
    print(sess.run(result))

#as_default 通过默认的会话计算张量的取值，会话不会自动生成默认的会话，需要手动指定，
```

```
指定后可以通过 eval 来计算张量的取值
    sess =tf.Session()
    with sess.as_default():
       print(result.eval())

    #ConfigProto 来配置需要生成的会话
    #allow_soft_placement: GPU 设备相关
    #log_device_palcement: 日志相关
    config=tf.ConfigProto(allow_soft_placement=True,
                    log_device_placement=True)
    sess1=tf.InteractiveSession(config=config)
    sess2=tf.Session(config=config)
```

运行程序，输出如下：

```
    Tensor("add:0", shape=(2,), dtype=float32)
    Tensor("add_1:0", shape=(2,), dtype=float32)
    <bound method Tensor.get_shape of <tf.Tensor 'add_1:0' shape=(2,) dtype=
float32>>
    2019-03-11  21:44:28.562554:I  T:\src\github\tensorflow\tensorflow\core\
platform\cpu_feature_guard.cc:140] Your CPU supports instructions that this
TensorFlow binary was not compiled to use: AVX2
    [3. 5.]
    [3. 5.]
    [3. 5.]
    Device mapping: no known devices.
    2019-03-11 21:44:28.577914: I T:\src\github\tensorflow\tensorflow\core\
common_runtime\direct_session.cc:297] Device mapping:
    Device mapping: no known devices.
    2019-03-11 21:44:28.582560: I T:\src\github\tensorflow\tensorflow\core\
common_runtime\direct_session.cc:297] Device mapping:
```

2.4 认识变量

从初识 TensorFlow 开始，变量这个名词就一直都很重要，因为深度模型往往所要获得的就是通过参数和函数对某一或某些具体事物的抽象表达。而那些未知的数据需要通过学习而获得，在学习的过程中它们不断变化，最终收敛达到较好的表达能力，因此它们无疑属于变量。

当训练模型时，用变量来存储和更新参数。变量存放于内存的缓存区。建模时它们需要被明确地初始化，模型训练后它们必须被存储到磁盘。这些变量的值可在之后模型训练和分析时被加载。

通过之前的学习，可以列举出以下 TensorFlow 的函数：

```
var = tf.get_variable(name, shape, initializer=initializer)
```

```
global_step = tf.Variable(0, trainable=False)
init = tf.initialize_all_variables()#高版本 tf 已经舍弃该函数，改用 global_
variables_initializer()
saver = tf.train.Saver(tf.global_variables())
initial = tf.constant(0.1, shape=shape)
initial = tf.truncated_normal(shape, stddev=0.1)
tf.global_variables_initializer()
```

上述函数都和 TensorFlow 的参数有关，主要包含在以下两类中：

- tf.Variable 类。
- tf.train.Saver 类。

从变量存在的整个过程来看，其主要包括变量的创建、初始化、更新、保存和加载。

2.4.1 变量的创建

当创建一个变量时，一个张量作为初始值将被传入构造函数 Variable()。TensorFlow 提供了一系列操作符来初始化张量，初始值是常量或是随机值。注意，所有这些操作符都需要指定张量的 shape。变量的 shape 通常是固定的，但 TensorFlow 提供了高级的机制来重新调整其行列数。

可以创建以下类型的变量：常数、序列、随机数。

【例 2-2】 创建常数变量的例子。

```
import tensorflow as tf
#常数 constant
tensor=tf.constant([[1,3,5],[8,0,7]])
#创建 tensor 值为 0 的变量
x = tf.zeros([3,4])
#创建 tensor 值为 1 的变量
x1 = tf.ones([3,4])
#创建 shape 和 tensor 一样的但是值全为 0 的变量
y = tf.zeros_like(tensor)
#创建 shape 和 tensor 一样的但是值全为 1 的变量
y1 = tf.ones_like(tensor)
#用 8 填充 shape 为 2*3 的 tensor 变量
z = tf.fill([2,3],8)
sess = tf.Session()
sess.run(tf.global_variables_initializer())
print (sess.run(x))
print (sess.run(y))
print (sess.run(tensor))
print (sess.run(x1))
print (sess.run(y1))
print (sess.run(z))
```

运行程序，输出如下：

```
[[0. 0. 0. 0.]
 [0. 0. 0. 0.]
 [0. 0. 0. 0.]]
[[0 0 0]
 [0 0 0]]
[[1 3 5]
 [8 0 7]]
[[1. 1. 1. 1.]
 [1. 1. 1. 1.]
 [1. 1. 1. 1.]]
[[1 1 1]
 [1 1 1]]
[[8 8 8]
 [8 8 8]]
```

【例 2-3】 创建数字序列变量的例子。

```
import tensorflow as tf
x=tf.linspace(10.0, 15.0, 3, name="linspace")
y=tf.lin_space(10.0, 15.0, 3)
w=tf.range(8.0, 13.0, 2.0)
z=tf.range(3, -3, -2)
sess = tf.Session()
sess.run(tf.global_variables_initializer())
print (sess.run(x))
print (sess.run(y))
print (sess.run(w))
print (sess.run(z))
```

运行程序，输出如下：

```
[10.  12.5 15. ]
[10.  12.5 15. ]
[ 8. 10. 12.]
[ 3  1 -1]
```

此外，TensorFlow 有几个操作用来创建不同分布的随机张量。注意，随机操作是有状态的，并在每次评估时会创建新的随机值。

下面是一些相关函数的介绍：

（1）tf.random_normal

该函数用于从正态分布中输出随机值。其语法格式为：

```
random_normal(
    shape,
    mean=0.0,
    stddev=1.0,
    dtype=tf.float32,
    seed=None,
```

```
    name=None
)
```

其中，参数含义为：

- shape：一维整数或 TensorFlow 数组，表示输出张量的形状。
- mean：dtype 类型的 0-D 张量或 TensorFlow 值，表示正态分布的均值。
- stddev：dtype 类型的 0-D 张量或 TensorFlow 值，表示正态分布的标准差。
- dtype：输出的类型。
- seed：一个 TensorFlow 整数，用于为分发创建一个随机种子。
- name：操作的名称（可选）。

函数将返回一个指定形状的张量，通过符合要求的随机值填充。

（2）tf.truncated_normal

该函数生成的值遵循具有指定平均值和标准差的正态分布，与 tf.random_normal 不同之处在于其平均值大于 2 个标准差的值将被丢弃并重新选择。其语法格式为：

```
tf.truncated_normal(
    shape,
    mean=0.0,
    stddev=1.0,
    dtype=tf.float32,
    seed=None,
    name=None
)
```

其中，参数含义为：

- shape：一维整数或 TensorFlow 数组，表示输出张量的形状。
- mean：dtype 类型的 0-D 张量或 TensorFlow 值，表示截断正态分布的均值。
- stddev：dtype 类型的 0-D 张量或 TensorFlow 值，表示截断前正态分布的标准偏差。
- dtype：输出的类型。
- seed：一个 TensorFlow 整数，用于为分发创建随机种子。
- name：操作的名称（可选）。

函数返回指定形状的张量，通过随机截断的符合要求的值填充。

（3）tf.random_uniform

该函数从均匀分布中输出随机值。语法格式为：

```
random_uniform(
    shape,
    minval=0,
    maxval=None,
    dtype=tf.float32,
    seed=None,
    name=None
)
```

其中，生成的值在[minval, maxval) 范围内遵循均匀分布。下限 minval 包含在范围内，而上限 maxval 被排除在外。参数含义为：

- shape：一维整数或 TensorFlow 数组，表示输出张量的形状。
- minval：dtype 类型的 0-D 张量或 TensorFlow 值。生成的随机值范围的下限；默认为 0。
- maxval：dtype 类型的 0-D 张量或 TensorFlow 值。要生成的随机值范围的上限。如果 dtype 是浮点，则默认为 1。
- dtype：输出的类型有 float16、float32、float64、int32、orint64。
- seed：一个 TensorFlow 整数。用于为分布创建一个随机种子。
- name：操作的名称（可选）。

函数用于填充随机均匀值的指定形状的张量。

（4）tf.random_shuffle

函数用于随机地将张量沿其第一维度打乱。语法格式为：

```
random_shuffle(
    value,
    seed=None,
    name=None
)
```

张量沿着维度 0 被重新打乱，使得每个 value[i][j]被映射到唯一一个 output[m][j]。例如，一个 3×2 张量可能出现的映射是：

```
[[1, 2],        [[5, 6],
[3, 4],   ==>    [1, 2],
[5, 6]]          [3, 4]]
```

参数含义为：

- value：将被打乱的张量。
- seed：一个 TensorFlow 整数，用于为分布创建一个随机种子。
- name：操作的名称（可选）。
- 返回：与 value 具有相同的形状和类型的张量，沿着它的第一个维度打乱。

（5）tf.random_crop

函数用于随机地将张量裁剪为给定的大小。语法格式为：

```
random_crop(
    value,
    size,
    seed=None,
    name=None
)
```

以一致选择的偏移量将一个形状 size 部分从 value 中切出。需要的条件是 value.shape >= size。

如果大小不能裁剪，请传递该维度的完整大小。例如，可以使用 size = [crop_height, crop_width, 3]裁剪 RGB 图像。

cifar10 中就有利用该函数随机裁剪 24×24 大小的彩色图片的例子，代码如下：

```
distorted_image = tf.random_crop(reshaped_image, [height, width, 3])
```

random_crop 函数的参数的含义为：

- value：向裁剪输入张量。
- size：一维张量，大小等级为 value。
- seed：TensorFlow 整数，用于创建一个随机的种子。
- name：此操作的名称（可选）。

函数与 value 具有相同的秩并且与 size 具有相同形状的裁剪张量。

（6）tf.multinomial

函数为从多项式分布中抽取样本。语法格式为：

```
multinomial(
    logits,
    num_samples,
    seed=None,
    name=None
)
```

其中，参数含义为：

- logits：形状为[batch_size, num_classes]的二维张量；每个切片[i, :]表示所有类的非标准化对数概率。
- num_samples：表示 0 维张量，为每行切片绘制的独立样本数。
- seed：TensorFlow 整数，用于为分发创建一个随机种子。
- name：操作的名称（可选）。

函数返回绘制样品的形状 [batch_size, num_samples]。

（7）tf.random_gamma

函数为从每个给定的伽玛分布中绘制 shape 样本。语法格式为：

```
random_gamma(
    shape,
    alpha,
    beta=None,
    dtype=tf.float32,
    seed=None,
    name=None
)
```

其中，alpha 是形状参数，beta 是尺度参数。其他参数含义为：

- shape：一维整数张量或 TensorFlow 数组。输出样本的形状是按照 alpha/beta-parameterized 分布绘制的。

- alpha：一个张量或者 TensorFlow 值或者 dtype 类型的 N-D 数组。
- beta：一个张量或者 TensorFlow 值或者 dtype 类型的 N-D 数组，默认为 1。
- dtype：alpha、beta 的类型，输出 float16，float32 或 float64。
- seed：一个 TensorFlow 整数，用于为分布创建一个随机种子。
- name：操作的名称（可选）。

函数返回具有 dtype 类型值的带有形状 tf.concat(shape, tf.shape(alpha + beta))的张量。

（8）tf.set_random_seed

函数用于设置图形级随机 seed。作用在于可以在不同的图中重复那些随机变量的值。语法格式为：

```
set_random_seed(seed)
```

可以从两个 seed 中获得依赖随机 seed 的操作：图形级 seed 和操作级 seed。seed 必须是整数，对大小没有要求，只是作为图形级和操作级标记使用，本节将介绍如何设置图形级 seed。

它与操作级别 seed 的关系如下：

- 如果既没有设置图层级也没有设置操作级别的 seed，则使用随机 seed 进行该操作。
- 如果设置了图形级 seed，但操作 seed 没有设置，则系统确定性地选择与图形级 seed 结合的操作 seed，以便获得唯一的随机序列。
- 如果未设置图形级 seed，但设置了操作 seed，则使用默认的图层 seed 和指定的操作 seed 来确定随机序列。
- 如果图层级 seed 和操作 seed 都被设置，则两个 seed 将一起用于确定随机序列。

具体来说，使用 seed 应牢记以下 3 点：

1）要在会话里的不同图中生成不同的序列，请不要设置图层级 seed 或操作级 seed。

2）要为会话中的操作在不同图中生成相同的可重复序列，请为该操作设置 seed。

3）要使所有操作生成的随机序列在会话中的不同图中都可重复，请设置图形级别 seed。

【例 2-4】 创建随机变量。

```
#不同情况请注释或取消注释相关语句
import tensorflow as tf
#第一种情形：无 seed
a = tf.random_uniform([1])
#第二种情形：操作级 seed
#a = tf.random_uniform([1], seed=-8)
#第三种情形：图层级 seed
#tf.set_random_seed(1234)
#a = tf.random_uniform([1])
b = tf.random_normal([1])
tf.global_variables_initializer()

print("Session 1")
with tf.Session() as sess1:
```

```
  print(sess1.run(a))  # a1
  print(sess1.run(a))  # a2
  print(sess1.run(b))  # b1
  print(sess1.run(b))  # b2
print("Session 2")
with tf.Session() as sess2:
  print(sess2.run(a))  # a3(第一种情形 a1!=a3;第二种情形 a1==a3;第三种情形 a1==a3)
  print(sess2.run(a))  # a4(同上)
  print(sess2.run(b))  # b3(第一种情形 b1!=b3;第二种情形 b1!=b3;第三种情形 b1==b3)
  print(sess2.run(b))  # b4(同上)
```

运行程序，输出如下：

```
[0.3589779]
[0.746384]
[0.29682708]
[-1.2591735]
Session 2
[0.9770962]
[0.60623896]
[-0.5013621]
[-1.4085363]
```

上述函数都含有 seed 参数，属于操作级 seed。

在 TensorFlow 中，提供了 range()函数用于创建数字序列变量，有以下两种形式：

- range(limit, delta=1, dtype=None, name='range')。
- range(start, limit, delta=1, dtype=None, name='range')。

该数字序列开始于 start 并且将以 delta 为增量扩展到不包括 limit 时的最大值结束，类似 Python 的 range 函数。

【例 2-5】 利用 range 函数创建数字序列。

```
import tensorflow as tf
x=tf.range(8.0, 13.0, 2.0)
y=tf.range(10, 15)
z=tf.range(3, 1, -0.5)
w=tf.range(3)
sess = tf.Session()
sess.run(tf.global_variables_initializer())
print (sess.run(x))#输出[  8.  10.  12.]
print (sess.run(y))#输出[10 11 12 13 14]
print (sess.run(z))#输出[ 3.   2.5  2.   1.5]
print (sess.run(w))#输出[0 1 2]
```

运行程序，输出如下：

```
[ 8. 10. 12.]
[10 11 12 13 14]
[3.  2.5 2.  1.5]
[0 1 2]
```

2.4.2 变量的初始化

变量的初始化必须在模型的其他操作运行之前先明确地完成。最简单的方法就是添加一个对所有变量初始化的操作，并在使用模型前首先运行这个操作。使用 tf.global_variables_initializer()来添加一个操作对变量进行初始化。例如：

```
# 创建两个变量
weights = tf.Variable(tf.random_normal([784, 200], stddev=0.35),
                      name="weights")
biases = tf.Variable(tf.zeros([200]), name="biases")
...
# 添加一个操作来初始化变量
init = tf.global_variables_initializer()

# 稍后，当启动模型时
with tf.Session() as sess:
  # Run the init operation.
  sess.run(init)
  ...
  # 使用模型
  ...
```

有时候会需要用另一个变量的初始化值给当前变量进行初始化。由于 tf.global_variables_initializer()是并行地初始化所有变量，所以用其他变量的值初始化一个新的变量时，要使用其他变量的 initialized_value()属性。可以直接把已初始化的值作为新变量的初始值，或者把它当作张量计算，得到一个值赋予新变量。例如：

```
# 创建一个变量并赋予随机值
weights = tf.Variable(tf.random_normal([784, 200], stddev=0.35),
                      name="weights")
# 创建另一个变量，使它们的权值相同
w2 = tf.Variable(weights.initialized_value(), name="w2")
# 创建另一个两倍于“权重”值的变量
w_twice = tf.Variable(weights.initialized_value() * 0.2, name="w_twice")
```

assign()函数也有初始化的功能。TensorFlow 中 assign()函数可用于对变量进行更新，包括变量的 value 和 shape。涉及以下函数：

- tf.assign(ref, value, validate_shape = None, use_locking = None, name=None)。
- tf.assign_add(ref, value, use_locking = None, name=None)。
- tf.assign_sub(ref, value, use_locking = None, name=None)。

- tf.variable.assign(value, use_locking=False)。
- tf.variable.assign_add(delta, use_locking=False)。
- tf.variable.assign_sub(delta, use_locking=False)。

这 6 个函数本质上是一样的，都用于对变量值进行更新，其中 tf.assign 还可以更新变量的 shape。

其中 tf.assign 是用 value 的值赋给 ref，这种赋值会覆盖掉原来的值，即更新而不会创建一个新的 tensor；tf.assign_add 相当于利用 ref=ref+value 来更新 ref；tf.assign_sub 相当于利用 ref= ref-value 来更新 ref; tf.variable.assign 相当于 tf.assign(ref,value); tf.variable.assign_add 和 tf.variable.assign_sub 也是同理。

tf.assign 函数的语法格式为：

```
tf.assign(ref, value, validate_shape = None, use_locking = None, name= None)
```

其中，参数含义为：

- ref：一个可变的张量，应该来自变量节点，节点可能未初始化，参考下面的例子。
- value：张量，必须具有与 ref 相同的类型，是要分配给变量的值。
- validate_shape：一个可选的 bool，默认为 True。如果为 True，则操作将验证“value”的形状是否与分配给张量的形状相匹配；如果为 False，“ref”将对“值”的形状进行引用。
- use_locking：一个可选的 bool，默认为 True。如果为 True，则分配将受锁保护；否则，表示该行为是未定义的，可能会显示较少的争用。
- name：操作的名称（可选）。

函数返回一个在赋值完成后将保留“ref”新值的张量。

现在举 3 个例子，说明 3 个问题：

【例 2-6】 assign 操作会初始化相关的节点，并不需要 tf.global_variables_initializer() 初始化，但是并非所有的节点都会被初始化。

```
import tensorflow as tf
import numpy as np

weights=tf.Variable(tf.random_normal([1,2],stddev=0.35),name="weights")
biases=tf.Variable(tf.zeros([3]),name="biases")
x_data = np.float32(np.random.rand(2, 3)) # 随机输入 2 行 3 列的数据
y = tf.matmul(weights, x_data) + biases

update=tf.assign(weights,tf.random_normal([1,2],stddev=0.50))#正确
#update=weights.assign(tf.random_normal([1,2],stddev=0.50))#正确，和上句意
义相同
#init=tf.global_variables_initializer()

with tf.Session() as sess:
    #sess.run(init)
    for _ in range(2):
```

```
    sess.run(update)
    print(sess.run(weights))#正确，因为 assign 操作会初始化相关的节点
    print(sess.run(y))#错误，因为使用了未初始化的 biases 变量
```

【例 2-7】 tf.assign()操作可以改变变量的 shape，只需要令参数 validate_shape=False 默认为 True。

```
import tensorflow as tf
x = tf.Variable(0)
y = tf.assign(x, [5,2], validate_shape=False)
with tf.Session() as sess:
    sess.run(tf.global_variables_initializer())
    print (sess.run(x))#输出 0
    print (sess.run(y))#输出[5 2]
    print (sess.run(x))#输出[5 2]
```

运行程序，输出如下：

```
0
[5 2]
[5 2]
```

【例 2-8】 assign 会在图中产生额外的操作，可用 tf.Variable.load(value, session)实现从图外赋值不产生额外的操作。

```
import tensorflow as tf
x = tf.Variable(0)
sess = tf.Session()
sess.run(tf.global_variables_initializer())
print(sess.run(x))  # 输出 0
x.load(5, sess)
print(sess.run(x))  # 输出 5
```

运行程序，输出如下：

```
0
5
```

另外，这里还应该说明的是，还有 3 种读取数据的方法：Feeding、文件中读取、加载预训练数据。它们都属于给变量初始化的方式。为了不引起混淆，必须说明的是常量也是变量，而 3 种读取数据的方法都是读取常量的方法，但依然是初始化的一种常见方式。

2.4.3 变量的更新

虽然 assign()函数有对变量进行更新的作用，但是此处探讨的更新却不是如此简单。事实上，我们不需要做什么具体的事情，因为 TensorFlow 会自动求导求梯度，根据代价函数自动更新参数。这是全局参数的更新，也是由 TensorFlow 学习的机制自动确定的。那么 TensorFlow 如何知道究竟哪个是变量，哪个是常量呢？很简单，tf.variable()里面有一个布尔型的参数 trainable，表示这个参数是否为需要学习的变量，而它默认为 True，因此很容

易被忽略，就这样 TensorFlow 图会把它加入 GraphKeys.TRAINABLE_VARIABLES，从而对其进行更新。

2.4.4 变量的保存

对于训练的变量，成功的话都是有意义的，需要将其保存在文件里，方便以后的测试和再训练，这就是 weights 文件，是必不可少的。

2.4.5 变量的加载

加载变量和保存变量是一正一反的过程，保存变量是要把模型里的变量信息保存到 weights 文件里，而加载变量就是要把这些有意义的变量值从 weights 文件加载到模型里。

2.4.6 共享变量和变量命名空间

前面应用的变量都是单个变量的简单使用，在实际的应用过程中，特别是在使用递归神经网络的时候，若创建一个比较复杂的模块，通常会共享一些变量的值，这时就需要变量可以共享。

先举一个简单的例子，来看看什么时候需要使用共享变量。假设现在有一批（x,y）的数据，我们预先知道这些数据的分布满足公式：

$$y=weight\times x+bias$$

但是公式中的 weight 和 bias 我们不知道，需要通过训练才能得到。同时在训练过程中，每训练 10 个样本就用一批测试数据去测试一下损失值是多少。

实际过程中的训练数据和测试数据都采用模拟生成数据的方式代替，通过例 2-9 实现。

【例 2-9】 训练 y=weight×x+bias 的 TensorFlow 代码。

```
#coding=utf-8
import numpy as np
import tensorflow as tf

# 获取训练数据和测试数据
def get_data(number):
    list_x = []
    list_label = []
    for i in range(number):
        x = np.random.randn(1)
        # 这里构建数据的分布满足 y = 2 * x + 10
        label = 2 * x + np.random.randn(1) * 0.01  + 10
        list_x.append(x)
        list_label.append(label)
    return list_x, list_label

#定义网络计算结构，输入是 x，输出 y=weight*x+bias
def inference(x):
    weight = tf.Variable(0.01, name="weight")
```

```
    bias = tf.Variable(0.01, name="bias")
    y = x * weight + bias
    return y

train_x = tf.placeholder(tf.float32)
train_label = tf.placeholder(tf.float32)
test_x = tf.placeholder(tf.float32)
test_label = tf.placeholder(tf.float32)

with tf.variable_scope("inference"):
    train_y = inference(train_x)
    test_y = inference(test_x)
'''
定义损失函数以计算损失值，在此采用差的平方作为损失函数
损失函数是用来计算训练结果和真实结果相差多少的方法
在正常的训练过程中，损失值会越来越少，模型越来越能模拟输入训练数据的分布
'''
train_loss = tf.square(train_y - train_label)
test_loss = tf.square(test_y - test_label)
#采用梯度下降优化函数
opt = tf.train.GradientDescentOptimizer(0.002)
train_op = opt.minimize(train_loss)
#参数初始化操作
init = tf.global_variables_initializer()
#读取训练数据
train_data_x, train_data_label = get_data(1000) #读取训练数据的函数
test_data_x, test_data_label = get_data(1)

with tf.Session() as sess:
    sess.run(init)
    for i in range(1000):
        #运行一次训练操作
        sess.run(train_op, feed_dict={train_x: train_data_x[i],
                                      train_label:train_data_label[i]})
        if i % 10 == 0:
            #运行 10 次训练，测试一下数据
            test_loss_value = sess.run(test_loss,
                           feed_dict={test_x:test_data_x[0],
                                      test_label: test_data_label[0]})
            print("step %d eval loss is %.3f" %(i,test_loss_value))
```

在以上代码中，tf.placeholder()的作用相当于一个占位变量，它的实际值在构建图的过程中没有提及，需要在会话中执行计算时通过参数 feed_dict 传递进去。

在此将公式的计算过程放到了函数 inference()中。因为训练过程就是训练 inference 函数中的 weight 和 bias 变量，而测试过程需要用到相同的 weight 和 bias，所以训练过程和测

试过程都会调用 inference 函数。在构建训练过程中，先调用 inference()构建 y=weight×x+bias 的向前计算过程的操作和变量，计算得到的值 train_y 会和实际数据的 train_label 值做差的平方运算，得到一个衡量它们之间相差多大的值 train_loss（通常称作损失函数，用来衡量训练过程的结果和实际数据的结果相差多大）。然后通过调用 tf.train.GradientDescentOptimizer 得到随机梯度下降的优化函数，它的作用是根据损失函数的值，帮助用户在训练过程中确定参数更新的方向，以及更新参数的大小，目标是让下次计算的损失值变小。在计算图中，最后的 train_op 就是训练过程中最后一步的操作。

在会话中，循环 1000 次计算，每次计算取一个样本值，通过 feed_dict 传给 train_x 和 train_y，通过执行 train_op 计算一次当前样本的损失值，并且通过优化函数自动更新一次 weight 和 bias 的参数，目标是让更新后的 weight 和 bias 的值再次计算时，损失值往变小的方向走。每执行 10 次 train_op，就执行一次测试，测试的计算逻辑基本和训练过程一样，就是将样本的值放进去计算，测试结果的损失值并将其打印出来。

用户所期望的是随着计算步数的增加，测试过程得到的损失值会慢慢减少，最终接近于 0，并且变量 weight 和 bias 的值也慢慢接近于 2 和 10。

但是实际的打印结果是：

```
step 0 eval loss is 83.763
step 10 eval loss is 83.763
step 20 eval loss is 83.763
……
step 970 eval loss is 83.763
step 980 eval loss is 83.763
step 990 eval loss is 83.763
```

从实际的结果来看，计算的 test_loss 的损失值一直都没有变化。这是为什么呢？

这是因为在第二次调用 inference()函数时，虽然调用的是同一个函数，但是在第二次调用时重新构建了一份新的 weight 和 bias 的变量，所以在训练过程中修正的其实是第一个 inference()函数构造的 weight 和 bias 的值，而测试过程用到的 weight 和 bias 值并没有更新。

那么，如何实现训练过程和测试过程使用的是同一套变量呢？可以使用 TensorFlow 的变量作用域和共享变量来实现变量共享。

变量作用域机制在 TensorFlow 中主要由以下两部分组成。

- tf.get_variable(<name>, <shape>, <initializer>) ：创建或返回给定名称的变量。
- tf.variable_scope(<scope_name>)：管理传给 get_variable()的变量名称的作用域。

先说作用域，变量作用域通过 tf.variable_scope(<scope_name>)来声明，其作用类似于 C++的 namespace。

共享变量 tf.get_variable 怎么用呢？不同于 tf.variable 直接定义一个变量，tf.get_variable 可能会新定义一个变量，也可能共享前面已经出现的变量，这取决于当前位置的变量作用域是否是重用（reuse）的（当前位置的变量作用域的 reuse 属性通过 tf.get_variable_scope().reuse_variable()来设置）。

tf.get_variable 是新建变量还是共享前面已经定义的变量，通过如下逻辑来判断：

- 如果当前位置变量的作用域不可重用，并且前面已经有重名的变量，则报错。
- 如果当前位置变量的作用域不可重用，并且前面没有重名的变量，则新建一个变量。
- 如果当前位置变量的作用域可重用，但是前面没有出现过同样名字的变量，则报错。
- 如果当前位置变量的作用域可重用，前面也出现过相同名字的变量，则共享前面的变量。

调用 tf.get_variable 创建变量时，必须给变量指定一个名字，将这个指定的名字加在变量所处的变量命名空间的名字后面，作为这个变量实际的名字，只有实际的名字相同，才认为两个变量的名字相同。所以，不同变量作用域下名字相同的变量被认为是不同的变量名字。

那么，对于前面的例子，要达到共享变量的目的，只需要将变量的定义部分修改成 tf.get_variable()的方式，并且加上变量命名空间和变量 reuse 设定就可以了。修改后的代码如【例 2-10】所示。

【例 2-10】 采用共享变量的方式训练 y=weight×x+bias 的 TensorFlow 代码。

```
import numpy as np
import tensorflow as tf

# 获取训练数据和测试数据
def get_data(number):
    list_x = []
    list_label = []
    for i in range(number):
        x = np.random.randn(1)
        # 构建数据的分布满足 y = 2 * x + 10
        label = 2 * x + np.random.randn(1) * 0.01  + 10
        list_x.append(x)
        list_label.append(label)
    return list_x, list_label

def inference(x):
    weight = tf.get_variable("weight",[1])
    bias = tf.get_variable("bias",[1])
    y = x * weight + bias
    return y

train_x = tf.placeholder(tf.float32)
train_label = tf.placeholder(tf.float32)
test_x = tf.placeholder(tf.float32)
test_label = tf.placeholder(tf.float32)

with tf.variable_scope("inference"):
    train_y = inference(train_x)
    '''
    在此处定义相同名字的变量是共享变量
```

```
    此句之后的 tf.get_variable 获取的变量需要根据变量的名字共享前面已经定义的
变量，如果之前没有相同名字的变量，则会报错
    '''
    tf.get_variable_scope().reuse_variables()
    test_y = inference(test_x)

train_loss = tf.square(train_y - train_label)
test_loss = tf.square(test_y - test_label)
opt = tf.train.GradientDescentOptimizer(0.002)
train_op = opt.minimize(train_loss)
init = tf.global_variables_initializer()
train_data_x, train_data_label = get_data(1000) #读取训练数据的函数
test_data_x, test_data_label = get_data(1)

with tf.Session() as sess:
    sess.run(init)
    for i in range(1000):
        sess.run(train_op, feed_dict={train_x: train_data_x[i],
                                      train_label:train_data_label[i]})
        if i % 10 == 0:
            test_loss_value = sess.run(test_loss,
                             feed_dict={test_x:test_data_x[0],
                                        test_label: test_data_label[0]})
            print("step %d eval loss is %.3f" %(i,test_loss_value))
```

运行程序，输出如下：

```
step 0 eval loss is 98.889
step 10 eval loss is 91.310
step 20 eval loss is 84.491
……
step 970 eval loss is 0.040
step 980 eval loss is 0.037
step 990 eval loss is 0.034
```

可以看到，测试的损失值越来越接近于 0，这说明两个 inference()函数中的操作和变量可以共享了。

变量的 reuse 属性的作用范围可以向它的子作用域传递。当跳出作用域的范围时，变量的 reuse 会变成上一层作用域的 reuse 的值，代码为：

```
with tf.variable_scope("root"):
    #刚开始变量的 reuse 属性没有设置，默认是 False
    assert tf.get_variable_scope().reuse==False
    with tf.variable_scope("foo"):
        #进入一个子作用域，reuse 的值依然是 False
        assert tf.get_variable_scope().reuse=False
    with tf.variable_scope("foo",reuse=True):
```

```
        #进入这个子作用域，变量的 reuse 属性被显式修改为 True
        assert tf.get_variable_scope().reuse==True
        with tf.variable_scope("bar"):
        #在内部子作用域，变量的 reuse 属性在没有显式改变的情况下还是 True
        assert tf.get_variable_scope().reuse=True
    #跳出子作用域，变量的 reuse 属性复原为 False
    assert tf.get_variable_scope().reuse==False
```

此外，也可以修改目前的变量作用域为之前已经存在的变量作用域，代码为：

```
with tf.variable_scope("foo") as foo_scope:
    v=tf.get_variable("v",[1])
with tf.variable_scope(foo_scope):
    v=tf.get_variable("w",[1])
with tf.variable_scope(foo_scope,reuse=True):
    #这里处于 foo 的作用域下，v 和 w 可以共享前面的 v 和 w
    v=tf.get_variable("v",[1])
    v=tf.get_variable("w",[1])
```

2.5 矩阵的操作

理解 TensorFlow 如何计算（操作）矩阵，对于理解计算图中数据的流动来说非常重要。

许多机器学习算法依赖矩阵操作。在 TensorFlow 中，矩阵计算是相当容易的。在下面的所有例子中，我们都会创建一个图会话，代码为：

```
import tensorflow as tf
sess=tf.Session()
```

2.5.1 矩阵的生成

这部分主要讲如何生成矩阵，包括全 0 矩阵、全 1 矩阵、随机数矩阵和常数矩阵等。

（1）tf.ones | tf.zeros

这两个函数的用法类似，都是产生尺寸为 shape 的张量，语法格式为：

```
tf.ones(shape,type=tf.float32,name=None)
tf.zeros([2, 3], int32)
```

【例 2-11】 产生大小为 2×3 的全 1 矩阵与全 0 矩阵。

```
import tensorflow as tf
sess=tf.Session()
sess = tf.InteractiveSession()
x = tf.ones([2, 3], "int32")
print(sess.run(x))
y = tf.zeros([2, 3], "int32")
print(sess.run(y))
```

运行程序，输出如下：

```
[[1 1 1]
 [1 1 1]]
[[0 0 0]
 [0 0 0]]
```

（2）tf.ones_like | tf.zeros_like

这两个函数用于新建一个与给定的张量类型大小一致的张量，其所有元素为 1 和 0。语法格式为：

```
tf.ones_like(tensor,dype=None,name=None)
tf.zeros_like(tensor,dype=None,name=None)
```

【例 2-12】 利用 ones_like 函数新建一个类型大小与给定张量一致的全 1 矩阵。

```
import tensorflow as tf
sess = tf.InteractiveSession()

x = tf.ones([2, 3], "float32")
print("tf.ones():", sess.run(x))
tensor = [[1, 2, 3], [4, 5, 6]]
x = tf.ones_like(tensor)
print("ones_like 给定的 tensor 类型大小一致的 tensor，其所有元素为 1 和 0",
sess.run(x))
print("创建一个形状大小为 shape 的 tensor,其初始值为 value", sess.run(tf.fill([2,
3], 2)))
```

运行程序，输出如下：

```
tf.ones(): [[1. 1. 1.]
 [1. 1. 1.]]
ones_like 给定的 tensor 类型大小一致，其所有元素为 1 和 0 [[1 1 1]
 [1 1 1]]
创建一个形状大小为 shape 的 tensor，其初始值为 value [[2 2 2]
 [2 2 2]]
```

运行程序，输出如下：

```
[[1 1 1]
 [1 1 1]]
[[0 0 0]
 [0 0 0]]
```

（3）tf.fill

该函数用于创建一个形状大小为 shape 的张量，其初始值为 value。语法格式为：

```
tf.fill(shape,value,name=None)
```

【例 2-13】 利用 fill 函数创建一个形状为 shape 的矩阵。

```
import tensorflow as tf
sess=tf.Session()
print(sess.run(tf.fill([2,4],3)))
```

运行程序，输出如下：

```
[[3 3 3 3]
 [3 3 3 3]]
```

（4）tf.constant

该函数用于创建一个常量张量，按照给出 value 来赋值，可以用 shape 来指定其形状。value 可以是一个数，也可以是一个 list。

如果是一个数，那么这个常量中的所有值按该数来赋值；如果是 list，那么 len(value) 一定要小于等于 shape 展开后的长度。赋值时，先将 value 中的值逐个存入。不够的部分全部存入 value 的最后一个值。

函数的语法格式为：

```
tf.constant(value,dtype=None,shape=None,name='Const')
```

【例 2-14】 利用 constant 函数创建常数矩阵。

```
import tensorflow as tf
sess = tf.InteractiveSession()

a = tf.constant(2, shape=[2])
b = tf.constant(2, shape=[2, 2])
c = tf.constant([1, 2, 3], shape=[6])
d = tf.constant([1, 2, 3], shape=[3, 2])

print("constant 的常量: ", sess.run(a))
print("constant 的常量: ", sess.run(b))
print("constant 的常量: ", sess.run(c))
print("constant 的常量: ", sess.run(d))
```

运行程序，输出如下：

```
constant 的常量:  [2 2]
constant 的常量:  [[2 2]
                  [2 2]]
constant 的常量:  [1 2 3 3 3 3]
constant 的常量:  [[1 2]
                  [3 3]
                  [3 3]]
```

（5）tf.random_normal | tf.truncated_normal | tf.random_uniform

这几个都是用于生成随机数张量的，尺寸是 shape。

- random_normal：正太分布随机数、均值 mean、标准差 stddev。
- truncated_normal：截断正态分布随机数、均值 mean、标准差 stddev，不过只保留

[mean-2*stddev,mean+2*stddev]范围内的随机数。

- random_uniform：均匀分布随机数，范围为[minval,maxval]。

它们的语法格式为：

```
tf.random_normal(shape,mean=0.0,stddev=1.0,dtype=tf.float32,seed=None,
name=None)
tf.truncated_normal(shape, mean=0.0, stddev=1.0, dtype=tf.float32,
seed=None, name=None)
tf.random_uniform(shape,minval=0,maxval=None,dtype=tf.float32,seed=None,
name=None)
```

【例 2-15】 利用 random_normal 函数生成随机矩阵。

```
import tensorflow as tf
sess = tf.InteractiveSession()
x = tf.random_normal(shape=[1, 5], mean=0.0, stddev=1.0, dtype=tf.float32,
seed=None, name=None)
print("打印正太分布随机数：", sess.run(x))
x=tf.truncated_normal(shape=[1, 5], mean=0.0, stddev=1.0, dtype=tf. float32,
seed=None, name=None)
print("截断正态分布随机数:[mean-2*stddev,mean+2*stddev]", sess.run(x))
x = tf.random_uniform(shape=[1, 5], minval=0, maxval=None, dtype=tf.float32,
seed=None, name=None)
print("均匀分布随机数:[minval,maxval]", sess.run(x))
```

运行程序，输出如下：

```
打印正太分布随机数： [[-0.56721544   1.890861    0.85449654   0.67190397
-1.3613324]]
截断正态分布随机数:[mean-2*stddev,mean+2*stddev] [[-0.42709324   0.07788924
-0.422174   1.0733088  -0.31796047]]
均匀分布随机数:[minval,maxval] [[0.3846115  0.14571834 0.7016494  0.38841534
0.6024381]]
```

2.5.2 矩阵的变换

TensorFlow 中也提供了相关函数用于实现矩阵的变换，下面分别给予介绍。

（1）tf.shape

该函数用于返回张量的形状。但要注意，tf.shape 函数本身也是返回一个张量。而在 TensorFlow 中，张量是需要用 sess.run(Tensor)来得到具体的值的。语法格式为：

```
tf.shape(Tensor)
```

【例 2-16】 用 shape 函数返回矩阵的形状。

```
import tensorflow as tf
sess = tf.InteractiveSession()
labels = [1, 2, 3]
```

```
shape = tf.shape(labels)
print(shape)
print("返回张量的形状：", sess.run(shape))
```

运行程序，输出如下：

```
Tensor("Shape:0", shape=(1,), dtype=int32)
返回张量的形状：[3]
```

（2）tf.expand_dims

该函数用于为张量增加一维。语法格式为：

```
tf.expand_dims(Tensor, dim)
```

【例 2-17】 用 expand_dims 函数为给定矩阵增加一维。

```
import tensorflow as tf
sess = tf.InteractiveSession()
labels = [1, 2, 3]
x = tf.expand_dims(labels, 0)
print("为张量+1 维，但是 X 执行的维度为 0,则不更改", sess.run(x))
x = tf.expand_dims(labels, 1)
print("为张量+1 维，X 执行的维度为 1,则增加一维度", sess.run(x))
x = tf.expand_dims(labels, -1)
print("为张量+1 维，但是 X 执行的维度为-1,则不更改", sess.run(x))
```

运行程序，输出如下：

```
为张量+1 维，但是 X 执行的维度为 0,则不更改 [[1 2 3]]
为张量+1 维，X 执行的维度为 1,则增加一维度 [[1]
 [2]
 [3]]
为张量+1 维，但是 X 执行的维度为-1,则不更改 [[1]
 [2]
 [3]]
```

（3）tf.concat

该函数将张量沿着指定维数拼接起来。语法格式为：

```
tf.concat(concat_dim, values, name="concat")
```

【例 2-18】 利用 concat 函数将给定的矩阵进行拼接。

```
import tensorflow as tf
sess = tf.InteractiveSession()
t1 = [[1, 2, 3], [4, 5, 6]]
t2 = [[7, 8, 9], [10, 11, 12]]
print("tf.concat 将张量沿着指定维数拼接起来",sess.run(tf.concat([t1,t2],0)))
print("tf.concat 将张量沿着指定维数拼接起来",sess.run(tf.concat([t1,t2],1)))
```

运行程序，输出如下：

```
tf.concat 将张量沿着指定维数拼接起来 [[ 1  2  3]
 [ 4  5  6]
 [ 7  8  9]
 [10 11 12]]
tf.concat 将张量沿着指定维数拼接起来 [[ 1  2  3  7  8  9]
 [ 4  5  6 10 11 12]]
```

（4）tf.sparse_to_dense

该函数将稀疏矩阵转为密集矩阵。其定义为：

```
def sparse_to_dense(sparse_indices,
                    output_shape,
                    sparse_values,
                    default_value=0,
                    validate_indices=True,
                    name=None):
```

其中，各参数含义为：

- sparse_indices：元素的坐标[[0,0],[1,2]]表示(0,0)和(1,2)处有值。
- output_shape：得到的密集矩阵的 shape。
- sparse_values：sparse_indices 坐标表示的点的值，可以是 0D 或者 1D 张量。若是 0D，则所有稀疏值都一样。若是 1D，则 len(sparse_values)应该等于 len(sparse_indices)。
- default_values：默认点的默认值。

（5）tf.random_shuffle

该函数将沿着 value 的第一维进行随机重新排列。语法格式为：

```
tf.random_shuffle(value,seed=None,name=None)
```

【例 2-19】 利用 random_shuffle 函数对给定的矩阵进行重新排列。

```
import tensorflow as tf
sess = tf.InteractiveSession()

a = [[1, 2], [3, 4], [5, 6]]
print("沿着value的第一维进行随机的重新排列：", sess.run(tf.random_shuffle(a)))
```

运行程序，输出如下：

```
沿着 value 的第一维进行随机的重新排列： [[5 6]
 [3 4]
 [1 2]]
```

（6）tf.argmax | tf.argmin

该函数找到给定的张量，并在其中指定轴 axis 上的最大值/最小值的位置。语法格式为：

```
tf.argmax(input=tensor,dimention=axis)
```

【例 2-20】 利用 argmax 函数，寻找给定矩阵在指定轴 axis 的最大值。

```
import tensorflow as tf
sess = tf.InteractiveSession()

a = tf.get_variable(name="a", shape=[3, 4], dtype=tf.float32,
                initializer=tf.random_uniform_initializer(minval=-1,
maxval=1))
b = tf.argmax(input=a, dimension=0)
c = tf.argmax(input=a, dimension=1)
sess.run(tf.global_variables_initializer())
print("默认的初始化矩阵", sess.run(a))
print("0 维度的最大值的位置", sess.run(b))
print("1 维度的最大值的位置", sess.run(c))
```

运行程序，输出如下：

```
Use the 'axis' argument instead
默认的初始化矩阵 [[-0.72758865 -0.7290096  -0.22220922  0.44337296]
 [-0.5307169   0.50911427  0.4439516   0.7112775 ]
 [-0.2979493   0.58444333  0.5369623  -0.80529594]]
0 维度的最大值的位置 [2 2 2 1]
1 维度的最大值的位置 [3 3 1]
```

（7）tf.equal

该函数用于判断两个张量是否每个元素都相等。返回一个格式为 bool 的张量。语法格式为：

```
tf.equal(x, y, name=None):
```

（8）tf.cast

该函数将 x 的数据格式转化成 dtype。例如，原来 x 的数据格式是 bool，那么将其转化成 float 以后，就能够将其转化成 0 和 1 的序列，反之也可以。语法格式为：

```
cast(x, dtype, name=None)
```

【例 2-21】 将给定的 float 数值转化为 Bool 类型。

```
import tensorflow as tf
sess = tf.InteractiveSession()

a = tf.Variable([1, 0, 0, 1, 1])
b = tf.cast(a, dtype=tf.bool)
sess.run(tf.global_variables_initializer())
print("float 的数值转化为 Bool 的类型：", sess.run(b))
```

运行程序，输出如下：

```
float 的数值转化为 Bool 的类型： [ True False False  True  True]
```

（9）tf.matmul

该函数用来做矩阵乘法。若 $\boldsymbol{a}$ 为 $1\times m$ 的矩阵，$\boldsymbol{b}$ 为 $m\times n$ 的矩阵，那么通过 tf.matmul(a,b)

结果就会得到一个 1×n 的矩阵。不过这个函数还提供了很多额外的功能。我们来看函数的定义：

```
matmul(a, b,
          transpose_a=False, transpose_b=False,
          a_is_sparse=False, b_is_sparse=False,
          name=None):
```

可以看到，上面还提供了 transpose 和 is_sparse 的选项。

如果对应的 transpose 项为 True，如 transpose_a=True，那么 ***a*** 在参与运算之前就会先转置一下。而如果 a_is_sparse=True，那么 ***a*** 会被当作稀疏矩阵来参与运算。

【例 2-22】 对两矩阵进行相乘操作。

```
import tensorflow as tf
sess = tf.InteractiveSession()
a = tf.constant([1, 2, 3, 4, 5, 6], shape=[2, 3])
b = tf.constant([7, 8, 9, 10, 11, 12], shape=[3, 2])
c = tf.matmul(a, b)
print("矩阵 a 与 b 相乘为：",sess.run(c))
```

运行程序，输出如下：

```
矩阵 a 与 b 相乘为：[[ 58  64]
                 [139 154]]
```

（10）tf.reshape

意为就是将张量按照新的 shape 重新排列。一般来说，shape 有 3 种用法：

- 如果 shape=[-1]，表示要将张量展开成一个 list。
- 如果 shape=[a,b,c,…]，其中每个 a,b,c,…均>0，那么就是常规用法。
- 如果 shape=[a,-1,c,…]，此时 b=-1，a,c,…依然>0。这表示 TensorFlow 会根据张量的原尺寸自动计算 b 的值。

函数的语法格式为：

```
reshape(tensor, shape, name=None)
```

【例 2-23】 利用 reshape 函数对矩阵进行新的形状重新排列。

```
import tensorflow as tf
sess = tf.InteractiveSession()
t = [1, 2, 3, 4, 5, 6, 7, 8, 9]
sess.run(tf.global_variables_initializer())
r = tf.reshape(t, [3, 3])
print("重置为 3X3", sess.run(r))
v = tf.reshape(r, [-1])
print("重置回 1X9", sess.run(v))
h = [[[1, 1, 1],
      [2, 2, 2]],
     [[3, 3, 3],
```

```
      [4, 4, 4]],
     [[5, 5, 5],
      [6, 6, 6]]]
# -1 被变成了't'
print("重置 list", sess.run(tf.reshape(h, [-1])))
# -1 被推导为 9:
print("重置 2 维", sess.run(tf.reshape(h, [2, -1])))
# -1 当前被推导为 2 : (-1 is inferred to be 2)
print("重置 2 维", sess.run(tf.reshape(h, [-1, 9])))
# -1 被推导为 3:
print("重置 3 维", sess.run(tf.reshape(h, [2, -1, 3])))
```

运行程序，输出如下：

```
重置为 3X3 [[1 2 3]
 [4 5 6]
 [7 8 9]]
重置回 1X9 [1 2 3 4 5 6 7 8 9]
重置 list [1 1 1 2 2 2 3 3 3 4 4 4 5 5 5 6 6 6]
重置 2 维 [[1 1 1 2 2 2 3 3 3]
        [4 4 4 5 5 5 6 6 6]]
重置 2 维 [[1 1 1 2 2 2 3 3 3]
        [4 4 4 5 5 5 6 6 6]]
重置 3 维 [[[1 1 1]
        [2 2 2]
        [3 3 3]]
        [[4 4 4]
        [5 5 5]
        [6 6 6]]]
```

2.6 TensorFlow 数据读取的方式

机器学习既然是基于数据的方法，不管它有多抽象，总归是有读取数据的方法的，这里的数据应该是一个统称，包含数据集和变量张量。

TensorFlow 一共有 3 种方法读取数据：

- 供给数据（Feeding）：创建占位符，让 Python 代码来供给数据。
- 从文件读取数据（Reading）：TensorFlow 可以从文件中读取数据。
- 预加载数据（Preloading）：在 TensorFlow 图中定义常量或变量来保存所有数据（仅适用于数据量比较小的情况）。

1. 供给数据（Feeding）

TensorFlow 的数据供给机制可以在 TensorFlow 运算图中将数据注入任一张量中，使用 placeholder 创建占位符，然后通过给 run()或者 eval()函数输入 feed_dict 参数供给数据，才可以启动运算过程。例如：

```
with tf.Session():
  input = tf.placeholder(tf.float32, shape)
  classifier = ...
  print classifier.eval(feed_dict={input: data})
```

2. 从文件读取数据（Reading）

从文件中读取数据的内容比较灵活，TensorFlow 官方 API 也给出了例子，有兴趣的读者可以移步官网将数据导入 TensorFlow。

3. 预加载数据（Preloading）

加载数据集通常是可以完全加载到存储器中的小的数据集。有两种方法：

- 存储在常数中。
- 存储在变量中，初始化后，永远不要改变它的值。

使用常数更简单一些，但是会使用更多的内存（因为常数会内联地存储在数据流图数据结构中，这个结构体可能会被复制几次）。例如：

```
training_data = ...
training_labels = ...
with tf.Session():
  input_data = tf.constant(training_data)
  input_labels = tf.constant(training_labels)
  ...
```

要使用变量，还需要在构建图形之后对其进行初始化。如：

```
training_data = ...
training_labels = ...
with tf.Session() as sess:
  data_initializer = tf.placeholder(dtype=training_data.dtype,
                                    shape=training_data.shape)
  label_initializer = tf.placeholder(dtype=training_labels.dtype,
                                     shape=training_labels.shape)
  input_data = tf.Variable(data_initalizer, trainable=False, collections=[])
  input_labels=tf.Variable(label_initalizer,trainable=False,collections=[])
  ...
  sess.run(input_data.initializer,
          feed_dict={data_initializer: training_data})
  sess.run(input_labels.initializer,
          feed_dict={label_initializer: training_lables})
```

2.7 从磁盘读取信息

TensorFlow 可以读取许多常用的标准格式，包括大家耳熟的列表格式（CSV）、图像文件（JPG 和 PNG 格式）和标准 TensorFlow 格式。

2.7.1 列表格式

为了读取列表格式（CSV），TensorFlow 构建了自己的方法。与其他库（如 pandas）相比，读取一个简单的 CSV 文件的过程有点复杂。

读取 CSV 文件需要几个准备步骤。首先，必须创建一个文件名队列对象和将使用的文件列表，然后创建一个 TextLineReader。剩余的操作将是解码 CSV 列，并将其保存于张量。如果想将同质数据混合在一起，可以使用 pack 方法。

【例 2-24】 利用 pack 方法实现列表格式读取信息。

```
import tensorflow as tf
# 传入文件名列表
filename_queue = tf.train.string_input_producer(["file0.csv", "file1.csv"],
shuffle=True,num_epochs=2)
# 采用读文本的 reader
reader = tf.TextLineReader()
key, value = reader.read(filename_queue)
#默认值是 1.0,这里也默认指定了要读入数据的类型是 float
record_defaults = [[1.0], [1.0]]
v1, v2 = tf.decode_csv(
   value, record_defaults=record_defaults)
v_mul = tf.multiply(v1,v2)
init_op = tf.global_variables_initializer()
local_init_op = tf.local_variables_initializer()
#创建会话
sess = tf.Session()
#初始化变量
sess.run(init_op)
sess.run(local_init_op)
#输入数据进入队列
coord = tf.train.Coordinator()
threads = tf.train.start_queue_runners(sess=sess, coord=coord)
try:
   while not coord.should_stop():
      value1, value2, mul_result = sess.run([v1,v2,v_mul])
      print("%f\t%f\t%f"%(value1, value2, mul_result))
except tf.errors.OutOfRangeError:
   print('Done training -- epoch limit reached')
finally:
   coord.request_stop()
#等待线程结束
coord.join(threads)
sess.close()
```

运行程序，输出如下：

```
2.000000    2.000000    4.000000
```

```
2.000000    3.000000    6.000000
3.000000    4.000000    12.000000
1.000000    2.000000    2.000000
1.000000    3.000000    3.000000
1.000000    4.000000    4.000000
1.000000    2.000000    2.000000
1.000000    3.000000    3.000000
1.000000    4.000000    4.000000
2.000000    2.000000    4.000000
2.000000    3.000000    6.000000
3.000000    4.000000    12.000000
Done training -- epoch limit reached
Process finished with exit code 0
```

2.7.2 读取图像数据

TensorFlow 能够以图像格式导入数据，这对于面向图像的模型非常有用，因为这些模型的输入往往是图像。TensorFlow 支持的图像格式是 JPG 和 PNG，程序内部以 uint8 张量表示，每个图像通道一个二维张量，如图 2-2 所示。

图 2-2　原始图像

【例 2-25】 加载一个原始图像，并对其进行一些处理，最后保存。

```
import tensorflow as tf

sess = tf.Session()
filename_queue=tf.train.string_input_producer(tf.train.match_filenames_once
("./xiaoniao.jpg"))
reader = tf.WholeFileReader()
key, value = reader.read(filename_queue)
image = tf.image.decode_jpeg(value)
flipImageUpDown = tf.image.encode_jpeg(tf.image.flip_up_down(image))
flipImageLeftRight = tf.image.encode_jpeg(tf.image.flip_left_right (image))
tf.initialize_all_variables().run(session=sess)
coord = tf.train.Coordinator()
threads = tf.train.start_queue_runners(coord=coord, sess=sess)
```

```
example = sess.run(flipImageLeftRight)
print example
file = open("flipImageUpDown.jpg", "wb+")
file.write(flipImageUpDown.eval(session=sess))
file.close()
file.open(flipImageLeftRight.eval(session=sess))
file.close()
```

运行程序，效果如图 2-3 所示。

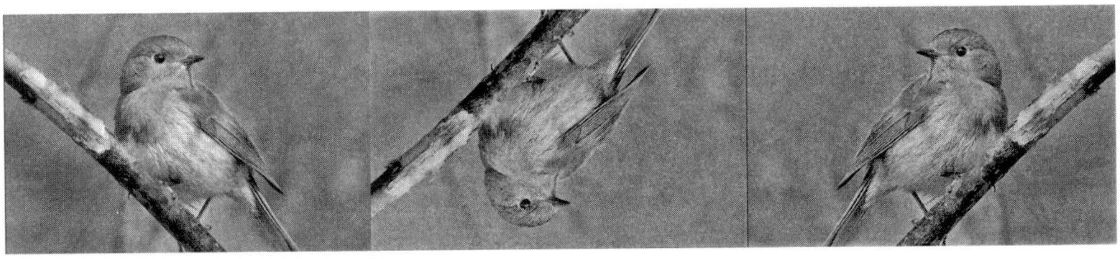

图 2-3　原始图像与转变后的图像对比（向上翻转与向左翻转）

第 3 章　TensorFlow 编程进阶

本章将介绍如何使用 TensorFlow 的关键组件，并将其串联起来创建一个简单的分类器，评估输出结果。

3.1　队列与线程

3.1.1　队列

TensorFlow 中主要有 FIFOQueue 和 RandomShuffleQueue 两种队列，下面就详细介绍这两种队列的使用方法和应用场景。

1. FIFOQueue

FIFOQueue 是先进先出队列，主要是针对一些序列样本。例如，在使用循环神经网络以及需要处理语音、文字、视频等序列信息的时候，用户希望 TensorFlow 能够按照顺序进行处理，这时候就需要使用 FIFOQueue 队列。

【例 3-1】 以下为 FIFOQueue 队列的实例，其是一个先进先出队列。

```
import tensorflow as tf
# 在使用循环神经网络时,希望读入的训练样本是有序的，那么可使用 FIFOQueue
# 先创建一个先入先出队列,初始化队列插入 0.2,0.4,0.6 三个数字
q = tf.FIFOQueue(3,tf.float32)
init = q.enqueue_many(([0.2,0.4,0.6],))      #此时数据填充并没有完成，而是做出了一个预备工作，真正的工作要在会话中完成
# 定义出队,+1,入队操作
x = q.dequeue()
y = x+1
q_add = q.enqueue(y)

with tf.Session() as sess:
    sess.run(init)
    quelen = sess.run(q.size())
    for i in range(quelen):
        sess.run(q_add)   # 执行两次操作,队列中的值发生改变
    for j in range(quelen):
        print(sess.run(q.dequeue()))      # 输出队列的值
```

运行程序，输出如下：

```
1.1
1.2
1.3
```

由以上结果可以发现，队列的操作是在主线程的对话中依次完成的。

2. RandomShuffleQueue

RandomShuffleQueue 是随机队列，在执行出队操作的时候，队列是以随机的顺序进行的。随机队列一般应用在训练模型的时候，希望可以无序的获取样本来进行训练。例如，在训练图像分类模型时，需要输入的样本是无序的，这时就可以利用多线程来读取样本，将样本放到随机队列中，然后再利用主线程每次从随机队列中获取一个 batch 进行模型的训练。

【例 3-2】 用 RandomShuffleQueue 函数以随机的顺序产生元素。

```
import tensorflow as tf
# 随机队列，在出队列时以随机的顺序弹出元素
# 例如，在训练一些图像样本时,使用 CNN 的网络结构，希望可以无序地读入训练样本
q = tf.RandomShuffleQueue(capacity=10, min_after_dequeue=2, dtypes= tf.float32)
# capacity：队列最大长度， min_after_dequeue：出队后最小长度
with tf.Session() as sess :
    for i in range(0,10):    # 10 次入队
        sess.run(q.enqueue(i))

    for i in range(0,8):     # 8 次出队
        print(sess.run(q.dequeue()))

# 在队列长度等于最小值时,执行出队操作，会发生阻断
# 在队列长度等于最大值时,执行入队操作，会发生阻断
```

运行程序，输出如下：

```
8.0
4.0
7.0
5.0
9.0
1.0
2.0
3.0
```

3.1.2 队列管理器

在训练模型时，需要将样本从硬盘读取到内存后才能进行训练。会话中可以运行多个线程，可以在队列管理器中创建一系列新的线程进行入队操作，主线程可以利用队列中的数据进行训练，而不需要等到所有的样本都读取完成之后才开始，即数据的读取和模型的

训练是异步的，这样可以节省很多时间。

【例 3-3】 队列管理器演示实例。

```
import tensorflow as tf
q = tf.FIFOQueue(1000, tf.float32)
counter = tf.Variable(0.0)  # 计数器
add_op = tf.assign_add(counter, tf.constant(1.0))  #操作：给计数器加一
enquenceData_op = q.enqueue(counter)  # 操作：让计数器加入队列

#创建一个队列管理器 QueueRunner,用这两个操作向队列 q 中添加元素，目前只使用一个线程
qr = tf.train.QueueRunner(q, enqueue_ops=[add_op, enquenceData_op] * 1)

#启动一个会话,从队列管理器 qr 中创建线程
with tf.Session() as sess:
   sess.run(tf.global_variables_initializer())
   enquence_threads = qr.create_threads(sess, start=True)  #启用入队线程
   # 主线程
   for i in range(10):
      print(sess.run(q.dequeue()))
```

运行程序，输出如下：

```
3.0
7.0
9.0
13.0
15.0
19.0
22.0
24.0
26.0
29.0
ERROR:tensorflow:Exception in QueueRunner: Session has been closed.
ERROR:tensorflow:Exception in QueueRunner: Session has been closed.
Exception in thread QueueRunnerThread-fifo_queue-AssignAdd:0:
......
```

程序结束的时候，还报了一个 tensorflow.python.framework.errors_impl.CancelledError: Enqueue operation was cancelled 的异常。那是因为主线程已经完成了，而入队线程还在继续执行，导致程序没法结束。由于计数器加 1 操作和入队操作不同步，可能会因为计数器还没来得及进行加 1 操作就再次执行入队操作，从而导致多次入队同样的数字，这就是出队的时候会出现同样数字的原因。

3.1.3 线程协调器

Coordinator 类用来帮助多个线程协同工作，多个线程同步终止。 其主要方法有：

- should_stop()：如果线程应该停止则返回 True。

- request_stop(<exception>)：请求该线程停止。
- join(<list of threads>)：等待被指定的线程终止。

其大致操作过程为：首先创建一个 Coordinator 对象，然后建立一些使用 Coordinator 对象的线程。这些线程通常一直循环运行直到 should_stop()返回 True 时停止。任何线程都可以决定什么时候应该停止计算，只需要调用 request_stop()即可，同时其他线程的 should_stop()将会返回 True，最终停止。

【例 3-4】 线程协调器实例演示。

```
import tensorflow as tf

q = tf.FIFOQueue(800, tf.float32)
counter = tf.Variable(0.0)  # 计数器
add_op = tf.assign_add(counter, tf.constant(1.0))  #操作：给计数器+1
enquenceData_op = q.enqueue(counter)  #操作：让计数器加入队列

#第一种情况，在关闭其他线程之后(除主线程之外的其他线程)，调用出队操作
print('第一种情况，在关闭其他线程之后(除主线程之外的其他线程)，调用出队操作')
#创建一个队列管理器 QueueRunner，用这两个操作向队列 q 中添加元素，目前只使用一个线程
qr = tf.train.QueueRunner(q, enqueue_ops=[add_op, enquenceData_op] * 1)
#主线程
sess = tf.Session()
sess.run(tf.global_variables_initializer())
#Coordinator：协调器，协调线程间的关系，可以视为一种信号量，用来做同步
coord = tf.train.Coordinator()
# 启动入队线程，协调器是线程的参数
enqueue_threads = qr.create_threads(sess,coord=coord,start=True)
#主线程
for i in range(0,10):
    print(sess.run(q.dequeue()))
coord.request_stop() #通知其他线程关闭
coord.join(enqueue_threads) #join 操作等待其他线程结束，其他所有线程关闭之后，这
一函数才能返回
# 第二种情况：在队列线程关闭之后，调用出队操作
print('第二种情况：在队列线程关闭之后，调用出队操作-->处理 tf.errors. OutOfRange 错
误')
# q 启动入队线程
enqueueData_threads = qr.create_threads(sess,coord=coord,start=True)
coord.request_stop()            #通知其他线程关闭

#主线程
for j in range(0,10):
    try:
        print(sess.run(q.dequeue()))
    except tf.errors.OutOfRangeError:
        break
```

```
coord.join(enqueueData_threads)   #join 操作等待其他线程结束，其他所有线程关闭之后，这一函数才能返回
```

运行程序，输出如下：

```
4.0
9.0
14.0
19.0
24.0
47.0
54.0
58.0
66.0
70.0
```

第二种情况：在队列线程关闭之后调用出队操作，处理 tf.errors.OutOfRange 错误。

```
72.0
72.0
72.0
72.0
72.0
72.0
72.0
72.0
72.0
72.0
```

3.1.4 组合使用

在 TensorFlow 中使用 Queue 的经典模式有两种，都是配合 QueueRunner 和 Coordinator 一起使用的。

第一种，显式地创建 QueueRunner，然后调用它的 create_threads 方法启动线程。例如下面这段代码：

```
import tensorflow as tf
import numpy as np
# 1000 个 4 维输入向量，每个数取值为 1-10 的随机数
data = 10 * np.random.randn(1000, 4) + 1
# 1000 个随机的目标值，值为 0 或 1
target = np.random.randint(0, 2, size=1000)
# 创建 Queue，队列中每一项包含一个输入数据和相应的目标值
queue  =  tf.FIFOQueue(capacity=50,  dtypes=[tf.float32,  tf.int32], shapes=[[4], []])
# 批量入列数据（这是一个 Operation）
enqueue_op = queue.enqueue_many([data, target])
```

```
# 出列数据（这是一个 Tensor 定义）
data_sample, label_sample = queue.dequeue()
# 创建包含 4 个线程的 QueueRunner
qr = tf.train.QueueRunner(queue, [enqueue_op] * 4)

with tf.Session() as sess:
    # 创建 Coordinator
    coord = tf.train.Coordinator()
    # 启动 QueueRunner 管理的线程
    enqueue_threads = qr.create_threads(sess, coord=coord, start=True)
    # 主线程，消费 100 个数据
    for step in range(100):
        if coord.should_stop():
            break
        data_batch, label_batch = sess.run([data_sample, label_sample])
    # 主线程计算完成，停止所有采集数据的进程
    coord.request_stop()
    coord.join(enqueue_threads)
```

第二种，使用全局的 start_queue_runners 方法启动线程。例如下面这段代码：

```
import tensorflow as tf

# 同时打开多个文件，显式创建 Queue，同时隐含了 QueueRunner 的创建
filename_queue = tf.train.string_input_producer(["data1.csv","data2.csv"])
reader = tf.TextLineReader(skip_header_lines=1)
# Tensorflow 的 Reader 对象可以直接接受一个 Queue 作为输入
key, value = reader.read(filename_queue)

with tf.Session() as sess:
    coord = tf.train.Coordinator()
    # 启动计算图中所有的队列线程
    threads = tf.train.start_queue_runners(coord=coord)
    # 主线程，消费 100 个数据
    for _ in range(100):
        features, labels = sess.run([data_batch, label_batch])
    # 主线程计算完成，停止所有采集数据的进程
    coord.request_stop()
    coord.join(threads)
```

在例子中，tf.train.string_input_produecer 会将一个隐含的 QueueRunner 添加到全局图中（类似的操作还有 tf.train.shuffle_batch 等）。由于没有显式地返回 QueueRunner 来用 create_threads 启动线程，这里使用了 tf.train.start_queue_runners 的方法直接启动 tf.GraphKeys. QUEUE_RUNNERS 集合中的所有队列线程。

这两种方式在效果上是相似的。

3.2 TensorFlow 嵌入 Layer

本节将学习如何在同一个计算图中进行多个乘法操作。下面实例创建的计算图可以用 Tensorboard 实现可视化。

【例 3-5】 TensorFlow 嵌入 Layer 实例演示。

```
"""
TensorFlow 的嵌入 Layer，用两个矩阵乘以占位符，然后做加法
传入两个形状为 3*5 的 numpy 数组，每个矩阵乘以常量矩阵(形状为：5 * 1)
返回一个形状为 3 * 1 的矩阵，紧接着再乘以 1*1 的矩阵，返回结果仍为 3*1
再加上一个 3*1 的数组
"""
import os
import numpy as np
import tensorflow as tf
os.environ['TF_CPP_MIN_LOG_LEVEL'] = '2'
s = tf.Session()

# 创建数据和占位符
my_array = np.array([[1., 3., 5., 7., 9.],
                     [-2., 0., 2., 4., 6.],
                     [-6., -3., 0., 3., 6.]])
x_vals = np.array([my_array, my_array + 1])
x_data = tf.placeholder(tf.float32, shape=(3, 5))

# 创建矩阵乘法和加法中要用到的常量矩阵
m1 = tf.constant([[1.], [0.], [-1.], [2.], [4.]])
m2 = tf.constant([[2.]])
a1 = tf.constant([[10.]])

# 声明操作,表示成计算图
prod1 = tf.matmul(x_data, m1)
prod2 = tf.matmul(prod1, m2)
add1 = tf.add(prod2, a1)

# 计算图赋值
for x_val in x_vals:
   print(s.run(add1, feed_dict={x_data: x_val}))
```

运行程序，输出如下：

```
[[102.]
 [ 66.]
 [ 58.]]
[[114.]
```

```
 [ 78.]
 [ 70.]]
```

我们在通过计算图运行数据之前心里要有数：声明数据形状，预估操作返回值形状。由于预先不知道维度，而且维度在变化，因此情况也可能发生变化。为了实现目标，需要指明变化的维度或者将事先不知道的维度设为 none。例如，占位符有未知列维度时，使用方式如下：

```
x_data=tf.placeholder(tf.float32,shape=(3,None))
```

上面虽然允许打破矩阵乘法规则，但仍然需要遵守“乘以常量矩阵返回值有一致的行数”的要求。在计算图中，也可以传入动态的 x_data，或者更改形状的 x_data。

3.3 生成随机图片数据

在第 3.2 节已经学完如何在一个计算图中进行多个操作，接着将讲述如何连接传播数据的多层 Layer。

下面的实例将介绍如何更好地连接多层 Layer，包括自定义 Layer。在此给出一个例子（数据是生成随机图片的数据），以更好地理解不同类型的操作和如何用内建层 Layer 进行计算。这里对 2D 图像进行滑动窗口平均，然后通过自定义操作层 Layer 返回结果。

为了能更好地看到计算图，将对各层 Layer 和操作进行层级命名管理。

首先引入 TensorFlow 库并创建计算图会话。

```
import tensorflow as tf
import numpy as np
sess = tf.Session()
```

接下来，通过 numpy 创建 2D（4×4 像素）图像，并将其数据改变为 4 维，分别是图片数量、高度、宽度、颜色通道（第一维和最后一维大小为 1），设两个维度值为 1：

```
x_shape = [1,4,4,1]
x_val = np.random.uniform(size=x_shape)
x_data = tf.placeholder(tf.float32,shape=x_shape)
```

为了创建过滤 4×4 像素图片的窗口，这里采用 conv2d 卷积 2×2 形状的常量窗口，其中 conv2d 需要传入滑动窗口、过滤器和步长。这里各个方向步长选用为 2，过滤器（滤波器）采用均值滤波器（平均值），padding 为是否进行扩展，这里选用“SAME”。为了计算平均值，将用常量为 0.25 的向量与 2×2 的窗口卷积：

```
#第一层
my_filter = tf.constant(0.25,shape=[2,2,1,1])
my_strides = [1,2,2,1]
mov_avg_layer = tf.nn.conv2d(x_data,my_filter,my_strides,padding='SAME',
name='Moving_Avg_Window')
```

提示：可以使用公式 Output=(W−F+2P)/S+1 计算卷积层的返回值形状。此公式中，W 是输入形状，F 是过滤形状，P 是 padding 的大小，S 是步长形状。

现在定义一个自定义 Layer，操作滑动窗口平均的 2×2 的返回值。自定义函数将输入张量乘以一个 2×2 的矩阵张量，然后每个元素加 1。因为矩阵乘法只计算二维矩阵，所以剪裁图像的多余维度（大小为 1）。TensorFlow 通过内建函数 squeeze()剪裁：

```
def custom_layer(input_matrix):
    input_matrix_sqeezed = tf.squeeze(input_matrix) #去掉维度为 1 的值，例如
[1,2,3,4]==>[2,3,4],[1,3,1,4]==>[3,4]
    A = tf.constant([[1.,2.],[-1.,3.]])
    b = tf.constant(1.,shape=[2,2])
    temp1 = tf.matmul(A,input_matrix_sqeezed)
    temp2 = tf.add(temp1,b)
    return temp2
```

这里用 tf.name_scope 命令该层的名字，当然也可以不要这句代码，直接执行 custom_layer1 = custom_layer(mov_avg_layer)：

```
with tf.name_scope('Custom_Layer') as scope:
    custom_layer1 = custom_layer(mov_avg_layer)

print(sess.run(custom_layer1,feed_dict={x_data:x_val}))
log = './log'
write = tf.summary.FileWriter(logdir=log,graph=sess.graph)
```

运行程序，输出如下：

```
[[2.6188352 2.5726752]
 [2.4488275 1.8333282]]
```

3.4 神经网络

本节主要介绍神经网络的基本概念，包括神经元、简单神经结构和深度神经结构。

3.4.1 神经元

一个神经元通常由细胞核、树突、轴突和轴突末梢这几个部分组成。一个神经元通常具有多个树突，树突的作用是接收信息；而轴突只有一条，轴突尾端有许多轴突末梢，可以给其他神经元传递信息，如图 3-1 所示。

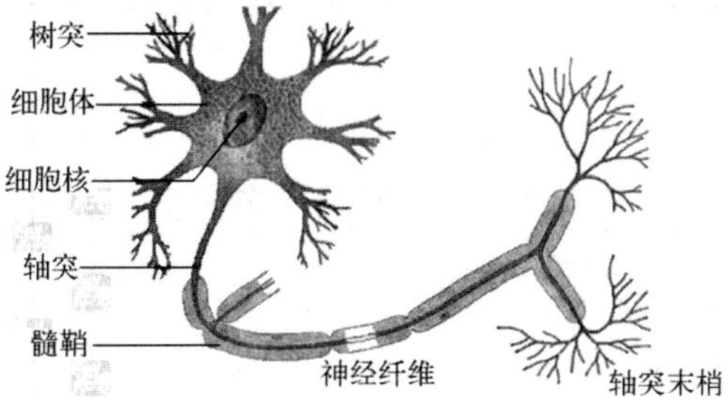

图 3-1 神经元的组成

1943 年，心理学家 Warren McCulloch 和数学家 Walter Pits 利用生物神经元的结构，发明了数学上的神经元原型，这个原型的结构很简单，其中包含一个计算单元，它可以接收多个输入，输入的数据在经过处理之后产生一个输出，如图 3-2 所示。

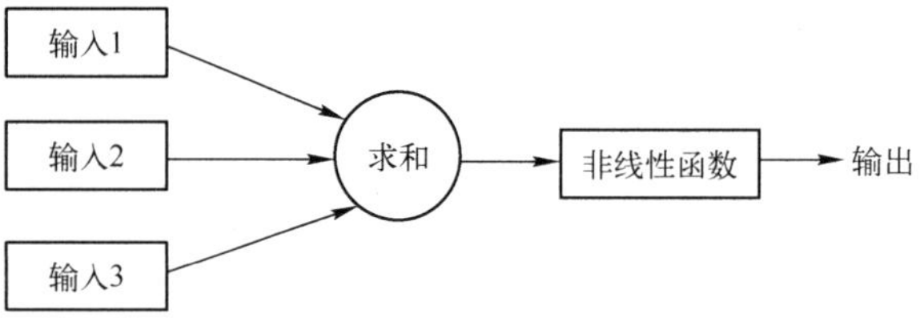

图 3-2　神经网络基本计算结构

这个结构看起来确实非常简单，大家可能会想，这么简单的一个结构能做什么呢。是的，单独一个这样简单的结构确实做不了什么有用的事。但是，就像大脑一样，当亿万个这样简单的结构组合到一起时，就能做非常复杂的事了。

3.4.2 简单神经结构

简单神经结构如图 3-3 所示，当将多个单一的“神经元”组合到一起时，一些神经元的输出作为另外一些神经元的输入，这样就组成了一个单层的神经网络。

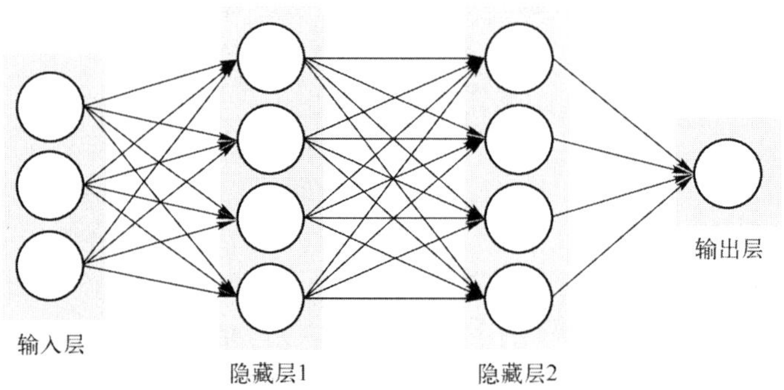

图 3-3　神经网络基本的层级结构

把神经元构成的这个简单结构看作一个整体，那么这个结构就有输入和输出。通常把接收输入数据的层叫“输入层”，接收输出结果的层叫“输出层”，中间的神经元组成“中间层”（或称隐藏层）。

大多数情况下，设计一个神经网络时，输入层和输出层往往是固定的，而中间隐藏层的层数和节点数可以自由变化。

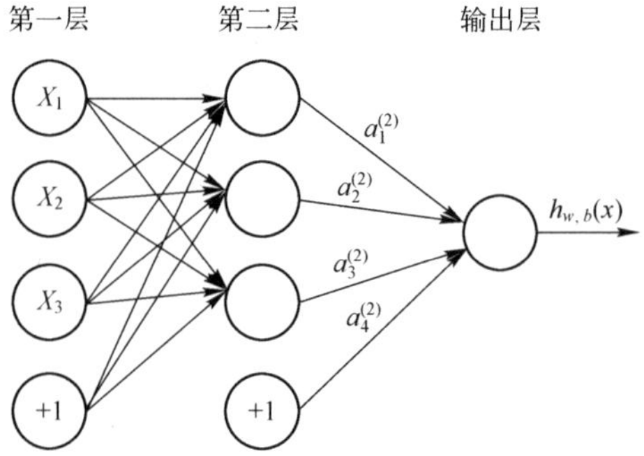

图 3-4　全连接网络层之间的基本计算方式

图 3-4 是一个普通的全连接方式的神经网络（即每一层节点的输出结果会发送给下一层的所有节点），其中最左边的圆代表输入层，最右边的圆代表输出层，前面一层的节点把值通过“边”传递给后面一层的所有节点。对于后面一层的节点来说，每个节点都接受前面一层所有节

点的值。

既然后面一层节点的值与前面一层的所有节点都有关系，那么总会出现有的节点贡献大一点，有的节点贡献小一点的情况。此时需要有一个区分，于是计算时就在每个“边”上加上不同的权值来控制每个节点的影响。

于是，第二层的节点 a_1 的值可以这样实现：

$$a_1 = w_1 \times x_1 + w_2 \times x_2 + w_3 \times x_3$$

式中，w_1、w_2、w_3 表示 x_1、x_2、x_3 连接到 a_1 每条“边”上的权值，x_1、x_2、x_3 表示前面一层每个节点的值。

但是这种计算方式的表现能力依然不够，a_1 只是前面一层的权值乘以一个比例，就好比 $y = k \times x$，y 总是 x 的一个比例，所以为了增加表现能力，又在后面加了一个值 b，这个值叫偏置项。于是计算公式变成了下面这种：

$$a_1 = w_1 \times x_1 + w_2 \times x_2 + w_3 \times x_3 + b$$

这只是计算第二层中节点 a_1 的值，其他节点的计算方式类似，具体如下：

$$\begin{aligned} a_1 &= w_{11} \times x_1 + w_{12} \times x_2 + w_{13} \times x_3 + b_1 \\ a_2 &= w_{21} \times x_1 + w_{22} \times x_2 + w_{23} \times x_3 + b_2 \\ a_3 &= w_{31} \times x_1 + w_{32} \times x_2 + w_{33} \times x_3 + b_3 \end{aligned} \tag{3-1}$$

式中，w_{ij} 中的 i 表示这个权值的边连接的是本层的第几个节点，j 表示这个权值的边连接输入一端的是前面一层的第几个节点。

神经元的这种计算方式依然比较简单，表现能力还是不足，后面一层节点的值和前面一层节点的值还是线性关系。

人们在研究生物体的神经细胞时发现，当神经元的兴奋程度超过了某个限度时，就会被激发而输出神经脉冲，当神经元的兴奋程度低于这个限度的时候，便不会被激活，也不会发现神经脉冲。在自然界，生物神经元的输出和输入并不总是呈线性比例关系的，而是非线性的关系。于是人们在设计人工神经网络的时候，增加了一个激活函数来对前面已经计算得到的结果进行非线性计算，这样人工神经网络的表现能力会更好。

加上了激活函数之后，式（3-1）就变成了式（3-2）：

$$\begin{aligned} a_1 &= f(w_{11} \times x_1 + w_{12} \times x_2 + w_{13} \times x_3 + b_1) \\ a_2 &= f(w_{21} \times x_1 + w_{22} \times x_2 + w_{23} \times x_3 + b_2) \\ a_3 &= f(w_{31} \times x_1 + w_{32} \times x_2 + w_{33} \times x_3 + b_3) \end{aligned} \tag{3-2}$$

式中，$f()$ 表示激活函数，常见的激活函数有 Sigmoid、tanh、ReLU 以及它们的变种。它们的公式如下所示：

Sigmoid 激活函数：

$$f(z) = \mathrm{sigmoid}(z) = \frac{1}{1 + \mathrm{e}^{-z}}$$

tanh 激活函数：

$$f(z) = \tanh(z) = \frac{\mathrm{e}^{z} - \mathrm{e}^{-z}}{\mathrm{e}^{z} + \mathrm{e}^{-z}}$$

ReLU 激活函数：

$$f(z)=\mathrm{relu}(z)=\max(0,z)$$

再次将式（3-2）写成向量的形式，如下：

$$\boldsymbol{a}_1=f\left((w_{i1},w_{i2},w_{i3})\begin{pmatrix}x_1\\x_2\\x_3\end{pmatrix}+b_i\right)=f(w_i^{\mathrm{T}}x+b_i) \tag{3-3}$$

将每个节点的值的计算都整合到一起，写成矩阵运算的方式，如下：

$$\boldsymbol{a}=f\left(\begin{pmatrix}w_{11}&w_{12}&w_{13}\\w_{21}&w_{22}&w_{23}\\w_{31}&w_{32}&w_{33}\end{pmatrix}\begin{pmatrix}x_1\\x_2\\x_3\end{pmatrix}+\begin{pmatrix}b_1\\b_2\\b_3\end{pmatrix}\right)=f(\boldsymbol{W}x+\boldsymbol{B}) \tag{3-4}$$

式中，$f()$表示激活函数，$\boldsymbol{W}$ 代表矩阵：$\begin{pmatrix}w_{11}&w_{12}&w_{13}\\w_{21}&w_{22}&w_{23}\\w_{31}&w_{32}&w_{33}\end{pmatrix}$，$\boldsymbol{B}$ 代表向量：$\begin{pmatrix}b_1\\b_2\\b_3\end{pmatrix}$。

通常认为神经网络中的一层是对数据的一次非线性映射。以全连接网络的计算公式 $y=f(\boldsymbol{W}x+\boldsymbol{B})$ 为例，$\boldsymbol{W}x+\boldsymbol{B}$ 实现了对输入数据的范围变换、空间旋转以及平移操作，而非线性的激活函数则完成了对输入数据原始空间的扭曲。当网络层数变多时，在前面层网络已经学习到初步特征的基础上，后面层网络可以形成更加高级的特征，对原始空间的扭曲也将更大。很多复杂的任务需要高度的非线性的分界面，深度更深的网络比浅层的神经网络有更好的表达效果。

3.4.3 深度神经网络

我们可能会想，只有一层结构的简单神经网络能模拟出什么效果来。只有几个神经元的人工神经网络确实表现不出多好的效果，但是如果把这个神经网络的层数增加到 10 层甚至 20 层，每一层的节点数增加到 1000 个甚至 10000 个，整个网络中可以变动的权值参数达到上千万个，那么这个网络的模拟能力和表现能力就非常强大了。

当把前面提到的简单神经网络中间的隐藏层由一层变成多层的时候，就构成了深度神经网络，图 3-5 所示为一个多层神经网络示意图。

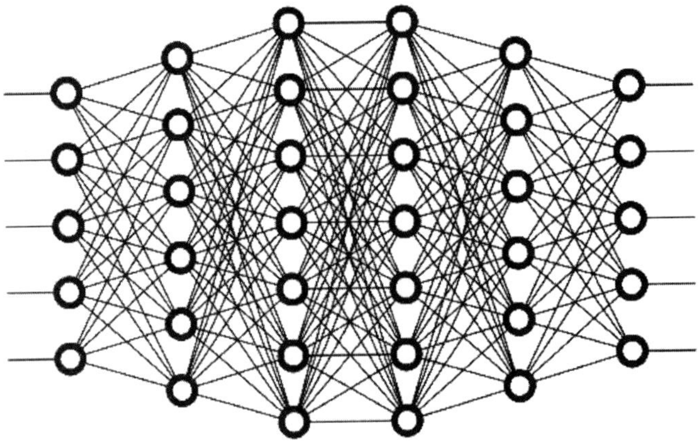

图 3-5　多层神经网络示意图

对于这种多层的全连接深度神经网络，其每个节点的计算公式为：

$$a^i=\begin{pmatrix}a_1^i\\a_2^i\\\vdots\\a_{n-1}^i\\a_n^i\end{pmatrix}=f\left(\begin{pmatrix}w_{11}^i & \cdots & w_{1m}^i\\\vdots & & \vdots\\w_{n1}^i & \cdots & w_{nm}^i\end{pmatrix}\begin{pmatrix}a_1^{i-1}\\a_2^{i-1}\\\vdots\\a_m^{i-1}\end{pmatrix}+\begin{pmatrix}b_1^i\\b_2^i\\\vdots\\b_n^i\end{pmatrix}\right)=f(\boldsymbol{W}^i a^{i-1}+b^i) \tag{3-5}$$

公式（3-5）中各个符号的含义如下：

- a^i：表示第 i 层的节点。
- n：表示第 i 层有 n 个节点。
- m：表示第 $i-1$ 层有 m 个节点。
- w^i：表示第 $i-1$ 层到第 i 层的边的权值。
- w_{mn}^i：表示第 $i-1$ 层第 m 个节点的输出到第 i 层第 n 个节点上的权值。
- b^i：表示第 i 层计算的时候的偏置项的值。

对于这样全连接的深度神经网络，如果把每层的公式都展开，将是一个巨大的公式。式（3-5）就是全连接网络的前向计算公式，可以看到整个网络就是向量到向量的计算，计算结果取决于每个神经元连接的权值 w 和偏置项 b 的值。如果随机给出 w 和 b，那么神经网络的输出也是一个没用的值。我们对神经网络的训练过程就是不断调整网络中 w 和 b 值的过程，目标是使整个网络表现出自己想要的行为。

3.5 损失函数

前面小节设计了全连接神经网络的前向计算方式，那么怎么才能让整个网络表现出想要它表现的行为呢？

首先，训练数据是若干个“输入-输出”对的集合，我们希望经过训练之后，能够让整个神经网络的输出表现出类似训练数据输出的分布。在刚开始的时候，对于一个输入数据，产出的输出结果肯定与想要的输出结果相差很远，因为网络中的参数都是随机的。

对于网络的输出结果和实际的真实结果差多少，需要有一个数学上可以表达的方式来量化，这种衡量网络输出结果和真实结果相差多少的函数，被称作“损失函数”“代价函数”（Loss Function）或者“目标函数”（Cost Function）。损失函数有很多种，可以根据使用场景选择不同的损失函数。最简单的情况下，可以使用两个值的差的绝对值作为损失函数。总之，损失函数用于衡量预测值与实际值的偏离程度，损失值越小表示预测值越接近真实值。如果预测是完全精确的，则损失值为 0；如果损失值不为 0，则表示预测和真实值不一致。损失值越大，表示差得越远。

下面介绍几种常见的损失函数。

1. 交叉熵

交叉熵（crossentropy）刻画了两个概率分布之间的距离，是分类问题中使用广泛的损失函数。若给定两个概率分布 p 和 q，交叉熵刻画的是两个概率分布之间的距离：

$$H(X=x)=-\sum_{x} p(x)\log q(x)$$

可以通过 Softmax 回归将神经网络前向传播得到的结果变成交叉熵要求的概率分布得分。在 TensorFlow 中，Softmax 回归的参数被去掉了，只是一个额外的处理层，将神经网络的输出变成一个概率分布。

【例 3-6】 交叉熵的实例演示。

```
import tensorflow as tf

y_ = tf.constant([[1.0, 0, 0]]) #正确标签
y1 = tf.constant([[0.9, 0.06, 0.04]]) #预测结果 1
y2 = tf.constant([[0.5, 0.3, 0.2]]) #预测结果 2
#以下为未经过 Softmax 处理的类别得分
y3 = tf.constant([[10.0, 3.0, 2.0]])
y4 = tf.constant([[5.0, 3.0, 1.0]])
#自定义交叉熵
cross_entropy1 = -tf.reduce_mean(y_ * tf.log(tf.clip_by_value(y1, 1e-10, 1.0)))
cross_entropy2 = -tf.reduce_mean(y_ * tf.log(tf.clip_by_value(y2, 1e-10, 1.0)))
# TensorFlow 提供的集成交叉熵
# 注：该操作应该施加在未经 Softmax 处理的 logits 上，否则会产生错误结果
# labels 为期望输出，且必须采用 labels=y_, logits=y 的形式将参数传入
cross_entropy_v2_1 = tf.nn.softmax_cross_entropy_with_logits(labels= y_,
logits=y3)
cross_entropy_v2_2 = tf.nn.softmax_cross_entropy_with_logits(labels= y_,
logits=y4)

sess = tf.InteractiveSession()
print('[[0.9, 0.06, 0.04]]:', cross_entropy1.eval())
print('[[0.5, 0.3, 0.2]]:', cross_entropy2.eval())
print('v2_1', cross_entropy_v2_1.eval())
print('v2_2',cross_entropy_v2_2.eval())
sess.close()
```

运行程序，输出如下：

```
[[0.9, 0.06, 0.04]]: 0.03512018
[[0.5, 0.3, 0.2]]: 0.23104906
v2_1 [0.00124651]
v2_2 [0.1429317]
```

tf.clip_by_value()函数可将一个张量的元素数值限制在指定范围内，这样可防止一些运算错误，起到数值检查的作用。

“*”乘法操作符表示元素之间直接相乘，张量中是每个元素对应相乘，要区别于 tf.matmul()函数的矩阵相乘。

tf.nn.softmax_cross_entropy_with_logits(labels=y_,logits=y)是 TensorFlow 提供的集成交叉熵函数。该操作应该施加在未经 Softmax 处理的 logits 上，否则会产生错误结果；labels 为期望输出，且必须采用 labels=y_, logits=y3 的形式将参数传入。

2. 均方误差

均方误差（Mean Squared Error，MSE）亦可用于分类问题的损失函数，其定义为：

$$\mathrm{MSE}(y,y')=\frac{\sum_{i=1}^{n}(y_i-y_i')^2}{n}$$

3. 自定义损失函数

对于理想的分类问题和回归问题，可采用交叉熵或者 MSE 损失函数来处理，但是对于一些实际的问题，理想的损失函数可能在表达上不能完全表达损失情况，以至于影响对结果的优化。例如产品销量预测问题，表面上是一个回归问题，可使用 MSE 损失函数。但实际情况是：当预测值大于实际值时，损失值应是正比于商品成本的函数；当预测值小于实际值时，损失值是正比于商品利润的函数，多数情况下商品成本和利润是不对等的。自定义损失函数如下：

$$\mathrm{Loss}(y,y')=\sum_{i=1}^{n}f(y,y')$$

$$f(x,y)=\begin{cases}a(x-y), & x>y\\ b(y-x), & x\leqslant y\end{cases}$$

TensorFlow 中，通过以下代码实现 loss= tf.reduce_sum(tf.where(tf.greater(y, y_), (y-y_)*loss_more,(y_-y)*loss_less))。

tf.greater(x,y)，返回 x>y 的判断结果的 bool 型张量，当张量的 x, y 维度不一致时，采取广播（broadcasting）机制。

tf.where(condition,x=None, y=None, name=None)，根据 condition 选择 x (if true)或 y (if false)。

【例 3-7】 自定义操作函数实例演示。

```
import tensorflow as tf
from numpy.random import RandomState

batch_size = 6
x = tf.placeholder(tf.float32, shape=(None, 2), name='x-input')
y_ = tf.placeholder(tf.float32, shape=(None, 1), name='y-input')

w1 = tf.Variable(tf.random_normal([2,1], stddev=1, seed=1))
y = tf.matmul(x, w1)

# 根据实际情况自定义损失函数
loss_less = 8
```

```
loss_more = 1
# tf.select()在 1.0 以后版本中已删除，由 tf.where()替代
loss = tf.reduce_sum(tf.where(tf.greater(y, y_),
       (y-y_)*loss_more, (y_-y)*loss_less))
train_step = tf.train.AdamOptimizer(learning_rate=0.001).minimize(loss)

rdm = RandomState(seed=1) # 定义一个随机数生成器并设定随机种子
dataset_size = 128
X = rdm.rand(dataset_size, 2)
Y = [[x1 + x2 +rdm.rand()/10.0 - 0.05] for (x1, x2) in X] # 增加一个-0.05～
0.05 的噪声

sess = tf.InteractiveSession()
tf.global_variables_initializer().run()
for i in range(5000):
 start = (i * batch_size) % dataset_size
 end = min(start+batch_size, dataset_size)
 train_step.run({x: X[start: end], y_: Y[start: end]})
 if i % 500 == 0:
  print('step%d:\n' % i, w1.eval())
print('final w1:\n', w1.eval())
sess.close()
```

运行程序，输出如下：

```
step0:
 [[-0.81031823]
 [ 1.4855988 ]]
step500:
 [[-0.3490588]
 [ 1.9006867]]
step1000:
 [[0.00728741]
 [2.1226377 ]]
step1500:
 [[0.26250175]
 [2.1821027 ]]
step2000:
 [[0.4441529 ]
 [2.11969   ]]
step2500:
 [[0.58831733]
 [1.9721645 ]]
step3000:
 [[0.6983541 ]
 [1.7473382 ]]
step3500:
```

```
 [[0.8056389 ]
 [1.4738973 ]]
step4000:
 [[0.92136025]
 [1.1780213 ]]
step4500:
 [[1.0195193 ]
 [1.0431991 ]]
final w1:
 [[1.0191015 ]
 [1.0436519 ]]
```

3.6 梯度下降

梯度下降法有很多优点，其中一个是，在梯度下降法的求解过程中，只需求解损失函数的一阶导数即可，计算的成本比较小，使得梯度下降法能在很多大规模数据集上得到应用。梯度下降法的含义是通过当前的梯度方向寻找到新的迭代点，并从当前点移动到新的迭代点继续寻找新的迭代点，直到找到最优解，梯度下降法的剖面图如图 3-6 所示。

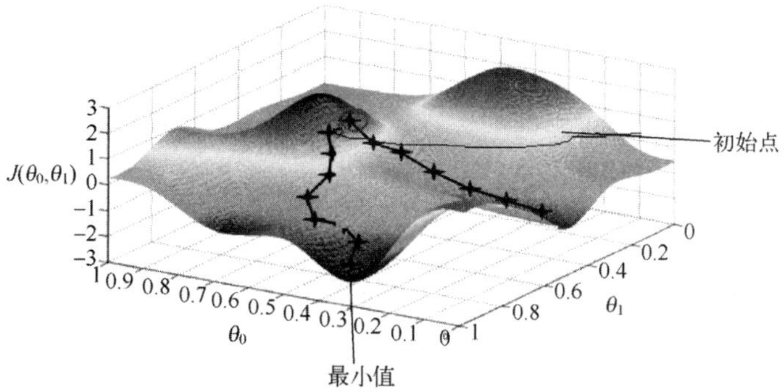

图 3-6　梯度下降法剖面图

3.6.1 标准梯度法

在详细了解梯度下降的算法之前，先了解一下相关的一些概念。

1）步长（Learning Rate）：步长决定了在梯度下降迭代的过程中，每一步沿梯度负方向前进的长度。如果我们将梯度下降比作下山，那么步长就是在当前这一步所在位置沿着最陡峭最易下山的位置走的那一步的长度。

2）特征（Feature）：指的是样本中输入部分，比如 2 个单特征的样本 $(x^{(0)},y^{(0)})$，$(x^{(1)},y^{(1)})$，则第一个样本特征为 $x^{(0)}$，第一个样本输出为 $y^{(0)}$。

3）假设函数（hypothesis function）：在监督学习中，为了拟合输入样本，使用的假设函数记为 $h_\theta(x)$。比如对于单个特征的 m 个样本 $(x^{(i)},y^{(i)})(i=1,2,\cdots,m)$，可以采用如下拟合函数：

$$h_\theta(x)=\theta_0+\theta_1 x$$

4）损失函数（Loss Function）：为了评估模型拟合的好坏，通常用损失函数来度量拟合的程度。损失函数极小化，意味着拟合程度最好，对应的模型参数即为最优参数。在线性回归中，损失函数通常为样本输出和假设函数的差取平方。比如对于 m 个样本 $(x_i,y_i)(i=1,2,\cdots,m)$，采用线性回归的损失函数为：

$$J(\theta_0,\theta_1)=\sum_{i=1}^{m}(h_\theta(x_i)-y_i)^2$$

式中，x_i 表示第 i 个样本特征，y_i 表示第 i 个样本对应的输出，$h_\theta(x_i)$ 为假设函数。

梯度下降法的算法有代数法和矩阵法（也称向量法）两种表示，如果对矩阵分析不熟悉，则代数法更加容易理解。矩阵法则更加简洁，且由于使用了矩阵，实现逻辑更加一目了然。

1. 梯度下降法的迭代方式描述

1）先决条件：确认优化模型的假设函数和损失函数。

比如对于线性回归，假设函数表示为 $h_\theta(x_1,x_2,\cdots,x_n)=\theta_0=\theta_1 x_1+\cdots+\theta_n x_n$，其中 $\theta_i(i=1,2,\cdots,n)$ 为模型参数，$x_i(i=1,2,\cdots,n)$ 为每个样本的 n 个特征值。这个表示可以简化，这里增加一个特征 $x_0=1$，这样就有 $h_\theta(x_1,x_2,\cdots,x_n)=\sum_{i=0}^{n}\theta_i x_i$。

同样的是线性回归，对应于上面的假设函数，损失函数为：

$$J(\theta_0,\theta_1,\cdots,\theta_n)=\frac{1}{2m}\sum_{j=0}^{m}(h_\theta(x_0^{(j)},x_1^{(j)},\cdots,x_n^{(j)})-y_j)^2$$

2）算法相关参数初始化：主要是初始化 $\theta_0,\theta_1,\cdots,\theta_n$，算法终止距离 ε 以及步长 α。在没有任何先验知识的时候，将所有的 θ 初始化为 0，将步长初始为 1。在调优的时候再优化。

3）算法过程：

① 确定当前位置的损失函数的梯度，对于 θ_i，其梯度表达式如下：

$$\frac{\partial}{\partial\theta_i}J(\theta_0,\theta_1,\cdots,\theta_n)$$

② 用步长乘以损失函数的梯度，得到当前位置下降的距离。

③ 确定是否所有 θ_i 的梯度下降的距离都小于 ε，如果小于 ε 则算法终止，当前所有 $\theta_i(i=1,2,\cdots,n)$ 即为最终结果，否则进入步骤④。

④ 更新所有的 θ，对于 θ_i，其更新表达式如下。更新完毕后继续转入步骤①。

$$\theta_i=\theta_i-\alpha\frac{\partial}{\partial\theta_i}J(\theta_0,\theta_1,\cdots,\theta_n)$$

下面用线性回归的例子来具体描述梯度下降。假设样本是：

$$(x_1^{(0)},x_2^{(0)},\cdots,x_n^{(0)},y_0),(x_1^{(1)},x_2^{(1)},\cdots,x_n^{(1)},y_1),\cdots,(x_1^{(m)},x_2^{(m)},\cdots,x_n^{(m)},y_m)$$

损失函数如前面先决条件所述：

$$J(\theta_0,\theta_1,\cdots,\theta_n)=\frac{1}{2m}\sum_{j=0}^{m}(h_\theta(x_0^{(j)},x_1^{(j)},\cdots,x_n^{(j)})-y_j)^2$$

则在算法过程步骤①中对于 θ_i 的偏导数计算如下：

$$\frac{\partial}{\partial\theta_i}J(\theta_0,\theta_1,\cdots,\theta_n)=\frac{1}{m}\sum_{j=0}^{m}(h_\theta(x_0^{(j)},x_1^{(j)},\cdots,x_n^{(j)})-y_j)x_i^{(j)}$$

由于样本中没有 x_0，所以上式中令所有的 x_0^j 为 1。

步骤④中 θ_i 的更新表达式为：

$$\theta_i=\theta_i-\alpha\frac{1}{m}\sum_{j=0}^{m}(h_\theta(x_0^{(j)},x_1^{(j)},\cdots,x_n^{(j)})-y_j)x_i^{(j)}$$

从这个例子可以看出当前点的梯度方向是由所有的样本决定的，加 $\frac{1}{m}$ 是为了好理解，由于步长也为常数，它们的乘积也为常数，所以这里 $\alpha\frac{1}{m}$ 可以用一个常数表示。

2. 梯度下降法的矩阵方式描述

这一部分主要讲解梯度下降法的矩阵方式表述，相对于代数法，这部分内容要求读者有一定的矩阵分析的基础知识，尤其是矩阵求导的知识。

1）先决条件：和前面类似，需要确认优化模型的假设函数和损失函数。对于线性回归，假设函数 $h_\theta(x_1,x_2,\cdots,x_n)=\theta_0+\theta_1x_1+\cdots+\theta_nx_n$ 的矩阵表达方式为：

$$h_\theta(\boldsymbol{X})=\boldsymbol{X\theta}$$

其中，假设函数 $h_\theta(\boldsymbol{X})$ 为 $m\times1$ 向量，$\boldsymbol{\theta}$ 为 $(n+1)\times1$ 的向量，里面有 $n+1$ 个代数法的模型参数。$\boldsymbol{X}$ 为 $m\times(n+1)$ 维的矩阵。m 代表样本的个数，$n+1$ 代表样本的特征数。

即损失函数的表达式为：

$$J(\boldsymbol{\theta})=\frac{1}{2}(\boldsymbol{X\theta}-\boldsymbol{Y})^{\mathrm{T}}(\boldsymbol{X\theta}-\boldsymbol{Y})$$

其中，$\boldsymbol{Y}$ 是样本的输出向量，维度为 $m\times1$。

2）算法相关参数初始化：$\boldsymbol{\theta}$ 向量可以初始化为默认值或者调优后的值。算法终止距离 ε，步长 α 和前面比没有变化。

3）算法过程：

① 确定当前位置的损失函数的梯度，对于 $\boldsymbol{\theta}$ 向量，其梯度表达式如下：

$$\frac{\partial}{\partial\boldsymbol{\theta}}J(\boldsymbol{\theta})$$

② 用步长乘以损失函数的梯度，得到当前位置下的距离。

③ 确定 $\boldsymbol{\theta}$ 向量里面每个值的梯度下降距离是否都小于 ε，如果小于 ε 则算法终止，当前 $\boldsymbol{\theta}$ 向量为最终结果。否则进行步骤④。

④ 更新 $\boldsymbol{\theta}$ 向量，其更新表达式如下。更新完毕后继续转到步骤①。

$$\boldsymbol{\theta}=\boldsymbol{\theta}\alpha\frac{\partial}{\partial\boldsymbol{\theta}}J(\boldsymbol{\theta})$$

损失函数对于 $\boldsymbol{\theta}$ 向量的偏导数计算如下：

$$\frac{\partial}{\partial \boldsymbol{\theta}} J(\boldsymbol{\theta}) = \boldsymbol{X}^{\mathrm{T}}(\boldsymbol{X\theta} - \boldsymbol{Y})$$

步骤④中 $\boldsymbol{\theta}$ 向量的更新表达式为：

$$\boldsymbol{\theta} = \boldsymbol{\theta} - \alpha \boldsymbol{X}^{\mathrm{T}}(\boldsymbol{X\theta} - \boldsymbol{Y})$$

利用 TensorFlow 代码实现为：

```
import tensorflow as tf
import numpy as np
import os
os.environ['TF_CPP_MIN_LOG_LEVEL'] = '2'
def add_layer(inputs, in_size, out_size, activation_function = None):
   Weights = tf.Variable(tf.random_normal([in_size, out_size]))
   biases = tf.Variable(tf.zeros([1, out_size]) + 0.1) # 保证 biases 不为 0
   Wx_plus_b = tf.matmul(inputs, Weights) + biases
   if activation_function == None:
      outputs = Wx_plus_b
   else:
      outputs = activation_function(Wx_plus_b)
   return outputs
x_data = np.linspace(-1, 1, 300) #(300,)
x_data = x_data.reshape(300,1) # (300, 1)

noise = np.random.normal(0, 0.05, x_data.shape)
y_data = np.square(x_data) - 0.5 + noise

# 为 batch 做准备
xs = tf.placeholder(tf.float32, [None, 1])
ys = tf.placeholder(tf.float32, [None, 1])

l1 = add_layer(xs, 1, 10, activation_function = tf.nn.relu)
prediction = add_layer(l1, 10, 1, activation_function = None)
loss = tf.reduce_mean(tf.reduce_sum(tf.square(ys - prediction), 1))
train_step = tf.train.GradientDescentOptimizer(0.1).minimize(loss)
init = tf.global_variables_initializer()
```

除此外，下面还介绍几种常用的梯度下降法，分别为批量梯度下降法（Batch Gradient Descent，BGD）、随机梯度下降法（Stochastic Gradient Descent，SGD）及小批量梯度下降法（Mini-batch Gradient Descent，MGD）。

3.6.2 批量梯度下降法

按照传统的思想，需要对损失函数中的每个 θ_i 求其偏导数，得到每个 θ_i 对应的梯度：

$$\frac{\partial J(\theta)}{\partial(\theta_i)} = \frac{1}{m}\sum_{j=1}^{m}(h_\theta(x^j) - y^j)x_i^j$$

此处，x_i^j 表示第 j 个样本点 x^j 的第 i 个分量，即 $h(\theta)$ 中的 $\theta_i x_i$。

接着要最小化风险函数，因此按照每个参数 θ_i 的负梯度方向来更新每一个 θ_i，

$$\theta_i = \theta_i - \varepsilon \frac{\partial}{\partial(\theta_i)} J(\theta) = \theta_i - \frac{\alpha}{m} \sum_{j=1}^{m} (h_\theta(x^j) - y^j) x_i^j$$

这里的 α 表示每一步的步长。

从上面公式可以看到，它得到的是一个全局最优解，但是每迭代一步都要用到训练集所有的数据，如果 m 很大，那么可想而知这种方法的迭代速度会很慢。这就引入了另外一种方法：批量梯度下降。

在标准梯度下降法代码的基础上添加如下代码：

```
print(' \n\n--- 批量梯度下降 --- ')
with tf.Session() as sess:
    sess.run(init)
    for step in range(1000):
        sess.run(train_step, feed_dict = {xs: x_data, ys: y_data})
        if step % 50 == 0:
            print('loss = ', sess.run(loss, feed_dict = {xs: x_data, ys: y_
data}))
```

运行程序，输出如下：

```
--- 批量梯度下降 ---
loss =  0.23805028
loss =  0.009608705
loss =  0.007448049
loss =  0.006408113
loss =  0.0054284055
loss =  0.0046222596
loss =  0.0041010664
loss =  0.0038193902
loss =  0.0036546784
loss =  0.0035402123
loss =  0.003459399
loss =  0.0033906507
loss =  0.0033361558
loss =  0.003285593
loss =  0.0032433632
loss =  0.0032067292
loss =  0.003168089
loss =  0.0031357459
loss =  0.0031075797
loss =  0.0030799229
```

3.6.3 随机梯度下降法

因为批量梯度下降在训练集很大的情况下迭代速度非常慢，所以在这种情况下再使用

批量梯度下降来求解风险函数的最优化问题是不可行的，在此情况下，人们提出了随机梯度下降法。

我们将上述的损失函数改写成以下形式：

$$J(\boldsymbol{\theta})=\frac{1}{2m}\sum_{j=1}^{m}(h_\theta(x^j)-y^j)^2=\frac{1}{m}\sum_{j=1}^{m}\cos t(\boldsymbol{\theta},(x^j,y^j))$$

其中，

$$\cos t(\boldsymbol{\theta},(x^j,y^j))=\frac{1}{2}(h_\theta(x^j)-y^j)^2$$

称为样本点 (x^j,y^j) 的损失函数。

接着来对每个样本的损失函数中的每个 θ_i 求其偏导数，得到每个 θ_i 对应的梯度：

$$\frac{\partial}{\partial\theta_i}\cos t(\boldsymbol{\theta},(x^j,y^j))=(h_\theta(x^j)-y^j)x^j$$

然后根据每个参数 θ_i 的负梯度方向来更新每一个 θ_i：

$$\theta_i=\theta_i-\alpha\frac{\partial}{\partial\theta_i}\cos t(\boldsymbol{\theta},(x^j,y^j))=\theta_i-\alpha(h_\theta(x^j)-y^j)x^j$$

与批量梯度下降相比，随机梯度下降每次迭代只用到了一个样本，在样本量很大的情况下，常见的情况是只用到其中一部分样本数据即可将 θ 迭代到最优解。因此随机梯度下降比批量梯度下降在计算量上会大大减少。

但随机梯度下降有一个缺点，即其噪声较批量梯度下降要多，使得随机梯度下降并不是每次迭代都向着整体最优化方向。而且随机梯度下降每次都是使用一个样本进行迭代，因此最终求得的最优解往往不是全局最优解，而只是局部最优解。但是其大的整体方向是向全局最优解的，最终的结果往往是在全局最优解附近。随机梯度下降每次都是用一个样本点进行梯度搜索，因此其最优化路径看上去比较盲目（这也是随机梯度下降名字的由来）。

在标准梯度下降法代码的基础上添加如下代码：

```
print(' \n\n--- 随机梯度下降 --- ')
with tf.Session() as sess:
    sess.run(init)
    for epoch in range(1000):
        for step in range(x_data.shape[0]):
            sess.run(train_step, feed_dict = {xs: x_data[step:(step+1)], ys: y_data[step:(step+1)]})
        if epoch % 50 == 0:
            print('loss = ', sess.run(loss, feed_dict = {xs: x_data, ys: y_data}))
```

运行程序，输出如下：

```
--- 随机梯度下降 ---
loss =  0.18050297
loss =  0.10241494
loss =  0.09888045
```

```
loss =  0.102731176
loss =  0.100986116
loss =  0.099344395
loss =  0.0995076
loss =  0.09974043
loss =  0.09911683
loss =  0.09862511
loss =  0.09887153
loss =  0.09846755
loss =  0.09818246
loss =  0.09819384
loss =  0.09870304
loss =  0.09598872
loss =  0.096626595
loss =  0.09695794
loss =  0.097471304
loss =  0.097309396
```

3.6.4 小批量梯度下降法

小批量梯度下降法是批量梯度下降法和随机梯度下降法的折中，也就是对于 m 个样本，采用 x 个样子来迭代 $1<x<m$ 。一般可以取 $x=10$ ，当然根据样本的数据，可以调整这个 x 的值。对应的更新公式为：

$$\theta_i = \theta_i - \alpha \sum_{j=1}^{m} (h_\theta(x_0^{(j)}, x_1^{(j)}, \cdots, x_n^{(j)}) - y_j) x_i^{(j)}$$

在标准梯度下降法代码的基础上添加如下代码：

```
print(' \n\n--- 小批量梯度下降 --- ')
batch_size = 50
train_data_size = x_data.shape[0]
step_num = int(train_data_size / batch_size)

with tf.Session() as sess:
    sess.run(init)
    for epoch in range(1000):
        for step in range(step_num):
            x = x_data[step * batch_size: (step + 1) * batch_size]
            y = y_data[step * batch_size: (step + 1) * batch_size]
            sess.run(train_step, feed_dict = {xs: x, ys: y})
        if epoch % 50 == 0:
            print('loss = ', sess.run(loss, feed_dict = {xs: x_data, ys: y_
data}))
```

运行程序，输出如下：

```
--- 小批量梯度下降 ---
```

```
loss =  0.46837157
loss =  0.005194702
loss =  0.0037712061
loss =  0.0033640799
loss =  0.0031821434
loss =  0.0031054425
loss =  0.0030721202
loss =  0.003053724
loss =  0.0030396972
loss =  0.0030314228
loss =  0.0030254957
loss =  0.0030212493
loss =  0.0030175522
loss =  0.003012842
loss =  0.0030080697
loss =  0.0030042047
loss =  0.0030017993
loss =  0.0029998324
loss =  0.0029982387
loss =  0.0029968088
```

3.6.5 线性模型的局限性

在线性模型中，模型的输出为输入的加权和。假设一个模型的输出 y 和输入 x_1 满足以下关系，那么这个模型就是一个线性模型。

$$y=\sum_i w_i x_i + b$$

其中，$w_i, b \in R$ 为模型的参数。之所以被称为线性模型是因为当模型的输入只有一个的时候，x 和 y 形成了二维坐标系上的一条直线。类似地，当模型有 n 个输入时，x 和 y 形成了 $n+1$ 维空间中的一个平面。而一个线性模型中通过输入得到输出的函数被称为一个线性变换。上面的公式就是一个线性变换。线性模型的最大特点是任意线性模型的组合仍然是线性模型。前面传播的计算公式为：

$$a^{(1)} = x\boldsymbol{W}^{(1)}, y = a^{(1)}\boldsymbol{W}^{(2)}$$

其中，x 为输入，$\boldsymbol{W}$ 为参数。整理以上公式可以得到整个模型的输出为：

$$y=(x\boldsymbol{W}^{(1)}\boldsymbol{W}^{(2)}) = x\boldsymbol{W}'$$

根据矩阵乘法的结合律有：

$$y=x(\boldsymbol{W}^{(1)}\boldsymbol{W}^{(2)}) = x\boldsymbol{W}'$$

而 $\boldsymbol{W}^{(1)}\boldsymbol{W}^{(2)}$ 其实可以被表示为一个新的参数 $\boldsymbol{W}'$：

$$\boldsymbol{W}' = \boldsymbol{W}^{(1)}\boldsymbol{W}^{(2)} = \begin{bmatrix} W_{1,1}^{(1)} & W_{1,2}^{(1)} & W_{1,3}^{(1)} \\ W_{2,1}^{(1)} & W_{2,2}^{(1)} & W_{2,3}^{(1)} \end{bmatrix} \begin{bmatrix} W_{1,1}^{(2)} \\ W_{2,1}^{(2)} \\ W_{3,1}^{(2)} \end{bmatrix} = \begin{bmatrix} W_{1,1}^{(1)}W_{1,1}^{(2)} + W_{1,2}^{(1)}W_{2,1}^{(2)} + W_{1,3}^{(1)}W_{3,1}^{(2)} \\ W_{2,1}^{(1)}W_{1,1}^{(2)} + W_{2,2}^{(1)}W_{2,1}^{(2)} + W_{2,3}^{(1)}W_{3,1}^{(2)} \end{bmatrix} = \begin{bmatrix} W_1' \\ W_2' \end{bmatrix}$$

这样输入和输出的关系就可以表示为：

$$y = x\boldsymbol{W}' = [x_1 \quad x_2]\begin{bmatrix} W_1' \\ W_2' \end{bmatrix} = [W_1'x_1 \quad W_2'x_2]$$

其中，$\boldsymbol{W}'$ 为新的参数。这个前向传播的算法完全符合线性模型的定义。从这个例子可以看到，虽然这个神经网络有两层（不算输入层），但是它和单层的神经网络并没有区别。以此类推，只通过线性变换，任意层的全连接神经网络和单层神经网络模型的表达能力没有任何区别，而且它们都是线性模型。然而线性模型能够解决的问题是有限的，这就是线性模型最大的局限性，也是为什么机器学习要强调非线性。

3.6.6 直线与曲线的拟合演示

下面直接利用梯度下降法进行曲线拟合和线性回归。

【例 3-8】 利用梯度下降法拟合出直线：y=0.1x+0.3。

算法原理很简单，就是先初始化一个 *w* 和 *b*，然后逐步迭代（代码中用的是学习率为 0.5 的梯度下降法），使得 y 和 y_data 的均方误差最小，主要是学习 TensorFlow 的实现方法。

```
import tensorflow as tf
import numpy as np
# 模拟生成 100 对数据对，对应的函数为 y = x * 0.1 + 0.3
x_data = np.random.rand(100).astype("float32")y_data = x_data * 0.1 + 0.3

# 指定 w 和 b 变量的取值范围（利用 TensorFlow 来得到 w 和 b 的值）
W = tf.Variable(tf.random_uniform([1], -1.0, 1.0)) #随机生成一个在[-1,1]范
围的均匀分布数值
b = tf.Variable(tf.zeros([1])) #set b=0y = W * x_data + b
# 最小化均方误差
loss = tf.reduce_mean(tf.square(y - y_data))
optimizer = tf.train.GradientDescentOptimizer(0.5) #学习率为 0.5 的梯度下降法
train = optimizer.minimize(loss)
# 初始化 TensorFlow 参数
init = tf.initialize_all_variables()
# 运行数据流图
sess = tf.Session()
sess.run(init)
# 观察多次迭代计算时，w 和 b 的拟合值
for step in range(201):
    sess.run(train)
    if step % 20 == 0:
        print(step, sess.run(W), sess.run(b))
```

运行程序，输出如下：

```
0 [0.77787733] [-0.1264359]
20 [0.2947813] [0.1906069]
```

```
40 [0.15440169] [0.2694469]
60 [0.11519419] [0.29146665]
80 [0.10424369] [0.29761666]
100 [0.10118523] [0.29933435]
120 [0.10033104] [0.2998141]
140 [0.10009248] [0.29994807]
160 [0.10002584] [0.2999855]
180 [0.10000721] [0.29999596]
200 [0.10000203] [0.29999888]
```

在以上代码中 tf.reduce_mean( )函数的作用是沿着张量的某一维度来计算元素的平均值。由于输出张量的维度比原张量的低，因此这类操作也叫降维。

迭代到 200 步时，*w* 和 *b* 的值已经接近于最佳。

拟合实质上和回归是一样的，为了更加直观地显示迭代过程中每次拟合的情况，使用 matplotlib 把图绘制出来，见【例 3-9】。

【例 3-9】 利用梯度下降法对直线 y=0.1x+0.3 进行回归分析。

```
import numpy as np
import matplotlib.pyplot as plt
num_points = 1000
vectors_set = []
for i in range(num_points):
    x1= np.random.normal(0.0, 0.55)
    y1= x1 * 0.1 + 0.3 + np.random.normal(0.0, 0.03)
    vectors_set.append([x1, y1])

x_data = [v[0] for v in vectors_set]
y_data = [v[1] for v in vectors_set]
#图形显示
plt.plot(x_data, y_data, 'ro')
plt.legend()
plt.show()

import tensorflow as tf
W = tf.Variable(tf.random_uniform([1], -1.0, 1.0))
b = tf.Variable(tf.zeros([1]))
y = W * x_data + b
loss = tf.reduce_mean(tf.square(y - y_data))
optimizer = tf.train.GradientDescentOptimizer(0.5)
train = optimizer.minimize(loss)
init = tf.initialize_all_variables()
sess = tf.Session()
sess.run(init)

for step in range(101):
    sess.run(train)
```

```
    if step % 20 == 0:
        print(step, sess.run(W), sess.run(b))
        print(step, sess.run(loss))
        #图形显示
        plt.plot(x_data, y_data, 'ro')
        plt.plot(x_data, sess.run(W) * x_data + sess.run(b))
        plt.xlabel('x')
        plt.xlim(-2,2)
        plt.ylim(0.1,0.6)
        plt.ylabel('y')
        plt.legend()
        plt.show()
```

运行程序，输出如下，效果如图 3-7 和图 3-8 所示，在此只给出散点图与第 1 步回归图。

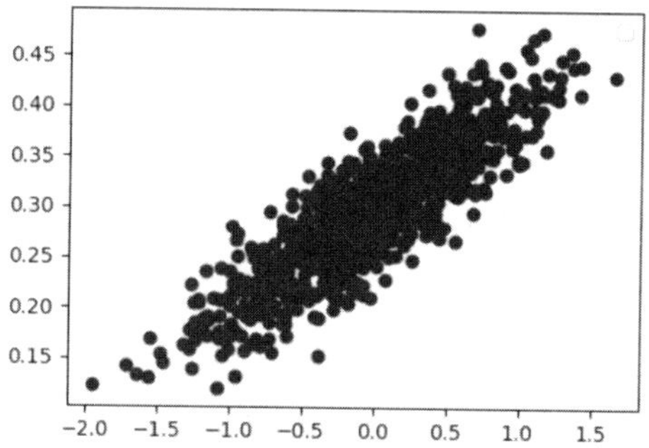

图 3-7　随机数据散点图

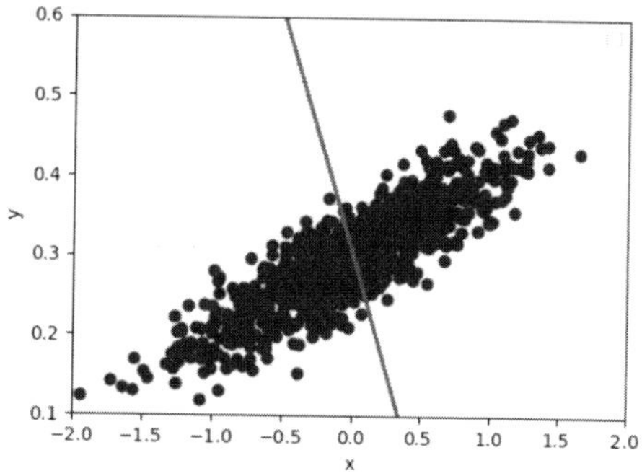

图 3-8　回归分析图

```
0 [-0.5907506] [0.30576828]
0 0.14436136
No handles with labels found to put in legend.
20 [0.09773605] [0.2981982]
20 0.00095945905
No handles with labels found to put in legend.
40 [0.09825433] [0.2981925]
40 0.0009593778
No handles with labels found to put in legend.
60 [0.09825472] [0.2981925]
60 0.0009593779
No handles with labels found to put in legend.
80 [0.09825472] [0.2981925]
80 0.0009593779
No handles with labels found to put in legend.
100 [0.09825472] [0.2981925]
100 0.0009593779
No handles with labels found to put in legend.
```

【例 3-10】 用梯度下降法对带噪声的数据进行拟合。

```
import tensorflow as tf
import numpy as np
import matplotlib.pyplot as plt
# 设置带噪声的线性数据
num_examples = 50
# 这里会生成一个完全线性的数据
X = np.array([np.linspace(-2, 4, num_examples), np.linspace(-6, 6, num_
examples)])
# 数据展示
plt.figure(figsize=(4,4))
plt.scatter(X[0], X[1])
plt.show
# 给数据增加噪声
X += np.random.randn(2, num_examples)
# 数据展示
plt.figure(figsize=(4,4))
plt.scatter(X[0], X[1])
plt.show
# 目标就是通过学习找到一条拟合曲线，去还原最初的线性数据
# 把数据分离成 x 和 y
x, y = X
# 添加固定为 1 的 bias
x_with_bias = np.array([(1., a) for a in x]).astype(np.float32)
# 用来记录每次迭代的 loss
losses = []
# 迭代次数
training_steps = 50
# 学习率，梯度下降时每次迭代所前进的长度
learning_rate = 0.002
with tf.Session() as sess:
    # 设置所有的张量、变量和操作
    # 输入层是 x 值和 bias 节点
    input = tf.constant(x_with_bias)
    # target 是 y 的值，需要被调整成正确的尺寸（转置一下）
    target = tf.constant(np.transpose([y]).astype(np.float32))
    #weights是变量，每次循环都会变，这里直接随机初始化（高斯分布，均值 0，标准差 0.1）
    weights = tf.Variable(tf.random_normal([2, 1], 0, 0.1))
    # 初始化所有的变量
    tf.global_variables_initializer().run()
    # 设置循环中所要做的全部操作
    # 对于所有的x，根据现有的weights来产生对应的 y 值，也就是计算 y = w2 * x + w1
 * bias
    yhat = tf.matmul(input, weights)
    yerror = tf.subtract(yhat, target)
```

```
    # 最小化 L2 损失，误差的平方
    loss = tf.nn.l2_loss(yerror)
    # 上面的 loss 函数相当于 0.5 * tf.reduce_sum(tf.multiply(yerror, yerror))
    update_weights=tf.train.GradientDescentOptimizer(learning_rate).minimize
(loss)
    # 上面的梯度下降相当于
    # gradient = tf.reduce_sum(tf.transpose(tf.multiply(input, yerror)), 1,
keep_dims=True)
    # update_weights = tf.assign_sub(weights, learning_rate * gradient)
    for_in range(training_steps):
        update_weights.run()
        #如果没有用 tf.train.GradientDescentOptimizer，就要 sess.run(update_
weights)
        losses.append(loss.eval())
    # 训练结束
    betas = weights.eval()
    yhat = yhat.eval()

fig, (ax1, ax2) = plt.subplots(1, 2)
plt.subplots_adjust(wspace=.3)
fig.set_size_inches(10, 4)
ax1.scatter(x, y, alpha=.7)
ax1.scatter(x, np.transpose(yhat)[0], c="g", alpha=.6)
line_x_range = (-4, 6)
ax1.plot(line_x_range, [betas[0] + a * betas[1] for a in line_x_range], "g",
alpha=.6)
ax2.plot(range(0, training_steps), losses)
ax2.set_ylabel("Loss")
ax2.set_xlabel("Training steps")
plt.show()
```

运行程序，效果如图 3-9～图 3-11 所示。

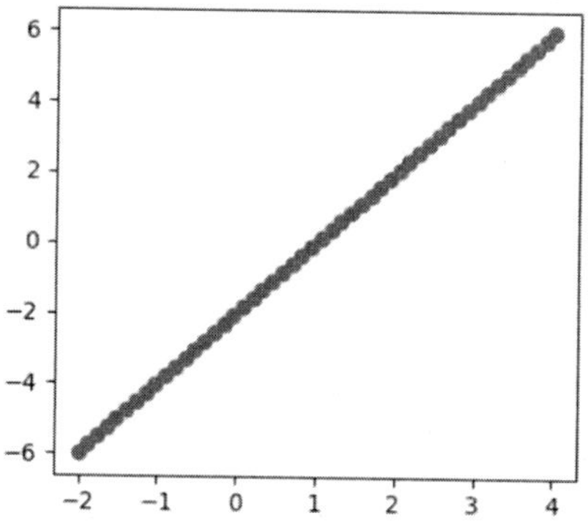

图 3-9　完全线性的数据图

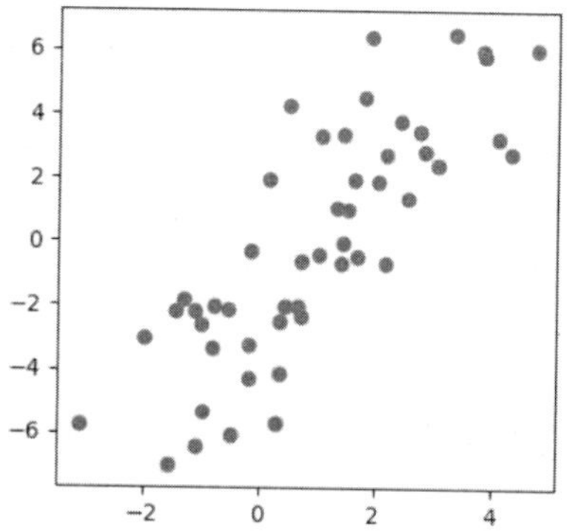

图 3-10　给数据添加噪声后的效果

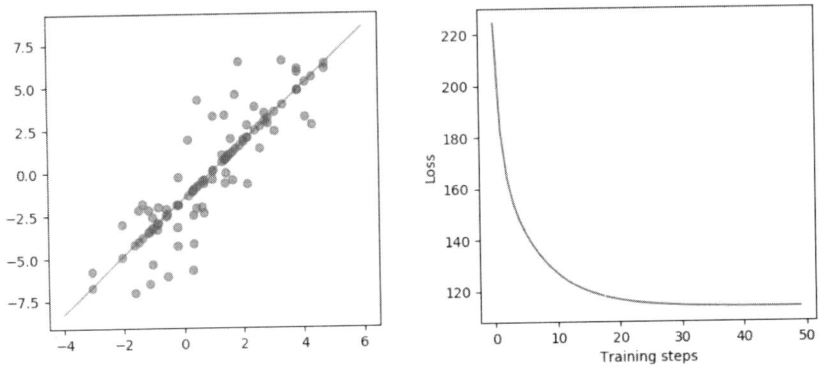

图 3-11　拟合及步骤阶跃效果

3.7 反向传播

使用 TensorFlow 的一个优势是，它可以维护操作状态和基于反向传播自动地更新模型变量。

TensorFlow 通过计算图来更新变量和最小化损失函数来反向传播误差。这个步骤将通过声明优化函数（optimization function）来实现。一旦声明好优化函数，TensorFlow 将通过它在所有的计算图中解决反向传播的项。当传入数据，最小化损失函数时，TensorFlow 会在计算图中根据状态相应地调节变量。

3.7.1 求导链式法则

先给出一个求导链式法则，这在后面的推导过程中会用到：

$$\frac{\partial y}{\partial x}=\frac{\partial y}{\partial z}\times\frac{\partial z}{\partial x} \tag{3-6}$$

式（3-6）的含义是：求 y 对 x 的导数，可变形为 y 对 z 的导数乘以 z 对 x 的导数。

例如，$y=\sin(x^2+1)$，若想要求 y 对 x 的导数 $\frac{\partial y}{\partial x}$，则：

$$\frac{\partial y}{\partial x}=\frac{\partial \sin(x^2+1)}{\partial x}=\frac{\partial \sin(x^2+1)}{\partial (x^2+1)}\times\frac{\partial (x^2+1)}{\partial x}=\cos(x^2+1)\times 2x=2x\cos(x^2+1)$$

3.7.2 反向传播算法思路

此处定义 $L(w,b)$ 为整体样本的损失函数，$L(w,b;x,y)$ 为样本值是 x,y 时的损失函数。要更新神经网络中的参数 W 和 b，可采用如下的迭代公式进行：

$$\begin{aligned}W_{ij}^{(l)}&=W_{ij}^{(l)}-\alpha\times\frac{\partial}{\partial W_{ij}^{(l)}}L(w,b)\\ b_i^{(l)}&=b_i^{(l)}-\alpha\times\frac{\partial}{\partial b_i^{(l)}}L(w,b)\end{aligned} \tag{3-7}$$

式（3-7）中的 l 表示是神经网络中第几层的参数；$W_{ij}^{(l)}$ 表示连接第 l 层的第 j 个节点到第 $l+1$ 层的第 i 个节点的权值；$b_i^{(l)}$ 表示在计算第 $l+1$ 层的第 i 个节点时偏置项的值。

现要计算的是所有层的 W 和 b 的值，并且 W 和 b 的值已经初始化成接近于 0 的随机值，α 是预先设定好的学习率。要更新 W 和 b 的值，只有损失函数对每一层的 W 和 b 的偏导数 $\frac{\partial}{\partial W_{ij}^{(l)}}L(w,b)$ 和 $\frac{\partial}{\partial b_i^{(l)}}L(w,b)$ 是暂时不知道的。那么，只要把每一层的偏导数 $\frac{\partial}{\partial W_{ij}^{(l)}}L(w,b)$ 和 $\frac{\partial}{\partial b_i^{(l)}}L(w,b)$ 想办法求出，就可以利用梯度下降法不断迭代来更新参数值了。

再关注“残差” $\delta_i^{(l)}$ 的值，其定义是损失函数对第 l 层的第 i 个神经元 $v_i^{(l)}$ 的偏导数。用公式表示为：

$$\delta_i^{(l)} = \frac{\partial L(w,b)}{\partial v_i^{(l)}}$$

3.7.3 反向传播算法的计算过程

在说明反向传播的计算过程前，要再次定义几个符号的含义。

- $v_i^{(l)}$：表示在第 l 层的第 i 个节点的值，$v_i^{(l)} = \sum_{j=0}^{n} w_{ij}^{(l)} y_j^{l-1} + b^l$。
- y_i：表示在最后输出层的第 i 个输出单元，正确样本的输出值。
- $a_i^{(l)}$：表示在第 l 层的第 i 个节点的激活值，$a_i^{(l)} = f(v_i^{(l)})$。
- f：表示激活函数，比如 Sigmoid 激活函数、tanh 激活函数、ReLU 激活函数。
- f'：表示激活函数 f 的导数。
- $\delta_i^{(l)}$：表示损失函数对第 l 层的第 i 个节点的 $v_i^{(l)}$ 的偏导数，也就是残差。
- $W_{ij}^{(l)}$：表示第 $l-1$ 层的第 j 个节点到第 l 层第 i 个节点的权值。
- $b_i^{(l)}$：表示第 l 层的第 i 个偏置项的值。
- K：神经网络的层数，一共有 K 层。
- n_l：表示在第 l 层有多少个节点。
- $L(w,b)$：表示整体损失函数（公式为 $\frac{1}{2}\sum_{i=1}^{n}(y_i - f(x_i))^2$，其中 n 为样本的个数）。

反向传播计算过程的细节如下。

1）将随机初始化网络中各层的参数 $w_{ij}^{(l)}$ 和 $b_i^{(l)}$ 随机初始化为均值为 0、方差为 0.01 的随机数。

2）对输入数据进行前向计算，计算每一层每个节点的值 $v_i^{(l)}$ 以及激活值 $a_i^{(l)}$。

3）计算最后一层节点的“残差”。对于神经网络的最后一层输出层，因为可以直接算出网络产生的激活值与实际值之间的差距，所以可以很容易计算出损失函数对最后一层节点的偏导数。用 $\delta_i^{(K)}$ 表示损失函数对第 K 层的第 i 个节点的偏导数（第 K 层表示输出层），即 $\delta_i^{(K)} = \frac{\partial L(w,b)}{\partial v_i^{(K)}} = -(y_i - a_i^{(K)}) \times f'(v_i^{(K)})$。

因为 y_i 为样本的正确值，$a_i^{(K)}$ 为最后一层的输出值，$f'(v_i^{(K)})$ 为激活函数对自变量的导数，所以最后一层所有节点上的“残差” $\delta_i^{(K)}$ 的值都可以直接计算出来了。

4）对于第 $K-1$ 层的残差，可以根据第 K 层的残差计算出来，即，

$$\delta_i^{(K-1)} = \left(\sum_{j=1}^{n_K} w_{ji}^{(K-1)} \times \delta_j^{(K)} \right) \times f'(v_i^{(K-1)}) \tag{3-8}$$

式（3-8）的含义是，倒数第二层的第 i 个节点的残差的值，等于最后一层所有节点的残差值和连接此节点的权值 w 相乘后的累加，再乘以此节点上的激活函数对它的导数值。

5）逐层计算每个节点的残差值。根据公式（3-8），用 $K-2$ 替换 $K-1$，用 $K-1$ 替换 K，则得到倒数第 3 层的节点的残差值，可表示为：

$$\delta_i^{(K-2)} = \left(\sum_{j=1}^{n_{K-1}} w_{ji}^{(K-2)} \times \delta_j^{(K-1)} \right) \times f'(v_i^{(K-2)})$$

不断地重复这个过程，得到 $K-3$，$K-4$，$K-5$，…2 层上所有节点的残差值。用公式表示，这就是将式中的 K 换成 l，则最后的公式为，

$$\delta_i^{(l-2)} = \left(\sum_{j=1}^{n_{l-1}} w_{ji}^{(K-2)} \times \delta_j^{(K-1)} \right) \times f'(v_i^{(K-2)})$$

6）计算所有节点上的残差后，就可以得到损失函数对所有 W 和 b 的偏导数：

$$\frac{\partial L(w,b)}{\partial w_{ij}^{(l)}} = \delta_i^{(l)} \times a_j^{(l-1)}$$

$$\frac{\partial L(w,b)}{\partial b_{ij}^{(l)}} = \delta_i^{(l)}$$

7）当输入一个训练样本时，可以根据第 2）～6）步，计算一次损失函数对参数 W 和 b 的偏导数，然后就可以利用式（3-9）对参数进行更新。如果将多个样本作为一个分组进行训练，则将 W 和 b 的偏导数累加求平均后，再更新参数值：

$$\begin{aligned} W_{ij}^{(l)} &= W_{ij}^{(l)} - \alpha \times \frac{\partial}{\partial W_{ij}^{(l)}} L(w,b) \\ b_i^{(l)} &= b_i^{(l)} - \alpha \times \frac{\partial}{\partial b_i^{(l)}} L(w,b) \end{aligned} \tag{3-9}$$

总结：在反向传播过程中，首先随机初始化网络中参数 W 和 b 接近 0 的随机值，对于输入数据进行前向计算，得到每层节点的激活值，然后根据前面第 2）～5）步的公式，先计算最后一层网络的节点的残差，再逐层向前计算，得到每一层网络中节点的残差，最后根据求出的残差计算损失函数对参数 W 和 b 的偏导数，根据一定的学习率更新参数 W 和 b 的值。

3.7.4 反向传播演示回归与二分类算法

下面通过两个例子来演示反向传播。

【例 3-11】 从均值 1、标准差为 0.1 的正态分布中随机抽样 100 个数，然后乘以变量 A，损失函数 L2 正则函数，也就是实现函数 X×A=target，X 为 100 个随机数，target 为 10，那么 A 的最优结果也为 10。

实现的 TensorFlow 代码为：

```
import matplotlib.pyplot as plt
import numpy as np
import tensorflow as tf
from tensorflow.python.framework import ops
ops.reset_default_graph()
# 创建计算图
sess = tf.Session()
#生成数据，100 个随机数 x_vals 以及 100 个目标数 y_vals
x_vals = np.random.normal(1, 0.1, 100)
y_vals = np.repeat(10., 100)
#声明 x_data、target 占位符
x_data = tf.placeholder(shape=[1], dtype=tf.float32)
y_target = tf.placeholder(shape=[1], dtype=tf.float32)
# 声明变量 A
A = tf.Variable(tf.random_normal(shape=[1]))
#乘法操作，也就是例子中的 X*A
my_output = tf.multiply(x_data, A)
#增加 L2 正则损失函数
loss = tf.square(my_output - y_target)
# 初始化所有变量
init = tf.initialize_all_variables()sess.run(init)
#声明变量的优化器；大部分优化器算法需要知道每步迭代的步长，该距离由学习率控制
my_opt = tf.train.GradientDescentOptimizer(0.02)
train_step = my_opt.minimize(loss)
#训练,将损失值加入数组 loss_batch
loss_batch = []
for i in range(100):
    rand_index = np.random.choice(100)
    rand_x = [x_vals[rand_index]]
    rand_y = [y_vals[rand_index]]
    sess.run(train_step, feed_dict={x_data: rand_x, y_target: rand_y})
    print('Step #' + str(i + 1) + ' A = ' + str(sess.run(A)))
    print('Loss = ' + str(sess.run(loss, feed_dict={x_data: rand_x, y_target: 
rand_y})))
    temp_loss = sess.run(loss, feed_dict={x_data: rand_x, y_target: rand_y})
    loss_batch.append(temp_loss)
plt.plot( loss_batch, 'r--', label='Batch Loss, size=20')
plt.legend(loc='upper right', prop={'size': 11})
plt.show()
```

运行程序，输出如下，效果如图 3-12 所示。

```
Step #1 A = [0.6744025]
Loss = [83.71754]
Step #2 A = [1.0639946]
Loss = [78.94094]
Step #3 A = [1.3835588]
Loss = [77.09268]
......
Step #99 A = [9.637676]
Loss = [0.41804194]
Step #100 A = [9.702807]
Loss = [3.5903184]
```

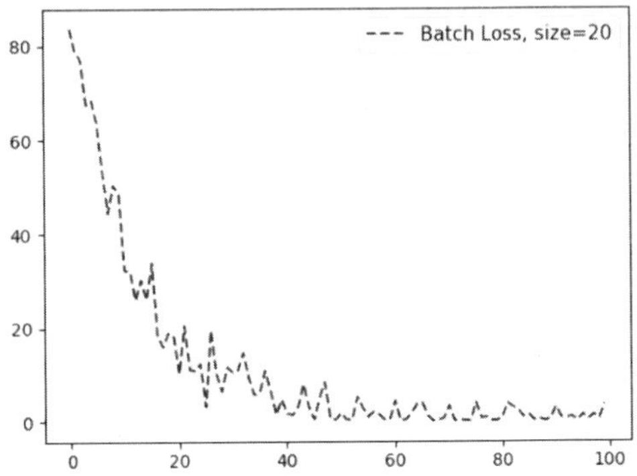

图 3-12　批处理损失图

上面是一个简单的回归算法，下面是一个简单的二分值分类算法。

【例 3-12】从两个正态分布(N(−1,1)和 N(3,1))生成 100 个数。所有从正态分布 N(−1,1)生成的数据标为目标类 0；从正态分布 N(3,1)生成的数据标为目标类 1，模型算法通过 Sigmoid 函数将这些生成的数据转换成目标类数据。

换句话讲，模型算法是 sigmoid(x+A)，其中，A 是要拟合的变量，理论上 A=−1。假设两个正态分布的均值分别是 m1 和 m2，则达到 A 的取值时，它们通过-(m1+m2)/2 转换成到 0 等距离的值。

实现的 TensorFlow 代码为：

```
import matplotlib.pyplot as plt
import numpy as np
import tensorflow as tf
from tensorflow.python.framework import ops
ops.reset_default_graph()
# 创建计算图
sess = tf.Session()
# 生成数据，100 个随机数 x_vals：50 个(-1,1)之间的随机数和 50 个(1,3)之间的随机数
# 以及 100 个目标数 y_vals:50 个 0、50 个 1
x_vals = np.concatenate((np.random.normal(-1, 1, 50), np.random.normal (3,
1, 50)))
y_vals = np.concatenate((np.repeat(0., 50), np.repeat(1., 50)))
# 声明 x_data、target 占位符
x_data = tf.placeholder(shape=[1], dtype=tf.float32)
y_target = tf.placeholder(shape=[1], dtype=tf.float32)
# 声明变量 A，(初始值为 10 附近，远离理论值-1)
A = tf.Variable(tf.random_normal(mean=10, shape=[1]))
# 实现 sigmoid(x_data+A)，这里不必封装 sigmoid 函数，损失函数中会自动实现
my_output = tf.add(x_data, A)
# 为 my_output、y_target 添加一个维度
my_output_expanded = tf.expand_dims(my_output, 0)
y_target_expanded = tf.expand_dims(y_target, 0)
# 初始化所有变量
```

```
    init = tf.initialize_all_variables()
    sess.run(init)
    # 添加损失函数，Sigmoid 交叉熵损失函数
    # L = -actual * (log(sigmoid(pred))) - (1-actual)(log(1-sigmoid(pred)))
    # or
    # L = max(actual, 0) - actual * pred + log(1 + exp(-abs(actual)))
    xentropy=tf.nn.sigmoid_cross_entropy_with_logits(logits=my_output_expanded,
labels= y_target_expanded)
    # 声明变量的优化器
    my_opt = tf.train.GradientDescentOptimizer(0.05)
    train_step = my_opt.minimize(xentropy)
    # 训练,将损失值加入数组 loss_batch
    loss_batch = []
    for i in range(1400):
       rand_index = np.random.choice(100)
       rand_x = [x_vals[rand_index]]
       rand_y = [y_vals[rand_index]]
       sess.run(train_step, feed_dict={x_data: rand_x, y_target: rand_y})
       target=sess.run(xentropy, feed_dict={x_data: rand_x, y_target: rand_y})
       print('Step #' + str(i + 1) + ' A = ' + str(sess.run(A)))
       print('Loss = ' + str(target))
       loss_batch.append(float(target))
    plt.plot( loss_batch, 'r--', label='Back Propagation')
    plt.legend(loc='upper right', prop={'size': 11})
    plt.show()
    # 评估预测
    predictions = []
    for i in range(len(x_vals)):
       x_val = [x_vals[i]]
       prediction = sess.run(tf.round(tf.sigmoid(my_output)), feed_dict= {x_
data:x_val})
       predictions.append(prediction[0])
    accuracy = sum(x == y for x, y in zip(predictions, y_vals)) / 100.
    print('Ending Accuracy = ' + str(np.round(accuracy, 2)))
```

运行程序，输出如下，效果如图 3-13 所示。

```
    Step #1 A = [10.250338]
    Loss = [[9.244188]]
    Step #2 A = [10.200343]
    Loss = [[9.07447]]
    Step #3 A = [10.200343]
    Loss = [[7.544016e-06]]
    ……
    Step #1399 A = [-0.66235155]
    Loss = [[0.03114423]]
    Step #1400 A = [-0.6691651]
```

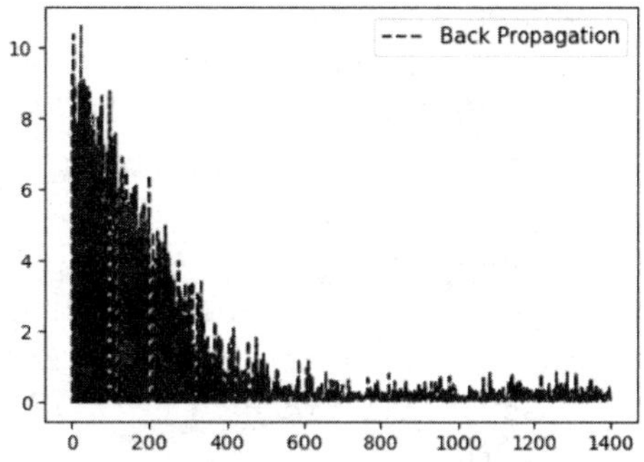

图 3-13 反向传播图像

```
Loss = [[0.14556961]]
Ending Accuracy = 0.98
```

3.8 随机训练与批量训练

TensorFlow 更新模型变量时，它能一次操作一个数据点，也可以一次操作大量数据。一个训练例子上的操作可能导致比较“古怪”的学习过程，但使用大批量的训练会提高计算成本。选用哪种训练类型对机器学习算法的收敛非常关键。

为了 TensorFlow 计算变量梯度来让反向传播工作，必须度量一个或者多个样本的损失。

随机训练会一次随机抽样训练数据和目标数据对完成训练。另外一个可选项是，一次大批量训练取平均损失来进行梯度计算，批量训练大小可以一次上扩到整个数据集。批量训练和随机训练的不同之处在于它们的优化器方法和收敛。

【例 3-13】 这里将显示如何扩展前面的回归算法的例子——使用随机训练和批量训练。

```
#随机训练和批量训练
import matplotlib.pyplot as plt
import numpy as np
import tensorflow as tf
from tensorflow.python.framework import ops
ops.reset_default_graph()

# 随机训练:
# Create graph
sess = tf.Session()
# 声明数据
x_vals = np.random.normal(1, 0.1, 100)
y_vals = np.repeat(10., 100)
x_data = tf.placeholder(shape=[1], dtype=tf.float32)
y_target = tf.placeholder(shape=[1], dtype=tf.float32)
# 声明变量 (one model parameter = A)
A = tf.Variable(tf.random_normal(shape=[1]))
# 增加操作到图
my_output = tf.multiply(x_data, A)
# 增加 L2 损失函数
loss = tf.square(my_output - y_target)
# 初始化变量
init = tf.global_variables_initializer()
sess.run(init)
# 声明优化器
my_opt = tf.train.GradientDescentOptimizer(0.02)
train_step = my_opt.minimize(loss)
loss_stochastic = []
# 运行迭代
for i in range(100):
```

```
    rand_index = np.random.choice(100)
    rand_x = [x_vals[rand_index]]
    rand_y = [y_vals[rand_index]]
    sess.run(train_step, feed_dict={x_data: rand_x, y_target: rand_y})
    if (i+1)%5==0:
        print('Step #' + str(i+1) + ' A = ' + str(sess.run(A)))
        temp_loss=sess.run(loss,feed_dict={x_data:rand_x,y_target:rand_y})
        print('Loss = ' + str(temp_loss))
        loss_stochastic.append(temp_loss)
# 批量训练:
# 重置计算图
ops.reset_default_graph()
sess = tf.Session()
# 声明批量大小
# 批量大小是指通过计算图一次传入多少训练数据
batch_size = 20
# 声明模型的数据、占位符
x_vals = np.random.normal(1, 0.1, 100)
y_vals = np.repeat(10., 100)
x_data = tf.placeholder(shape=[None, 1], dtype=tf.float32)
y_target = tf.placeholder(shape=[None, 1], dtype=tf.float32)
# 声明变量 (one model parameter = A)
A = tf.Variable(tf.random_normal(shape=[1,1]))
# 增加矩阵乘法操作（矩阵乘法不满足交换律）
my_output = tf.matmul(x_data, A)
# 增加损失函数
# 批量训练时损失函数是每个数据点 L2 损失的平均值
loss = tf.reduce_mean(tf.square(my_output - y_target))
# 初始化变量
init = tf.global_variables_initializer()
sess.run(init)
# 声明优化器
my_opt = tf.train.GradientDescentOptimizer(0.02)
train_step = my_opt.minimize(loss)
loss_batch = []
# 运行迭代
for i in range(100):
    rand_index = np.random.choice(100, size=batch_size)
    rand_x = np.transpose([x_vals[rand_index]])
    rand_y = np.transpose([y_vals[rand_index]])
    sess.run(train_step, feed_dict={x_data: rand_x, y_target: rand_y})
    if (i+1)%5==0:
        print('Step #' + str(i+1) + ' A = ' + str(sess.run(A)))
        temp_loss = sess.run(loss, feed_dict={x_data: rand_x, y_target:
rand_y})
        print('Loss = ' + str(temp_loss))
```

```
        loss_batch.append(temp_loss)
plt.plot(range(0, 100, 5), loss_stochastic, 'b-', label='Stochastic Loss')
plt.plot(range(0, 100, 5), loss_batch, 'r--', label='Batch Loss, size=20')
plt.legend(loc='upper right', prop={'size': 11})
plt.show()
```

运行程序，输出如下，效果如图 3-14 所示。

```
Step #5 A = [1.7681787]
Loss = [67.5834]
Step #10 A = [3.305272]
Loss = [46.36169]
Step #15 A = [4.556096]
Loss = [36.2075]
……
Step #90 A = [[9.650286]]
Loss = 1.4011203
Step #95 A = [[9.70216]]
Loss = 0.53226864
Step #100 A = [[9.760634]]
Loss = 1.5627849
```

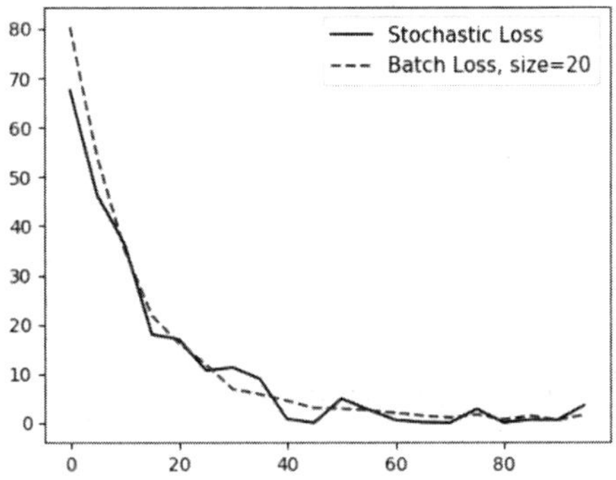

图 3-14 随机训练和批量训练效果图

3.9 创建分类器

本节直接通过一个实例来实现创建分类器。

【例 3-14】 创建一个 iris 数据集的分类器。

加载样本数据集，实现一个简单的二值分类器来预测一朵花是否为山鸢尾。iris 数据集有三类花，但这里仅预测是否是山鸢尾。导入 iris 数据集和工具库，相应地对原数据集进行转换。

实现的 TensorFlow 代码如下：

```
#导入相应的工具箱，初始化计算图
import matplotlib.pyplot as plt  #用于后续绘制图像
import numpy as np
from sklearn import datasets
import tensorflow as tf
from tensorflow.python.framework import ops
ops.reset_default_graph()
# 导入 iris 数据集
# 根据目标数据是否为山鸢尾将其转换成 1 或者 0。
# 由于 iris 数据集将山鸢尾标记为 0，将其从 0 置为 1，同时把其他物种标记为 0。
# 本次训练只使用两种特征：花瓣长度和花瓣宽度，这两个特征在 x-value 的第三列和第四列
# iris.target = {0, 1, 2}, where '0' is setosa
# iris.data ~ [sepal.width, sepal.length, pedal.width, pedal.length]
iris = datasets.load_iris()
```

```
binary_target = np.array([1. if x==0 else 0. for x in iris.target])
iris_2d = np.array([[x[2], x[3]] for x in iris.data])
# 声明批量训练大小
batch_size = 20
# 初始化计算图
sess = tf.Session()
# 声明数据占位符
x1_data = tf.placeholder(shape=[None, 1], dtype=tf.float32)
x2_data = tf.placeholder(shape=[None, 1], dtype=tf.float32)
y_target = tf.placeholder(shape=[None, 1], dtype=tf.float32)
# 声明模型变量
# Create variables A and b (0 = x1 - A*x2 + b)
A = tf.Variable(tf.random_normal(shape=[1, 1]))
b = tf.Variable(tf.random_normal(shape=[1, 1]))
# 定义线性模型:
# 如果找到的数据点在直线以上，则将数据点代入 x2-x1*A-b，计算出的结果大于 0
# 同理找到的数据点在直线以下，则将数据点代入 x2-x1*A-b，计算出的结果小于 0
# x1 - A*x2 + b
my_mult = tf.matmul(x2_data, A)
my_add = tf.add(my_mult, b)
my_output = tf.subtract(x1_data, my_add)
# 增加 TensorFlow 的 sigmoid 交叉熵损失函数(cross entropy)
xentropy = tf.nn.sigmoid_cross_entropy_with_logits(logits=my_output,labels=
y_target)
# 声明优化器方法
my_opt = tf.train.GradientDescentOptimizer(0.05)
train_step = my_opt.minimize(xentropy)
# 创建一个变量初始化操作
init = tf.global_variables_initializer()
sess.run(init)
# 运行迭代 1000 次
for i in range(1000):
  rand_index = np.random.choice(len(iris_2d), size=batch_size)
  # rand_x = np.transpose([iris_2d[rand_index]])
  # 传入 3 种数据：花瓣长度、花瓣宽度和目标变量
  rand_x = iris_2d[rand_index]
  rand_x1 = np.array([[x[0]] for x in rand_x])
  rand_x2 = np.array([[x[1]] for x in rand_x])
  #rand_y = np.transpose([binary_target[rand_index]])
  rand_y = np.array([[y] for y in binary_target[rand_index]])
  sess.run(train_step, feed_dict={x1_data: rand_x1, x2_data: rand_x2,
y_target: rand_y})
  if (i+1)%200==0:
    print('Step #' + str(i+1) + ' A = ' + str(sess.run(A)) + ', b = ' + str
(sess.run(b)))
# 绘图
```

```
# 获取斜率/截距
# Pull out slope/intercept
[[slope]] = sess.run(A)
[[intercept]] = sess.run(b)
# 创建拟合线
x = np.linspace(0, 3, num=50)
ablineValues = []
for i in x:
 ablineValues.append(slope*i+intercept)
# 绘制拟合曲线
setosa_x = [a[1] for i,a in enumerate(iris_2d) if binary_target[i]==1]
setosa_y = [a[0] for i,a in enumerate(iris_2d) if binary_target[i]==1]
non_setosa_x = [a[1] for i,a in enumerate(iris_2d) if binary_target[i]==0]
non_setosa_y = [a[0] for i,a in enumerate(iris_2d) if binary_target[i]==0]
plt.plot(setosa_x, setosa_y, 'rx', ms=10, mew=2, label='setosa')
plt.plot(non_setosa_x, non_setosa_y, 'ro', label='Non-setosa')
plt.plot(x, ablineValues, 'b-')
plt.xlim([0.0, 2.7])
plt.ylim([0.0, 7.1])
plt.suptitle('Linear Separator For I.setosa', fontsize=20)
plt.xlabel('Petal Length')
plt.ylabel('Petal Width')
plt.legend(loc='lower right')
plt.show()
```

运行程序，输出如下，效果如图 3-15 所示。

```
rts instructions that this TensorFlow binary was not compiled to use: AVX2
Step #200 A = [[8.673729]], b = [[-3.5173697]]
Step #400 A = [[10.168314]], b = [[-4.6798387]]
Step #600 A = [[11.138912]], b = [[-5.3825607]]
Step #800 A = [[11.884843]], b = [[-5.929116]]
Step #1000 A = [[12.4137335]], b = [[-6.3506155]]
```

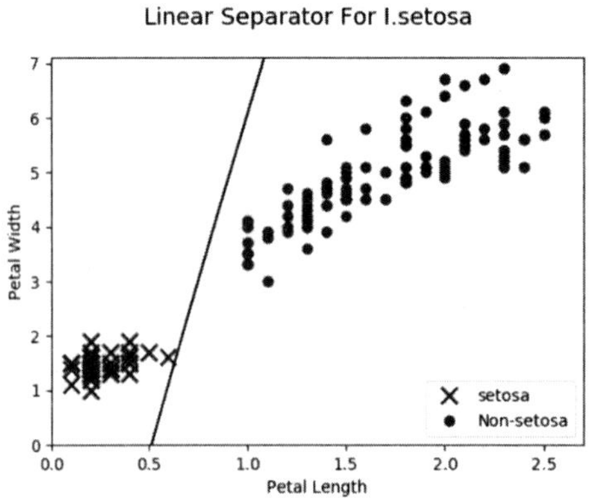

图 3-15　创建分类器结果

3.10 模型评估

学完如何使用 TensorFlow 训练回归算法和分类算法后，我们需要通过评估模型预测值来评估训练的好坏。

模型评估是非常重要的，随后的每个模型都有模型评估方式。使用 TensorFlow 时，需要把模型评估加入计算图中，然后在模型训练完后调用模型评估。

在训练模型过程中，模型评估能洞察模型算法，给出提示信息来调试、提高或者改变整个模型。但是在模型训练中并不是总需要模型评估，下面将展示如何在回归算法和分类算法中使用它。

训练模型之后，需要定量评估模型的性能如何。在理想情况下，评估模型需要一个训练数据集和测试数据集，有时甚至需要一个验证数据集。

评估一个模型需要使用大批量数据点。如果完成批量训练，可以重用模型来预测批量数据点。但是如果要完成随机训练，就不得不创建单独的评估器来处理批量数据点。

【例 3-15】 分类算法模型基于数值型输入预测分类值，实际目标是 1 和 0 的序列。这里需要度量预测值与真实值之间的距离。分类算法模型的损失函数一般不容易解释模型好坏，所以通常情况是看准确预测分类的结果的百分比。

不管算法模型预测得如何，都需要测试算法模型，这点相当重要。在训练数据和测试数据上都进行模型评估，以搞清楚模型是否过拟合。

```
# TensorFlowm 模型评估
import matplotlib.pyplot as plt
import numpy as np
import tensorflow as tf
from tensorflow.python.framework import ops
ops.reset_default_graph()
# 创建计算图
sess = tf.Session()
# 声明批量大小
batch_size = 25
# 创建数据集
x_vals = np.random.normal(1, 0.1, 100)
y_vals = np.repeat(10., 100)
x_data = tf.placeholder(shape=[None, 1], dtype=tf.float32)
y_target = tf.placeholder(shape=[None, 1], dtype=tf.float32)
# 八二分训练/测试数据 train/test = 80%/20%
train_indices = np.random.choice(len(x_vals),round(len(x_vals)*0.8),replace=
False)
test_indices = np.array(list(set(range(len(x_vals))) - set(train_indices)))
x_vals_train = x_vals[train_indices]
x_vals_test = x_vals[test_indices]
y_vals_train = y_vals[train_indices]
```

```
    y_vals_test = y_vals[test_indices]
    # 创建变量 (one model parameter = A)
    A = tf.Variable(tf.random_normal(shape=[1,1]))
    # 增加操作到计算图
    my_output = tf.matmul(x_data, A)
    # 增加 L2 损失函数到计算图
    loss = tf.reduce_mean(tf.square(my_output - y_target))
    # 创建优化器
    my_opt = tf.train.GradientDescentOptimizer(0.02)
    train_step = my_opt.minimize(loss)
    # 初始化变量
    init = tf.global_variables_initializer()
    sess.run(init)
    # 迭代运行
    # 如果在损失函数中使用的模型输出结果经过转换操作，例如，sigmoid_cross_entropy_
with_logits () 函数，那么为了精确计算预测结果，别忘了在模型评估中也要进行转换操作
    for i in range(100):
        rand_index = np.random.choice(len(x_vals_train), size=batch_size)
        rand_x = np.transpose([x_vals_train[rand_index]])
        rand_y = np.transpose([y_vals_train[rand_index]])
        sess.run(train_step, feed_dict={x_data: rand_x, y_target: rand_y})
        if (i+1)%25==0:
            print('Step #' + str(i+1) + ' A = ' + str(sess.run(A)))
            print('Loss = ' + str(sess.run(loss, feed_dict={x_data: rand_x,
y_target: rand_y})))
    # 评估准确率(loss)
    mse_test = sess.run(loss, feed_dict={x_data: np.transpose([x_vals_test]),
y_target: np.transpose([y_vals_test])})
    mse_train=sess.run(loss,feed_dict={x_data:np.transpose([x_vals_train]),
y_target: np.transpose([y_vals_train])})
    print('MSE on test:' + str(np.round(mse_test, 2)))
    print('MSE on train:' + str(np.round(mse_train, 2)))
    # 重置计算图
    ops.reset_default_graph()
    # 加载计算图
    sess = tf.Session()
    # 声明批量大小
    batch_size = 25
    # 创建数据集
    x_vals = np.concatenate((np.random.normal(-1, 1, 50), np.random.normal (2,
1, 50)))
    y_vals = np.concatenate((np.repeat(0., 50), np.repeat(1., 50)))
    x_data = tf.placeholder(shape=[1, None], dtype=tf.float32)
    y_target = tf.placeholder(shape=[1, None], dtype=tf.float32)
    # 分割数据集 train/test = 80%/20%
    train_indices = np.random.choice(len(x_vals), round(len(x_vals)*0.8),
```

```
replace=False)
    test_indices = np.array(list(set(range(len(x_vals))) - set(train_indices)))
    x_vals_train = x_vals[train_indices]
    x_vals_test = x_vals[test_indices]
    y_vals_train = y_vals[train_indices]
    y_vals_test = y_vals[test_indices]
    # 创建变量 (one model parameter = A)
    A = tf.Variable(tf.random_normal(mean=10, shape=[1]))
    my_output = tf.add(x_data, A)
    # 增加分类损失函数 (cross entropy)
    xentropy = tf.reduce_mean(tf.nn.sigmoid_cross_entropy_with_logits(logits= my_
output, labels=y_target))
    # 创建优化器
    my_opt = tf.train.GradientDescentOptimizer(0.05)
    train_step = my_opt.minimize(xentropy)
    # 初始化变量
    init = tf.global_variables_initializer()
    sess.run(init)
    # 运行迭代
    for i in range(1800):
        rand_index = np.random.choice(len(x_vals_train), size=batch_size)
        rand_x = [x_vals_train[rand_index]]
        rand_y = [y_vals_train[rand_index]]
        sess.run(train_step, feed_dict={x_data: rand_x, y_target: rand_y})
        if (i+1)%200==0:
            print('Step #' + str(i+1) + ' A = ' + str(sess.run(A)))
            print('Loss = ' + str(sess.run(xentropy, feed_dict={x_data: rand_x, y_
target: rand_y})))
    # 评估预测
    # 用 squeeze()函数封装预测操作，使得预测值和目标值有相同的维度
    y_prediction = tf.squeeze(tf.round(tf.nn.sigmoid(tf.add(x_data, A))))
    # 用 equal()函数检测是否相等
    # 把得到的 true 或 false 的 boolean 型张量转化成 float32 型
    # 再对其取平均值，得到一个准确度值
    correct_prediction = tf.equal(y_prediction, y_target)
    accuracy = tf.reduce_mean(tf.cast(correct_prediction, tf.float32))
    acc_value_test = sess.run(accuracy, feed_dict={x_data: [x_vals_test],
y_target: [y_vals_test]})
    acc_value_train = sess.run(accuracy, feed_dict={x_data: [x_vals_train],
y_target: [y_vals_train]})
    print('Accuracy on train set: ' + str(acc_value_train))
    print('Accuracy on test set: ' + str(acc_value_test))
    # 绘制分类结果
    A_result = -sess.run(A)
    bins = np.linspace(-5, 5, 50)
    plt.hist(x_vals[0:50], bins, alpha=0.5, label='N(-1,1)', color='white')
```

```
    plt.hist(x_vals[50:100], bins[0:50], alpha=0.5, label='N(2,1)', color=
'red')
    plt.plot((A_result,A_result), (0, 8), 'k--', linewidth=3, label='A = '+
str(np.round(A_result, 2)))
    plt.legend(loc='upper right')
    plt.title('Binary Classifier, Accuracy=' + str(np.round(acc_value_test, 2)))
    plt.show()
```

运行程序，输出如下，效果如图 3-16 所示。

```
Step #25 A = [[6.7632213]]
Loss = 9.564739
Step #50 A = [[8.701688]]
Loss = 1.4652401
Step #75 A = [[9.368885]]
Loss = 0.9495645
Step #100 A = [[9.617424]]
Loss = 1.0942234
MSE on test:0.97
MSE on train:0.94
Step #200 A = [4.8848643]
Loss = 2.048755
Step #400 A = [1.3136297]
Loss = 0.6167801
Step #600 A = [-0.01842078]
Loss = 0.22481766
Step #800 A = [-0.31026596]
Loss = 0.31983984
Step #1000 A = [-0.3769425]
Loss = 0.24123895
Step #1200 A = [-0.3687316]
Loss = 0.2591239
Step #1400 A = [-0.3464504]
Loss = 0.3921074
Step #1600 A = [-0.38116482]
Loss = 0.30599618
Step #1800 A = [-0.40402138]
Loss = 0.25851
Accuracy on train set: 0.9375
Accuracy on test set: 0.9
```

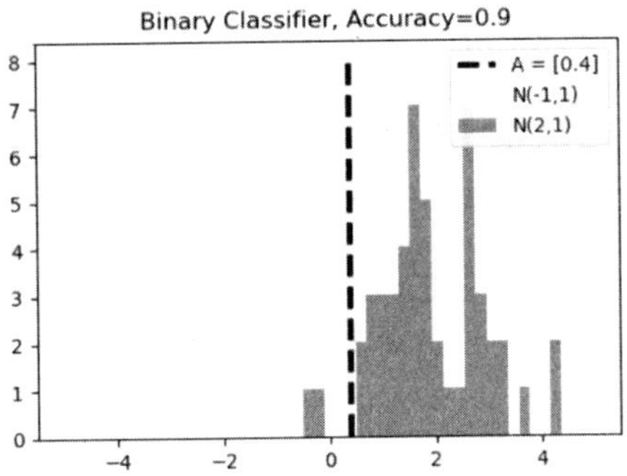

图 3-16　模型评估效果

3.11　优化函数

随机梯度下降是一种优化函数，但是因为优化函数有很多变种，并且升级版的优化函数在有些情况下比普通的随机梯度下降的效果要好很多，所以在此专门用一节来进行讲解。

3.11.1 随机梯度下降优化算法

普通的随机梯度下降算法存在以下不足。

- 很难选择一个适当的学习率。选择的学习率太小会导致收敛速度慢；选择的学习率太大会导致参数波动太大，无法进入效果相对最优的优化点。
- 可以采用满足某些条件时调整学习率的方法，比如迭代 n 次将学习率减半，或在训练集准确率到多少时调整学习率。不过，这些人工的调整必须事先定义好，虽然有所改进但是依然无法适应数据集的特征。
- 没有相同的学习率适用于所有参数更新。如果数据稀疏而且特征又区别很大，可能训练到一个阶段时，部分参数需要采用较小的学习率来调整，另外一部分参数需要较大的学习率来调整。如果都采用相同的学习率，可能会让最终结果无法收敛比较好的结果。
- 除了局部最小值外，普通的随机梯度优化容易陷入“鞍点”，即梯度在所有方向上是零，但是这并不是一个最小点，甚至也不是一个局部最小点。“鞍点”的示意如图 3-17 所示。图中中间的亮点在两个方向上的梯度都是零，但却在一个“高坡”上。

那么，怎么避免上述不足呢？可参照各种优化方法的变种。

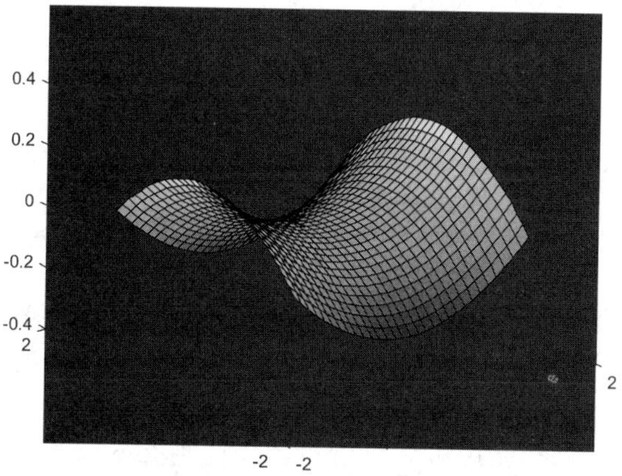

图 3-17 “鞍点”图

3.11.2 基于动量的优化算法

基于动量的优化算法（Monentum 优化算法）的思想很简单，相当于在原来的更新参数的基础上增加了“加速度”的概念。用山坡上的球作为例子，小球在往山谷的最低点滚动时，当前时间点的下降距离会积累前面时间点下降的距离，在路上越滚越快。参数的更新亦是如此：动量在梯度连续指向同一方向上时会增加，而在梯度方向变化时会减小。这样，就可以更快收敛，并可以减小震荡。

用公式表示为（γ 为动量更新值，一般取 0.9）：

$$v_t = \gamma \times v_{t-1} + \alpha \times \frac{\partial}{\partial \theta} L(\theta)$$

$$\theta = \theta - v_t$$

从公式中可以看出，每次参数的更新会累积上一个时间点的动量，所以在连续同一个方向更新梯度时，会加速收敛。

图 3-18 和图 3-19 分别为普通的随机梯度下降算法和基于动量的梯度下降算法在最小点区域周围的下降示意图。从中可以看出，普通的随机梯度下降始终是一个速度收敛，而基于动量的梯度下降则会更加快速地收敛，并且在遇到一些局部最小点时，基于动量的梯度下降算法会“冲”过这些比较小的“坑”，在某些程度上减少陷入局部最小优化点的概率。

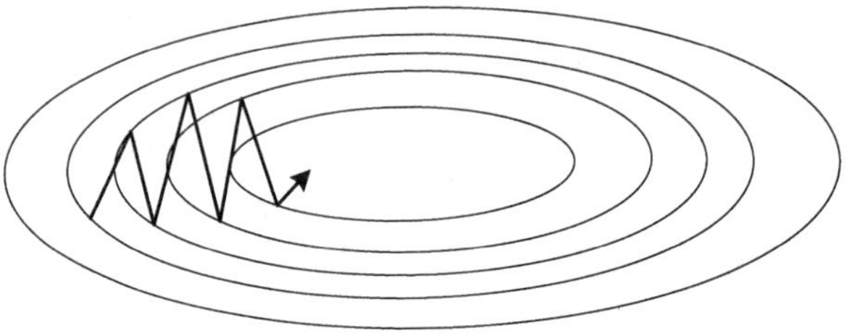

图 3-18　普通随机梯度下降法在最小区域周围的下降图

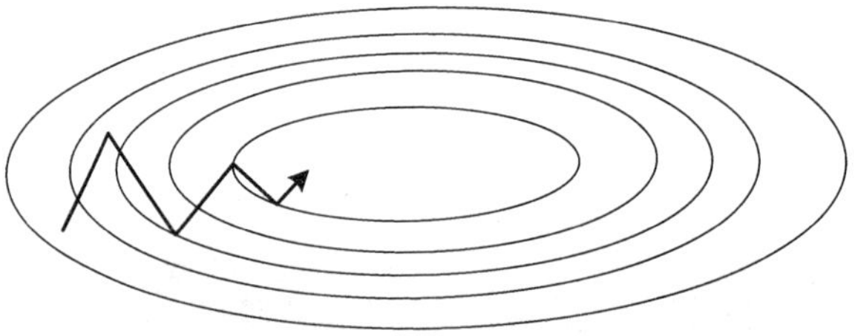

图 3-19　动量随机梯度下降法在最小区域周围的下降图

3.11.3　Adagrad 优化算法

上面提到的动量优化方法对于所有参数都使用了同一个更新速率。但是同一个更新速率不一定适合所有参数。比如有的参数可能已经到了仅需要微调的阶段，但又有些参数由于对应样本少等原因，还需要较大幅度的调整。

Adagrad 就是针对这一问题提出的，可自适应地为各个参数分配不同学习率的算法。其公式如下：

$$\Delta x_t = -\frac{\eta}{\sqrt{\sum_{\tau=1}^{t} g_\tau^2 + \varepsilon}} g_t$$

其中，g_t 为当前的梯度，连加和开根号都是元素级别的运算；η 为初始学习率，由于之后会自动调整学习率，所以初始值就像之前的算法那样重要了；ε 为一个较小的数，用来保证分母非 0。

其含义是，每个参数随着更新的总距离增多，其学习速率会随之变慢。

3.11.4　Adadelta 优化算法

Adagrad 算法存在 3 个问题：

- 学习率是单调递减的，训练后期学习率非常小。

- 需要手工设置一个全局的初始学习率。
- 更新 x_t 时，左右两边的单位不同。

Adadelta 针对上述 3 个问题提出了更优的解决方案。

首先，针对第一个问题，可以只使用 Adagrad 的分母中的累计项离当前时间点比较近的项，如下式：

$$E[g^2]_t = \rho E[g^2]_{t-1} + (1-\rho)g_t^2$$

$$\Delta x_t = -\frac{\eta}{\sqrt{E[g^2]_t + \varepsilon}} g_t$$

其中，ρ 为衰减系数，通过这个衰减系数，令每一个时刻的 g_t 随之时间按照 ρ 指数衰减，这样就相当于仅使用离当前时刻比较近的 g_t 信息，从而使得很长时间后，参数仍然可以得到更新。

针对第三个问题，其实 momentum 系列的方法也有单位不统一的问题。momentum 系列方法中：

$$\Delta x_t\text{的单位} \times g\text{的单位} = \frac{\partial f}{\partial x} \times \frac{1}{x\text{的单位}}$$

在 Adagrad 中，用于更新 Δx 的单位也不是 x 的单位，而是 1。

对于牛顿迭代法：

$$\Delta x = \boldsymbol{H}_t^{-1} g_t$$

其中 $\boldsymbol{H}$ 为 Hessian 矩阵，由于其计算量巨大，因而实际中不常使用。其单位为：

$$\Delta x \times \boldsymbol{H}^{-1} g \times \frac{\frac{\partial f}{\partial x}}{\frac{\partial^2 f}{\partial^2 x}} \times x\text{的单位}$$

注意，此处 f 无单位。因而牛顿迭代法的单位是正确的。

所以，可以模拟牛顿迭代法来得到正确的单位。注意：

$$\Delta x = \frac{\frac{\partial f}{\partial x}}{\frac{\partial^2 f}{\partial^2 x}} \Rightarrow \frac{1}{\frac{\partial^2 f}{\partial^2 x}} = \frac{\Delta x}{\frac{\partial f}{\partial x}}$$

这里，在解决学习率单调递减的问题的方案中，分母已经是 $\frac{\partial f}{\partial x}$ 的一个近似了。这里可以构造 Δx 的近似来模拟得到 $\boldsymbol{H}^{-1}$ 的近似，从而得到近似的牛顿迭代法。具体做法如下：

$$\Delta x_t = -\frac{\sqrt{E[\Delta x^2]_{t-1}}}{\sqrt{E[g^2]_t + \varepsilon}} g_t$$

可以看到，Adagrad 中分子部分需要人工设置的初始学习率也消失了，从而顺带解决了上述的第二个问题。

3.11.5 Adam 优化算法

自适应矩估计（Adaptive Moment Estimation，Adam）是另一个计算各个参数的自适应学习率的方法。除了像 Adadelta 那样存储过去梯度平方 v_t 的指数移动平均值外，Adam 还保留了过去梯度 m_t 的指数平均值（这一点类似动量）：

$$m_t = \beta_1 m_{t-1} + (1-\beta_1) g_t$$

$$v_t = \beta_2 v_{t-1} + (1-\beta_2) g_t^2$$

m_t 和 v_t 是对应梯度的一阶方矩（平均）和二阶力矩（偏方差），它们通过计算偏差修正一阶和二阶力矩估计来减小这些偏差：

$$\hat{m}_t = \frac{m_t}{1-\beta_1^t}$$

$$\hat{v}_t = \frac{v_t}{1-\beta_2^t}$$

接着，就像 Adadelta 那样使用这些值来更新参数，由此得到 Adam 的更新规则：

$$\theta_{t+1} = \theta_t - \frac{\eta}{\sqrt{\hat{v}_t + \varepsilon}} \times \hat{m}_t$$

上面公式中，β_1 的默认值为 0.9，β_2 的默认值为 0.999，而 ε 的默认值为 10^{-8}，η 为自适应学习率。

3.11.6 实例演示几种优化算法

前面介绍了几种优化方法，下面直接通过一个例子比较几种方法的效果。

【例 3-16】 下面使用 TensorFlow 来比较一下这些方法的效果。

```
import tensorflow as tf
import matplotlib.pyplot as plt
import numpy as np
def reset_graph(seed=42):
    tf.reset_default_graph()
    tf.set_random_seed(seed)
    np.random.seed(seed)
reset_graph()
plt.figure(1,figsize=(10,8))
x = np.linspace(-1,1,100)[:,np.newaxis] #<==>x=x.reshape(100,1)
noise = np.random.normal(0,0.1,size = x.shape)
y=np.power(x,2) + x +noise #y=x^2 + x+噪声
plt.scatter(x,y)
plt.show()
learning_rate = 0.01
batch_size = 10 #mini-batch 的大小
class Network(object):
    def __init__(self,func,**kwarg):
        self.x = tf.placeholder(tf.float32,[None,1])
        self.y = tf.placeholder(tf.float32,[None,1])
        hidden = tf.layers.dense(self.x,20,tf.nn.relu)
```

```
        output = tf.layers.dense(hidden,1)
        self.loss = tf.losses.mean_squared_error(self.y,output)
        self.train = func(learning_rate,**kwarg).minimize(self.loss)
SGD = Network(tf.train.GradientDescentOptimizer)
Momentum = Network(tf.train.MomentumOptimizer,momentum=0.5)
AdaGrad = Network(tf.train.AdagradOptimizer)
RMSprop = Network(tf.train.RMSPropOptimizer)
Adam = Network(tf.train.AdamOptimizer)
networks = [SGD,Momentum,AdaGrad,RMSprop,Adam]
record_loss = [[], [], [], [], []] #踩的坑不能使用[[]]*5
plt.figure(2,figsize=(10,8))
with tf.Session() as sess:
    sess.run(tf.global_variables_initializer())
    for stp in range(200):
        index = np.random.randint(0,x.shape[0],batch_size)#模拟 batch
        batch_x = x[index]
        batch_y = y[index]
        for net,loss in zip(networks,record_loss):
            _,l                                                    =
sess.run([net.train,net.loss],feed_dict={net.x:batch_x,net.y:batch_y})
            loss.append(l)#保存每一 batch 的 loss
labels = ['SGD','Momentum','AdaGrad','RMSprop','Adam']
for i,loss in enumerate(record_loss):
    plt.plot(loss,label=labels[i])
plt.legend(loc="best")
plt.xlabel("steps")
plt.ylabel("loss")
plt.show()
```

运行程序，输出原始带噪声散点图如图 3-20 所示，得到几种优化算法比较效果，如图 3-21 所示。

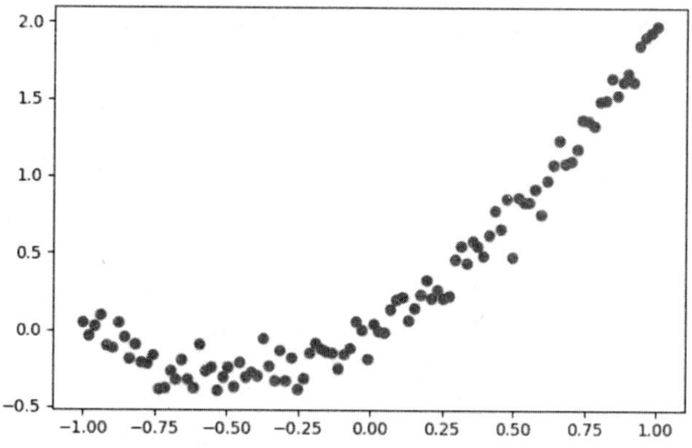

图 3-20 带噪声的散点图

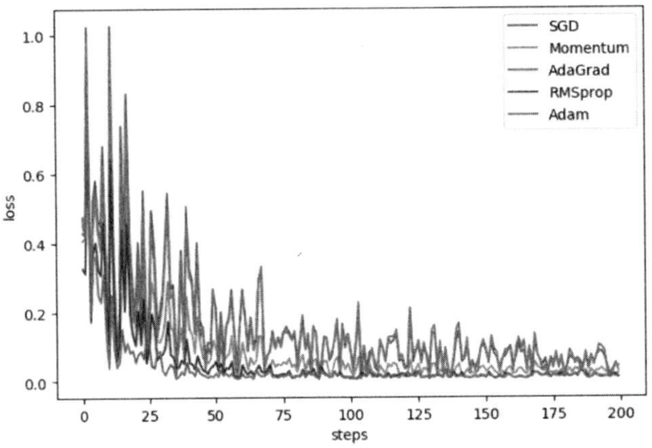

图 3-21 几种优化算法的比较效果

当设置 batch_size=30 时，得到图 3-22 所示的效果图。

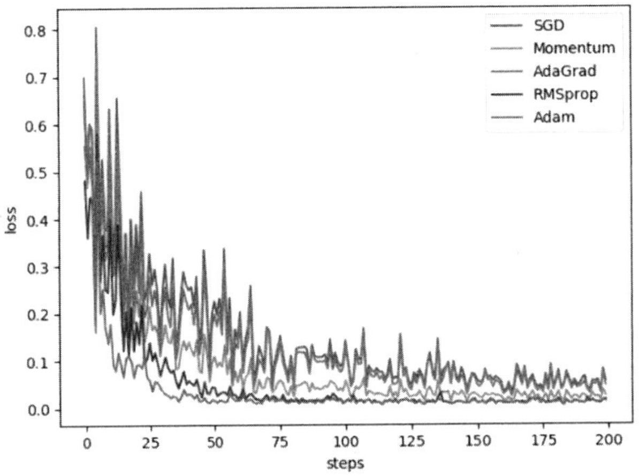

图 3-22 batch_size=30 时的几种优化算法比较效果

由图 3-21 和图 3-22 可以看出，Adam 方法的收敛速度最快，并且波动最小。

第 4 章　TensorFlow 实现线性回归

线性回归算法是统计分析、机器学习和科学计算中最重要的算法之一，也是最常用的算法之一，所以需要理解其是如何实现的，以及线性回归算法的各种优点。相对于许多其他算法来讲，线性回归算法是最易解释的，其以每个特征的数值直接代表该特征目标值或回变量的影响。

4.1　矩阵操作实现线性回归问题

本节将介绍如何利用求逆矩阵、矩阵分解法的方法解决线性回归问题。

4.1.1　逆矩阵解决线性回归问题

线性回归算法能表示为矩阵计算，$\boldsymbol{Ax}=\boldsymbol{b}$。这里要解决的是用矩阵 $\boldsymbol{x}$ 来求解系数。注意，如果观测矩阵不是方阵，那求解出的矩阵 $\boldsymbol{x}=(\boldsymbol{A}^{\mathrm{T}}\times\boldsymbol{A})-1\times\boldsymbol{A}^{\mathrm{T}}\times\boldsymbol{bxA}=(\boldsymbol{A}^{\mathrm{T}}\times\boldsymbol{A})-1\times\boldsymbol{A}^{\mathrm{T}}\times\boldsymbol{b}$。

【例 4-1】 为了更直接地展示这种情况，案例将生成二维数据，用 TensorFlow 来求解，然后绘制最终结果。

```
import matplotlib.pyplot as plt
import numpy as np
import tensorflow as tf
from tensorflow.python.framework import ops
ops.reset_default_graph()
# 初始化计算图
sess = tf.Session()
# 生成数据
x_vals = np.linspace(0, 10, 100)
y_vals = x_vals + np.random.normal(0, 1, 100)
# 创建后续求逆方法所需的矩阵
# 创建 A 矩阵，其为矩阵 x_vals_column 和 ones_column 的合并
x_vals_column = np.transpose(np.matrix(x_vals))
ones_column = np.transpose(np.matrix(np.repeat(1, 100)))
A = np.column_stack((x_vals_column, ones_column))
# 以矩阵 y_vals 创建 b 矩阵
b = np.transpose(np.matrix(y_vals))
# 将 A 和矩阵转换成张量
A_tensor = tf.constant(A)
b_tensor = tf.constant(b)
```

```
# 逆矩阵方法（Matrix inverse solution）
tA_A = tf.matmul(tf.transpose(A_tensor), A_tensor)
tA_A_inv = tf.matrix_inverse(tA_A)
product = tf.matmul(tA_A_inv, tf.transpose(A_tensor))
solution = tf.matmul(product, b_tensor)
solution_eval = sess.run(solution)
# 从解中抽取系数、斜率和 y 截距 y-intercept
slope = solution_eval[0][0]
y_intercept = solution_eval[1][0]
print('slope: ' + str(slope))
print('y_intercept: ' + str(y_intercept))
# 求解拟合直线
best_fit = []
for i in x_vals:
  best_fit.append(slope*i+y_intercept)
# 绘制结果
plt.plot(x_vals, y_vals, 'o', label='Data')
plt.plot(x_vals, best_fit, 'r-', label='Best fit line', linewidth=3)
plt.legend(loc='upper left')
plt.show()
```

运行程序，输出如下，效果如图 4-1 所示。

```
slope: 0.9993009056149503
y_intercept: -0.0030951597219001092
```

这里的解决方法是通过矩阵操作直接求解结果。大部分 TensorFlow 算法是通过迭代训练实现的，利用反向传播自动更新模型变量。这里通过实现数据直接求解的方法拟合模型，仅仅是为了说明 TensorFlow 的灵活用法。

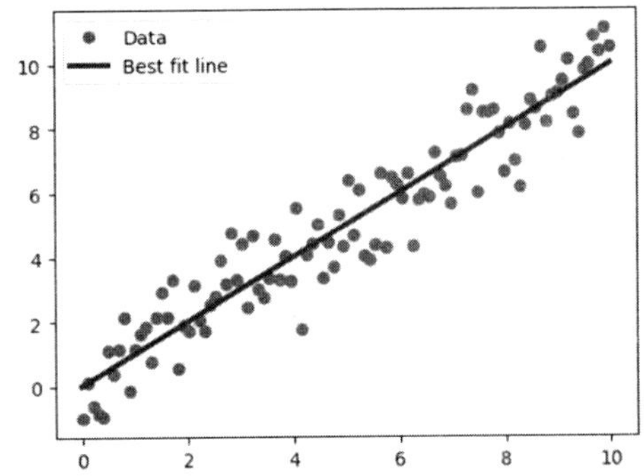

图 4-1　逆矩阵法拟合直线和数据点效果

4.1.2　矩阵分解法实现线性回归

在 4.1.1 小节中实现的求逆矩阵的方法在大部分情况下是低效率的，尤其当矩阵非常大时效率更低。另外一种实现方法是矩阵分解，此方法使用 TensorFlow 内建的 Cholesky 矩阵分解法，结果矩阵的特性使得其在应用中更高效。Cholesky 矩阵分解法把一个矩阵分解为上三角矩阵和下三角矩阵，即 $\boldsymbol{L}$ 和 $\boldsymbol{L}'$（$\boldsymbol{L}'$ 和 $\boldsymbol{L}$ 互为转置矩阵）。求解 $\boldsymbol{Ax}=\boldsymbol{b}$，改写成 $\boldsymbol{LL'x}=\boldsymbol{b}$。首先求解 $\boldsymbol{L}y=\boldsymbol{b}$，然后求解 $\boldsymbol{L'x}=y$ 得到系数矩阵 $\boldsymbol{x}$。

【例 4-2】 利用矩阵分解法实现线性回归。

```
#导入编程库
import matplotlib.pyplot as plt
import numpy as np
import tensorflow as tf
```

```
#初始化计算图，生成数据集
sess=tf.Session()
x_vals=np.linspace(0,10,100)
y_vals=x_vals+np.random.normal(0,1,100)
#转换成矩阵 reshape 成 (None,1)
x_vals_column=np.transpose(np.matrix(x_vals))
#用来合并 100 个元素 (100, 2) * (2,1) =(100,1) ==> 若为一个元素 (1, 2) * (2,1)
=(1,1) 符合运算形式 [2,1]*[[1],[2]]=[4] 即为 kx+b=y =>(x,1)*(k,b)=y==>A*x=b
ones_column=np.transpose(np.matrix(np.repeat(1,100)))
#tuple 参数
A=np.column_stack((x_vals_column,ones_column))
b=np.transpose(np.matrix(y_vals))
#形状
A_tensor=tf.constant(A)
b_tensor=tf.constant(b)
#(2,2) 简化运算 *转置矩阵 降维
#A*x=b ==> A^T*A*x=A^t*b ==> tA_A * x = A^T*b
tA_A=tf.matmul(tf.transpose(A_tensor),A_tensor)
#A*x=b => cholseky() 分解矩阵 tA_A=LL' ==> LL'* x=A^T*b
L=tf.cholesky(tA_A)
#得到 A^t*b
tA_b=tf.matmul(tf.transpose(A_tensor),b_tensor)
# L'* x
solve1=tf.matrix_solve(L,tA_b)
#x
solve2=tf.matrix_solve(tf.transpose(L),solve1)
solution_eval=sess.run(solve2)
#获取最终结果
slope=solution_eval[0][0]
y_intercept=solution_eval[1][0]
print(str(slope))
print(str(y_intercept))
best_fit=[]
for i in x_vals:
    best_fit.append(slope*i+y_intercept)
plt.plot(x_vals,y_vals,'o')
plt.plot(x_vals,best_fit,'r-')
plt.show()
```

运行程序，输出如下，效果如图 4-2 所示。

```
1.0068210798263766
0.05545027748346845
```

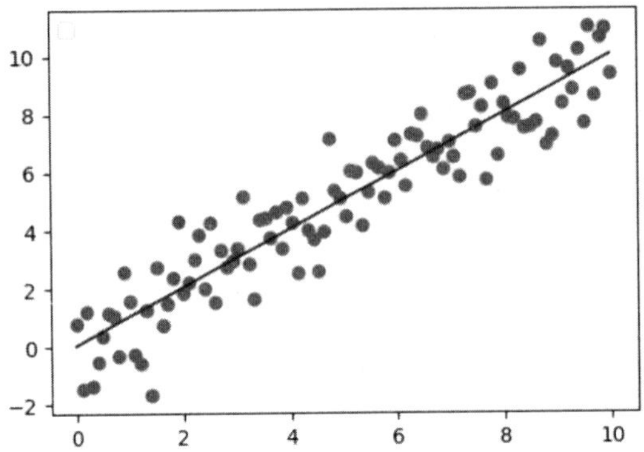

图 4-2　通过矩阵分解求解拟合直线和数据点

4.1.3　正则法对 iris 数据实现回归分析

本节将遍历批量数据点并让 TensorFlow 更新斜率和 y 截距。这次将使用 Scikit Learn 的内建 iris 数据集。这里将用数据点（x 值代表花瓣宽度，y 值代表花瓣长度）找到最优直线。选择这两种特征是因为它们具有线性关系，本节将使用 L2 正则损失函数。

【例 4-3】 用 L2 正则损失函数实现线性回归算法。

```
#导入必要的编程库，创建计算图，加载数据集
import tensorflow as tf
import numpy as np
import matplotlib.pyplot as plt
from sklearn import  datasets
sess=tf.Session()
#加载鸢尾花集
iris=datasets.load_iris()
#宽度、长度
x_vals=np.array([x[3] for x in iris.data])
y_vals=np.array([x[0] for x in iris.data])
#声明学习率、批量大小、占位符和模型变量
learning_rate=0.05
batch_size=25
x_data=tf.placeholder(shape=[None,1],dtype=tf.float32)
y_data=tf.placeholder(shape=[None,1],dtype=tf.float32)
A=tf.Variable(tf.random_normal(shape=[1,1]))
b=tf.Variable(tf.random_normal(shape=[1,1]))
#增加线性模型 y=Ax+b  x*a==>shape(None,1)+b==>shape(None,1)
model_out=tf.add(tf.matmul(x_data,A),b)
#声明 L2 损失函数
loss=tf.reduce_mean(tf.square(y_data-model_out))
#初始化变量
init=tf.global_variables_initializer()
sess.run(init)
```

```
#梯度下降
my_opt=tf.train.GradientDescentOptimizer(learning_rate)
train_step=my_opt.minimize(loss)
#循环迭代
loss_rec=[]
for i in range(100):
    rand_index=np.random.choice(len(x_vals),size=batch_size)
    #shape(None,1)
    rand_x=np.transpose([ x_vals[rand_index] ])
    rand_y=np.transpose([ y_vals[rand_index] ])
    #运行
    sess.run(train_step,feed_dict={x_data:rand_x,y_data:rand_y})
    temp_loss =sess.run(loss,feed_dict={x_data:rand_x,y_data:rand_y})
    #添加记录
    loss_rec.append(temp_loss)
    #打印
    if (i+1)%25==0:
        print('Step: %d A=%s b=%s'%(i,str(sess.run(A)),str(sess.run(b))))
        print('Loss:%s'% str(temp_loss))
#抽取系数
[slope]=sess.run(A)
print(slope)
[intercept]=sess.run(b)
best_fit=[]
for i in x_vals:
    best_fit.append(slope*i+intercept)
#x_vals shape(None,1)
plt.plot(x_vals,y_vals,'o',label='Data')
plt.plot(x_vals,best_fit,'r-',label='Best fit line',linewidth=3)
plt.legend(loc='upper left')
plt.xlabel('Pedal Width')
plt.ylabel('Pedal Length')
plt.show()
#L2
plt.plot(loss_rec,'k-',label='Loss')
plt.title('L2 loss per Generation')
plt.xlabel('Generation')
plt.ylabel('L2 loss ')
plt.show()
```

运行程序，输出如下，得到图 4-3 所示的拟合直线图，图 4-4 所示的是迭代 100 次的 L2 正则损失函数。

```
Step: 24 A=[[2.081633]] b=[[2.8601227]]
Loss:1.5421743
Step: 49 A=[[1.6294326]] b=[[3.6403785]]
Loss:0.51367295
```

```
Step: 74 A=[[1.3792962]] b=[[4.1127367]]
Loss:0.27269033
Step: 99 A=[[1.154081]] b=[[4.390327]]
Loss:0.3217431
[1.154081]
```

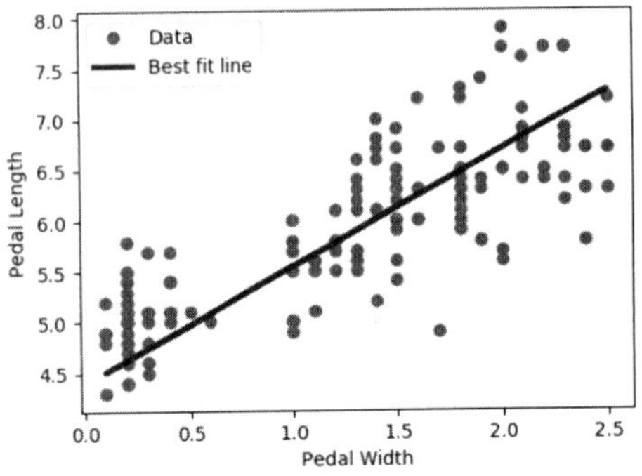

图 4-3 iris 数据集中的数据点（花瓣长度和花瓣宽度）和 TensorFlow 拟合的直线

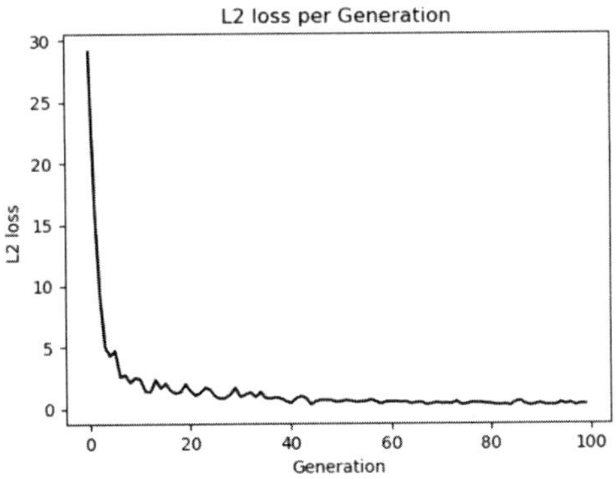

图 4-4 L2 正则损失

这里很容易看出算法模型是过拟合还是欠拟合。将数据集分割成测试数据集和训练数据集，如果训练数据集的准确度更大，而测试数据集准确度更低，那么该拟合为过拟合；如果在测试数据集和训练数据集上的准确度都一直在增加，那么该拟合是欠拟合，需要继续训练。

最优直线并不能保证是最佳拟合的直线。最佳拟合直线的收敛依赖迭代次数、批量大小、学习率和损失函数。最好经常观察损失函数，它能帮助我们进行问题定位或者超参数调整。

4.2 损失函数对 iris 数据实现回归分析

理解各种损失函数对算法收敛的影响是非常重要的。这里将展示 L1 正则损失函数对线性回归算法收敛的影响。

这次继续使用 iris 数据集，但要改变损失函数和学习率来观察收敛性的变化。

【例 4-4】 理解线性回归中的损失函数演示实例。

```
#导入必要的编程库，创建一个会话，加载数据，创建占位符，定义变量和模型。将抽出学习率和模型迭代次数，以便展示调整这些参数的影响
    import matplotlib.pyplot as plt
    import numpy as np
    import tensorflow as tf
    from sklearn import datasets
    # 创建计算图
    sess = tf.Session()
    # 载入数据
```

```
# iris.data = [(Sepal Length, Sepal Width, Petal Length, Petal Width)]
iris = datasets.load_iris()
x_vals = np.array([x[3] for x in iris.data])
y_vals = np.array([y[0] for y in iris.data])
# 批量大小
batch_size = 25
learning_rate=0.1
iterations=50
# 初始化 placeholders
x_data = tf.placeholder(shape=[None, 1], dtype=tf.float32)
y_target = tf.placeholder(shape=[None, 1], dtype=tf.float32)
# 为线性回归创建变量
A = tf.Variable(tf.random_normal(shape=[1,1]))
b = tf.Variable(tf.random_normal(shape=[1,1]))
# 声明的模式操作
model_output = tf.add(tf.matmul(x_data, A), b)
# 声明损失函数(L1 正则)
loss_l1 = tf.reduce_mean(tf.abs(y_target - model_output))
#初始化变量，声明优化器，遍历迭代训练。注意，为了度量收敛性，每次迭代都会保存损失值
my_opt = tf.train.GradientDescentOptimizer(0.05)  # 声明优化器
train_step = my_opt.minimize(loss_l1)
# 初始化变量
init = tf.global_variables_initializer()
sess.run(init)
my_opt_l1 = tf.train.GradientDescentOptimizer(learning_rate)
train_step_l1=my_opt_l1.minimize(loss_l1)
# 遍历迭代训练
loss_vec_l1 = []
for i in range(iterations):
    rand_index = np.random.choice(len(x_vals), size=batch_size)
    rand_x = np.transpose([x_vals[rand_index]])
    rand_y = np.transpose([y_vals[rand_index]])
    sess.run(train_step_l1, feed_dict={x_data: rand_x, y_target: rand_y})
    temp_loss_l1 = sess.run(loss_l1, feed_dict={x_data: rand_x, y_target: 
rand_y})
    loss_vec_l1.append(temp_loss_l1)
    if (i+1)%25==0:
        print('Step #' + str(i+1) + ' A = ' + str(sess.run(A)) + ' b = ' + 
str(sess.run(b)))
# 图随时间的损失
plt.plot(loss_vec_l1, 'k-')
plt.title('L1 Loss per Generation')
plt.xlabel('Generation')
plt.ylabel('L1 Loss')
plt.show()
```

运行程序，输出如下，效果如图 4-5 所示。

```
Step #25 A = [[2.196652]] b = [[2.7634156]]
Step #50 A = [[1.898252]] b = [[3.4474156]]
```

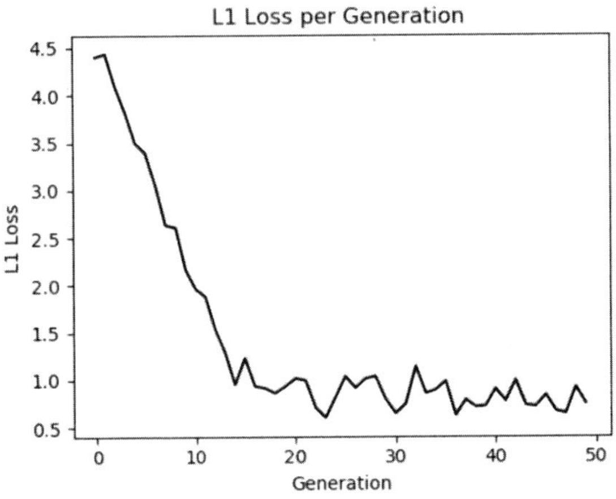

图 4-5　L1 正则损失函数，学习率为 0.05

4.3　戴明算法对 iris 数据实现回归分析

如果最小二乘线性回归算法最小化到回归直线的竖直距离（即平行于 y 轴方向），则戴明回归最小化到回归直线的总距离（即垂直于回归直线）。其最小化 x 值和 y 值两个方向误差的具体对比图如图 4-6 所示。

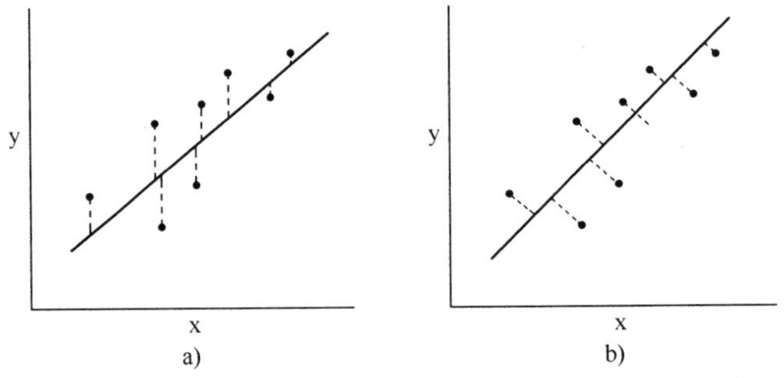

图 4-6　线性回归算法和载明回归的区别

a) 线性回归最小化到回归直线的竖直距离　b) 戴明回归最小化到回归直线的总距离

线性回归算法的损失函数最小化的是竖直距离，而这里需要最小化总距离。给定直线的斜率和截距，则求解一个点到直线的垂直距离可以通过已知的几何公式来实现。代入几何公式并使 TensorFlow 最小化距离。

损失函数是由分子和分母组成的几何公式。给定直线 $y=mx+b$，选取一点 (x_0, y_0)，则求两者间的距离的公式为：

$$d = \frac{|y_0 - (mx_0 + b)|}{\sqrt{m^2 + 1}}$$

【例 4-5】 利用 TensorFlow 实现戴明回归算法。

```
# 戴明回归
# 导入必要的编程库
import matplotlib.pyplot as plt
import numpy as np
import tensorflow as tf
from sklearn import datasets
from tensorflow.python.framework import ops
ops.reset_default_graph()
# 创建一个计算图会话
sess = tf.Session()
# 载入数据，创建占位符、变量和模型输出
# iris.data = [(Sepal Length, Sepal Width, Petal Length, Petal Width)]
iris = datasets.load_iris()
x_vals = np.array([x[3] for x in iris.data])
y_vals = np.array([y[0] for y in iris.data])
# 声明批量大小
batch_size = 50
# 初始化 placeholders
x_data = tf.placeholder(shape=[None, 1], dtype=tf.float32)
y_target = tf.placeholder(shape=[None, 1], dtype=tf.float32)
# 创建变量和线性回归
A = tf.Variable(tf.random_normal(shape=[1,1]))
b = tf.Variable(tf.random_normal(shape=[1,1]))
# 声明模型操作
model_output = tf.add(tf.matmul(x_data, A), b)
# 声明损失函数
demming_numerator = tf.abs(tf.subtract(y_target, tf.add(tf.matmul (x_data,
A), b)))
demming_denominator = tf.sqrt(tf.add(tf.square(A),1))
loss = tf.reduce_mean(tf.truediv(demming_numerator, demming_denominator))
# 声明优化器
my_opt = tf.train.GradientDescentOptimizer(0.1)
train_step = my_opt.minimize(loss)
# 初始化变量
init = tf.global_variables_initializer()
sess.run(init)
# 遍历训练
loss_vec = []
for i in range(250):
```

```
        rand_index = np.random.choice(len(x_vals), size=batch_size)
        rand_x = np.transpose([x_vals[rand_index]])
        rand_y = np.transpose([y_vals[rand_index]])
        sess.run(train_step, feed_dict={x_data: rand_x, y_target: rand_y})
        temp_loss = sess.run(loss, feed_dict={x_data: rand_x, y_target: rand_y})
        loss_vec.append(temp_loss)
        if (i+1)%50==0:
            print('Step #' + str(i+1) + ' A = ' + str(sess.run(A)) + ' b = ' +
str(sess.run(b)))
            print('Loss = ' + str(temp_loss))
    # 得到最优系数
    [slope] = sess.run(A)
    [y_intercept] = sess.run(b)
    # 获得最佳拟合线
    best_fit = []
    for i in x_vals:
      best_fit.append(slope*i+y_intercept)
    # 绘制结果
    plt.plot(x_vals, y_vals, 'o', label='Data Points')
    plt.plot(x_vals, best_fit, 'r-', label='Best fit line', linewidth=3)
    plt.legend(loc='upper left')
    plt.title('Sepal Length vs Pedal Width')
    plt.xlabel('Pedal Width')
    plt.ylabel('Sepal Length')
    plt.show()
    # 绘制损失函随时间变化的曲线图
    plt.plot(loss_vec, 'k-')
    plt.title('L2 Loss per Generation')
    plt.xlabel('Generation')
    plt.ylabel('L2 Loss')
    plt.show()
```

运行程序，输出如下，效果如图 4-7 和图 4-8 所示。

```
Step #50 A = [[-3.1377356]] b = [[2.9662676]]
Loss = 1.9717723
Step #100 A = [[-3.8145719]] b = [[4.33307]]
Loss = 1.4970222
Step #150 A = [[-3.9972527]] b = [[5.5234113]]
Loss = 1.3547156
Step #200 A = [[-4.011494]] b = [[6.3105516]]
Loss = 0.8992283
Step #250 A = [[-3.9679627]] b = [[6.8935027]]
Loss = 0.9394864
```

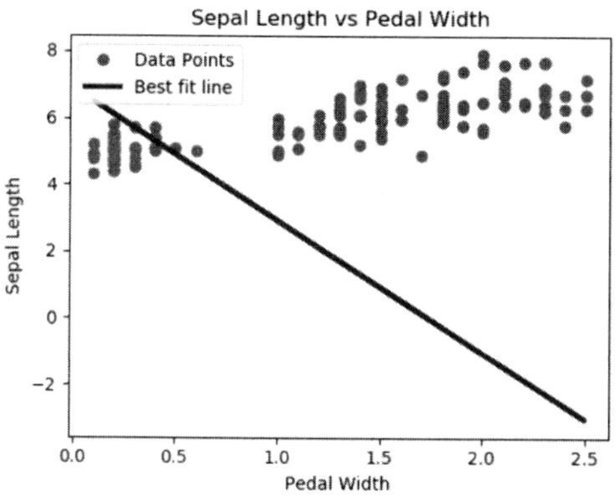

图 4-7 iris 数据集上戴明回归算法的解

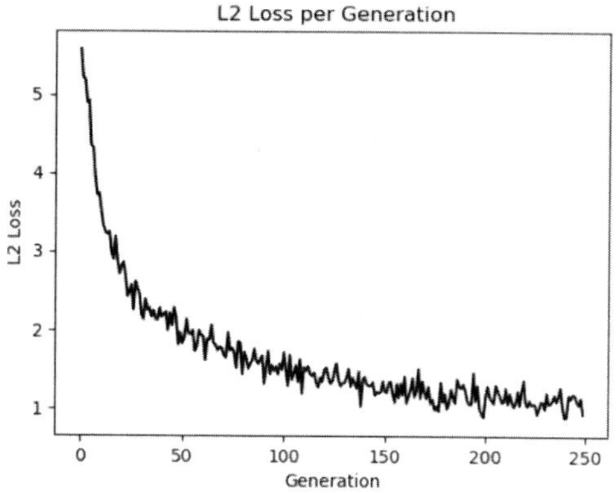

图 4-8 L2 正则损失函数曲线

由结果可看出，戴明回归算法与线性回归算法的结果基本一致。两者之间的关键不同点在于预测值与数据点间的损失函数变量：线性回归算法的损失函数是竖直距离损失；而戴明回归算法是垂直距离损失（到 x 轴和 y 轴的总距离损失）。

注意：这里戴明回归算法的实现类型是总体回归（总的最小二乘误差）。总体回归算法假设 x 值和 y 值的误差是相似的。也可以根据不同的理念使用不同的误差来扩展 x 轴和 y 轴的距离计算。

4.4 岭回归与 Lasso 回归对 iris 数据实现回归分析

也有些正则方法可以限制回归算法输出结果中系数的影响，其中最常用的两种正则方法是 Lasso 回归和岭回归。

Lasso 回归和岭回归算法跟常规线性回归算法极其相似，有一点不同的是，前者在公式中增加正则项来限制斜率（或者净斜率）。这样做的主要原因是限制特征对因变量的影响，通过增加一个依赖斜率 A 的损失函数实现。

对于 Lasso 回归算法，在损失函数上增加一项：斜率 A 的某个给定倍数。这里使用 TensorFlow 的逻辑操作，但没有这些操作相关的梯度，而是使用阶跃函数的连续估计，也称作连续阶跃函数，其会在截止点跳跃扩大。下面就可以看到如何使用 Lasso 回归算法。

对于岭回归算法，则增加一个 L2 范数，即斜率系数的 L2 正则。

【例 4-6】 实现岭回归与 Lasso 回归算法演示。

```
# lasso 回归和岭回归
# 导入必要编程库
import matplotlib.pyplot as plt
import sys
import numpy as np
import tensorflow as tf
from sklearn import datasets
from tensorflow.python.framework import ops
```

```
# 指定 'Ridge' or 'LASSO'
regression_type = 'LASSO'
# 清除旧图
ops.reset_default_graph()
# 创建图
sess = tf.Session()
###
# 载入 iris 数据
###
# iris.data = [(Sepal Length, Sepal Width, Petal Length, Petal Width)]
iris = datasets.load_iris()
x_vals = np.array([x[3] for x in iris.data])
y_vals = np.array([y[0] for y in iris.data])
###
# 模型参数
###
# 声明批量大小
batch_size = 50
# 初始化占位符
x_data = tf.placeholder(shape=[None, 1], dtype=tf.float32)
y_target = tf.placeholder(shape=[None, 1], dtype=tf.float32)
# 使结果重现性好
seed = 13
np.random.seed(seed)
tf.set_random_seed(seed)
# 为线性回归创建变量
A = tf.Variable(tf.random_normal(shape=[1,1]))
b = tf.Variable(tf.random_normal(shape=[1,1]))
# 声明模型操作
model_output = tf.add(tf.matmul(x_data, A), b)
###
# 损失函数
###
# 根据回归类型选择合适的损失函数
if regression_type == 'LASSO':
  # 声明 Lasso 损失函数
  # 增加损失函数，其为改良过的连续阶跃函数，Lasso 回归的截止点设为 0.9
  # 这意味着限制斜率系数不超过 0.9
  # Lasso 损失函数= L2_Loss + heavyside_step,
  lasso_param = tf.constant(0.9)
  heavyside_step = tf.truediv(1., tf.add(1., tf.exp(tf.multiply(-50., tf.
subtract(A, lasso_param)))))
  regularization_param = tf.multiply(heavyside_step, 99.)
  loss  =  tf.add(tf.reduce_mean(tf.square(y_target  -  model_output)),
regularization_param)
elif regression_type == 'Ridge':
```

```
        # 声明 Ridge 损失函数
        # Ridge 损失函数= L2_loss + L2 norm of slope
        ridge_param = tf.constant(1.)
        ridge_loss = tf.reduce_mean(tf.square(A))
        loss = tf.expand_dims(tf.add(tf.reduce_mean(tf.square(y_target - model_
output)), tf.multiply(ridge_param, ridge_loss)), 0)
    else:
        print('Invalid regression_type parameter value',file=sys.stderr)

    ###
    # 优化
    ###

    # 声明优化器
    my_opt = tf.train.GradientDescentOptimizer(0.001)
    train_step = my_opt.minimize(loss)
    ###
    # 运行回归
    ###
    # 初始化变量
    init = tf.global_variables_initializer()
    sess.run(init)
    # 遍历迭代训练
    loss_vec = []
    for i in range(1500):
      rand_index = np.random.choice(len(x_vals), size=batch_size)
      rand_x = np.transpose([x_vals[rand_index]])
      rand_y = np.transpose([y_vals[rand_index]])
      sess.run(train_step, feed_dict={x_data: rand_x, y_target: rand_y})
      temp_loss = sess.run(loss, feed_dict={x_data: rand_x, y_target: rand_y})
      loss_vec.append(temp_loss[0])
      if (i+1)%300==0:
        print('Step #' + str(i+1) + ' A = ' + str(sess.run(A)) + ' b = ' +
str(sess.run(b)))
        print('Loss = ' + str(temp_loss))
        print('\n')
    ###
    # 提取的回归结果
    ###
    # 得到最优系数
    [slope] = sess.run(A)
    [y_intercept] = sess.run(b)
    # 获得最佳拟合线
    best_fit = []
    for i in x_vals:
     best_fit.append(slope*i+y_intercept)
```

```
###
# 绘制结果图
###
# 根据数据点绘制回归线
plt.plot(x_vals, y_vals, 'o', label='Data Points')
plt.plot(x_vals, best_fit, 'r-', label='Best fit line', linewidth=3)
plt.legend(loc='upper left')
plt.title('Sepal Length vs Pedal Width')
plt.xlabel('Pedal Width')
plt.ylabel('Sepal Length')
plt.show()
# 图随时间的损失
plt.plot(loss_vec, 'k-')
plt.title(regression_type + ' Loss per Generation')
plt.xlabel('Generation')
plt.ylabel('Loss')
plt.show()
```

运行程序，输出如下，效果如图 4-9 和图 4-10 所示。

```
Step #300 A = [[0.77170753]] b = [[1.8249986]]
Loss = [[10.26473]]
Step #600 A = [[0.7590854]] b = [[3.2220633]]
Loss = [[3.0629203]]
Step #900 A = [[0.74843585]] b = [[3.9975822]]
Loss = [[1.2322046]]
Step #1200 A = [[0.73752165]] b = [[4.429741]]
Loss = [[0.57872057]]
Step #1500 A = [[0.7294267]] b = [[4.672531]]
Loss = [[0.40874982]]
```

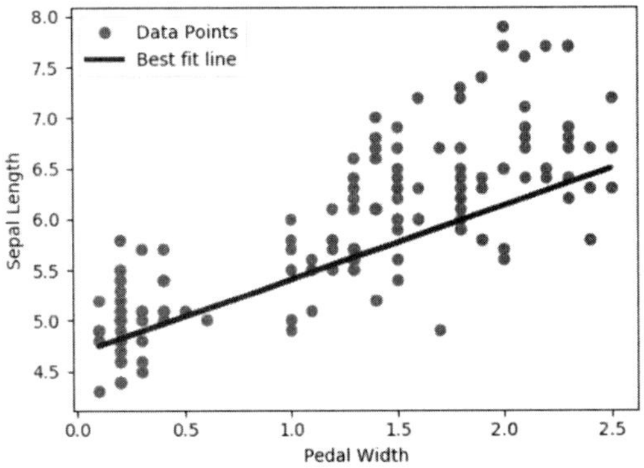

图 4-9　数据与最优拟合曲线图

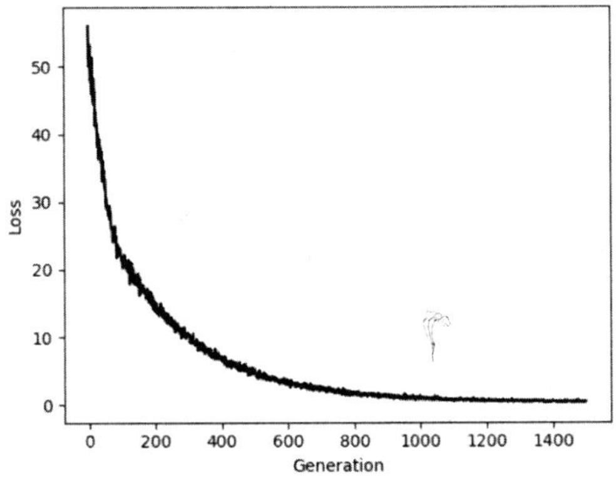

图 4-10　Lasso 损失函数训练效果图

通过在标准线性回归估计的基础上增加一个连续的阶跃函数来实现 Lasso 回归算法。由于阶跃函数的坡度，所以需要注意步长，太大的步长会导致最终不收敛。

4.5 弹性网络算法对 iris 数据实现回归分析

弹性网络回归算法（Elastic Net Regression）是综合 Lasso 回归和岭回归的一种回归算法，通过在损失函数中增加 L1 和 L2 正则项实现。

在学习完前面内容后，可以轻松地实现弹性网络的回归算法。

【例 4-7】 本实例使用多线性回归的方法实现弹性网络回归算法，以 iris 数据集为训练数据，用花瓣长度、花瓣宽度和花萼宽度 3 个特征预测花萼长度。

```
# 用 TensorFlow 实现弹性网络算法(多变量)
# 使用鸢尾花数据集，后 3 个特征作为特征，用来预测第一个特征
# 1 导入必要的编程库，创建计算图，加载数据集
import matplotlib.pyplot as plt
import tensorflow as tf
import numpy as np
from sklearn import datasets
from tensorflow.python.framework import ops
# 加载数据集
ops.get_default_graph()
sess = tf.Session()
iris = datasets.load_iris()
# x_vals 数据将是三列值的数组
x_vals = np.array([[x[1], x[2], x[3]] for x in iris.data])
y_vals = np.array([y[0] for y in iris.data])
# 2 声明学习率，批量大小，占位符和模型变量，模型输出
learning_rate = 0.001
batch_size = 50
x_data = tf.placeholder(shape=[None, 3], dtype=tf.float32) #占位符大小为 3
y_target = tf.placeholder(shape=[None, 1], dtype=tf.float32)
A = tf.Variable(tf.random_normal(shape=[3,1]))
b = tf.Variable(tf.random_normal(shape=[1,1]))
model_output = tf.add(tf.matmul(x_data, A), b)
# 3 对于弹性网络回归算法，损失函数包括 L1 正则和 L2 正则
elastic_param1 = tf.constant(1.)
elastic_param2 = tf.constant(1.)
l1_a_loss = tf.reduce_mean(abs(A))
l2_a_loss = tf.reduce_mean(tf.square(A))
e1_term = tf.multiply(elastic_param1, l1_a_loss)
e2_term = tf.multiply(elastic_param2, l2_a_loss)
loss  =  tf.expand_dims(tf.add(tf.add(tf.reduce_mean(tf.square(y_target  -
model_output)), e1_term), e2_term), 0)
# 4 初始化变量，声明优化器，然后遍历迭代运行，训练拟合得到参数
init = tf.global_variables_initializer()
sess.run(init)
```

```
my_opt = tf.train.GradientDescentOptimizer(learning_rate)
train_step = my_opt.minimize(loss)
loss_vec = []
for i in range(1000):
  rand_index = np.random.choice(len(x_vals), size=batch_size)
  rand_x = x_vals[rand_index]
  rand_y = np.transpose([y_vals[rand_index]])
  sess.run(train_step, feed_dict={x_data:rand_x, y_target:rand_y})
  temp_loss = sess.run(loss, feed_dict={x_data:rand_x, y_target:rand_y})
  loss_vec.append(temp_loss)
  if (i+1)%250 == 0:
    print('Step#' + str(i+1) +'A = ' + str(sess.run(A)) + 'b=' +
str(sess.run(b)))
    print('Loss= ' +str(temp_loss))
# 现在能观察到，随着训练迭代后损失函数已收敛
plt.plot(loss_vec, 'k--')
plt.title('Loss per Generation')
plt.xlabel('Generation')
plt.ylabel('Loss')
plt.show()
```

运行程序，输出如下，效果如图 4-11 所示。

```
Step#250A = [[1.3540874 ]
 [0.59435207]
 [0.3663644 ]]b=[[-1.211261]]
Loss= [1.875951]
Step#500A = [[1.3676797 ]
 [0.59568465]
 [0.24205701]]b=[[-1.0936404]]
Loss= [1.7674278]
Step#750A = [[1.3525691 ]
 [0.61321384]
 [0.14781338]]b=[[-0.98448056]]
Loss= [1.7234828]
Step#1000A = [[1.3294091 ]
 [0.63726395]
 [0.07502691]]b=[[-0.8788463]]
Loss= [1.6159215]
```

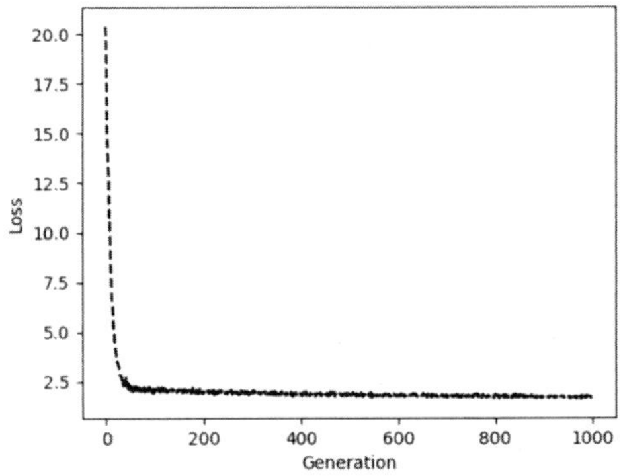

图 4-11　弹性网络回归迭代训练的损失函数

由图 4-11 可观察到，训练迭代后损失函数已收敛。弹性网络回归算法的实现是多线性回归。由此能发现，增加 L1 和 L2 正则项后的损失函数收敛变慢了。

第 5 章　TensorFlow 实现逻辑回归

线性回归能对连续值结果进行预测，而现实生活中常见的另外一类问题是分类问题。最简单的情况是“是与否”的二分类问题。比如说医生需要判断病人是否生病，银行要判断一个人的信用程度是否达到可以给他发信用卡的程度，邮件收件箱要自动将邮件分类为正常邮件和垃圾邮件等。

当然，最直接的想法是，既然能够用线性回归预测出连续值结果，那根据结果设定一个阈值是不是就可以解决这个问题了？然而在大多数情况下需要学习的分类数据并没有那么精准，阈值的设定并没有用，这时候就需要逻辑回归了，逻辑回归的核心思想就是通过对线性回归的计算结果进行映射，使之输出的结果为 0～1 之间的概率值。

5.1　什么是逻辑回归

许多人对线性回归都比较熟悉，但知道逻辑回归的人可能就要少得多了。从大的类别上来说，逻辑回归是一种有监督的统计学习方法，主要用于对样本进行分类。

在线性回归模型中，输出一般是连续的，例如

$$y = f(x) = ax + b$$

对于每一个输入的 x，都有一个对应的 y 输出。模型的定义域和值域都可以是 $[-\infty, +\infty]$。而对于逻辑回归，输入可以是连续的 $[-\infty, +\infty]$，但输出一般是离散的，即只有有限个输出值。例如，其值域可以只有两个值 $\{0,1\}$，这两个值可以表示对样本的某种分类，如高/低、患病/健康、阴性/阳性等，这就是最常见的二分类逻辑回归。因此，从整体上来说，通过逻辑回归模型将整个实数范围内的 x 映射到了有限个点上，这样就实现了对 x 的分类。每次拿过来一个 x，经过逻辑回归分析，就可以将它归入某一类 y 中。

5.1.1　逻辑回归与线性回归的关系

逻辑回归也被称为广义线性回归模型，它与线性回归模型的形式基本相同，都具有 $ax + b$，其中 a 和 b 是待求参数，其区别在于它们的因变量不同，多重线性回归直接将 $ax + b$ 作为因变量，即 $y = ax + b$，而逻辑回归则通过函数 S 将 $ax + b$ 对应到一个隐状态 p，$p = S(ax + b)$，然后根据 p 与 $1 - p$ 的大小决定因变量的值。这里的函数 S 就是 Sigmoid 函数：

$$S(t) = \frac{1}{1 + \mathrm{e}^{-t}}$$

将 t 换成 $ax + b$，可以得到逻辑回归模型的参数形式：

$$p(x:a,b)=\frac{1}{1+\mathrm{e}^{-(ax+b)}}$$

其对应的图形如图 5-1 所示。

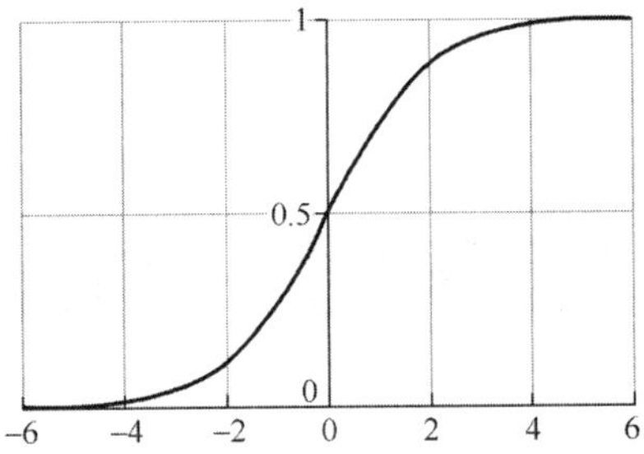

图 5-1 Sigmoid 函数图像

通过函数 S 的作用，可以将输出的值限制在区间[0, 1]上，$p(x)$ 则可以用来表示概率 $p(y=1|x)$，即当一个 x 发生时，y 被分到 1 那一组的概率。可是，我们上面说 y 只有两种取值，但是这里却出现了一个区间[0, 1]，这是什么原因呢？其实在真实情况下，最终得到的 y 的值是在[0, 1]这个区间上的一个数，然后可以选择一个阈值（通常是 0.5），当 $y>0.5$ 时，就将这个 x 归到 1 这一类，如果 $y<0.5$，就将 x 归到 0 这一类。但是阈值是可以调整的，比如说一个比较保守的人可能将阈值设为 0.9，也就是说有超过 90%的把握，才相信这个 x 属于 1 这一类。了解一个算法，最好的办法就是自己从头实现一次。下面是逻辑回归的具体实现。

5.1.2 逻辑回归模型的代价函数

逻辑回归一般使用交叉熵作为代价函数。关于代价函数将在后面小节介绍，这里只给出交叉熵公式：

$$J(\boldsymbol{\theta})=-\frac{1}{m}\left[\sum_{i=1}^{m}(y^{(i)}\log h_\theta(x^{(i)})+(1-y^{(i)})\log(1-h_\theta(x^{(i)}))\right]$$

其中，m 为训练样本的个数；$h_\theta(x)$ 为参数 $\boldsymbol{\theta}$ 和 x 预测得到的 y 值；y 为原训练样本中的 y 值，也就是标准答案；上角标（i）为第 i 个样本。

5.1.3 逻辑回归的预测函数

结合线性回归函数的预测函数 $h_\theta(x)=\boldsymbol{\theta}^{\mathrm{T}}x$，则此处逻辑回归模型的预测函数为：

$$h_\theta(x)=g(\boldsymbol{\theta}^{\mathrm{T}}x)=\frac{1}{1+\mathrm{e}^{-\theta^{\mathrm{T}}x}}$$

其中，$h_\theta(x)$ 表示针对输入值 x 以及参数 $\boldsymbol{\theta}$ 的前提条件下，$y=1$ 的概率。用概率论的公式可以写成：

$$h_\theta(x)=P(y=1|x;\boldsymbol{\theta})$$

上面的概率公式可以解读为：在输入 x 及参数 θ 条件下 $y=1$ 的概率。由概率论的知识可以推导出：

$$P(y=1|x;\boldsymbol{\theta})+P(y=0|x;\boldsymbol{\theta})=1$$

5.1.4 判定边界

逻辑回归预测函数由下面两个公式给出：

$$h_\theta(x)=g(\boldsymbol{\theta}^{\mathrm{T}}x)$$

$$g(z)=\frac{1}{1+\mathrm{e}^{-z}}$$

假定 $y=1$ 的判定条件是 $h_\theta(x)\geqslant 0.5$， $y=0$ 的判定条件是 $h_\theta(x)<0.5$，则可以推导出 $y=1$ 的判定条件就是 $\boldsymbol{\theta}^{\mathrm{T}}x\geqslant 0$， $y=0$ 的判定条件就是 $\boldsymbol{\theta}^{\mathrm{T}}x<0$。所以， $\boldsymbol{\theta}^{\mathrm{T}}x=0$ 即是我们的判定边界。

1. 判定边界

假定有两个变量 x_1,x_2，其逻辑回归预测函数是 $h_\theta(x)=g(\theta_0+\theta_1x_1+\theta_2x_2)$。假设给定参数

$$\boldsymbol{\theta}=\begin{bmatrix}-3\\1\\1\end{bmatrix}$$

那么可以得到判定边界 $-3+x_1+x_2=0$，即 $x_1+x_2=3$，如果以 x_1 为横坐标， x_2 为纵坐标，这个函数画出来就是一个通过（0,3）和（3,0）两个点的斜线，如图 5-2 所示。这条线就是判定边界。

直线左下角为 $y=0$，直线右上角为 $y=1$。横坐标为 x_1，纵坐标为 x_2。

2. 非线性判定边界

如果预测函数是多项式 $h_\theta(x)=g(\theta_0+\theta_1x_1+\theta_2x_2+\theta_3x_1^2+\theta_4x_2^2)$，且给定

$$\boldsymbol{\theta}=\begin{bmatrix}-1\\0\\0\\1\\1\end{bmatrix}$$

则可以得到判定边界函数

$$x_1^2+x_2^2=1$$

还是以 x_1 为横坐标，x_2 为纵坐标，则这是一个半径为 1 的圆。圆内部是 $y=0$，圆外部是 $y=1$，如图 5-3 所示。

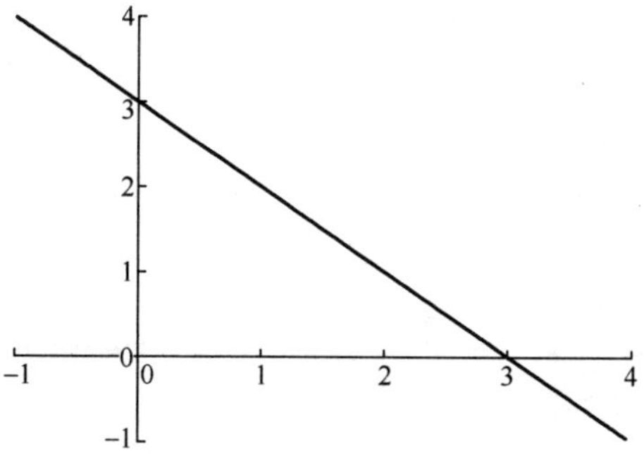

图 5-2 判定边界线

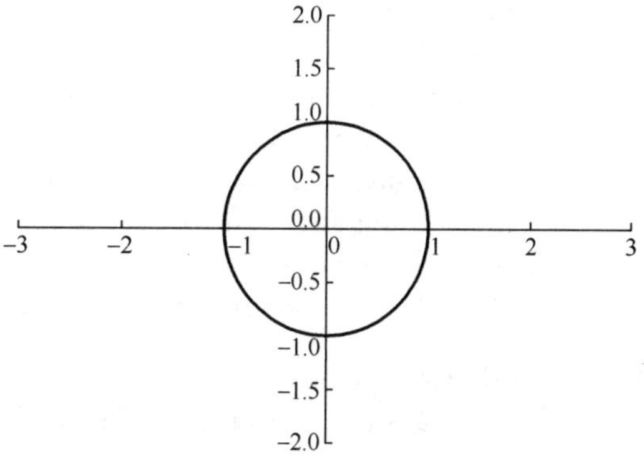

图 5-3 非线性边界判定

这是二阶多项式的情况，更一般的多阶多项式可以表达出更复杂的判定边界。

5.1.5 随机梯度下降算法实现逻辑回归

下面直接通过实例来演示 TensorFlow 如何实现简单逻辑回归。

【例 5-1】 逻辑回归是一种分类器模型，需要函数不断地优化参数，这里目标函数为 y_predict 与真实标签 Y 之间的 L2 距离，使用随机梯度下降算法来更新权重和偏置。

```
#功能：使用 TensorFlow 实现一个简单的逻辑回归
import tensorflow as tf
import numpy as np
import matplotlib.pyplot as plt
#创建占位符
X=tf.placeholder(tf.float32)
Y=tf.placeholder(tf.float32)
#创建变量
#tf.random_normal([1])返回一个符合正太分布的随机数
w=tf.Variable(tf.random_normal([1],name='weight'))
b=tf.Variable(tf.random_normal([1],name='bias'))
y_predict=tf.sigmoid(tf.add(tf.multiply(X,w),b))
num_samples=400
cost=tf.reduce_sum(tf.pow(y_predict-Y,2.0))/num_samples
#学习率
lr=0.01
optimizer=tf.train.AdamOptimizer().minimize(cost)
#创建 session 并初始化所有变量
num_epoch=500
cost_accum=[]
cost_prev=0
#np.linspace()创建 agiel 等差数组，元素个素为 num_samples
xs=np.linspace(-5,5,num_samples)
ys=np.sin(xs)+np.random.normal(0,0.01,num_samples)
with tf.Session() as sess:
  #初始化所有变量
  sess.run(tf.initialize_all_variables())
  #开始训练
  for epoch in range(num_epoch):
    for x,y in zip(xs,ys):
      sess.run(optimizer,feed_dict={X:x,Y:y})
    train_cost=sess.run(cost,feed_dict={X:x,Y:y})
    cost_accum.append(train_cost)
    print ("train_cost is:",str(train_cost))

    #当误差小于 10-6 时 终止训练
    if np.abs(cost_prev-train_cost)<1e-6:
      break
    #保存最终的误差
    cost_prev=train_cost
#画图：画出每一轮训练所有样本之后的误差
```

```
plt.plot(range(len(cost_accum)),cost_accum,'r')
plt.title('Logic Regression Cost Curve')
plt.xlabel('epoch')
plt.ylabel('cost')
plt.show()
```

运行程序，输出如下，效果如图 5-4 所示。

```
train_cost is: 0.0039332984
train_cost is: 0.003529919
train_cost is: 0.0033298954
train_cost is: 0.0032206422
train_cost is: 0.0031430642
……
train_cost is: 0.002245125
train_cost is: 0.0022438853
train_cost is: 0.0022428029
train_cost is: 0.0022418573
```

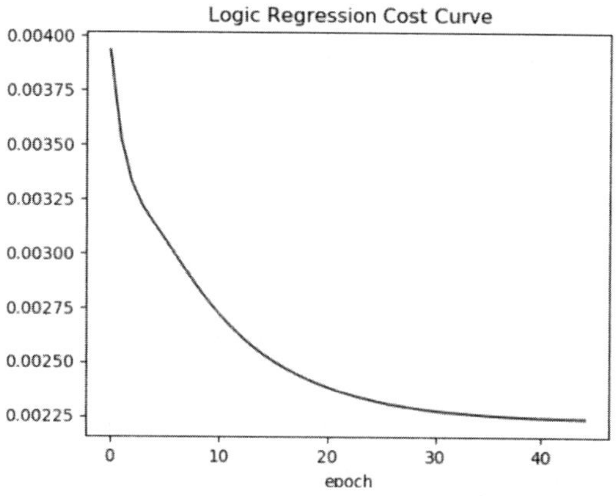

图 5-4　逻辑回归价值曲线图

【例 5-2】 本实例讲述 Python 实现的逻辑回归算法。

```
import numpy as np
import pandas as pd
import matplotlib.pyplot as plt
from sklearn.model_selection import train_test_split
#建立 sigmoid 函数
def sigmoid(x):
 x = x.astype(float)
 return 1./(1+np.exp(-x))
#训练模型，采用梯度下降算法
def train(x_train,y_train,num,alpha,m,n):
 beta = np.ones(n)
 for i in range(num):
  h=sigmoid(np.dot(x_train,beta)) #计算预测值
  error = h-y_train.T    #计算预测值与训练集的差值
  delt=alpha*(np.dot(error,x_train))/m #计算参数的梯度变化值
  beta = beta - delt
  #print('error',error)
 return beta
def predict(x_test,beta):
 y_predict=np.zeros(len(y_test))+0.5
 s=sigmoid(np.dot(beta,x_test.T))
 y_predict[s < 0.34] = 0
 y_predict[s > 0.67] = 1
 return y_predict
def accurancy(y_predict,y_test):
 acc=1-np.sum(np.absolute(y_predict-y_test))/len(y_test)
 return acc
```

```
if __name__ == "__main__":
    data = pd.read_csv('iris.csv')
    x = data.iloc[:,1:5]
    y = data.iloc[:,5].copy()
    y.loc[y== 'setosa'] = 0
    y.loc[y== 'versicolor'] = 0.5
    y.loc[y== 'virginica'] = 1
    x_train,x_test,y_train,y_test = train_test_split(x,y,test_size=.3, random_
state=15)
    m,n=np.shape(x_train)
    alpha = 0.01
    beta=train(x_train,y_train,1000,alpha,m,n)
    pre=predict(x_test,beta)
    t = np.arange(len(x_test))
    plt.figure()
    p1 = plt.plot(t,pre)
    p2 = plt.plot(t,y_test,label='test')
    label = ['prediction', 'true']
    plt.legend(label, loc=1)
    plt.show()
    acc=accurancy(pre,y_test)
    print('The predicted value is ',pre)
    print('The true value is ',np.array(y_test))
    print('The accuracy rate is ',acc)
```

运行程序，输出如下，效果如图 5-5 所示。

```
The predicted value is  [0.  0.5 1.  0.  0.  1.  1.  0.5 1.  1. 1. 0.5 0.5 0.5
1. 0. 0.5 1.
 0.  1.  0.5 0.  0.5 0.5 0.  0.  1.  1.  1.  1.  0.  1.  1.  1.  0.  0.
 1.  0.  0.  0.5 1.  0.  0.  0.5 1. ]
The true value is  [0 0.5 0.5 0 0 0.5 1 0.5 0.5 1 1 0.5 0.5 0.5 1 0 0.5 1
0 1 0.5 0 0.5 0.5 0
 0 1 1 1 0.5 0 1 0.5 1 0 0 1 0 0 0.5 1 0 0 0.5 1]
The accuracy rate is  0.9444444444444444
```

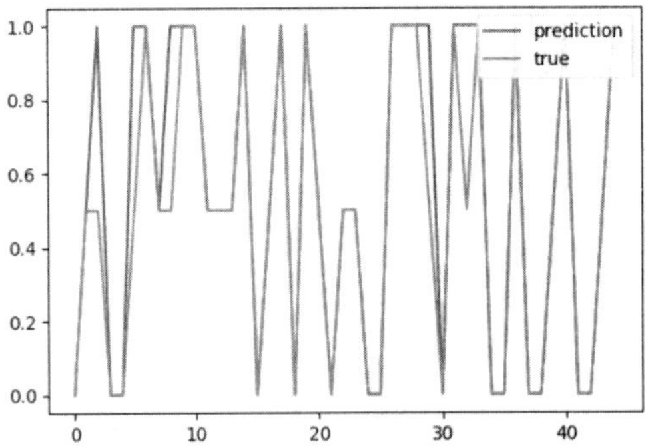

图 5-5　预测值与真实值拟合效果

5.2 逆函数及其实现

在学习逻辑函数之前，先来学习它的逆函数 Logit 函数，Logit 函数和逻辑函数息息相关，它们的许多性质是关联在一起的。

5.2.1 逆函数的相关函数

Logit 函数的变量需要是一个概率 p，更确切地说，需要是伯努利分布的事件概率。

1．伯努利分布

伯努利分布又称二项分布，也就是说它只能表示成功和失败两种情况。

- 取 1，表示成功，以概率 p 表示。
- 取 0，表示失败，概率是 $q=1-p$。

一个服从伯努利分布的随机变量，其概念函数可以被表述为：

$$\Pr(X=1)=1-\Pr(X=0)=1-q=p$$

什么样的情况可以用伯努利分布来表示呢？当只有两种选择的时候（如特征是否存在、事件是否发生、现象是否有因果性等）。

2．联系函数

在建立广义线性模型后，我们要先从线性函数开始，从独立变量映射到一个概率分布。

既然操作的是二值选项，自然会选择刚刚提到的伯努利分布，而连接函数则是对数概率函数。

3．Logit 函数

对发生率取对数的函数被称作 Logit 函数：

$$\operatorname{logit}(p)=\log\left(\frac{p}{1-p}\right)$$

这里面的 $\frac{p}{1-p}$ 被称作事件的发生率，对其取对数，所以称为对数概率函数，简称对数函数，标记为 Logit 函数。该函数实现了从区间[0,1]到区间 $(-\infty,+\infty)$ 之间的映射。那么只要将 y 用一个输入的线性函数替换，就实现了输入的线性变化和区间[0,1]之间的映射。

4．对数概率函数的逆函数——逻辑函数

计算一下对数概率函数的逆函数：

$$\operatorname{logit}^{-1}(\alpha)=\operatorname{logistic}(\alpha)=\frac{1}{1+\exp(-\alpha)}=\frac{\exp(\alpha)}{\exp(\alpha)+1}$$

这是一个 Sigmoid 函数。

逻辑函数使得我们能够将回归任务表示为二项选择。

（1）逻辑函数作为线性模型的泛化

逻辑函数

$$\sigma(t) = \frac{e^t}{e^t + 1} = \frac{1}{1 + e^{-t}}$$

一般的解释就是 t 为一个独立变量，该函数将 t 映射到区间[0,1]之间。但这里提升了这个模型，将 t 转变为变量 x 的一个线性映射（当 x 是一个多变量的向量时，t 就是该向量中各个元素的线性组合）。

可以将 t 表示为：

$$t = wx + b$$

就能够得到以下方程：

$$\text{logit}(p) = \ln\left(\frac{p}{1-p}\right) = wx + b$$

对于所有的元素，计算了回归方程后得出如下概率。

$$\hat{p} = \frac{e^{\beta_0 + \beta_1 x}}{1 + e^{\beta_0 + \beta_1 x}}$$

线性函数的参数起什么作用呢？它们可以改变直线的斜率和 Sigmoid 函数零的位置。通过调整线性方程中的参数来缩小预测与真实值之间的差距。

（2）逻辑函数的属性

函数空间中每个曲线都可以被描述成它所应用的可能目标，具体到逻辑函数：

- 事件的可能性 p 依赖于一个或者多个变量。比如，根据选手之前的资历预测获奖的可能性。
- 对于特定的观察，估算事件发生的可能性。
- 预测改变独立变量时二项响应的影响。
- 通过计算可能性，将观测分配到某个确定的类。

（3）损失函数

前面内容中，我们学习了近似 $\hat{p}$，它能够得到样本属于某个确定类的可能性。为了计算预测与真实结果的契合程度，需要仔细选择损失函数。

损失函数可以表达为：

$$\text{loss} = -\sum_i y_i \cdot \log(ypred_i) + (1 - y_i) \cdot \log(1 - ypred_i)$$

该损失函数的主要性质就是偏爱相似行为，而当误差超过 0.5 的时候，惩罚会急剧增加。

（4）梯度上升法

梯度上升法就是在函数的梯度方向上不断地迭代计算参数值，以找到一个最大的参数值。迭代公式如下：

$$w_{k+1} = w_k + \alpha \Delta\sigma(x, w)$$

其中，α 为步长，$\Delta\sigma$ 为 $\sigma(w)$ 函数梯度。最后，可以得到梯度的计算公式为：

$$\Delta\sigma(x, w) = \sum_{i=0}^{m} x_i [y_i - \sigma(x_i, w_i)]$$

那么，迭代公式为：

$$w_{k+1} = w_k + \alpha\sum_{i=0}^{m} x_i[y_i - \sigma(x_i, w_k)]$$

其中，w_{k+1} 为本次迭代 x 特征项的回归系数结果；w_k 为上一次迭代 x 特征项的回归系数结果；α 为每次迭代向梯度方向移动的步长；x_i 为 x 特征项中第 i 个元素；y_i 是样本中第 i 条记录的分类样本结果；$\sigma(x_i, w_k)$ 是样本中第 i 条记录，使用 Sigmoid 函数和 w_k 作为回归系数计算的分类结果；$[y_i - \sigma(x_i, w_k)]$ 是样本第 i 条记录对应的分类结果值，与 Sigmoid 函数使用 w_k 作为回归系数计算的分类结果值的误差值。

（5）随机梯度上升法

在前面算法中，迭代的次数越多，越接近想要的那个值，但是由于样本的数据是非线性的，这个过程也会有一定的误差。具体的回归系数和迭代次数的关系可以参考其他资料，这里就不做详细介绍了。

这里只介绍一下如何改进我们的算法，使算法能够快速收敛并减小波动。方法如下：

- 每次迭代随机地抽取一个样本点来计算回归向量。
- 迭代的步长随着迭代次数增大而不断减少，但是永远不等于 0。

5.2.2 逆函数的实现

前面对相关函数进行了介绍，下面通过两个实例来利用梯度上升法、随机梯度上升法对数据进行回归分析。

【例 5-3】 利用梯度上升法编写逻辑函数对数据进行回归分析。

```
import numpy as np
import matplotlib.pyplot as plt
def loadData():
  labelVec = []
  dataMat = []
  with open('dataset1.txt') as f:
    for line in f.readlines():
      dataMat.append([1.0,line.strip().split()[0],line.strip().split()[1]])
      labelVec.append(line.strip().split()[2])
  return dataMat,labelVec

def Sigmoid(inX):
  return 1/(1+np.exp(-inX))

def trainLR(dataMat,labelVec):
  dataMatrix = np.mat(dataMat).astype(np.float64)
  lableMatrix = np.mat(labelVec).T.astype(np.float64)
  m,n = dataMatrix.shape
  w = np.ones((n,1))
  alpha = 0.001
  for i in range(500):
    predict = Sigmoid(dataMatrix*w)
```

```
        error = predict-lableMatrix
        w = w - alpha*dataMatrix.T*error
    return w
def plotBestFit(wei,data,label):
    if type(wei).__name__ == 'ndarray':
        weights = wei
    else:
        weights = wei.getA()
    fig = plt.figure(0)
    ax = fig.add_subplot(111)
    xxx = np.arange(-3,3,0.1)
    yyy = - weights[0]/weights[2] - weights[1]/weights[2]*xxx
    ax.plot(xxx,yyy)
    cord1 = []
    cord0 = []
    for i in range(len(label)):
        if label[i] == 1:
            cord1.append(data[i][1:3])
        else:
            cord0.append(data[i][1:3])
    cord1 = np.array(cord1)
    cord0 = np.array(cord0)
    ax.scatter(cord1[:,0],cord1[:,1],c='red')
    ax.scatter(cord0[:,0],cord0[:,1],c='green')
    plt.show()

if __name__ == "__main__":
    data,label = loadData()
    data = np.array(data).astype(np.float64)
    label = [int(item) for item in label]
    weight = trainLR(data,label)
    plotBestFit(weight,data,label)
```

运行程序，效果如图 5-6 所示。

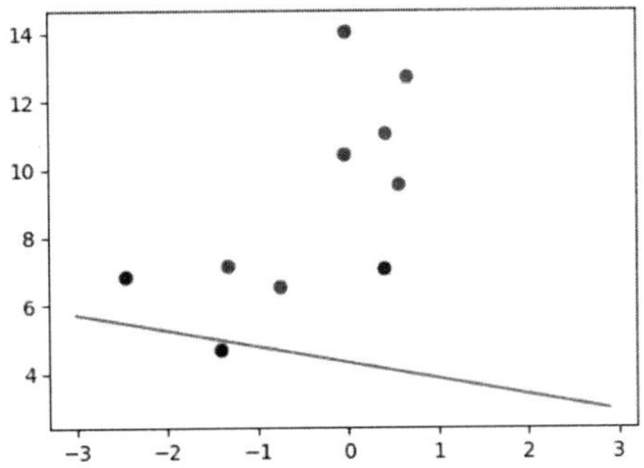

图 5-6 梯度上升法逻辑函数拟合效果

【例 5-4】 利用随机梯度上升法编写逻辑函数拟合数据。

```
import numpy as np
import matplotlib.pyplot as plt
def loadData():
    labelVec = []
    dataMat = []
    with open('dataset1.txt') as f:
        for line in f.readlines():
            dataMat.append([1.0,line.strip().split()[0],line.strip().split()[1]])
            labelVec.append(line.strip().split()[2])
```

```
    return dataMat,labelVec

def Sigmoid(inX):
    return 1/(1+np.exp(-inX))

def plotBestFit(wei,data,label):
    if type(wei).__name__ == 'ndarray':
        weights = wei
    else:
        weights = wei.getA()
    fig = plt.figure(0)
    ax = fig.add_subplot(111)
    xxx = np.arange(-3,3,0.1)
    yyy = - weights[0]/weights[2] - weights[1]/weights[2]*xxx
    ax.plot(xxx,yyy)
    cord1 = []
    cord0 = []
    for i in range(len(label)):
        if label[i] == 1:
            cord1.append(data[i][1:3])
        else:
            cord0.append(data[i][1:3])
    cord1 = np.array(cord1)
    cord0 = np.array(cord0)
    ax.scatter(cord1[:,0],cord1[:,1],c='red')
    ax.scatter(cord0[:,0],cord0[:,1],c='green')
    plt.show()

def stocGradAscent(dataMat,labelVec,trainLoop):
    m,n = np.shape(dataMat)
    w = np.ones((n,1))
    for j in range(trainLoop):
        dataIndex = range(m)
        for i in range(m):
            alpha = 4/(i+j+1) + 0.01
            randIndex = int(np.random.uniform(0,len(dataIndex)))
            predict = Sigmoid(np.dot(dataMat[dataIndex[randIndex]],w))
            error = predict - labelVec[dataIndex[randIndex]]
            w = w - alpha*error*dataMat[dataIndex[randIndex]].reshape(n,1)
            np.delete(dataIndex,randIndex,0)
    return w

if __name__ == "__main__":
    data,label = loadData()
```

```
data = np.array(data).astype(np.float64)
label = [int(item) for item in label]
weight = stocGradAscent(data,label,300)
plotBestFit(weight,data,label)
```

运行程序，效果如图 5-7 所示。

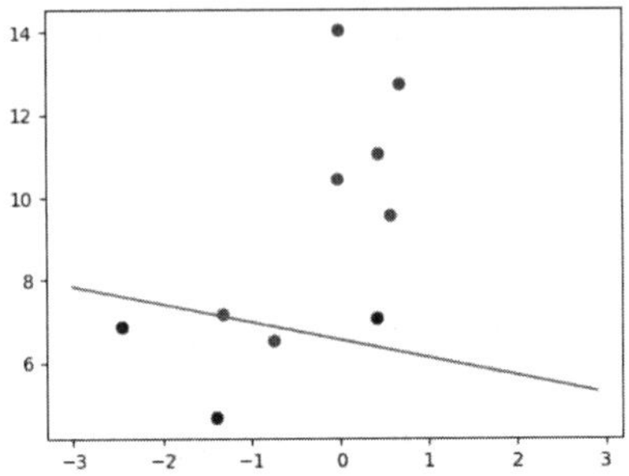

图 5-7　随机梯度上升法数据回归效果

5.3 Softmax 回归

在一个多分类问题中，变量 y 有 k 个取值，即 $y \in \{1,2,\cdots,k\}$。例如在邮件分类问题中，我们要把邮件分为垃圾邮件、个人邮件、工作邮件 3 类，目标值 y 是一个有 3 个取值的离散值。这是一个多分类问题，二分类问题在这里不太适用。

多分类问题符合多项分布。有许多算法可用于解决多分类问题，像决策树、朴素贝叶斯等。本节主要讲解多分类算法中的 Softmax 回归（Softmax Regression）。

5.3.1 Softmax 回归简介

假设有 m 个训练样本 $((\boldsymbol{x}^{(1)},y^{(1)}),(\boldsymbol{x}^{(2)},y^{(2)}),\cdots,(\boldsymbol{x}^{(m)},y^{(m)}))$，对于 Softmax 回归，其输入特征为：$\boldsymbol{x}^{(i)} \in \boldsymbol{R}^{n+1}$，类标记为 $y^{(i)} \in \{0,1,\cdots,k\}$。假设函数为对于每一个样本估计其所属的类别的概率 $(y=j\,|\,\boldsymbol{x})$，具有的假设函数为：

$$h_\theta(\boldsymbol{x}^{(i)})=\begin{bmatrix} p(y^{(i)}=1\,|\,\boldsymbol{x}^{(i)};\boldsymbol{\theta}) \\ p(y^{(i)}=2\,|\,\boldsymbol{x}^{(i)};\boldsymbol{\theta}) \\ \vdots \\ p(y^{(i)}=k\,|\,\boldsymbol{x}^{(i)};\boldsymbol{\theta}) \end{bmatrix}=\frac{1}{\sum_{j=1}^{k}\mathrm{e}^{\boldsymbol{\theta}_j^{\mathrm{T}}\boldsymbol{x}^{(i)}}}\begin{bmatrix} \mathrm{e}^{\boldsymbol{\theta}_1^{\mathrm{T}}\boldsymbol{x}^{(i)}} \\ \mathrm{e}^{\boldsymbol{\theta}_2^{\mathrm{T}}\boldsymbol{x}^{(i)}} \\ \vdots \\ \mathrm{e}^{\boldsymbol{\theta}_k^{\mathrm{T}}\boldsymbol{x}^{(i)}} \end{bmatrix}$$

其中，$\boldsymbol{\theta}$ 表示向量，且 $\boldsymbol{\theta}_i \in \boldsymbol{R}^{n+1}$。则对于每一个样本估计其所属的类别的概率为：

$$p(y^{(i)}=j\,|\,\boldsymbol{x}^{(i)};\boldsymbol{\theta})=\frac{\mathrm{e}^{\boldsymbol{\theta}_j^{\mathrm{T}}\boldsymbol{x}^{(i)}}}{\sum_{l=1}^{k}\mathrm{e}^{\boldsymbol{\theta}_l^{\mathrm{T}}\boldsymbol{x}^{(i)}}}$$

5.3.2 Softmax 的代价函数

下面来介绍 Softmax 回归算法的代价函数。在下面的公式中，$\boldsymbol{I}(\cdot)$ 是示性函数，其取值规则为：

- $\boldsymbol{I}$ {值为真的表达式}=1。
- $\boldsymbol{I}$ {值为假的表达式}=0。

举例说明，表达式 $\boldsymbol{I}$ {2+2=4}的值为 1，$\boldsymbol{I}$ {1+3=3}的值为 0。代价函数为：

$$J(\boldsymbol{\theta})=-\frac{1}{m}\left[\sum_{i=1}^{m}\sum_{j=1}^{k}I\{y^{(i)}=j\}\log\frac{\mathrm{e}^{\boldsymbol{\theta}_j^{\mathrm{T}}\boldsymbol{x}^{(i)}}}{\sum_{l=1}^{k}\mathrm{e}^{\boldsymbol{\theta}_l^{\mathrm{T}}\boldsymbol{x}^{(i)}}}\right]$$

值得注意的是，上述公式是逻辑回归代价函数的推广。逻辑回归代价函数可改为：

$$J(\boldsymbol{\theta})=-\frac{1}{m}\left[\sum_{i=1}^{m}(1-y^{(i)})\log(1-h_\theta(\boldsymbol{x}^{(i)}))+y^{(i)}\log h_\theta(\boldsymbol{x}^{(i)})\right]$$
$$=-\frac{1}{m}\left[\sum_{i=1}^{m}\sum_{j=0}^{I}I\{y^{(i)}=j\}\log p(y^{(i)}=j\mid\boldsymbol{x}^{(i)};\boldsymbol{\theta}\right]$$

可以看到，Softmax 代价函数与 Logistic 代价函数在形式上非常类似，只是在 Softmax 损失函数中对类标记的 k 个可能值进行了累加。注意在 Softmax 回归中将 x 分类为类别 j 的概率为：

$$p(y^{(i)}=j\mid x^{(i)};\boldsymbol{\theta})=\frac{\mathrm{e}^{\boldsymbol{\theta}_j^{\mathrm{T}}x^{(i)}}}{\sum_{l=1}^{k}\mathrm{e}^{\boldsymbol{\theta}_l^{\mathrm{T}}x^{(i)}}}$$

对于 $J(\theta)$ 的最小化问题，目前还没有闭式解法。因此，这里使用迭代的优化算法（如梯度下降法，或 L-BFGS）。经过求导，得到梯度公式为：

$$\nabla_{\theta_j}J(\boldsymbol{\theta})=-\frac{1}{m}\sum_{i=1}^{m}[x^{(i)}(\boldsymbol{I}\{y^{(i)}=j\}-p(y^{(i)}=j\mid x^{(i)};\boldsymbol{\theta}))]$$

5.3.3 Softmax 回归的求解

对于上述的代价函数，可以使用梯度下降法对其进行求解，首先对其进行求梯度运算：

$$\nabla_{\theta_j}J(\boldsymbol{\theta})=-\frac{1}{m}\sum_{i=1}^{m}\left[\nabla_{\theta_j}\sum_{j=1}^{k}I\{y^{(i)}=j\}\log\frac{\mathrm{e}^{\boldsymbol{\theta}_j^{\mathrm{T}}x^{(i)}}}{\sum_{l=1}^{k}\mathrm{e}^{\boldsymbol{\theta}_l^{\mathrm{T}}x^{(i)}}}\right]$$

已知，一个样本只会属于一个类别：

● 如果 $y^{(i)}=j$，则 $I\{y^{(i)}=j\}=1$，有

$$\nabla_{\theta_j}J(\boldsymbol{\theta})=-\frac{1}{m}\sum_{i=1}^{m}\left[\nabla_{\theta_j}\log\frac{\mathrm{e}^{\boldsymbol{\theta}_j^{\mathrm{T}}x^{(i)}}}{\sum_{l=1}^{k}\mathrm{e}^{\boldsymbol{\theta}_l^{\mathrm{T}}x^{(i)}}}\right]$$
$$=-\frac{1}{m}\sum_{i=1}^{m}\left[\frac{\sum_{l=1}^{k}\mathrm{e}^{\boldsymbol{\theta}_l^{\mathrm{T}}x^{(i)}}}{e^{\boldsymbol{\theta}_j^{\mathrm{T}}x^{(i)}}}\cdot\frac{\mathrm{e}^{\boldsymbol{\theta}_j^{\mathrm{T}}x^{(i)}}\cdot x^{(i)}\cdot\sum_{l=1}^{k}\mathrm{e}^{\boldsymbol{\theta}_l^{\mathrm{T}}x^{(i)}}-\mathrm{e}^{\boldsymbol{\theta}_j^{\mathrm{T}}x^{(i)}}\cdot x^{(i)}\cdot\mathrm{e}^{\boldsymbol{\theta}_j^{\mathrm{T}}x^{(i)}}}{\left(\sum_{l=1}^{k}\mathrm{e}^{\boldsymbol{\theta}_l^{\mathrm{T}}x^{(i)}}\right)^2}\right]$$
$$=-\frac{1}{m}\sum_{i=1}^{m}\left[\frac{\sum_{l=1}^{k}\mathrm{e}^{\boldsymbol{\theta}_l^{\mathrm{T}}x^{(i)}}-\mathrm{e}^{\boldsymbol{\theta}_j^{\mathrm{T}}x^{(i)}}}{\sum_{l=1}^{k}\mathrm{e}^{\boldsymbol{\theta}_l^{\mathrm{T}}x^{(i)}}}\cdot x^{(i)}\right]$$

● 如果 $y^{(i)}\neq j$，假设 $y^{(i)}\neq j'$，则 $I\{y^{(i)}=j\}=0$，$I\{y^{(i)}=j'\}=1$，有

$$\nabla_{\theta_j} J(\boldsymbol{\theta}) = -\frac{1}{m}\sum_{i=1}^{m}\left[\nabla_{\theta_j} \log \frac{\mathrm{e}^{\boldsymbol{\theta}_j^{\mathrm{T}}\boldsymbol{x}^{(i)}}}{\sum_{l=1}^{k}\mathrm{e}^{\boldsymbol{\theta}_l^{\mathrm{T}}\boldsymbol{x}^{(i)}}}\right]$$

$$= -\frac{1}{m}\sum_{i=1}^{m}\left[\frac{\sum_{l=1}^{k}\mathrm{e}^{\boldsymbol{\theta}_l^{\mathrm{T}}\boldsymbol{x}^{(i)}}}{\mathrm{e}^{\boldsymbol{\theta}_j^{\mathrm{T}}\boldsymbol{x}^{(i)}}} \cdot \frac{-\mathrm{e}^{\boldsymbol{\theta}_j^{\mathrm{T}}\boldsymbol{x}^{(i)}} \cdot x^{(i)} \cdot \mathrm{e}^{\boldsymbol{\theta}_j^{\mathrm{T}}\boldsymbol{x}^{(i)}}}{\left(\sum_{l=1}^{k}\mathrm{e}^{\boldsymbol{\theta}_l^{\mathrm{T}}\boldsymbol{x}^{(i)}}\right)^2}\right]$$

$$= -\frac{1}{m}\sum_{i=1}^{m}\left[-\frac{\mathrm{e}^{\boldsymbol{\theta}_j^{\mathrm{T}}\boldsymbol{x}^{(i)}}}{\sum_{l=1}^{k}\mathrm{e}^{\boldsymbol{\theta}_l^{\mathrm{T}}\boldsymbol{x}^{(i)}}} \cdot x^{(i)}\right]$$

最终的结果为：

$$-\frac{1}{m}\sum_{i=1}^{m}\left[x^{(i)}\left(I\{y^{(i)}=j\}-p(y^{(i)}=j \mid x^{(i)};\boldsymbol{\theta})\right)\right]$$

5.3.4 Softmax 回归的参数特点

在 Softmax 回归中存在着参数冗余的问题。简单来讲就是有些参数是没有任何用的，为了证明这点，假设从参数向量$\boldsymbol{\theta}_j$中减去向量$\boldsymbol{\psi}$，假设函数为：

$$p(y^{(i)}=j \mid x^{(i)};\boldsymbol{\theta}) = \frac{\mathrm{e}^{(\boldsymbol{\theta}_j-\boldsymbol{\psi})^{\mathrm{T}}x^{(i)}}}{\sum_{l=1}^{k}\mathrm{e}^{(\boldsymbol{\theta}_l-\boldsymbol{\psi})^{\mathrm{T}}x^{(i)}}}$$

$$= \frac{\mathrm{e}^{\boldsymbol{\theta}_j^{\mathrm{T}}x^{(i)}} \cdot \mathrm{e}^{-\boldsymbol{\psi}^{\mathrm{T}}x^{(i)}}}{\sum_{l=1}^{k}\mathrm{e}^{\boldsymbol{\theta}_l^{\mathrm{T}}x^{(i)}} \cdot \mathrm{e}^{-\boldsymbol{\psi}^{\mathrm{T}}x^{(i)}}}$$

$$= \frac{\mathrm{e}^{\boldsymbol{\theta}_j^{\mathrm{T}}x^{(i)}}}{\sum_{l=1}^{k}\mathrm{e}^{\boldsymbol{\theta}_l^{\mathrm{T}}x^{(i)}}}$$

从上面可以看出从参数向量$\boldsymbol{\theta}_j$中减去向量$\boldsymbol{\psi}$对预测结果并没有任何的影响，也就是说在模型中，存在着多组最优解。

如对参数进行 L2 正则约束，L2 正则为：

$$\frac{\lambda}{2}\sum_{i=0}^{k}\sum_{j=0}^{n}\boldsymbol{\theta}_{ij}^2$$

此时，代价函数为：

$$J(\boldsymbol{\theta}) = -\frac{1}{m}\left[\sum_{i=1}^{m}\sum_{j=1}^{k}\boldsymbol{I}\{y^{(i)}=j\}\log\frac{\mathrm{e}^{\boldsymbol{\theta}_j^{\mathrm{T}}\boldsymbol{x}^{(i)}}}{\sum_{l=1}^{k}\mathrm{e}^{\boldsymbol{\theta}_l^{\mathrm{T}}\boldsymbol{x}^{(i)}}}\right] + \frac{\lambda}{2}\sum_{i=0}^{k}\sum_{j=0}^{n}\boldsymbol{\theta}_{ij}^2$$

其中，$\lambda>0$，此时代价函数是一个严格的凸函数。

对该函数的导数为：

$$\nabla\boldsymbol{\theta}_j J(\boldsymbol{\theta})=-\frac{1}{m}\sum_{i=1}^{m}\left[x^{(i)}\left(\boldsymbol{I}\{y^{(i)}=j\}-p(y^{(i)}=j\mid x^{(i)};\boldsymbol{\theta})\right)\right]+\lambda\boldsymbol{\theta}_j$$

5.3.5 Softmax 与逻辑回归的关系

逻辑回归算法是 Softmax 回归的特殊情况，即 $k=2$ 时的情况。当 $k=2$ 时，Softmax 回归为：

$$h_\theta(x)=\frac{1}{\mathrm{e}^{\boldsymbol{\theta}_1^{\mathrm{T}}\boldsymbol{x}}+\mathrm{e}^{\boldsymbol{\theta}_2^{\mathrm{T}}\boldsymbol{x}}}\begin{bmatrix}\mathrm{e}^{\boldsymbol{\theta}_1^{\mathrm{T}}\boldsymbol{x}}\\ \mathrm{e}^{\boldsymbol{\theta}_1^{\mathrm{T}}\boldsymbol{x}}\end{bmatrix}$$

利用 Softmax 回归参数冗余的特点，令 $\boldsymbol{\Psi}=\boldsymbol{\theta}_1$，从两个向量中都减去这个向量，得到：

$$\begin{aligned}h_\theta(x)&=\frac{1}{\mathrm{e}^{(\boldsymbol{\theta}_1-\boldsymbol{\psi})^{\mathrm{T}}x}+\mathrm{e}^{(\boldsymbol{\theta}_2-\boldsymbol{\psi})^{\mathrm{T}}x}}\begin{bmatrix}\mathrm{e}^{(\boldsymbol{\theta}_1-\boldsymbol{\psi})^{\mathrm{T}}x}\\ \mathrm{e}^{(\boldsymbol{\theta}_2-\boldsymbol{\psi})^{\mathrm{T}}x}\end{bmatrix}\\&=\begin{bmatrix}\dfrac{1}{1+\mathrm{e}^{(\boldsymbol{\theta}_2-\boldsymbol{\theta}_1)^{\mathrm{T}}x}}\\ \dfrac{\mathrm{e}^{(\boldsymbol{\theta}_2-\boldsymbol{\theta}_1)^{\mathrm{T}}x}}{1+\mathrm{e}^{(\boldsymbol{\theta}_2-\boldsymbol{\theta}_1)^{\mathrm{T}}x}}\end{bmatrix}\\&=\begin{bmatrix}\dfrac{1}{1+\mathrm{e}^{(\boldsymbol{\theta}_2-\boldsymbol{\theta}_1)^{\mathrm{T}}x}}\\ 1-\dfrac{1}{1+\mathrm{e}^{(\boldsymbol{\theta}_2-\boldsymbol{\theta}_1)^{\mathrm{T}}x}}\end{bmatrix}\end{aligned}$$

上述的表达形式与逻辑回归是一致的。

5.3.6 多分类算法和二分类算法的选择

如果你在开发一个音乐分类的应用，需要对 k 种类型的音乐进行识别，那么是选择使用 Softmax 分类器，还是使用逻辑回归算法建立 k 个独立的二元分类器呢？

这一选择取决于你的音乐类别之间是否互斥，例如，如果你有 4 个类别的音乐，分别为古典音乐、乡村音乐、摇滚乐和爵士乐，那么可以假设每个训练样本只会被打上一个标签（即一首歌只能属于这 4 种音乐类型的其中一种），此时应该使用类别数 $k=4$ 的 Softmax 回归。如果在你的数据集中，有的歌曲不属于以上 4 类的其中任何一类，那么你可以添加一个“其他类”，并将类别数 k 设为 5。

如果你的 4 个音乐类别分别为人声音乐、舞曲、影视原声、流行歌曲，那么这些类别之间并不是互斥的。例如：一首歌曲可以来源于影视原声，同时也包含人声。这种情况下，使用 4 个二分类的逻辑回归分类器更为合适。这样，对于每个新的音乐作品 ，我们的算法可以分别判断它是否属于各个类别。

5.3.7 计算机视觉领域实例

现在来看一个计算机视觉领域的例子，任务是将图像分到 3 个不同类别中。

1）假设这 3 个类别分别是室内场景、户外城区场景、户外荒野场景。你会使用 Sofmax 回归还是 3 个逻辑回归分类器？

2）现在假设这 3 个类别分别是室内场景、黑白图片、包含人物的图片，你又会选择 Softmax 回归还是多个逻辑回归分类器呢？

在第一个例子中，3 个类别是互斥的，因此更适于选择 Softmax 回归分类器；而在第二个例子中，建立 3 个独立的逻辑回归分类器更加合适。

【例 5-5】 TensorFlow 代码实现 Softmax 回归。

```
from __future__ import absolute_import
from __future__ import division
from __future__ import print_function
import tensorflow as tf
# 载入 Import MINST 数据
from tensorflow.examples.tutorials.mnist import input_data
mnist = input_data.read_data_sets("/tmp/data/", one_hot=True)
# 参数
learning_rate = 0.1
training_epochs = 1000
batch_size = 100
display_step = 100
#tf 图输入
x = tf.placeholder(tf.float32, [None, 784]) #形状为 28*28=784 的 mnist 数据图像
y = tf.placeholder(tf.float32, [None, 10]) #0-9 数字识别=>10 类
# 集模型权重
theta = tf.Variable(tf.zeros([784, 10]))
bias = tf.Variable(tf.zeros([10]))
# 构造模型
pred = tf.nn.softmax(tf.matmul(x, theta) + bias) # Softmax
# 利用交叉熵最小化误差
cost = tf.reduce_mean(-tf.reduce_sum(y*tf.log(pred), reduction_indices=1))
# 梯度下降法
optimizer  =  tf.train.GradientDescentOptimizer(learning_rate).minimize
(cost)
# 开始训练
with tf.Session() as sess:
    sess.run(tf.global_variables_initializer())
    # 训练周期
    for epoch in range(training_epochs):
        avg_cost = 0.
        total_batch = int(mnist.train.num_examples/batch_size)
        # 对所有批次进行循环
        for i in range(total_batch):
            batch_xs, batch_ys = mnist.train.next_batch(batch_size)
            # 使用批量数据进行合适的训练
            opt, c = sess.run([optimizer, cost], feed_dict={x: batch_xs, y:
```

```
batch_ys})
                # 计算平均损失
                avg_cost += c / total_batch
            # 显示每个 logs 阶跃
            if (epoch+1) % display_step == 0:
                print("Epoch:", '%04d' % (epoch+1), "cost=", "{:.9f}".format
(avg_cost))
        print("Optimization Finished!")
        # 测试模型
        correct_prediction = tf.equal(tf.argmax(pred, 1), tf.argmax(y, 1))
        # 计算 10000 个例子的准确性
        accuracy = tf.reduce_mean(tf.cast(correct_prediction, tf.float32))
        print("Accuracy:", accuracy.eval({x: mnist.test.images[:10000], y:
mnist.test.labels[:10000]}))
```

运行程序，输出如下：

```
Epoch: 0100 cost= 0.243469087
Epoch: 0200 cost= 0.234662250
Epoch: 0300 cost= 0.230092444
Epoch: 0400 cost= 0.227121999
Epoch: 0500 cost= 0.225029900
Epoch: 0600 cost= 0.223324738
Epoch: 0700 cost= 0.222133339
Epoch: 0800 cost= 0.220835600
Epoch: 0900 cost= 0.219948733
Epoch: 1000 cost= 0.219152974
Optimization Finished!
Accuracy: 0.9237
```

由结果可看出，计算的准确率为 92.37%。

【例 5-6】 线性层的 Softmax 回归模型识别手写字。

```
'''
线性层的 softmax 回归模型识别手写字
'''
import tensorflow as tf
import numpy as np
import input_data
#mnist 数据输入
mnist = input_data.read_data_sets("MNIST_data/", one_hot = True)
#placeholder 是一个占位符，None 表示此张量的第一个维度可以是任何长度
x = tf.placeholder("float", [None, 784]) #
w = tf.Variable(tf.zeros([784,10])) #定义 w 维度是:[784,10],初始值是 0
b = tf.Variable(tf.zeros([10])) # 定义 b 维度是:[10],初始值是 0
#
y = tf.nn.softmax(tf.matmul(x,w) + b)
```

```
# loss
y_ = tf.placeholder("float", [None, 10])
cross_entropy = -tf.reduce_sum(y_*tf.log(y)) #用 tf.log 计算 y 的每个元素的
对数。接下来，我们把 y_ 的每一个元素和 tf.log(y_) 的对应元素相乘。最后用 tf.reduce_ sum
计算张量的所有元素的总和
# 梯度下降
train_step=tf.train.GradientDescentOptimizer(0.01).minimize(cross_entropy)
# 初始化
init = tf.initialize_all_variables()
# Session
sess = tf.Session()
sess.run(init)
# 迭代
for i in range(1000):
    batch_xs, batch_ys = mnist.train.next_batch(100)
    sess.run(train_step, feed_dict={x: batch_xs, y_: batch_ys})
    if i % 50 == 0:
        correct_prediction = tf.equal(tf.argmax(y, 1), tf.argmax(y_, 1))
        accuracy = tf.reduce_mean(tf.cast(correct_prediction, "float"))
        print("Setp: ", i, "Accuracy: ",sess.run(accuracy, feed_dict={x:
mnist.test.images, y_: mnist.test.labels}))
```

运行程序，输出如下：

```
Setp:  0 Accuracy:  0.4075
Setp:  50 Accuracy:  0.8545
Setp:  100 Accuracy:  0.894
Setp:  150 Accuracy:  0.9015
Setp:  200 Accuracy:  0.8989
Setp:  250 Accuracy:  0.8878
Setp:  300 Accuracy:  0.9012
Setp:  350 Accuracy:  0.9
Setp:  400 Accuracy:  0.904
Setp:  450 Accuracy:  0.9039
Setp:  500 Accuracy:  0.9105
Setp:  550 Accuracy:  0.9095
Setp:  600 Accuracy:  0.9082
Setp:  650 Accuracy:  0.9101
Setp:  700 Accuracy:  0.9156
Setp:  750 Accuracy:  0.9092
Setp:  800 Accuracy:  0.9191
Setp:  850 Accuracy:  0.9159
Setp:  900 Accuracy:  0.912
Setp:  950 Accuracy:  0.9057
```

第 6 章　TensorFlow 实现聚类分析

聚类，即将物理或抽象对象的集合分成由类似的对象组成的多个类的过程。由聚类所生成的簇是一组数据对象的集合，这些对象与同一个簇中的对象彼此相似，与其他簇中的对象相异。聚类分析又称群分析，它是研究（样品或指标）分类问题的一种统计分析方法。聚类分析起源于分类学，但是聚类不等于分类。聚类与分类的不同在于，聚类所要求划分的类是未知的。聚类分析内容非常丰富，有系统聚类法、有序样品聚类法、动态聚类法、模糊聚类法、图论聚类法、聚类预报法等。在数据挖掘中，聚类也是很重要的一个概念。传统的聚类分析计算方法主要有划分方法（partitioning methods）、层次方法（hierarchical methods）、基于密度的方法（density-based methods）、基于网格的方法（grid-based methods）、基于模型的方法（model-based methods）5 种，如图 6-1 所示。

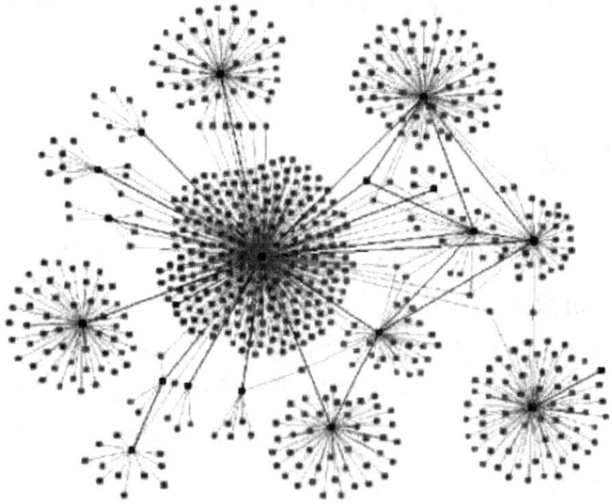

图 6-1　聚类组合效果

（1）划分方法

给定一个有 N 个元组或者记录的数据集，分裂法将构造 K 个分组，每一个分组代表一个聚类，K 聚类算法中可以放宽；对于给定的 K，算法首先给出一个初始的分组方法，以后通过反复迭代的方法改变分组，使得每一次改进之后的分组方案都比前一次好，而所谓好的标准就是：同一分组中的记录越近越好，而不同分组中的记录越远越好。使用这个基本思想的算法有 K-均值（K-MEANS）算法、K-MEDOIDS 算法、CLARANS 算法。

（2）层次方法

这种方法对给定的数据集进行层次上的分解，直到某种条件满足为止。具体又可分为“自底向上”和“自顶向下”两种方案。例如在“自底向上”方案中，初始时每一个数据记录都组成一个单独的组，在接下来的迭代中，它把那些相互邻近的组合并成一个组，直到所有的记录组成一个分组或者某个条件满足为止。代表算法有 BIRCH 算法、CURE 算法、CHAMELEON 算法等。

（3）基于密度的方法

基于密度的方法与其他方法的一个根本区别是：它不是基于各种各样的距离的，而是基于密度的。这样就能克服基于距离的算法只能发现“类圆形”聚类的缺点。这个方法的指导思想就是，只要一个区域中的点的密度大过某个阈值，就把它加到与之相近的聚类中去。代表算法有 DBSCAN 算法、OPTICS 算法、DENCLUE 算法等。

（4）基于网格的方法

这种方法首先将数据空间划分成为有限个单元（cell）的网格结构，所有的处理都是以单个单元为对象的。这样处理的一个突出的优点是处理速度很快，通常这与目标数据库中记录的个数无关，只与把数据空间分为多少个单元有关。代表算法有 STING 算法、CLIQUE 算法、WAVE-CLUSTER 算法。

（5）基于模型的方法

基于模型的方法给每一个聚类假定一个模型，然后去寻找能够很好地满足这个模型的数据集。这样一个模型可能是数据点在空间中的密度分布函数或者其他。它的一个潜在的假定就是，目标数据集是由一系列的概率分布所决定的。通常有两种尝试方案：统计的方案和神经网络的方案。

6.1 支持向量机及实现

在机器学习中，支持向量机（Support Vector Machine，SVM，又名支持向量网络）是在分类与回归分析中分析数据的监督式学习模型与相关的学习算法。给定一组训练实例，每个训练实例被标记为属于两个类别中的一个或另一个，SVM 训练算法创建一个将新的实例分配给两个类别之一的模型，使其成为非概率二元线性分类器。SVM 模型将实例表示为空间中的点，这样映射就使得单独类别的实例被尽可能宽的、明显的间隔分开。然后，将新的实例映射到同一空间，并基于它们落在间隔的哪一侧来预测所属类别。

除了进行线性分类之外，SVM 还可以使用所谓的核技巧有效地进行非线性分类，将其输入隐式映射到高维特征空间中。

当数据未被标记时，不能进行监督式学习，需要用无监督式学习，它会尝试找出数据到簇的自然聚类，并将新数据映射到这些已形成的簇。支持向量机改进的聚类算法被称为支持向量聚类，当数据未被标记或者仅一些数据被标记时，支持向量聚类经常在工业应用中用作分类步骤的预处理。

6.1.1 重新审视逻辑回归

逻辑回归的目的是从特征学习出一个 0/1 分类模型，而这个模型是将特性的线性组合为自变量，由于自变量的取值范围是负无穷到正无穷。因此，使用逻辑函数（或称作 Sigmoid 函数）将自变量映射到（0,1）上，映射后的值被认为是属于 $y=1$ 的概率。

假设函数为：

$$h_\theta(\boldsymbol{x}) = g(\boldsymbol{\theta}^{\mathrm{T}}\boldsymbol{x}) = \frac{1}{1+\mathrm{e}^{-\boldsymbol{\theta}^{\mathrm{T}}\boldsymbol{x}}}$$

其中，$\boldsymbol{x}$ 是 n 维特征向量，函数 g 就是逻辑函数，表示为：

$$g(z) = \frac{1}{1+\mathrm{e}^{-z}}$$

用图像表示如图 6-2 所示。

由图 6-2 所示可以看到，将无穷映射到了（0,1）。而假设函数就是特征属于 $y=1$ 的概率。

$$P(y=1\,|\,\boldsymbol{x};\boldsymbol{\theta}) = h_{\boldsymbol{\theta}}(\boldsymbol{x})$$
$$P(y=0\,|\,\boldsymbol{x};\boldsymbol{\theta}) = 1 - h_{\boldsymbol{\theta}}(\boldsymbol{x})$$

当要判别一个新来的特征属于哪个类时，只需求 $h_\theta(\boldsymbol{x})$ 即可，如果大于 0.5 就是 $y=1$ 类，反之属于 $y=0$ 类。

再审视一下 $h_\theta(\boldsymbol{x})$，发现 $h_\theta(\boldsymbol{x})$ 只和 $\boldsymbol{\theta}^{\mathrm{T}}\boldsymbol{x}$ 有关，$\boldsymbol{\theta}^{\mathrm{T}}\boldsymbol{x}>0$，则 $h_\theta(\boldsymbol{x})>0.5$，$g(z)$ 只不过是用来映射的，真实的类别决定权还在 $\boldsymbol{\theta}^{\mathrm{T}}\boldsymbol{x}$。还有当 $\boldsymbol{\theta}^{\mathrm{T}}\boldsymbol{x}>>0$ 时，$h_\theta(\boldsymbol{x})=1$，反之 $h_\theta(\boldsymbol{x})=0$。如果只从 $\boldsymbol{\theta}^{\mathrm{T}}\boldsymbol{x}$ 出发，希望模型达到的目标无非就是让训练数据中 $y=1$ 的特征 $\boldsymbol{\theta}^{\mathrm{T}}\boldsymbol{x}>>0$，而使 $y=0$ 的特征 $\boldsymbol{\theta}^{\mathrm{T}}\boldsymbol{x}<<0$。逻辑回归就是要学习得到 $\boldsymbol{\theta}$，使得正例的特征远大于 0，负例的特征远小于 0，强调在全部训练实例上达到这个目标。图形化如图 6-3 所示。

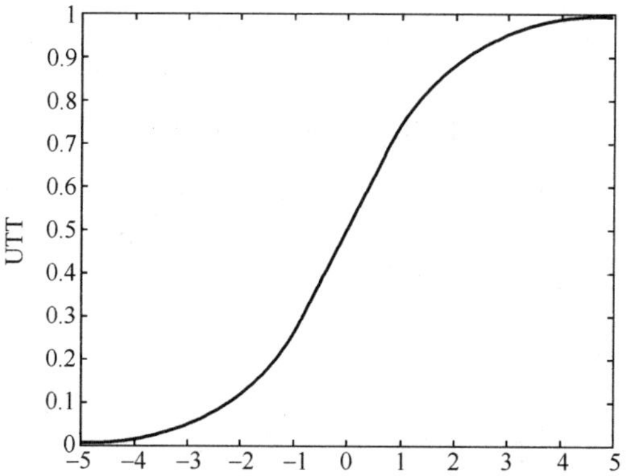

图 6-2 逻辑函数图像

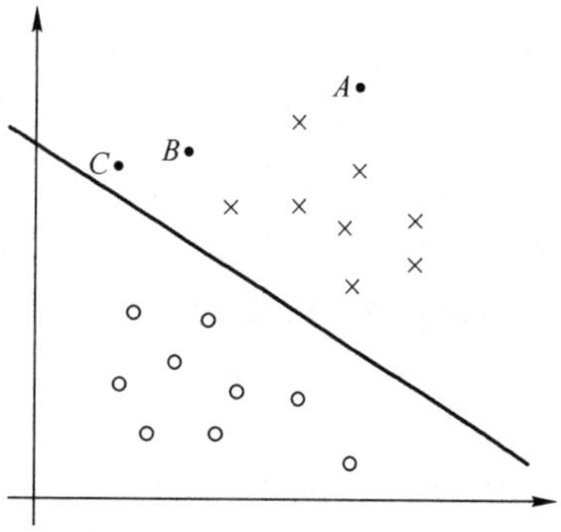

图 6-3 逻辑分类目标

图 6-3 所示中间的分割线是 $\boldsymbol{\theta}^{\mathrm{T}}\boldsymbol{x}=0$，逻辑回归强调所有点尽可能地远离中间的分割线。学习出的结果也就是中间分割线。考虑上面 3 个点 A、B 和 C。从图中可以确定 A 是 $\boldsymbol{x}$ 类别的，C 是不太确定的，B 还算能够确定。这样可以得出结论，我们更应该关心靠近中间分割线的点，让它们尽可能地远离中间分割线，而不是在所有点上达到最优。因为那样的话，要使得一部分靠近分割线来换取另外一部分点更加远离分割线。这就是支持向量机的思路和逻辑回归的不同点，一个考虑局部（不关心已经确定远离的点），一个考虑全局（已经远离的点可能通过调整分割线使其更加远离）。

6.1.2 形式化表示

在此使用的结果标签是 $y=-1$，$y=1$ 替换在逻辑回归中使用的 $y=0$ 和 $y=1$。同时，将

$\boldsymbol{\theta}$ 替换成 $\boldsymbol{w}$ 和 $\boldsymbol{b}$。在逻辑回归中的 $\boldsymbol{\theta}^{\mathrm{T}}\boldsymbol{x} = \theta_0 + \theta_1 x_1 + \theta_2 x_2 + \cdots + \theta_n x_n$，其中 $x_0 = 1$。现在替换 θ_0 为 $\boldsymbol{b}$，支持向量机替换 $\theta_1 x_1 + \theta_2 x_2 + \cdots + \theta_n x_n$ 为 $w_1 x_1 + w_2 x_2 + \cdots + w_n x_n$（即 $\boldsymbol{w}^{\mathrm{T}}\boldsymbol{x}$）。这样，让 $\boldsymbol{\theta}^{\mathrm{T}}\boldsymbol{x} = \boldsymbol{w}^{\mathrm{T}}\boldsymbol{x} + b$，进一步得 $h_\theta(\boldsymbol{x}) = g(\boldsymbol{\theta}^{\mathrm{T}}\boldsymbol{x}) = g(\boldsymbol{w}^{\mathrm{T}}\boldsymbol{x} + \boldsymbol{b})$。也就是说除了 y 由 y=0 变为 y=−1，只是标记不同外，与逻辑回归的形式化表示没区别。再明确以下假设函数：

$$h_{w,b}(\boldsymbol{x}) = g(\boldsymbol{w}^{\mathrm{T}}\boldsymbol{x} + \boldsymbol{b})$$

在逻辑回归中只考虑 $\boldsymbol{\theta}^{\mathrm{T}}\boldsymbol{x}$ 的正负问题，而不用关心 $g(z)$，因此在此将 $g(z)$ 做一个简化，将其简单映射到 y=−1 和 y=1 上。映射关系为：

$$g(z) = \begin{cases} 1, & z \geqslant 0 \\ -1, & z < 0 \end{cases}$$

6.1.3 函数间隔和几何间隔

给定一个训练样本 $(x^{(i)}, y^{(i)})$，x 是特征，y 是结果标签。i 表示第 i 个样本。定义函数间隔如下：

$$\hat{y}^{(i)} = y^{(i)}(\boldsymbol{w}^{\mathrm{T}}x^{(i)} + \boldsymbol{b})$$

可想而知，当 $y^{(i)} = 1$ 时，在 $g(z)$ 定义中，$\boldsymbol{w}^{\mathrm{T}}x^{(i)} + \boldsymbol{b} \geqslant 0$，$\hat{y}^{(i)}$ 的值实际上就是 $\left|\boldsymbol{w}^{\mathrm{T}}x^{(i)} + \boldsymbol{b}\right|$。反之亦然。为了使函数间隔最大（确定该例是正例还是反例），当 $y^{(i)} = 1$ 时，$\boldsymbol{w}^{\mathrm{T}}x^{(i)} + \boldsymbol{b}$ 应该是个大正数，反之是个大负数。因此函数间隔代表了特征是正例还是反例的确信度。

继续考虑 $\boldsymbol{w}$ 和 $\boldsymbol{b}$，如果同时加大 $\boldsymbol{w}$ 和 $\boldsymbol{b}$，比如在（$\boldsymbol{w}^{\mathrm{T}}x^{(i)} + \boldsymbol{b}$）前面乘一个系数（如 2），那么所有点的函数间隔都会增大 2 倍，这个对求解问题来说不应该有影响，因为我们要求解的是 $\boldsymbol{w}^{\mathrm{T}}x + \boldsymbol{b}$=0，同时扩大 $\boldsymbol{w}$ 和 $\boldsymbol{b}$ 对结果是无影响的。这样，为了限制 $\boldsymbol{w}$ 和 $\boldsymbol{b}$，可能需要加入归一化条件，毕竟求解的目标是确定唯一一个 $\boldsymbol{w}$ 和 $\boldsymbol{b}$，而不是多组线性相关的向量。

接着，定义全局样本上的函数间隔：

$$\hat{\gamma} = \min_{i=1,2,\cdots,m} \hat{\gamma}^{(i)}$$

即在训练样本上分类正例和负例确信度最小的那个函数间隔。

下面来定义几何间隔，先观察图 6-4。

假设有了 B 点所在的 $\boldsymbol{w}^{\mathrm{T}}x + \boldsymbol{b} = 0$ 分割面。任何其他一点，比如 A 到该面的距离以 $\gamma^{(i)}$ 表示，假设 B 就是 A 在分割面上的投影。我们知道向量 $\boldsymbol{BA}$ 的方向是 $\boldsymbol{w}$（分割面的梯度），单位向量是 $\dfrac{\boldsymbol{w}}{\|\boldsymbol{w}\|}$。$A$ 是点 $(x^{(i)}, y^{(i)})$，所以 B 点是 $x = x^{(i)} - \gamma^{(i)}\dfrac{\boldsymbol{w}}{\|\boldsymbol{w}\|}$，代入 $\boldsymbol{w}^{\mathrm{T}}x + \boldsymbol{b} = 0$ 得，

$$\boldsymbol{w}^{\mathrm{T}}\left(x^{(i)} - \gamma^{(i)}\frac{\boldsymbol{w}}{\|\boldsymbol{w}\|}\right) + \boldsymbol{b} = 0$$

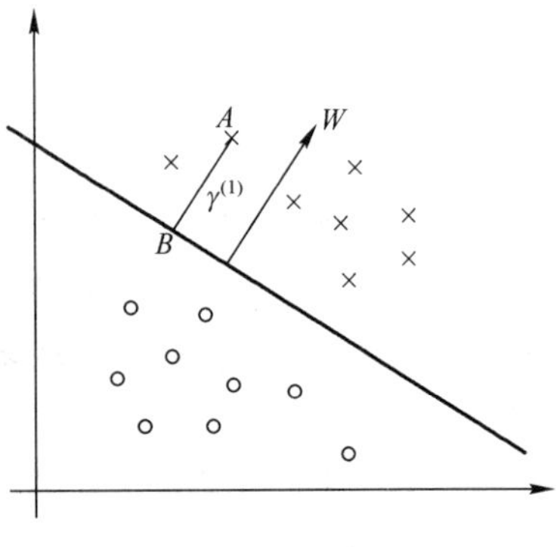

图 6-4　几何间隔

即有，

$$\gamma^{(i)}=\frac{\boldsymbol{w}^{\mathrm{T}}\boldsymbol{x}^{(i)}+\boldsymbol{b}}{\|\boldsymbol{w}\|}=\left(\frac{\boldsymbol{w}}{\|\boldsymbol{w}\|}\right)^{\mathrm{T}}x^{(i)}+\frac{\boldsymbol{b}}{\|\boldsymbol{w}\|}$$

$\gamma^{(i)}$ 实际上就是点到平面距离。

再换种更加优雅的写法：

$$\gamma^{(i)}=y^{(i)}\left(\left(\frac{\boldsymbol{w}}{\|\boldsymbol{w}\|}\right)^{\mathrm{T}}x^{(i)}+\frac{\boldsymbol{b}}{\|\boldsymbol{w}\|}\right)$$

当 $\|\boldsymbol{w}\|=$ 时，就是函数间隔了。同样，同时扩大 $\boldsymbol{w}$ 和 $\boldsymbol{b}$，$\boldsymbol{w}$ 扩大几倍，$\|\boldsymbol{w}\|$ 就扩大几倍，结果无影响。同样定义全局的几何间隔为：

$$\gamma=\min_{i=1,2,\cdots,m}\gamma^{(i)}$$

6.1.4 最优间隔分类器

回想前面，我们的目标是寻找一个超平面，使得离超平面比较近的点能有更大的间距。也就是我们不考虑所有的点都必须远离超平面，只关心求得的超平面能够让所有点中离它最近的点具有最大间距。形象地说，将上面的图看作是一张纸，需要找一条折线，按照这条折线折叠后，离折线最近的点的间距比其他折线都要大。形式化表示为：

$$\max_{\gamma,w,b}\gamma$$

$$\text{s.t.}\quad\begin{cases}y^{(i)}(\boldsymbol{w}^{\mathrm{T}}x^{(i)}+\boldsymbol{b})\geqslant\gamma,i=1,2,\cdots,m\\\|\boldsymbol{w}\|=1\end{cases}$$

这里用 $\|\boldsymbol{w}\|=1$ 约束 $\boldsymbol{w}$，使得 $\boldsymbol{w}^{\mathrm{T}}x+\boldsymbol{b}$ 是几何间隔。

至此，我们已经将模型定义出来了。如果求得了 $\boldsymbol{w}$ 和 $\boldsymbol{b}$，那么来一个特征 x 就可进行分类了，称为最优间隔分类器。接着的问题就早如何求解 $\boldsymbol{w}$ 和 $\boldsymbol{b}$ 的问题了。

由于 $\|\boldsymbol{w}\|=1$ 不是凸函数，我们要先处理转化一下，考虑几何间隔和函数间隔的关系，$\gamma=\frac{\hat{y}}{\|\boldsymbol{w}\|}$，改写上面的式子：

$$\max_{\gamma,w,b}\frac{\hat{y}}{\|\boldsymbol{w}\|}$$

$$\text{s.t.}\quad y^{(i)}(\boldsymbol{w}^{\mathrm{T}}x^{(i)}+\boldsymbol{b})\geqslant\gamma,i=1,2,\cdots,m$$

到此，公式中只有线性约束了，而且是个典型的二次规划问题（目标函数是自变量的二次函数）。代入优化软件可解。

6.1.5 支持向量机对 iris 数据进行分类

下面利用 TensorFlow 实现支持向量机分类问题。

【例 6-1】 TensorFlow 线性支持向量机对 iris 数据集进行分类。

```
#在 TensorFlow 实现一个 soft margin 支持向量机
#损失函数 惩罚项使用 L2 范数
```

```
# 1/n*Σmax(0, y(Ax-b)) +Σ||A||^2
import tensorflow as tf
import numpy as np
import matplotlib.pyplot as plt
from sklearn import  datasets

sess=tf.Session()
#加载鸢尾花集合
iris=datasets.load_iris()
#提取特征
x_vals=np.array([  [x[0],x[3] ]for x in iris.data])
#山鸢尾花为 1，否则为-1
y_vals=np.array([  1 if y==0 else -1  for y in iris.target])

#分割训练集、测试集
train_indices=np.random.choice(len(x_vals),round(len(x_vals)*0.8),
replace=False)
test_indices=list(set(range(len(x_vals)))-set(train_indices))
#数组分片操作，使得 x_vals 必须要 array 类型
x_vals_train=x_vals[train_indices]
y_vals_trian=y_vals[train_indices]
x_vals_test=x_vals[test_indices]
y_vals_test=y_vals[test_indices]

#设置批量大小，希望用非常大的批量，因为小的批量会使最大间隔线缓慢移动
batch_size=80

#设置变量占位符
x_data=tf.placeholder(shape=[None,2],dtype=tf.float32)
y_target=tf.placeholder(shape=[None,1],dtype=tf.float32)

A=tf.Variable(tf.random_normal(shape=[2,1]))
b=tf.Variable(tf.random_normal(shape=[1,1]))

#输出 y=Ax-b
model_out=tf.subtract(tf.matmul(x_data,A),b)

#声明最大间隔损失函数。首先声明一个函数计算 L2 范数，接着增加间隔参数 alpha
l2_norm=tf.reduce_sum(tf.square(A))
alpha=tf.constant([0.1])
l2=tf.multiply(alpha,l2_norm)
#分类器 该处 y 为真实值  1/n*Σmax(0, y(Ax-b)) +Σ||A||^2
classification_term=tf.reduce_mean(tf.maximum(
0.,tf.subtract(1.,tf.multiply(y_target,model_out))))
loss=tf.add(classification_term,l2)
```

```
#增加预测函数和准确度函数
prediction=tf.sign(model_out)  #tf.sign ==-1,0,1
accuracy=tf.reduce_mean(tf.cast(tf.equal(prediction,y_target),tf.float32))
#梯度下降
my_opt=tf.train.GradientDescentOptimizer(0.01)
train_step=my_opt.minimize(loss)

#初始化上述变量
init=tf.global_variables_initializer()
sess.run(init)

#开始遍历迭代
loss_rec=[]
train_acc_rec=[]
test_acc_rec=[]
l2_rec=[]
for i in range(500):
    rand_index=np.random.choice(len(x_vals_train),size=batch_size)
    #shape(None,2)
    rand_x= x_vals_train[rand_index]
    rand_y= np.transpose([y_vals_trian[rand_index]])
    #运行
    sess.run(train_step,feed_dict={x_data:rand_x,y_target:rand_y})
    temp_loss =sess.run(loss,feed_dict={x_data:rand_x,y_target:rand_y})
    #添加记录
    loss_rec.append(temp_loss)
    #带入所有训练集，查看精确度
    train_acc_temp=sess.run(accuracy,feed_dict={
x_data:x_vals_train,y_target:np.transpose([y_vals_trian])})
    train_acc_rec.append(train_acc_temp)
    # 带入所有测试集，查看精确度
    test_acc_temp=sess.run(accuracy,feed_dict={x_data:x_vals_test,y_target:
np.transpose(
[y_vals_test])})
    test_acc_rec.append(test_acc_temp)
    l2_rec.append(sess.run(l2))
    #打印
    if (i+1)%100==0:
        print('Step:%d  A=%s '%(i,str(sess.run(A))))
        print('b=%s'%str(sess.run(b)))
        print('Loss:%s'% str(temp_loss))

#抽取系数，画图
[[a1],[a2]]=sess.run(A)
[[b]]=sess.run(b)
#a1x1+a2*x2-b=0 ==> x1=-a2*x2/a1 +  b/a1
```

```
slope=-a2/a1
y_intercept=b/a1
x1_vals=[ x[1] for x in x_vals]
#最优分割线，对应所有数据
best_fit=[]
for i in x1_vals:
    best_fit.append(slope*i+y_intercept)
#展示全部数据
setosa_x=[ s[1] for i,s in enumerate(x_vals) if y_vals[i] == 1]
setosa_y=[ s[0] for i,s in enumerate(x_vals) if y_vals[i] == 1]

not_setpsa_x=[ s[1] for i,s in enumerate(x_vals) if y_vals[i] == -1]
not_setpsa_y=[ s[0] for i,s in enumerate(x_vals) if y_vals[i] == -1]
plt.plot(setosa_x,setosa_y,'o',label='Setosa')
plt.plot(not_setpsa_x,not_setpsa_y,'x',label='Non-Setosa')
plt.plot(x1_vals,best_fit,'r-',label='Linear Seprator')
plt.xlabel('Pedal Width')
plt.ylabel('Sepal Width')
plt.ylim([0,10])
plt.legend(loc='upper left')
plt.show()

plt.plot(train_acc_rec,'k-',label='Training Accrary')
plt.plot(test_acc_rec,'r--',label='Test Accrary')
plt.title('Train and Test Accrary')
plt.xlabel('Generation')
plt.ylabel(' Accrary ')
plt.legend(loc='lower right')
plt.show()

plt.plot(loss_rec,'k-',label='Loss')
plt.title('Loss per Generation')
plt.xlabel('Generation')
plt.ylabel(' loss ')
plt.plot(l2_rec,'r-',label='L2')
plt.show()
```

运行程序，输出如下，效果如图 6-5～图 6-7 所示。

```
Step:99  A=[[ 0.10383385]
 [-0.5994702 ]]
b=[[0.7592603]]
Loss:[0.5400035]
Step:199  A=[[ 0.13931635]
 [-0.76421624]]
b=[[0.689135]]
Loss:[0.47998905]
```

```
Step:299  A=[[ 0.1544571]
 [-0.8867226]]
b=[[0.6236348]]
Loss:[0.44847503]
Step:399  A=[[ 0.17572518]
 [-0.9967937 ]]
b=[[0.5556347]]
Loss:[0.48718566]
Step:499  A=[[ 0.18799311]
 [-1.0774586 ]]
b=[[0.49150965]]
Loss:[0.4556715]
```

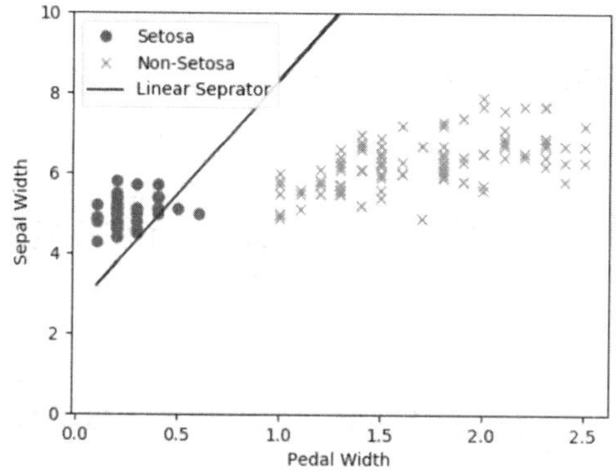

图 6-5　线性支持向量拟合图

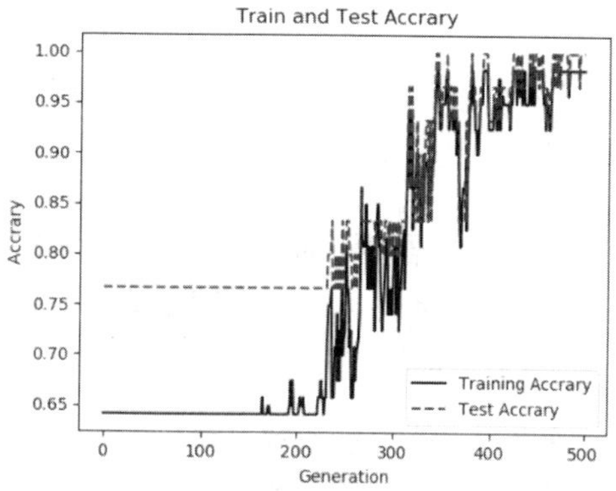

图 6-6　训练集和测试集迭代的准确度

提示：使用 TensorFlow 实现 SVD 算法可能导致每次运行的结果不尽相同。原因包括训练集和测试集的随机分割，每批训练的批量大小不同等。在理想情况下，每次迭代后学习率缓慢减小。

从图 6-6 中可以看出训练集和测试集迭代训练的准确度。由于两类目标是线性可分的，我们得到的准确度是 100%。迭代 500 次的最大间隔如图 6-7 所示。

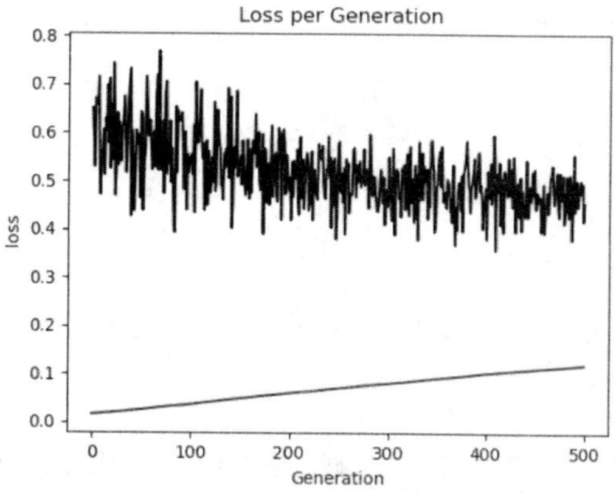

图 6-7　迭代 500 次的最大间隔图

6.1.6 核函数对数据点进行预测

前面介绍的是用 SVM 算法线性分割数据集。如果想分割非线性数据集，该如何改变线性分类器映射到数据集呢？答案是改变 SVM 损失函数中的核函数。采用特殊损失函数来解决 soft margin 问题。另外一种解决 soft margin 问题的方法是对偶优化，线性支持向量机问题的对偶表达式为：

$$\max\sum_{i=1}^{n}\boldsymbol{b}_i-\frac{1}{2}\sum_{i=1}^{n}\sum_{j=1}^{n}y_i\boldsymbol{b}_i(\boldsymbol{x}_i\cdot x_j)y_j\boldsymbol{b}_j$$

其中，

$$\sum_{i=1}^{n}\boldsymbol{b}_i y_i=0 \text{ 和 } 0\leqslant\boldsymbol{b}_i\leqslant\frac{1}{2ny}$$

上述表达式中，模型变量是向量 $\boldsymbol{b}$。在理想情况下，$\boldsymbol{b}$ 向量是稀疏向量，iris 数据集相关的支持向量仅仅取 1 和-1 附近的值。数据点向量以 $\boldsymbol{x}_i$ 表示，目标值（1 或者-1）以 y_i 表示。

在前述数据点间的点积，可以将其扩展到更复杂的函数更高维度。这看似不怎么复杂，但是如果选择函数 k，其需满足如下条件：

$$k(\boldsymbol{x}_i,x_j)=\varphi(\boldsymbol{x}_i)\cdot\varphi(x_j)$$

这里，k 称为核函数。最广为人知的核函数之一是高斯核函数（也称径向基核函数或者 RBF 核函数），该函数用下面的方程描述：

$$k(\boldsymbol{x}_i,x_j)=\mathrm{e}^{-y}\left\|\boldsymbol{x}_i-x_j\right\|^2$$

为了用该核函数预测，假设观测数据点 p_i，代入上述核函数等式中：

$$k(\boldsymbol{x}_i,p_j)=\mathrm{e}^{-y}\left\|\boldsymbol{x}_i-p_j\right\|^2$$

这里将用合适的线性核函数实现来替换高斯核函数。为了显示高斯核函数比线性核函数更合适，使用的数据是程序生成的模拟数据。

【例 6-2】 TesnorFlow 上核函数的使用。

```
#导入必要编程库
import matplotlib.pyplot as plt
import numpy as np
import tensorflow as tf
from sklearn import datasets

#创建会话，生成模拟数据
sess = tf.Session()

#生成模拟数据。生成的数据是两个同心圆数据，每个不同的环代表不同的类，确保只有类-1 或者
1，为了让绘图方便，这里将每类数据分成 x 值和 y 值
(x_vals, y_vals) = datasets.make_circles(n_samples=500, factor=.5, noise=.1)
```

```
y_vals = np.array([1 if y==1 else -1 for y in y_vals])
class1_x = [x[0] for i,x in enumerate(x_vals) if y_vals[i] == 1]
class1_y = [x[1] for i,x in enumerate(x_vals) if y_vals[i] == 1]
class2_x = [x[0] for i,x in enumerate(x_vals) if y_vals[i] == -1]
class2_y = [x[1] for i,x in enumerate(x_vals) if y_vals[i] == -1]
```

#生成批量大小，占位符等。对于 SVM 算法，为了让每次迭代训练不波动，得到一个稳定的训练模型，批量大小得取值更大。本实例为预测数据点声明有额外的占位符。最后创建彩色的网络来可视化不同的区域代表不同的类别

```
batch_size = 250
x_data = tf.placeholder(shape = [None,2],dtype = tf.float32)
y_target = tf.placeholder(shape = [None,1],dtype = tf.float32)
prediction_grid = tf.placeholder(shape = [None, 2],dtype = tf.float32)
b = tf.Variable(tf.random_normal(shape = [1, batch_size]))
```

#创建高斯核函数，该核函数用矩阵操作来表示

```
gamma = tf.constant(-50.0)
dist = tf.reduce_sum(tf.square(x_data),1)
dist = tf.reshape(dist,[-1,1])
sq_dists = tf.add(tf.subtract(dist, tf.multiply(2., tf.matmul(x_data, tf.
transpose(x_data)))),tf.transpose(dist))
my_kernel = tf.exp(tf.multiply(gamma, tf.abs(sq_dists)))
```

#声明支持向量机的对偶问题。为了最大化，在此采用最小化损失函数的负数：tf.neg()

```
model_output = tf.matmul(b,my_kernel)
first_term= tf.reduce_sum(b)
b_vec_cross = tf.matmul(tf.transpose(b),b)
y_target_cross = tf.matmul(y_target,tf.transpose(y_target))
second_term = tf.reduce_sum(tf.multiply(my_kernel, tf.multiply(b_vec_
cross,y_target_cross)))
loss = tf.negative(tf.subtract(first_term, second_term))
```

#创建预测函数和准确度函数

```
rA = tf.reshape(tf.reduce_sum(tf.square(x_data),1),[-1,1])
rB = tf.reshape(tf.reduce_sum(tf.square(prediction_grid),1),[-1,1])
pred_sq_dist=tf.add(tf.subtract(rA, tf.multiply(2., tf.matmul(x_data, tf.
transpose(prediction_grid)))),tf.transpose(rB))
pred_kernel = tf.exp(tf.multiply(gamma, tf.abs(pred_sq_dist)))
prediction_output=tf.matmul(tf.multiply(tf.transpose(y_target),b),pred_
kernel)
prediction = tf.sign(prediction_output - tf.reduce_mean(prediction_output))
accuracy = tf.reduce_mean(tf.cast(tf.equal(tf.squeeze(prediction),tf.squeeze
(y_target)), tf.float32))
```

#创建优化器函数，初始化所有的变量

```
my_opt = tf.train.GradientDescentOptimizer(0.001)
```

```
    train_step = my_opt.minimize(loss)
    init = tf.global_variables_initializer()
    sess.run(init)

    #开始迭代训练，这里会记录每次迭代的损失向量和批量训练的准确度。当计算准确度时，需要为 3
个占位符赋值，其中，x_data 数据会被赋值两次来得到数据点的预测值
    loss_vec = []
    batch_accuracy = []
    for i in range(5000):
        rand_index = np.random.choice(len(x_vals),size=batch_size)
        rand_x = x_vals[rand_index]
        rand_y = np.transpose([y_vals[rand_index]])
        sess.run(train_step,feed_dict ={x_data:rand_x, y_target:rand_y})
        temp_loss = sess.run(loss,feed_dict ={x_data:rand_x, y_target:rand_y})
        loss_vec.append(temp_loss)
        acc_temp = sess.run(accuracy,feed_dict ={x_data:rand_x, y_target: rand_
y,prediction_grid:rand_x})
        batch_accuracy.append(acc_temp)
        if (i+1)%100==0:
            print('Step # ' + str(i+1))
            print('Loss = ' + str(temp_loss))

    #输出结果
    x_min, x_max = x_vals[:,0].min() - 1, x_vals[:,0].max() +1
    y_min, y_max = x_vals[:,1].min() - 1, x_vals[:,1].max() +1
    xx, yy = np.meshgrid(np.arange(x_min, x_max, 0.02), np.arange(y_min, y_max,
0.02))
    grid_points = np.c_[xx.ravel(), yy.ravel()]
    [grid_predictions] = sess.run(prediction,feed_dict ={x_data:rand_x, y_
target:rand_y,prediction_grid:grid_points})
    grid_predictions = grid_predictions.reshape(xx.shape)

    plt.contourf(xx,yy, grid_predictions, cmap = plt.cm.Paired, alpha=0.8)
    plt.plot(class1_x,class1_y, 'ro',label='Class 1')
    plt.plot(class2_x,class2_y, 'rx',label='Class -1')
    plt.legend(loc='lower right')
    plt.ylim([-1.5,1.5])
    plt.xlim([-1.5,1.5])
    plt.show()

    plt.plot(batch_accuracy,'k-',label='Accuracy')
    plt.title('Batch Accuracy')
    plt.xlabel('Generation')
    plt.ylabel('Accuracy')
    plt.legend(loc = 'Lower right')
    plt.show()
```

```
plt.plot(loss_vec,'k-')
plt.title('Loss per Generation')
plt.xlabel('Generation')
plt.ylabel('Loss')
plt.show()
```

运行程序，输出如下，效果如图 6-8～图 6-10 所示。

```
Step # 100
Loss = 155.66263
Step # 200
Loss = 122.42897
Step # 300
Loss = 70.72321
……
Step # 4900
Loss = -11.074725
Step # 5000
Loss = -10.712391
        best
        upper right
        upper left
        lower left
        lower right
        right
        center left
        center right
        lower center
        upper center
        center
  % (loc, '\n\t'.join(self.codes)))
```

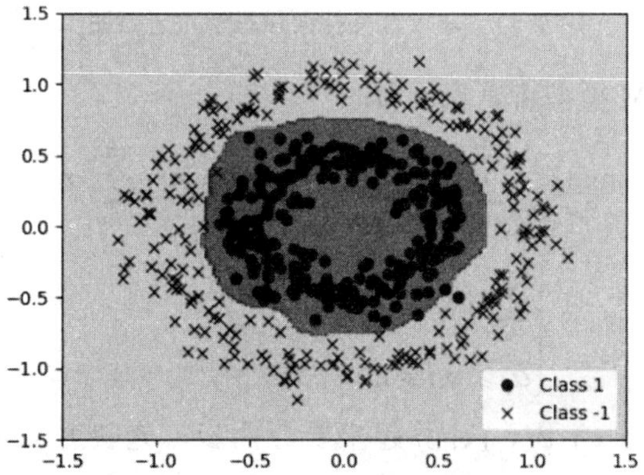

图 6-8　非线性可分的数据集上进行非线性高斯核函数 SVM 训练

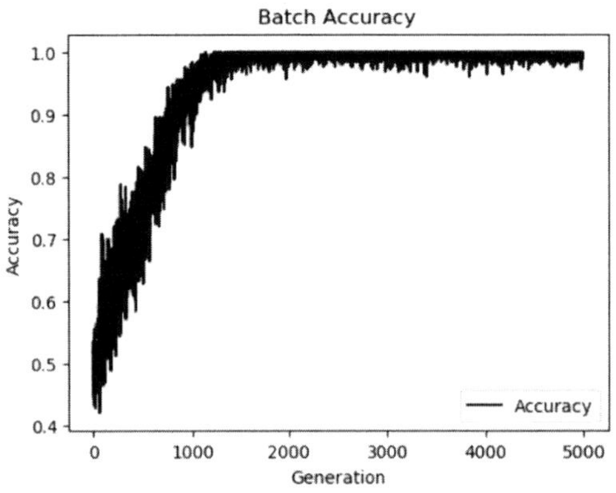

图 6-9　批处理的准确性曲线图

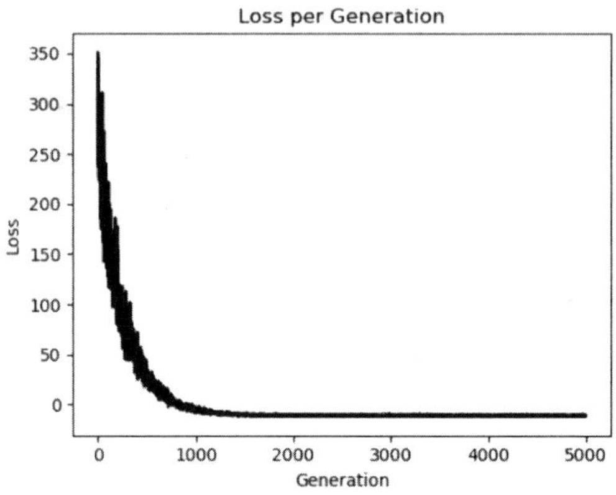

图 6-10　损失函数曲线图

6.1.7　非线性支持向量机创建山鸢尾花分类器

非线性 SVM 解决思路如图 6-11 所示。

对于非线性分类问题，显然无法用一个线性分离超平面来把不同类别的数据点分开，那么可以用以下思路解决这个问题：

- 首先使用一个变换 $z=\phi(x)$ 将非线性特征空间 x 映射到新的线性特征空间 z。
- 在新的 z 特征空间中使用线性 SVM 学习分类的方法从训练数据中学习分类模型。

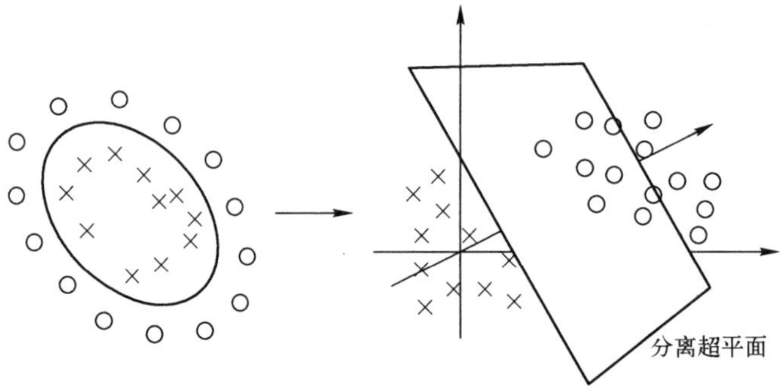

图 6-11　非线性支持向量机解决思路图

基于这个想法，SVM 模型可以表示为：

$$\begin{aligned}&\min_{\alpha}\quad \frac{1}{2}\sum_{j=1}^{N}\alpha_i\alpha_j y_i y_j(\phi(x_i)\cdot\phi(x_j))-\sum_{i=1}^{N}\alpha_i\\&\text{s.t.}\quad \begin{cases}\sum_{i=1}^{N}\alpha_i y_i=0\\ \alpha_i\geqslant 0, i=1,2,\cdots,N\end{cases}\end{aligned}\tag{6-1}$$

这里有一个问题：$\phi(x_i)\cdot\phi(x_j)$ 计算起来要分两步，先映射 x 到 z 空间（一般是较高维度）作高维度的内积 $z_i\cdot z_j$。为了简化这个运算过程，如果找到一个核函数 $K(x_i,x_j)$，即 K 是关于 x 的函数，其运算在低维空间上进行，然后使得 $K(x_i,x_j)=\phi(x_i)\cdot\phi(x_j)$，那么只需要计算一个比较好计算的核函数 $K(x_i,x_j)$ 就可以避免先映射再在高维空间内积的复杂运算。

1. 核技巧下 SVM

基于核技巧，非线性 SVM 模型可以表示成：

$$\min_{\alpha} \quad \frac{1}{2}\sum_{j=1}^{N}\alpha_i\alpha_j y_i y_j K(x_i,x_j)-\sum_{i=1}^{N}\alpha_i$$
$$\text{s.t.} \begin{cases} \sum_{i=1}^{N}\alpha_i y_i = 0 \\ \alpha_i \geqslant 0, i=1,2,\cdots,N \end{cases} \tag{6-2}$$

其中，$K(x_i,x_j)$ 是关于原始低维特征空间 x 的函数，其运算在低维空间上进行。因此，降低了计算的复杂度。

在实际中，对一个非线性可分数据，我们不是先去定义转换函数 $\phi(x)$，再找出其对应的核函数 K，而是直接用一些常用核函数代入式（6-2）中的非线性可分支持向量机，然后查看分类效果及调整核函数的类型，这样就隐式地实现了低维到高维的映射，而不是显式地定义映射函数 $\phi(x)$ 和特征空间，这种方法叫核技巧。

比如，现在为了解决非线性可分数据问题，直接用 $K(x,x')=(x^{\mathrm{T}}x')^2$ 代入式（6-2），那么就可以解决一些非线性问题了，至于效果怎样，还需要看实际的数据情况再做调整。

$$\min_{\alpha} \quad \frac{1}{2}\sum_{j=1}^{N}\alpha_i\alpha_j y_i y_j (x^{\mathrm{T}}x')^2-\sum_{i=1}^{N}\alpha_i$$
$$\text{s.t.} \begin{cases} \sum_{i=1}^{N}\alpha_i y_i = 0 \\ \alpha_i \geqslant 0, i=1,2,\cdots,N \end{cases} \tag{6-3}$$

需要理解的是：$-K(x,x')=(x^{\mathrm{T}}x')^2$ 背后的映射 $\phi(x)$ 不是唯一的。$\phi(x)$ 可以是不同维数的映射方式，而即使是同一维度的映射，$\phi(x)$ 的具体形式也可以不同。

2. Mercer 核

上面提到，在实际应用中，直接将使用某种核函数直接代入到非线性可分支持向量式（6-2）中去用来解决非线性分类问题。但是，并不是任何一种关于 x 的函数都可以成为核函数，只有满足以下条件时才能充当核函数：

- 核函数 $K(x,x')$ 是对称函数。
- 对任意属于样本集 X 的 x_i，核函数 $K(x,x')$ 对应的 Gram 矩阵是半正定矩阵。

Gram 矩阵定义为：

$\boldsymbol{G}=[K(x_i,x_j)]_{mm}$，其实就是把不同样本点放到核函数中去计算，因此 $\boldsymbol{G}$ 的 shape 和样本数量 m 相关，为 mm。

上面两个条件称为 Mercer 条件。

3. 常用的核函数

在非线性支持向量机中，常用的核函数有两种，分别为二次多项式核、高斯核。

（1）二次多项式核

二次多项式核的形式为：

$$K(x,x')=(a+rx^{\mathrm{T}}x')^2, a\geqslant 0, r>0$$

其对应的映射函数可以是：

$$\phi(x)=\left(a,\sqrt{a\cdot r}x_1,\cdots,\sqrt{a\cdot r}x_d,rx_1^2,\cdots,rx_d^2\right)$$

（2）高斯核

高斯核的形式为：

$$K(x,x')=\exp(-r\|x-x'\|^2)$$

其特点是：可以做无限多维的映射，其保护是 large margin，只有一个参数 r，当 r 很大时，很容易就过拟合。

下面直接通过实例来演示 TensorFlow 实现非线性支持向量机。

【例 6-3】 这里将加载 iris 数据集，创建一个山鸢尾花（I.setosa）的分类器。

```
# K(x1, x2) = exp(-gamma * abs(x1 - x2)^2)
import matplotlib.pyplot as plt
import numpy as np
import tensorflow as tf
from sklearn import datasets
from tensorflow.python.framework import ops
ops.reset_default_graph()

# 创建计算图
sess = tf.Session()

# iris.data = [(Sepal Length, Sepal Width, Petal Length, Petal Width)]
# 加载 iris 数据集，抽取花萼长度和花瓣宽度，分割每类的 x_vals 值和 y_vals 值
iris = datasets.load_iris()
x_vals = np.array([[x[0], x[3]] for x in iris.data])
y_vals = np.array([1 if y==0 else -1 for y in iris.target])
class1_x = [x[0] for i,x in enumerate(x_vals) if y_vals[i]==1]
class1_y = [x[1] for i,x in enumerate(x_vals) if y_vals[i]==1]
class2_x = [x[0] for i,x in enumerate(x_vals) if y_vals[i]==-1]
class2_y = [x[1] for i,x in enumerate(x_vals) if y_vals[i]==-1]

# 声明批量大小（偏向于更大批量大小）
batch_size = 150

# 初始化占位符
x_data = tf.placeholder(shape=[None, 2], dtype=tf.float32)
```

```
y_target = tf.placeholder(shape=[None, 1], dtype=tf.float32)
prediction_grid = tf.placeholder(shape=[None, 2], dtype=tf.float32)

# 创建 SVM 变量
b = tf.Variable(tf.random_normal(shape=[1,batch_size]))

# 声明批量大小（偏向于更大批量大小）
gamma = tf.constant(-25.0)
sq_dists = tf.multiply(2., tf.matmul(x_data, tf.transpose(x_data)))
my_kernel = tf.exp(tf.multiply(gamma, tf.abs(sq_dists)))

# 计算机模型
first_term = tf.reduce_sum(b)
b_vec_cross = tf.matmul(tf.transpose(b), b)
y_target_cross = tf.matmul(y_target, tf.transpose(y_target))
second_term = tf.reduce_sum(tf.multiply(my_kernel, tf.multiply(b_vec_cross, 
y_target_cross)))
loss = tf.negative(tf.subtract(first_term, second_term))

# 创建一个预测核函数
rA = tf.reshape(tf.reduce_sum(tf.square(x_data), 1),[-1,1])
rB = tf.reshape(tf.reduce_sum(tf.square(prediction_grid), 1),[-1,1])
pred_sq_dist=tf.add(tf.subtract(rA, tf.multiply(2., tf.matmul(x_data, tf.
transpose(prediction_grid)))), tf.transpose(rB))
pred_kernel = tf.exp(tf.multiply(gamma, tf.abs(pred_sq_dist)))

# 声明一个准确度函数，其为正确分类的数据点的百分比
prediction_output=tf.matmul(tf.multiply(tf.transpose(y_target),b), pred_
kernel)
prediction = tf.sign(prediction_output-tf.reduce_mean(prediction_output))
accuracy = tf.reduce_mean(tf.cast(tf.equal(tf.squeeze(prediction), tf.
squeeze(y_target)), tf.float32))

#声明优化器
my_opt = tf.train.GradientDescentOptimizer(0.01)
train_step = my_opt.minimize(loss)

# 初始化变量
init = tf.global_variables_initializer()
sess.run(init)

# 遍历循环训练
loss_vec = []
batch_accuracy = []
for i in range(300):
    rand_index = np.random.choice(len(x_vals), size=batch_size)
```

```
    rand_x = x_vals[rand_index]
    rand_y = np.transpose([y_vals[rand_index]])
    sess.run(train_step, feed_dict={x_data: rand_x, y_target: rand_y})
    temp_loss = sess.run(loss, feed_dict={x_data: rand_x, y_target: rand_y})
    loss_vec.append(temp_loss)
    acc_temp = sess.run(accuracy, feed_dict={x_data: rand_x,
                                             y_target: rand_y,
                                             prediction_grid:rand_x})
    batch_accuracy.append(acc_temp)
    if (i+1)%75==0:
        print('Step #' + str(i+1))
        print('Loss = ' + str(temp_loss))

# 为了绘制决策边界（Decision Boundary），我们创建一个数据点（x，y）的网格，评估预测函数
x_min, x_max = x_vals[:, 0].min() - 1, x_vals[:, 0].max() + 1
y_min, y_max = x_vals[:, 1].min() - 1, x_vals[:, 1].max() + 1
xx, yy = np.meshgrid(np.arange(x_min, x_max, 0.02),
                     np.arange(y_min, y_max, 0.02))
grid_points = np.c_[xx.ravel(), yy.ravel()]
[grid_predictions] = sess.run(prediction, feed_dict={x_data: rand_x,
                                                     y_target: rand_y,
                                                     prediction_grid: grid_points})
grid_predictions = grid_predictions.reshape(xx.shape)

# 绘制散点图
plt.contourf(xx, yy, grid_predictions, cmap=plt.cm.Paired, alpha=0.8)
plt.plot(class1_x, class1_y, 'ro', label='I. setosa')
plt.plot(class2_x, class2_y, 'kx', label='Non setosa')
plt.title('Gaussian SVM Results on Iris Data')
plt.xlabel('Pedal Length')
plt.ylabel('Sepal Width')
plt.legend(loc='lower right')
plt.ylim([-0.5, 3.0])
plt.xlim([3.5, 8.5])
plt.show()

# 绘制批量准确性曲线
plt.plot(batch_accuracy, 'k-', label='Accuracy')
plt.title('Batch Accuracy')
plt.xlabel('Generation')
plt.ylabel('Accuracy')
plt.legend(loc='lower right')
plt.show()

# 绘制损失函数曲线
```

```
plt.plot(loss_vec, 'k-')
plt.title('Loss per Generation')
plt.xlabel('Generation')
plt.ylabel('Loss')
plt.show()
```

运行程序，输出如下，效果如图 6-12～图 6-14 所示。

```
Step #75
Loss = -111.21445
Step #150
Loss = -223.71437
Step #225
Loss = -336.21432
Step #300
Loss = -448.71448
```

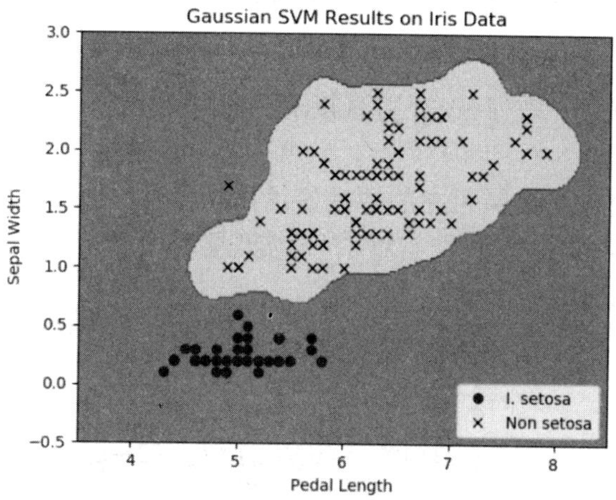

图 6-12　散点图

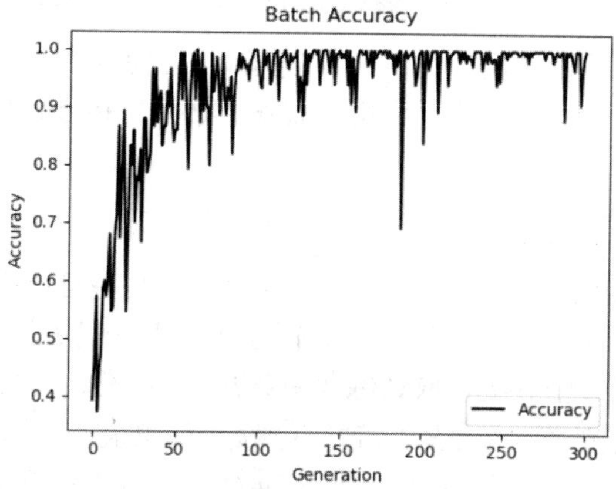

图 6-13　批量准确性曲线图

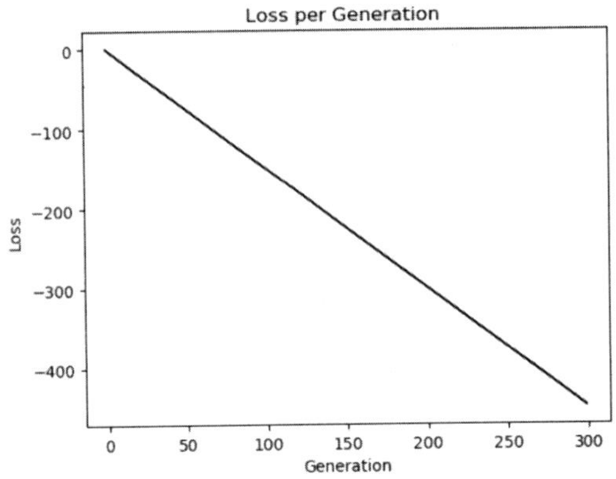

图 6-14　损失函数曲线图

6.1.8　多类支持向量机对 iris 数据进行预测

SVM 多类分类方法的实现根据其指导思想大致有两种：

1）将多类问题分解为一系列 SVM 可直接求解的两类问题，基于这一系列 SVM 求解结果得出最终判别结果。

2）对前面所述支持向量分类机中的原始最优化问题进行适当改变，使得它能同时计算出所有多类分类决策函数，从而“一次性”地实现多类分类。

原始问题可改写为：

$$\min \quad \frac{1}{2}\sum_{m=1}^{k}\|w_m\|^2 + C\sum_{i=1}^{n}\sum_{m\neq y_i}\xi_i^m$$

$$\text{s.t.} \quad \begin{cases}(w_i \cdot x_i) + b_i \geqslant (w_m \cdot x_i) + b_m + 2 - \xi_i^m \\ \xi_i^m \geqslant 0\end{cases}$$

式中，$i = 1,2,\cdots,n$，n 为样本数量；$m = 1,2,\cdots,k$，k 为类别数量。

这样就可以得到决策函数：$f(x) = \max_i[(w_i x) + b_i]$，判别结果为第 i 类。

虽然第 2 种指导思想看起来简单，但由于它的最优化问题求解过程太复杂，计算量太大，实现起来比较困难，因此未被广泛应用。而基于第 1 种指导思想的 SVM 多类分类方法主要有 5 种。

1．一类对余类法

一类对余类法（One Versus Rest，OVR）是最早出现也是目前应用最为广泛的方法之一，其步骤是构造 k 个两类分类机（设共有 k 个类别），其中第 i 个分类机把第 i 类其余下的各类划分开，训练时第 i 个分类机取训练集中第 i 类为正类、其余类别点为负类进行训练。判别时，输入信号分别经过 k 个分类机共得到 k 个输出值 $f_i(x) = \text{sgn}(g_i(x))$，如果只有一个+1 出现，则其对应类别为输入信号类别；如果输出不只一个+1（不只一类声称它属于自己），或者没有一个输出为+1（即没有一个类声称它属于自己），则比较 $g(x)$输出值，最大者对应类别为输入类别。

2．一对一分类法

一对一分类法（One Versus One，OVO）也称为成对分类法。在训练集 T（共有 k 个不同类别）中找出所有不同类别的两两组合，共有 $P=\frac{k(k-1)}{2}$ 个，分别用这两个类别样本点组成两类问题训练集 $T(i,j)$，然后用求解两类问题的 SVM 分别求得 P 个判别函数 $f_{i,j}(x)=\mathrm{sgn}(g_{i,j}(x))$。判别时将输入信号 X 分别送到 P 个判别函数 $f_{i,j}(x)$，如果 $f_{i,j}(x)=+1$，判别 X 为 i 类，i 类获得一票，否则判为 j 类，j 类获得一票。分别统计 k 个判别在 P 个判别函数结果中的得票数，得票数最多的类别就是最终判定类别。

3．二叉树法

二叉树法（Binary Tree，BT）先将所有类别划分为两个子类，每个子类又划分为两个子子类，以此类推，直到划分出最终类别，每次划分后两类分类问题的规模都将逐级下降。

BT 法思路如图 6-15 所示。设 8 类多类问题 $\{1,2,3,4,5,6,7,8\}$，每个中间节点或者根节点（小圆圈）代表一个二类分类机，8 个终端节点（树叶）代表 8 个最终类别。首先将 8 类问题 $\{1,2,3,4,5,6,7,8\}$ 划分为 $\{1,3,5,7\}$ 和 $\{2,4,6,8\}$ 两个子集，然后对两个子集进行逐级划分，直到得到最终类别。

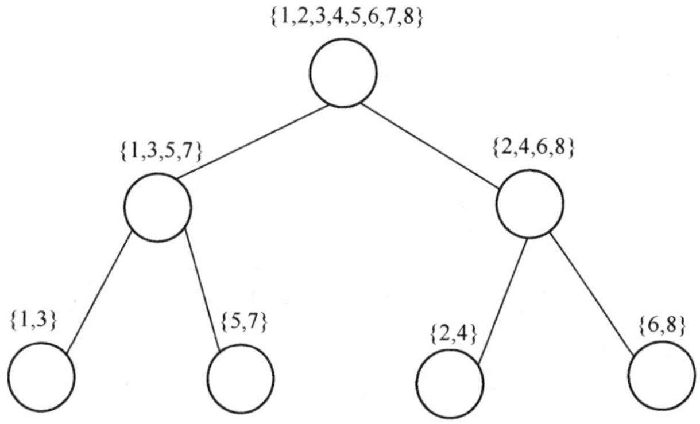

图 6-15　二叉树的分类结构图

4．纠错输出编码法

纠错输出编码法（Error Correcting Output Code，ECOC）用于解决对 k 个类别的分类问题，可以建立 M 个不同的分类方法，如把奇数类看作正类、偶数类看作负类，把 1,2 类看作正类、剩下的 $k-2$ 类看作负类等，这样就得到了一系列（M 个）两类问题，对每个两类问题建立一个决策函数，共有 M 个决策函数，每个决策函数的输出为+1 或-1。如果这些决策函数完全正确，k 类中的每一个点输入 M 个决策函数后都对应一个长度为 M、每个元素为+1 或-1 的数列。将这些数据按照类别的顺序逐行排列起来，即可得到一个 k 行 M 列的矩阵 $\boldsymbol{A}$。相当于对每一类别进行长度为 M 的二进制编码，矩阵 $\boldsymbol{A}$ 的第 i 行对应第 i 类的编码，可以采用具有纠错能力的编码方式实现。

有效的 ECOC 法应满足两个条件：编码矩阵 $\boldsymbol{A}$ 的行之间不相关；编码矩阵 $\boldsymbol{A}$ 的列之间不相关且不互补。对于 k 类分类问题，编码长度 M 一般取 $\log_2 k < M \leqslant 2^{k-1}-1$。

判别时，将 X 依次输入 M 个决策函数，得到一个元素为+1 或-1 的长度为 M 的数列，然后把该数列与矩阵 $\boldsymbol{A}$ 比较。如果决策函数准确，两类问题的选择合理，矩阵 $\boldsymbol{A}$ 中应有且仅有一行与该数列相同，这一行对应的类别即为所求类别。如果矩阵 $\boldsymbol{A}$ 中没有一行与该数列相同，则找出最接近的一行，该行对应的类别即为所求类别。

5. DAGSVM 法

对 k 个类别的多类问题，构造 $\frac{k(k-1)}{2}$ 个 OVO 两类分类器，由于引入了有向无环图（Directed Acydic Graph，DAG）的思想，故这种方法被称为 DAGSAM 方法。其拓扑结构如图 6-16 所示。

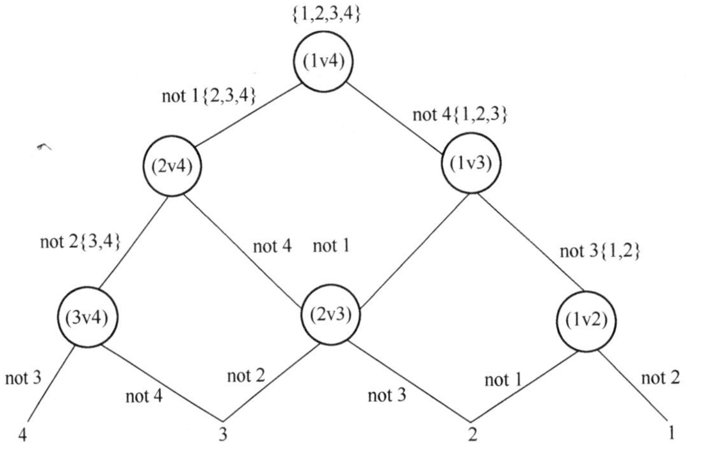

图 6-16　四类问题 DAGSVM 结构图

图 6-16 中的每个节点（小圆圈）代表一个 OVO 两类分类器，分布于 $k-1$ 层结构中，其中顶层只有一个节点，称为根节点，底层（第 k 层）的 k 个节点分别代表 k 个最终类别。第 i 层含有 i 个节点，第 i 层的第 j 个节点指向第 $i+1$ 层的第 j 和第 $j+1$ 个节点。区分第 i 类和第 j 类的子分类器对应节点位于拓扑图中第 $L-j+i$ 层。

分类时，将待判别点输入根节点，每次判别时排除掉最不可能的一个类别，经过 $k-1$ 次判别后剩下的最后一个即为最终类别。

下面直接通过代码来演示多分类支持向量机。

【例 6-4】 该实例将加载 iris 数据集，使用高斯核函数的非线性多类 SVM 模型。iris 数据集含有 3 个类别，山鸢尾（I.setosa）、变色鸢尾（I.virginica）和维吉尼亚鸢尾（I.versicolor），这里将为它们创建 3 个高斯核函数 SVM 来预测。

```
#导入编程库
import matplotlib.pyplot as plt
import numpy as np
import tensorflow as tf
from sklearn import datasets
from tensorflow.python.framework import ops
ops.reset_default_graph()
```

```
#创建计算图
sess = tf.Session()

# 加载 iris 数据集并为每类分离目标值
# 因为我们想绘制结果图，所以只使用花萼长度和花瓣宽度两个特征
# 为了便于绘图，也会分离 x 值和 y 值
# iris.data = [(Sepal Length, Sepal Width, Petal Length, Petal Width)]
iris = datasets.load_iris()
x_vals = np.array([[x[0], x[3]] for x in iris.data])
y_vals1 = np.array([1 if y==0 else -1 for y in iris.target])
y_vals2 = np.array([1 if y==1 else -1 for y in iris.target])
y_vals3 = np.array([1 if y==2 else -1 for y in iris.target])
y_vals = np.array([y_vals1, y_vals2, y_vals3])
class1_x = [x[0] for i,x in enumerate(x_vals) if iris.target[i]==0]
class1_y = [x[1] for i,x in enumerate(x_vals) if iris.target[i]==0]
class2_x = [x[0] for i,x in enumerate(x_vals) if iris.target[i]==1]
class2_y = [x[1] for i,x in enumerate(x_vals) if iris.target[i]==1]
class3_x = [x[0] for i,x in enumerate(x_vals) if iris.target[i]==2]
class3_y = [x[1] for i,x in enumerate(x_vals) if iris.target[i]==2]

# 声明批量大小
batch_size = 50

# 数据集的维度在变化，从单类目标分类到三类目标分类
# 我们将利用矩阵传播和 reshape 技术一次性计算所有的三类 SVM
# 注意，由于一次性计算所有分类
# y_target 占位符的维度是[3，None]，模型变量 b 初始化大小为[3，batch_size]
x_data = tf.placeholder(shape=[None, 2], dtype=tf.float32)
y_target = tf.placeholder(shape=[3, None], dtype=tf.float32)
prediction_grid = tf.placeholder(shape=[None, 2], dtype=tf.float32)

#创建 SVM 变量
b = tf.Variable(tf.random_normal(shape=[3,batch_size]))

#高斯核函数：核函数只依赖 x_data
gamma = tf.constant(-10.0)
dist = tf.reduce_sum(tf.square(x_data), 1)
dist = tf.reshape(dist, [-1,1])
sq_dists = tf.multiply(2., tf.matmul(x_data, tf.transpose(x_data)))
my_kernel = tf.exp(tf.multiply(gamma, tf.abs(sq_dists)))

# 最大的变化是批量矩阵乘法
# 最终的结果是三维矩阵，并且需要传播矩阵乘法
# 所以数据矩阵和目标矩阵需要预处理，比如 xT·x 操作需额外增加一个维度
# 这里创建一个函数来扩展矩阵维度，然后进行矩阵转置
# 接着调用 TensorFlow 的 tf.batch_matmul()函数
```

```
def reshape_matmul(mat):
  v1 = tf.expand_dims(mat, 1)
  v2 = tf.reshape(v1, [3, batch_size, 1])
  return(tf.matmul(v2, v1))

# 算对偶损失函数
first_term = tf.reduce_sum(b)
b_vec_cross = tf.matmul(tf.transpose(b), b)
y_target_cross = reshape_matmul(y_target)

second_term = tf.reduce_sum(tf.multiply(my_kernel,tf.multiply(b_vec_cross,
y_target_cross)),[1,2])
loss = tf.reduce_sum(tf.negative(tf.subtract(first_term, second_term)))

# 现在创建预测核函数
# 要当心 reduce_sum()函数，这里并不想聚合三个 SVM 预测
# 所以需要通过第二个参数告诉 TensorFlow 求和哪几个
rA = tf.reshape(tf.reduce_sum(tf.square(x_data), 1),[-1,1])
rB = tf.reshape(tf.reduce_sum(tf.square(prediction_grid), 1),[-1,1])
pred_sq_dist = tf.add(tf.subtract(rA, tf.multiply(2., tf.matmul(x_data,
tf.transpose(prediction_grid)))), tf.transpose(rB))
pred_kernel = tf.exp(tf.multiply(gamma, tf.abs(pred_sq_dist)))

# 实现预测核函数后，创建预测函数
# 与二类不同的是，不再对模型输出进行 sign()运算
# 因为这里实现的是一对多方法，所以预测值是分类器有最大返回值的类别
# 使用 TensorFlow 的内建函数 argmax()来实现该功能
prediction_output = tf.matmul(tf.multiply(y_target,b), pred_kernel)
prediction = tf.arg_max(prediction_output-tf.expand_dims(tf.reduce_mean
(prediction_output,1), 1), 0)
accuracy=tf.reduce_mean(tf.cast(tf.equal(prediction, tf.argmax(y_target,
0)), tf.float32))

# 声明优化器
my_opt = tf.train.GradientDescentOptimizer(0.01)
train_step = my_opt.minimize(loss)

#初始化变量
init = tf.global_variables_initializer()
sess.run(init)

#遍历迭代训练
loss_vec = []
batch_accuracy = []
for i in range(100):
  rand_index = np.random.choice(len(x_vals), size=batch_size)
```

```
    rand_x = x_vals[rand_index]
    rand_y = y_vals[:,rand_index]
    sess.run(train_step, feed_dict={x_data: rand_x, y_target: rand_y})

    temp_loss = sess.run(loss, feed_dict={x_data: rand_x, y_target: rand_y})
    loss_vec.append(temp_loss)

    acc_temp = sess.run(accuracy, feed_dict={x_data: rand_x,
                      y_target: rand_y,
                      prediction_grid:rand_x})
    batch_accuracy.append(acc_temp)

    if (i+1)%25==0:
      print('Step #' + str(i+1))
      print('Loss = ' + str(temp_loss))

# 创建数据点的预测网格，运行预测函数
x_min, x_max = x_vals[:, 0].min() - 1, x_vals[:, 0].max() + 1
y_min, y_max = x_vals[:, 1].min() - 1, x_vals[:, 1].max() + 1
xx, yy = np.meshgrid(np.arange(x_min, x_max, 0.02),
           np.arange(y_min, y_max, 0.02))
grid_points = np.c_[xx.ravel(), yy.ravel()]
grid_predictions = sess.run(prediction, feed_dict={x_data: rand_x,
                    y_target: rand_y,
                    prediction_grid: grid_points})
grid_predictions = grid_predictions.reshape(xx.shape)

# 绘制点图
plt.contourf(xx, yy, grid_predictions, cmap=plt.cm.Paired, alpha=0.8)
plt.plot(class1_x, class1_y, 'ro', label='I. setosa')
plt.plot(class2_x, class2_y, 'kx', label='I. versicolor')
plt.plot(class3_x, class3_y, 'gv', label='I. virginica')
plt.title('Gaussian SVM Results on Iris Data')
plt.xlabel('Pedal Length')
plt.ylabel('Sepal Width')
plt.legend(loc='lower right')
plt.ylim([-0.5, 3.0])
plt.xlim([3.5, 8.5])
plt.show()

# 绘制批量准确曲线
plt.plot(batch_accuracy, 'k-', label='Accuracy')
plt.title('Batch Accuracy')
plt.xlabel('Generation')
plt.ylabel('Accuracy')
plt.legend(loc='lower right')
```

```
plt.show()

# 绘制损失函数曲线
plt.plot(loss_vec, 'k-')
plt.title('Loss per Generation')
plt.xlabel('Generation')
plt.ylabel('Loss')
plt.show()
```

运行程序，输出如下，效果如图 6-17～图 6-19 所示。

```
Instructions for updating:
Use 'argmax' instead
Step #25
Loss = -288.72137
Step #50
Loss = -626.2211
Step #75
Loss = -963.7209
Step #100
Loss = -1301.221
```

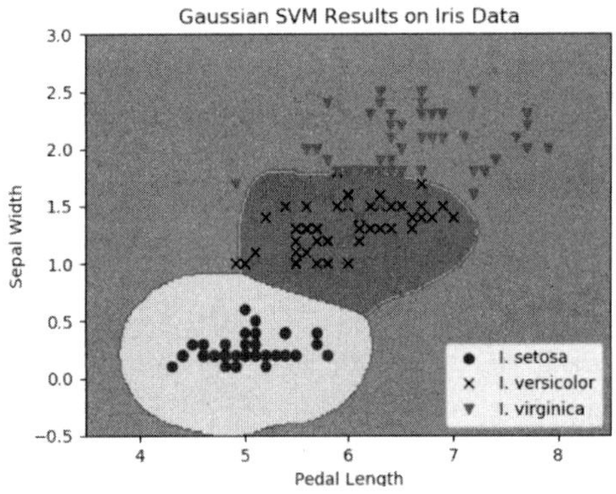

图 6-17　散点数据图

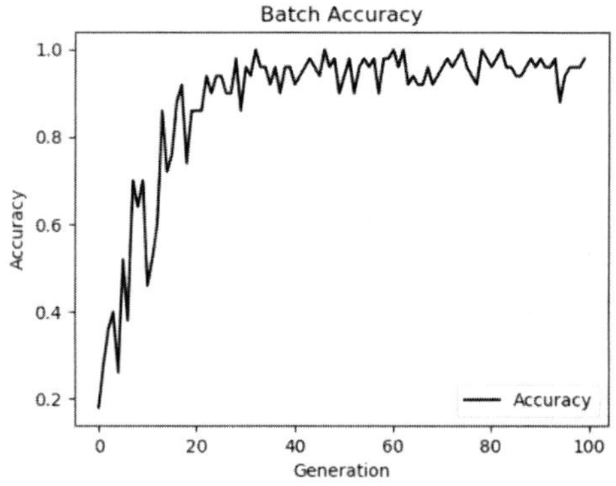

图 6-18　批量曲线图

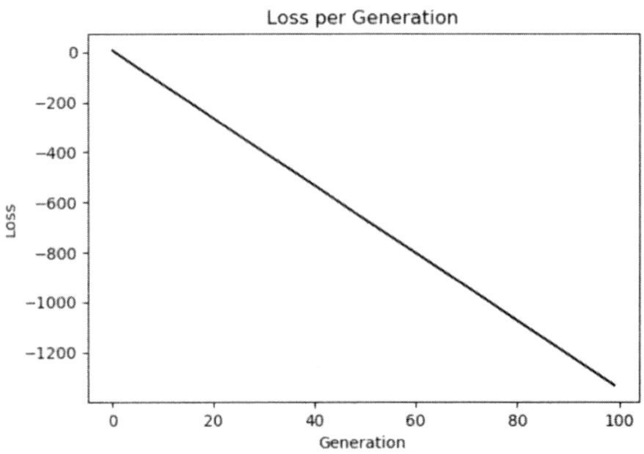

图 6-19　损失函数曲线

6.2 K–均值聚类法及实现

K–均值算法是一种简单的迭代型聚类算法，采用距离作为相似性指标，从而发现给定集中的 K 个类，且每个类的中心根据类中所有值的均值得到，每个类用聚类中心来描述。

6.2.1 K–均值聚类相关概念

对于给定的一个包含 n 个 d 维数据点的数据集 X 以及要分得的类别 K，选取欧式距离作为相似度指标，聚类目标是使各类的聚类平方和最小，即最小化：

$$J=\sum_{k=1}^{K}\sum_{i=1}^{n}\left\|x_i-u_k\right\|^2$$

结合最小二乘法和拉格朗日中值定理，聚类中心为对应类别中各数据点的平均值，同时为了使得算法收敛，在迭代过程中，应使最终的聚类中心尽可能不变。

如图 6–20 所示，如果设定的聚类簇数是 4，那么理想的 K–均值算法可以按照两条黑线将所有数据分为 4 类。

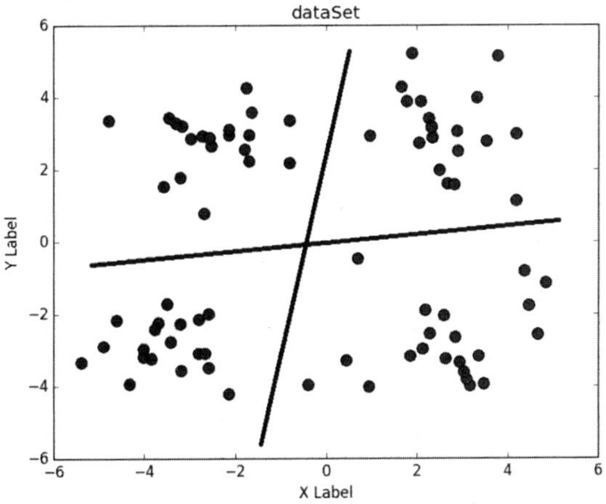

图 6–20 K–均值示意图

1. K–均值的算法流程

K–均值是一个反复迭代的过程，算法分为 4 个步骤：

1）选取数据空间中的 K 个对象作为初始中心，每个对象代表一个聚类中心。

2）对于样本中的数据对象，根据它们与这些聚类中心的欧氏距离，按距离最近的准则将它们分到距离它们最近的聚类中心（最相似）所对应的类。

3）更新聚类中心：将每个类别中所有对象所对应的均值作为该类别的聚类中心，计算目标函数的值。

4）判断聚类中心和目标函数的值是否发生改变，若不变，则输出结果，若改变，则返回步骤 2。

2. K-均值的优缺点

K-均值的优点主要表现在：

- 扩展性很好（大部分的计算都可以并行）。
- 应用范围广。

但是简单是有成本的，主要表现在：

- 它需要先验知识（可能的聚类的数据量应该预先知道）。
- 异常值影响质心的结果，因为算法并没有办法剔除异常值。
- 由于假设该图是凸的和各向同性的，所以对于非圆状的簇，该算法表现不是很好。

6.2.2 K-均值聚类法对 iris 数据进行聚类

下面通过一个例子来演示 TensorFlow 如何实现 K-均值聚类算法。

【例 6-5】 K-均值聚类算法对 iris 数据集进行聚类。

数据集为 iris，是一个给花做分类的数据集，很多学习分类算法或者 sklearn 库的读者对此都很熟悉。每个样本包含了花的花萼长度、花萼宽度、花瓣长度、花瓣宽度 4 个特征，最后再加上一个 label。

```
import numpy as np
import matplotlib.pyplot as plt
import tensorflow as tf
from sklearn import datasets
from scipy.spatial import cKDTree
from sklearn.decomposition import PCA
from sklearn.preprocessing import scale
from tensorflow.python.framework import ops
ops.reset_default_graph()
# 创建计算图会话，加载 iris 数据集
sess = tf.Session()
iris = datasets.load_iris()
num_pts = len(iris.data)
num_feats = len(iris.data[0])
# 设置 K 值为 3，iris 数据集有三类花
# 实际上是分类任务，因为已经给了堆大小了
# 迭代次数 25
k=3
generations = 25
# 计算图参数
data_points = tf.Variable(iris.data)
cluster_labels = tf.Variable(tf.zeros([num_pts], dtype=tf.int64))
# 先随机选择 iris 数据集中的 3 个数据点作为每个堆的中心点
rand_starts = np.array([iris.data[np.random.choice(len(iris.data))] for _
in range(k)])
```

```
    centroids = tf.Variable(rand_starts)
    # 计算每个数据点到每个中心点的欧氏距离
    # 这里将数据点都放入矩阵，直接按矩阵进行运算
    centroid_matrix = tf.reshape(tf.tile(centroids, [num_pts, 1]), [num_pts, k,
num_feats])
    point_matrix = tf.reshape(tf.tile(data_points, [1, k]), [num_pts, k, num_
feats])
    distances  =  tf.reduce_sum(tf.square(point_matrix  -  centroid_matrix),
axis=2)
    # 分配时，以每个数据点最小距离为最接近的中心点
    centroid_group = tf.argmin(distances, 1)
    # 计算 3 个堆的平均距离，更新堆中新的中心点
    def data_group_avg(group_ids, data):
        # 分组求和
        sum_total = tf.unsorted_segment_sum(data, group_ids, 3)
        # 计算堆大小
        num_total = tf.unsorted_segment_sum(tf.ones_like(data), group_ids, 3)
        # 求距离均值
        avg_by_group = sum_total/num_total
        return(avg_by_group)
    means = data_group_avg(centroid_group, data_points)
    update = tf.group(centroids.assign(means), cluster_labels.assign(centroid_
group))
    # 初始化模型变量
    init = tf.global_variables_initializer()
    sess.run(init)
    # 遍历循环训练，更新每组分类的中心点
    for i in range(generations):
        print('Calculating gen {}, out of {}.'.format(i, generations))
        _, centroid_group_count = sess.run([update, centroid_group])
        group_count = []
        for ix in range(k):
            group_count.append(np.sum(centroid_group_count==ix))
        print('Group counts: {}'.format(group_count))
    # 输出准确率
    # 聚类结果和 iris 数据集中的标签进行对比
    [centers, assignments] = sess.run([centroids, cluster_labels])

    def most_common(my_list):
        return(max(set(my_list), key=my_list.count))
    label0 = most_common(list(assignments[0:50]))
    label1 = most_common(list(assignments[50:100]))
    label2 = most_common(list(assignments[100:150]))
    group0_count = np.sum(assignments[0:50]==label0)
    group1_count = np.sum(assignments[50:100]==label1)
    group2_count = np.sum(assignments[100:150]==label2)
```

```
    accuracy = (group0_count + group1_count + group2_count)/150.
    print('Accuracy: {:.2}'.format(accuracy))
    # 可视化部分
    # 使用降维分解工具 PCA
    # 将数据由 4 维降至 2 维可作图
    pca_model = PCA(n_components=2)
    reduced_data = pca_model.fit_transform(iris.data)
    reduced_centers = pca_model.transform(centers)
    # 设置绘图的 mersh 大小
    h = .02
    # 设置背景颜色
    x_min, x_max = reduced_data[:, 0].min() - 1, reduced_data[:, 0].max() + 1
    y_min, y_max = reduced_data[:, 1].min() - 1, reduced_data[:, 1].max() + 1
    xx, yy = np.meshgrid(np.arange(x_min, x_max, h), np.arange(y_min, y_max, h))
    # 根据分类设置 grid point 颜色
    xx_pt = list(xx.ravel())
    yy_pt = list(yy.ravel())
    xy_pts = np.array([[x,y] for x,y in zip(xx_pt, yy_pt)])
    mytree = cKDTree(reduced_centers)
    dist, indexes = mytree.query(xy_pts)
    indexes = indexes.reshape(xx.shape)
    plt.figure(1)
    plt.clf()
    plt.imshow(indexes, interpolation='nearest',
             extent=(xx.min(), xx.max(), yy.min(), yy.max()),
             cmap=plt.cm.Paired,
             aspect='auto', origin='lower')
    # 设置图例
    symbols = ['o', '^', 'D']
    label_name = ['Setosa', 'Versicolour', 'Virginica']
    for i in range(3):
        temp_group = reduced_data[(i*50):(50)*(i+1)]
        plt.plot(temp_group[:, 0], temp_group[:, 1], symbols[i], markersize= 10,
label=label_name[i])
    # 绘图
    plt.scatter(reduced_centers[:, 0], reduced_centers[:, 1],
              marker='x', s=169, linewidths=3,
              color='w', zorder=10)
    plt.title('K-means clustering on Iris Dataset\n'
            'Centroids are marked with white cross')
    plt.xlim(x_min, x_max)
    plt.ylim(y_min, y_max)
    plt.legend(loc='lower right')
    plt.show()
```

运行程序，输出如下，效果如图 6-21 所示。

```
Calculating gen 0, out of 25.
Group counts: [63, 50, 37]
Calculating gen 1, out of 25.
Group counts: [59, 50, 41]
……
Group counts: [39, 50, 61]
Calculating gen 23, out of 25.
Group counts: [39, 50, 61]
Calculating gen 24, out of 25.
Group counts: [39, 50, 61]
Accuracy: 0.89
```

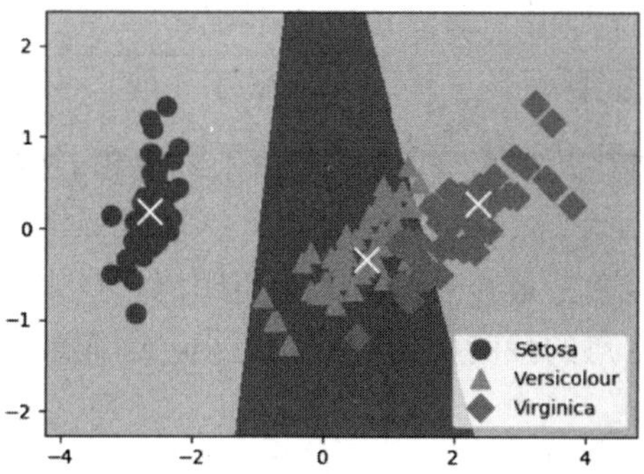

图 6-21 K-均值聚类 iris 数据集效果

由输出结果可看出：用 K-均值聚类的类标和真实类标相比达到了 89%的准确率。影响准确率的主要原因在于，图 6-21 右侧两种类型花的非线性分类关系是 K-均值聚类很难学习到的，要解决这个问题，使用 SVM 加强非线性分类可能会好一点。

6.3 最近邻算法及实现

最近邻算法的思想很简单，其先将训练集看作训练模型，然后基于新数据点与训练集的距离来预测新数据点。最直观的最近邻算法是让预测值与最接近的训练数据集作为同一类。但是大部分样本数据集包含一定程度的噪声，解决的方法是 K 个邻域的加权平均，该方法称为 K 近邻算法（K-Nearest Neighbor，KNN）。

6.3.1 最近邻算法概述

假设样本训练集（$x_1,x_2,\cdots,x_n$），对应的目标值（$y_1,y_2,\cdots,y_n$），通过最近邻算法预测数据点 z。预测的实际方法取决于是想做回归训练（连续型 y_i）还是分类训练（离散型 y_i）。

对于离散型分类目标，预测值由到预测数据点的加权距离的最大投票方案决定，公式为：

$$f(z)=\max_{j}\sum_{i=1}^{k}\varphi(d_{ij})I_{ij}$$

其中，预测函数 $f(z)$ 是所有分类 j 上的最大加权值；预测数据点到训练数据点 i 的加权距离用 $\varphi(d_{ij})$ 表示；I_{ij} 是指示函数，表示数据点 i 是否属于分类 j。

对于连续回归的训练目标，预测值是所有 k 个最近邻数据点到预测数据点的加权平均，公式为：

$$f(z)=\frac{1}{k}\sum_{i=1}^{k}\varphi(d_i)$$

明显地，预测值严重依赖距离度量（d）方式的选择。常用的距离度量是 L1 范数和 L2 范数。公式为：

$$d_{L1}(x_i,x_j)=\left|x_i-x_j\right|=\left|x_{i1}-x_{j1}\right|+\left|x_{i2}-x_{j2}\right|+\cdots$$

$$d_{L2}(x_i,x_j)=\left|x_i-x_j\right|=\sqrt{(x_{i1}-x_{j1})^2+(x_{i2}-x_{j2})^2+\cdots}$$

距离度量方式可选择性广，在本节中将使用 L1 范数和 L2 范数，也会使用编辑距离和文本距离。

也需要选择如何加权距离，最直观的方式是用距离本身来加权，即加权权重为 1。考虑更近的数据点对预测数据点的预测值影响应该更小，因而最通用的加权方式是距离的归一化倒数。

最近邻算法的优点主要表现在：

- 简单：无须调整参数。
- 无训练过程：只需要更多地训练样本来改进模型。

缺点是计算成本高（必须计算训练集点和每个新样本之间的所有距离）。

下面通过几个实例来演示 TensorFlow 如何实现最近邻算法。

6.3.2 最近邻算法求解文本距离

下面实例将展示如何使用 TensorFlow 的文本距离度量——字符串间的编辑距离（Levenshtein 距离）。

Levenshtein 距离是指由一个字符串转换成另一个字符串所需的最少编辑操作次数。允许的编辑操作包括插入一个字符、删除一个字符和将一个字符替换成另一个字符。

【例 6-6】 使用 TensorFlow 的内建函数 edit_distance()求解 Levenshtein 距离。

```
#加载 TensorFlow
import tensorflow as tf
from tensorflow.python.framework import ops
ops.reset_default_graph()
#初始化一个计算图会话
sess = tf.Session()
#展示如何计算两个单词'bear'和'beer'间的编辑距离
hypothesis = list('bear')
```

```
truth = list('beers')
h1 = tf.SparseTensor([[0,0,0], [0,0,1], [0,0,2], [0,0,3]],
                     hypothesis,
                     [1,1,1])
t1 = tf.SparseTensor([[0,0,0], [0,0,1], [0,0,2], [0,0,3],[0,0,4]],
                     truth,
                     [1,1,1])
print(sess.run(tf.edit_distance(h1, t1, normalize=False)))
```

编辑距离计算结果如下：

```
[[2.]]
```

注意：TensorFlow 的 SparseTensorValue()函数是创建稀疏张量的方法，要传入所需创建的稀疏张量的索引、值和形状大小。

```
#演示比较两个单词 bear 和 beer 与另一个单词 beers。为了做比较，需要重复 beers 使得比较的单词有相同的数量
hypothesis2 = list('bearbeer')
truth2 = list('beersbeers')
h2 = tf.SparseTensor([[0,0,0], [0,0,1], [0,0,2], [0,0,3], [0,1,0], [0,1,1], [0,1,2], [0,1,3]],
                     hypothesis2,
                     [1,2,4])
t2 = tf.SparseTensor([[0,0,0], [0,0,1], [0,0,2], [0,0,3], [0,0,4], [0,1,0], [0,1,1], [0,1,2], [0,1,3], [0,1,4]],
                     truth2,
                     [1,2,5])
print(sess.run(tf.edit_distance(h2, t2, normalize=True)))
```

比较结果输出如下：

```
[[0.4 0.2]]
```

```
#讲解另一个可以更有效地比较一个单词集合与单个单词的方法。事先为参考字符串(hypothesis)和真实字符串（ground）创建索引和字符列表
hypothesis_words = ['bear','bar','tensor','flow']
truth_word = ['beers']
num_h_words = len(hypothesis_words)
h_indices = [[xi, 0, yi] for xi,x in enumerate(hypothesis_words) for yi,y in enumerate(x)]
h_chars = list(''.join(hypothesis_words))
h3 = tf.SparseTensor(h_indices, h_chars, [num_h_words,1,1])
truth_word_vec = truth_word*num_h_words
t_indices = [[xi, 0, yi] for xi,x in enumerate(truth_word_vec) for yi,y in enumerate(x)]
t_chars = list(''.join(truth_word_vec))
t3 = tf.SparseTensor(t_indices, t_chars, [num_h_words,1,1])
```

```
print(sess.run(tf.edit_distance(h3, t3, normalize=True)))
```

单词的比较输出如下：

```
[[0.4]
 [0.6]
 [1. ]
 [1. ]]
```

```
#展示如何使用占位符来计算两个单词列表间的编辑距离
#创建输入数据
hypothesis_words = ['bear','bar','tensor','flow']
truth_word = ['beers']
def create_sparse_vec(word_list):
    num_words = len(word_list)
    indices = [[xi, 0, yi] for xi,x in enumerate(word_list) for yi,y in
enumerate(x)]
    chars = list(''.join(word_list))
    return(tf.SparseTensorValue(indices, chars, [num_words,1,1]))
hyp_string_sparse = create_sparse_vec(hypothesis_words)
truth_string_sparse=create_sparse_vec(truth_word*len(hypothesis_words))
hyp_input = tf.sparse_placeholder(dtype=tf.string)
truth_input = tf.sparse_placeholder(dtype=tf.string)
edit_distances = tf.edit_distance(hyp_input, truth_input, normalize=True)
feed_dict = {hyp_input: hyp_string_sparse,
           truth_input: truth_string_sparse}
print(sess.run(edit_distances, feed_dict=feed_dict))
```

计算两个单词列表间的编辑距离如下：

```
[[0.4]
 [0.6]
 [1. ]
 [1. ]]
```

6.3.3 最近邻算法实现地址匹配

学完数值距离和文本距离，现在我们结合两者来度量既包含文本特征又包含数值特征的数据观测点间的距离。

最近邻域算法应用在地址匹配上是非常有效的。地址匹配是一种记录匹配，其匹配的地址涉及多个数据集。在地址匹配中，地址中有许多打印错误，不同的城市或者不同的邮政编码可能指向同一个地址。使用最近邻域算法综合地址信息的数值部分和字符部分可以帮助鉴定实际相同的地址。

【例 6-7】 本实例将生成两个模拟数据集，每个数据集包含街道地址和邮政编码。其中，有一个数据集的街道地址有大量的打印错误。将准确的地址数据集作为“金标准”，为每个有打印错误的地址返回一个最接近的地址，采用综合字符距离（街道）和数值距离（邮政编码）的距离函数度量地址间的相似程度。

```
#先导入必要的编程库
import random
import string
import numpy as np
import tensorflow as tf
from tensorflow.python.framework import ops
ops.reset_default_graph()

# 创建参考数据集。为了显示简洁的输出，每个数据集仅仅由 10 个地址组成，不过更多数据量也
适用
n = 10
street_names = ['abbey', 'baker', 'canal', 'donner', 'elm']
street_types = ['rd', 'st', 'ln', 'pass', 'ave']
rand_zips = [random.randint(65000,65999) for i in range(5)]

# 为了创建一个测试数据集，需要一个随机创建“打印错误”的字符串函数，然后返回结果字符串
def create_typo(s, prob=0.75):
    if random.uniform(0,1) < prob:
        rand_ind = random.choice(range(len(s)))
        s_list = list(s)
        s_list[rand_ind]=random.choice(string.ascii_lowercase)
        s = ''.join(s_list)
    return(s)

numbers = [random.randint(1, 9999) for i in range(n)]
streets = [random.choice(street_names) for i in range(n)]
street_suffs = [random.choice(street_types) for i in range(n)]
zips = [random.choice(rand_zips) for i in range(n)]
full_streets = [str(x) + ' ' + y + ' ' + z for x,y,z in zip(numbers, streets,
street_suffs)]
reference_data = [list(x) for x in zip(full_streets,zips)]

# 初始化一个计算图会话，声明所需的占位符。实例需要 4 个占位符，每个测试集和参考集需要一
个地址和邮政编码占位符
typo_streets = [create_typo(x) for x in streets]
typo_full_streets = [str(x) + ' ' + y + ' ' + z for x,y,z in zip(numbers,
typo_streets, street_suffs)]
test_data = [list(x) for x in zip(typo_full_streets,zips)]
sess = tf.Session()
test_address = tf.sparse_placeholder( dtype=tf.string)
test_zip = tf.placeholder(shape=[None, 1], dtype=tf.float32)
ref_address = tf.sparse_placeholder(dtype=tf.string)
ref_zip = tf.placeholder(shape=[None, n], dtype=tf.float32)
```

```
#声明数值的邮政编码距离和地址字符串的编辑距离
zip_dist = tf.square(tf.subtract (ref_zip, test_zip))
address_dist = tf.edit_distance(test_address, ref_address, normalize= True)
'''
把邮政编码距离和地址距离转换成相似度。当两个输入完全一致时该相似度为 1;
当它们完全不一致时为 0。对于邮政编码相似度，其计算方式为：最大邮政编码减去该邮政编码，
然后除以邮政编码范围(即最大邮政编码减去最小邮政编码的差值）。对于地址相似度，其值已经是 0 到
1 之间的值，所以直接用 1 减去其编辑距离大小即可
'''
zip_max = tf.gather(tf.squeeze(zip_dist), tf.argmax(zip_dist, 1))
zip_min = tf.gather(tf.squeeze(zip_dist), tf.argmin(zip_dist, 1))
zip_sim = tf.div(tf.subtract (zip_max, zip_dist), tf.subtract (zip_max,
zip_min))
address_sim = tf.subtract (1., address_dist)

#结合上面两个相似度函数，并对其进行加权平均。在实例中，地址和邮政编码的权重设为相等（即
各为 0.5）
#也可以根据每个特征的信誉度来调整权重，然后返回参考集最大相似度的索引
address_weight = 0.5
zip_weight = 1. - address_weight
weighted_sim=tf.add(tf.transpose(tf.multiply(address_weight, address_sim)),
tf.multiply(zip_weight, zip_sim))
top_match_index = tf.argmax(weighted_sim, 1)

#把地址字符串转换成稀疏向量
def sparse_from_word_vec(word_vec):
    num_words = len(word_vec)
    indices = [[xi, 0, yi] for xi,x in enumerate(word_vec) for yi,y in
enumerate(x)]
    chars = list(''.join(word_vec))
    return(tf.SparseTensorValue(indices, chars, [num_words,1,1]))

# 分离参考集中的地址和邮政编码，然后在遍历迭代训练中为占位符赋值
reference_addresses = [x[0] for x in reference_data]
reference_zips = np.array([[x[1] for x in reference_data]])

# 利用前面创建的函数将参考地址转换为稀疏矩阵
sparse_ref_set = sparse_from_word_vec(reference_addresses)
#遍历循环测试集的每项，返回参考集中最接近项的索引，打印出测试集和参考集的每项
for i in range(n):
    test_address_entry = test_data[i][0]
    test_zip_entry = [[test_data[i][1]]]
    test_address_repeated = [test_address_entry] * n
    sparse_test_set = sparse_from_word_vec(test_address_repeated)
    feeddict={test_address: sparse_test_set,
            test_zip: test_zip_entry,
```

```
            ref_address: sparse_ref_set,
            ref_zip: reference_zips}
    best_match = sess.run(top_match_index, feed_dict=feeddict)
    best_street = reference_addresses[best_match[0]]
    [best_zip] = reference_zips[0][best_match]
    [[test_zip_]] = test_zip_entry
    print('Address: ' + str(test_address_entry) + ', ' + str(test_zip_))
    print('Match  : ' + str(best_street) + ', ' + str(best_zip))
```

运行程序，输出如下：

```
Address: 1034 candl pass, 65296
Match  : 1034 canal pass, 65296
Address: 1513 bakex ave, 65111
Match  : 1513 baker ave, 65111
Address: 6347 canal ln, 65111
Match  : 6347 canal ln, 65111
Address: 2028 caoal ln, 65071
Match  : 2028 canal ln, 65071
Address: 9589 bakfr ln, 65111
Match  : 9589 baker ln, 65111
Address: 8095 downer ln, 65296
Match  : 8095 donner ln, 65296
Address: 8489 canal ln, 65111
Match  : 8489 canal ln, 65111
Address: 9866 canav st, 65451
Match  : 9866 canal st, 65451
Address: 3569 elu ave, 65451
Match  : 3569 elm ave, 65451
Address: 2826 baker rd, 65071
Match  : 2826 baker rd, 65071
```

第 7 章　神经网络算法

神经网络算法在识别图像和语音、识别手写、理解文本、图像分割、对话系统、自动驾驶等领域的应用越来越广泛，它是一种简单易实现的很重要的机器学习算法。

神经网络算法的概念已出现几十年，但是它仅仅在最近由于计算能力（计算处理、算法效率和数据集大小）的提升、可以训练大规模网络才获得新的发展。

神经网络算法是对输入数据矩阵进行一系列的基本操作。这些操作通常包括非线性函数的加法和乘法。逻辑回归算法是斜率与特征点积求和后进行非线性 Sigmoid 函数计算。神经网络算法表达形式更通用，允许任意形式的基本操作和非线性函数的结合，包括绝对值、最大值、最小值等。

神经网络算法的一个重要的“黑科技”是“反向传播”。反向传播是一种基于学习率和损失函数返回值来更新模型变量的过程。

神经网络算法的另外一个重要特性是非线性激活函数。因为大部分神经网络算法仅仅是加法操作和乘法操作的结合，所以它们不能进行非线性数据样本集的模型训练。为了解决该问题，我们在神经网络算法中使用非线性激励函数，这将使得神经网络算法能够解决大部分非线性的问题。

1. 神经网络算法的基本方式

虽然单个神经元的结构极其简单，功能有限，但大量神经元构成的网络系统所能实现的行为却是丰富多彩的。

神经网络的研究内容相当广泛，反映了多学科交叉技术领域的特点。主要的研究工作集中在以下几个方面：

1）生物原型研究。从生理学、心理学、解剖学、脑科学、病理学等生物科学方面研究神经细胞、神经网络、神经系统的生物原型结构及其功能机理。

2）建立理论模型。根据生物原型的研究，建立神经元、神经网络的理论模型。其中包括概念模型、知识模型、物理化学模型、数学模型等。

3）网络模型与算法研究。在理论模型研究的基础上构建具体的神经网络模型，以实现计算机模拟或准备制作硬件，包括网络学习算法的研究。这方面的工作也称为技术模型研究。

4）人工神经网络应用系统。在网络模型与算法研究的基础上，利用人工神经网络组成实际的应用系统，例如，完成某种信号处理或模式识别的功能、构造专家系统、制成机器人等。

2. 神经网络算法的特点

神经网络算法的特点主要表现在以下几点：

（1）自适应与自组织特性

后天的学习与训练可以开发出许多各具特色的活动功能，如盲人的听觉和触觉非常灵敏、聋哑人善于运用手势、训练有素的运动员可以表现出非凡的运动技巧等。

普通计算机的功能取决于程序中给出的知识和能力。显然，对于智能活动，要通过总结来编制程序将十分困难。

人工神经网络也具有初步的自适应与自组织能力。在学习或训练过程中可改变突触权重值，以适应周围环境的要求。同一网络因学习方式及内容不同可具有不同的功能。人工神经网络是一个具有学习能力的系统，可以发展知识，甚至超过设计者原有的知识水平。通常，它的学习训练方式可分为两种，一种是有监督（或称有导师）的学习，这时利用给定的样本标准进行分类或模仿；另一种是无监督（或称无导师）学习，这时，只规定学习方式或某些规则，具体的学习内容随系统所处环境 （即输入信号情况）而异，系统可以自动发现环境特征和规律性，具有更近似人脑的功能。

（2）泛化能力

泛化能力指对没有训练过的样本有很好的预测能力和控制能力。特别是当存在一些有噪声的样本时，网络具备很好的预测能力。

（3）非线性映射能力

当系统对于设计人员来说很透彻或者很清楚时，则一般利用数值分析、偏微分方程等数学工具建立精确的数学模型；而当系统很复杂，或者系统未知、系统信息量很少时，建立精确的数学模型会很困难，神经网络的非线性映射能力则表现出优势，因为它不需要对系统进行透彻了解，但是同时能达到输入与输出的映射关系，这就大大简化了设计的难度。

（4）高度并行性

并行性具有一定的争议性。一些人认为，神经网络是根据人的大脑而抽象出来的数学模型，由于人可以同时做一些事，所以从功能的模拟角度上看，神经网络也应具备很强的并行性。

神经网络的研究涉及众多学科领域，这些领域互相结合、相互渗透并相互推动。不同领域的科学家又从各自学科的兴趣与特色出发，提出不同的问题，从不同的角度进行研究。

7.1 反向网络

反向网络算法是训练神经网络的经典算法。在20世纪70～80年代被多次重新定义。它的一些算法思想来自20世纪60年代的控制理论。

在输入数据固定的情况下，反向网络算法利用神经网络的输出敏感度来快速计算出神经网络中的各种超参数。尤其重要的是，它计算输出 f 对所有的参数 w 的偏微分，即如下所示：$\frac{\partial f}{\partial w_i}$。$f$ 代表神经元的输出，w_i 是函数 f 的第 i 个参数，参数 w_i 代表网络的中边的权重或者神经元的阈值。神经元的激活函数具体细节并不重要，它可以是非线性函数Sigmoid或RELU。这样就可以得到f相对于网络参数的梯度∇f，有了这个梯度，就可以使用梯度下降法对网络进行训练，即每次沿着梯度的负方向（$-\nabla f$）移动一小步，不断重复，直到网络输出误差最小。

反向网络算法之所以重要，是因为它的效率高。假设对一个节点求偏导需要的时间为单位时间，运算时间呈线性关系，那么网络的时间复杂度如下式所示：O(Network Size)=$O(V+E)$，V 为节点数、E 为连接边数。这里我们唯一需要用的计算方法就是链式法则，但应用链式法则会增加二次计算的时间，由于有成千上万的参数需要二次计算，所以效率就不会很高。为了提高反向传播算法的效率，我们通过高度并行的向量，利用 GPU 进行计算。

7.1.1 问题设置

反向网络算法适用于有向非循环网络，为了不丧失一般性，非循环神经网络可以看成是一个多层神经网络，第$t+1$层神经元的输入来自第t层及其下层。使用f表示网络输出，并且认为神经网络是一个上下结构，底部为输入，顶部为输出。

规则：为了先计算出参数梯度，先求出$\frac{\partial f}{\partial u}$，即表示输出$f$对节点$u$的偏微分。

使用上述规则来简化节点偏微分计算。接着将具体说一下$\frac{\partial f}{\partial u}$的含义。做如下假设：先删除节点$u$的所有输入节点，然后保持网络中的参数不变。现在改变u的值，此时与u相连的高层神经元也会受到影响，在这些高层节点中，输出f也会受到影响。那么此时$\frac{\partial f}{\partial u}$就表示当节点$u$变化时，节点$f$的变化率。

上述规则就是链式法则的直接应用，如图 7-1 所示，u是节点$z_1,z_2,\cdots,z_m$的加权求和，即$u = w_1 \times z_1 + \cdots + w_n \times z_n$，然后通过链式法则对$w_1$求偏导数，具体如下：

$$\frac{\partial f}{\partial w_1} = \frac{\partial f}{\partial u} \cdot \frac{\partial u}{\partial w_1} = \frac{\partial f}{\partial u} \cdot z_1$$

由上式所示，只有先计算$\frac{\partial f}{\partial u}$，才能计算$\frac{\partial f}{\partial w_1}$。

1. 多元链式法则

为了计算节点的偏微分，先回忆一下多元链式法则，多元链式法则常用来描述偏微分之间的关系。即假设f是关于变量$u_1,u_2,\cdots,u_n$的函数，而$u_1,u_2,\cdots,u_n$又都是关于变量z的函数，那么f关于z的偏导数如下：

$$\frac{\partial f}{\partial z} = \sum_{j=1}^{n} \frac{\partial f}{\partial u_j} \cdot \frac{\partial u_j}{\partial z}$$

上式是前述链式法则的子式。这个链式法则很适合反向传播算法。图 7-2 就是一个符合多元链式法则的神经网络示意图。

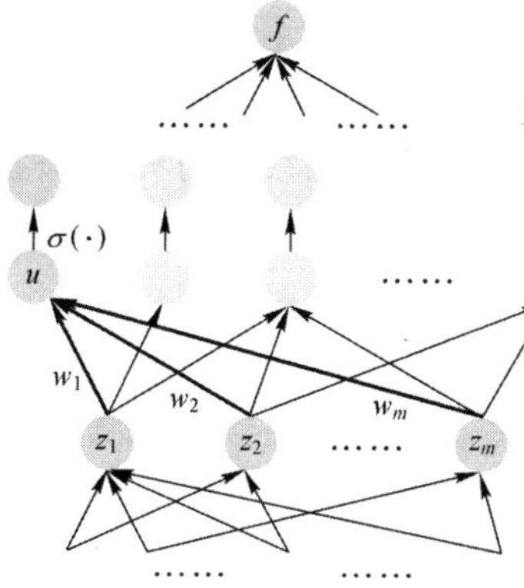

图 7-1 链式法则

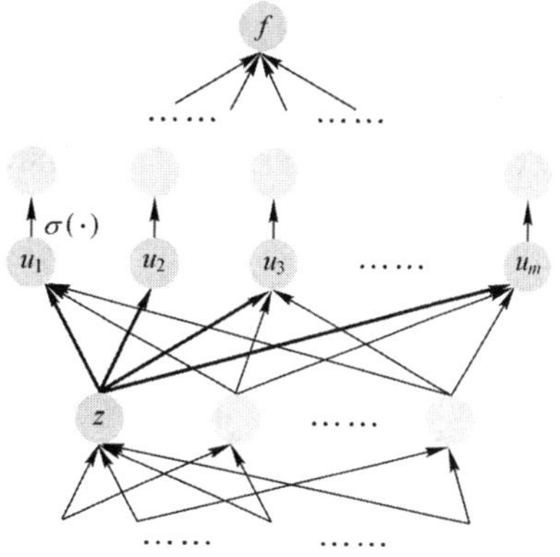

图 7-2 多元链式法则

如图 7-2 所示，先计算 f 相对于 $u_1,u_2,\cdots,u_n$ 的偏导数，然后将这些偏导数按权重线性相加，得到 f 对 z 的偏导数。这个权重就是 $u_1,u_2,\cdots,u_n$ 对 z 的偏导，即 $\frac{\partial u_j}{\partial z}$。此时问题来了，怎么衡量计算时间呢？我们做如下假设：u 节点位于 $t+1$ 层，z 节点位于 t 层或 t 层以下，此时记 $\frac{\partial u}{\partial z}$ 的运算时间为单位时间。

2．朴素前馈算法

我们首先要指出链式法则包含二次计算的时间。朴素算法就是计算节点对 u_i 与 u_j 求偏导数，此处节点 u_i 的层级要比 u_j 高。在 $V\times V$ 个节点对的偏导值中包含 $\frac{\partial f}{\partial u_i}$ 的值，因为 f 本身就是一个节点，只不过这个节点比较特殊，它是一个输出节点。

以前馈的形式进行计算，计算出位于 t 层及 t 层以下的所有节点对之间的偏导数，那么位于 $t+1$ 层的 u_1 对 u_j 的偏导数就等于将所有 u_i 与 u_j 的偏导数进行线性加权相加。固定节点 j，其时间复杂度与边的数量成正比，而 j 是有 V 个值，此时时间复杂度为 $O(VE)$。

7.1.2 反向网络算法

反向网络算法就是反向计算偏微分、信息逆向传播，即从神经网络的高层向底层反向传播。

信息协议为：节点 u 通过高层节点获取信息，节点 u 获取的信息之和记作 S。u 的低级节点 z 获取的信息为 $S\cdot\frac{\partial u}{\partial z}$。

很明显，每个节点的计算量与其连接的神经元个数成正比，整个网络的计算量等于所有节点运算时间之和，所有节点被计算两次，故其时间复杂度为 O(Network Size)。

7.1.3 自动微分

在前面的内容中，对于神经网络、节点计算并没有细讲，下面将具体讲一下。将节点与节点之间的计算看成是一个无环图模型，许多自动计算微分的工具包均采用这一模型。这些工具就是通过这个无向图模型来计算输出与网络参数的偏导数的。

首先注意到前述法则就是对自动微分的一般性描述，其之所以不失一般性是因为可以将边的权值也看作节点（即叶节点）。如图 7-3 所示，左侧是原始网络，即一个单节点和其输入节点、输入节点的权重，右侧是将边的权重转换为叶节点。网络中的其他节点也做类似转换。

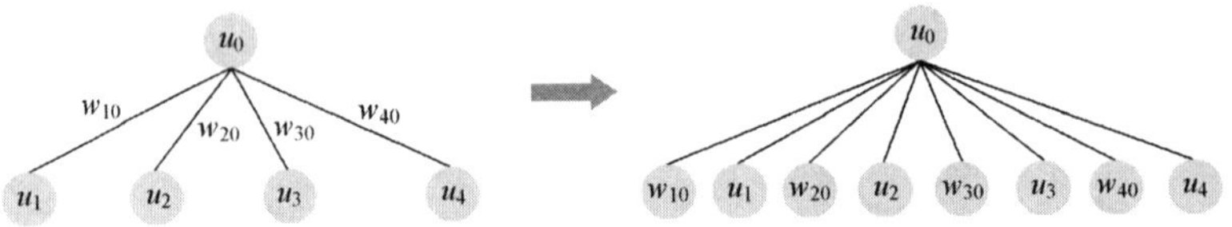

图 7-3　叶节点转换为节点图

只要局部偏导数计算的效率足够高，就可以利用信息协议来计算各个节点的偏微分。即对节点 u 来讲，应该先找出它的输入节点有哪些，即 $z_1, z_2, \cdots, z_n$，然后在 u 的偏微分的基础上计算 z_j 的偏微分。由于输出 f 对 u 的偏微分记为 S，所以计算输出 f 对 z_j 的偏微分就是 $S \cdot \dfrac{\partial u}{\partial z_j}$。

这个算法可以按照如下规则分块计算，首先明确节点 u 与输入节点 $z_1, z_2, \cdots, z_n$ 的关系，然后就是怎么计算偏导数的倍数（权重）S，即 $S \cdot \dfrac{\partial u}{\partial z_j}$。

扩展到向量空间：为了提高偏微分权重的计算效率，可以将节点的输出也变为一个向量（矩阵或张量）。此时将 $\dfrac{\partial u}{\partial z_j} \cdot S$ 改写为 $\dfrac{\partial u}{\partial z_j}[S]$，这个与反向传播算法思想是一致的，在反向传播算法中，$\boldsymbol{y}$ 是一个 p 维向量，$\boldsymbol{x}$ 是一个 q 维向量，$\boldsymbol{y}$ 是关于 $\boldsymbol{x}$ 的函数，用 $\dfrac{\partial \boldsymbol{y}}{\partial \boldsymbol{x}}$ 来表示由 $\dfrac{\partial \boldsymbol{y}_j}{\partial \boldsymbol{x}_i}$ 所组成的 $q \times p$ 矩阵。聪明的读者很快就会发现，这就是数学中的雅克比矩阵。此外还可以证明 S 与 u 的维度相同、$\dfrac{\partial u}{\partial z_j}[S]$ 与 z_j 的维度也相同。

如图 7-4 所示，$\boldsymbol{W}$ 是一个 $d_2 \times d_3$ 的矩阵，$\boldsymbol{Z}$ 是一个 $d_1 \times d_2$ 的矩阵，因为 $\boldsymbol{U} = \boldsymbol{WZ}$，故 $\boldsymbol{U}$ 是一个 $d_1 \times d_3$ 维的矩阵，此时计算 $\dfrac{\partial \boldsymbol{U}}{\partial \boldsymbol{Z}}$，最终得到一个 $d_2 d_3 \times d_1 d_3$ 维的矩阵。但在反向传播算法中，这个会算得很快，因为 $\dfrac{\partial \boldsymbol{U}}{\partial \boldsymbol{Z}}[S] = \boldsymbol{W}^{\mathrm{T}} S$，在计算机中可以使用 GPU 来进行类似的向量计算。

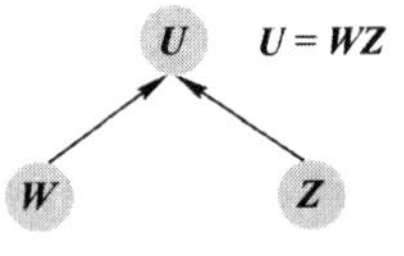

图 7-4　矩阵反向传播

7.1.4　对随机数进行反向网络演示

下面直接通过一个例子来演示反向传播。

【例 7-1】 利用 TensorFlow 实现对随机数据进行反向网络。

```
import random
import math
#    参数解释:
#    "pd_" : 偏导的前缀
```

```
    # "d_" : 导数的前缀
    # "w_ho" : 隐含层到输出层的权重系数索引
    # "w_ih" : 输入层到隐含层的权重系数的索引
    class NeuralNetwork:
        LEARNING_RATE = 0.5
        def __init__(self, num_inputs, num_hidden, num_outputs, hidden_layer_
weights = None, hidden_layer_bias = None, output_layer_weights = None, output_
layer_bias = None):
            self.num_inputs = num_inputs
            self.hidden_layer = NeuronLayer(num_hidden, hidden_layer_bias)
            self.output_layer = NeuronLayer(num_outputs, output_layer_bias)
            self.init_weights_from_inputs_to_hidden_layer_neurons(hidden_layer_
weights)
            self.init_weights_from_hidden_layer_neurons_to_output_layer_neurons
(output_layer_weights)

        def init_weights_from_inputs_to_hidden_layer_neurons(self, hidden_layer_
weights):
            weight_num = 0
            for h in range(len(self.hidden_layer.neurons)):
                for i in range(self.num_inputs):
                    if not hidden_layer_weights:
                        self.hidden_layer.neurons[h].weights.append(random.
random())
                    else:
                        self.hidden_layer.neurons[h].weights.append(hidden_layer_
weights[weight_num])
                    weight_num += 1
        def init_weights_from_hidden_layer_neurons_to_output_layer_neurons(self,
output_layer_weights):
            weight_num = 0
            for o in range(len(self.output_layer.neurons)):
                for h in range(len(self.hidden_layer.neurons)):
                    if not output_layer_weights:
                        self.output_layer.neurons[o].weights.append(random.random())
                    else:
                        self.output_layer.neurons[o].weights.append(output_layer_
weights[weight_num])
                    weight_num += 1

        def inspect(self):
            print('------')
            print('* Inputs: {}'.format(self.num_inputs))
            print('------')
            print('Hidden Layer')
            self.hidden_layer.inspect()
```

```
            print('------')
            print('* Output Layer')
            self.output_layer.inspect()
            print('------')

        def feed_forward(self, inputs):
            hidden_layer_outputs = self.hidden_layer.feed_forward(inputs)
            return self.output_layer.feed_forward(hidden_layer_outputs)

        def train(self, training_inputs, training_outputs):
            self.feed_forward(training_inputs)
            # 1. 输出神经元的值
            pd_errors_wrt_output_neuron_total_net_input = [0] * len(self.output_layer.neurons)
            for o in range(len(self.output_layer.neurons)):
                # ∂E/∂z□
                pd_errors_wrt_output_neuron_total_net_input[o]=self.output_layer.neurons[o].calculate_pd_error_wrt_total_net_input(training_outputs[o])
            # 2. 隐含层神经元的值
            pd_errors_wrt_hidden_neuron_total_net_input = [0] * len(self.hidden_layer.neurons)
            for h in range(len(self.hidden_layer.neurons)):
                # dE/dy□ = Σ ∂E/∂z□ * ∂z/∂y□ = Σ ∂E/∂z□ * w□□
                d_error_wrt_hidden_neuron_output = 0
                for o in range(len(self.output_layer.neurons)):
                    d_error_wrt_hidden_neuron_output  +=  pd_errors_wrt_output_neuron_total_net_input[o] * self.output_layer.neurons[o].weights[h]
                # ∂E/∂z□ = dE/dy□ * ∂z□/∂
                pd_errors_wrt_hidden_neuron_total_net_input[h] = d_error_wrt_hidden_neuron_output*self.hidden_layer.neurons[h].calculate_pd_total_net_input_wrt_input()
            # 3. 更新输出层权重系数
            for o in range(len(self.output_layer.neurons)):
                for w_ho in range(len(self.output_layer.neurons[o].weights)):
                    # ∂E□/∂w□□ = ∂E/∂z□ * ∂z□/∂w□□
                    pd_error_wrt_weight  =  pd_errors_wrt_output_neuron_total_net_input[o] * self.output_layer.neurons[o].calculate_pd_total_net_input_wrt_weight(w_ho)
                    # Δw = α * ∂E□/∂w□
                    self.output_layer.neurons[o].weights[w_ho] -= self.LEARNING_RATE * pd_error_wrt_weight
            # 4. 更新隐含层的权重系数
            for h in range(len(self.hidden_layer.neurons)):
                for w_ih in range(len(self.hidden_layer.neurons[h].weights)):
                    # ∂E□/∂w□ = ∂E/∂z□ * ∂z□/∂w□
                    pd_error_wrt_weight=pd_errors_wrt_hidden_neuron_total_net_
```

```
input[h] * self.hidden_layer.neurons[h].calculate_pd_total_net_input_wrt_weight
(w_ih)
                # Δw = α * ∂E□/∂w□
                self.hidden_layer.neurons[h].weights[w_ih] -= self.LEARNING_RATE
* pd_error_wrt_weight

        def calculate_total_error(self, training_sets):
            total_error = 0
            for t in range(len(training_sets)):
                training_inputs, training_outputs = training_sets[t]
                self.feed_forward(training_inputs)
                for o in range(len(training_outputs)):
                    total_error += self.output_layer.neurons[o].calculate_ error
(training_outputs[o])
            return total_error

    class NeuronLayer:
        def __init__(self, num_neurons, bias):
            # 同一层的神经元共享一个截距项 b
            self.bias = bias if bias else random.random()
            self.neurons = []
            for i in range(num_neurons):
                self.neurons.append(Neuron(self.bias))

        def inspect(self):
            print('Neurons:', len(self.neurons))
            for n in range(len(self.neurons)):
                print(' Neuron', n)
                for w in range(len(self.neurons[n].weights)):
                    print('  Weight:', self.neurons[n].weights[w])
                print('  Bias:', self.bias)

        def feed_forward(self, inputs):
            outputs = []
            for neuron in self.neurons:
                outputs.append(neuron.calculate_output(inputs))
            return outputs

        def get_outputs(self):
            outputs = []
            for neuron in self.neurons:
                outputs.append(neuron.output)
            return outputs

    class Neuron:
        def __init__(self, bias):
```

```
            self.bias = bias
            self.weights = []

        def calculate_output(self, inputs):
            self.inputs = inputs
            self.output = self.squash(self.calculate_total_net_input())
            return self.output

        def calculate_total_net_input(self):
            total = 0
            for i in range(len(self.inputs)):
                total += self.inputs[i] * self.weights[i]
            return total + self.bias

        # 激励函数 sigmoid
        def squash(self, total_net_input):
            return 1 / (1 + math.exp(-total_net_input))

        def calculate_pd_error_wrt_total_net_input(self, target_output):
            return self.calculate_pd_error_wrt_output(target_output) * self.
calculate_pd_total_net_input_wrt_input();

        # 每一个神经元的误差是由平方差公式计算的
        def calculate_error(self, target_output):
            return 0.5 * (target_output - self.output) ** 2

        def calculate_pd_error_wrt_output(self, target_output):
            return -(target_output - self.output)

        def calculate_pd_total_net_input_wrt_input(self):
            return self.output * (1 - self.output)

        def calculate_pd_total_net_input_wrt_weight(self, index):
            return self.inputs[index]
    # 文中的例子:
    nn = NeuralNetwork(2, 2, 2, hidden_layer_weights=[0.15, 0.2, 0.25, 0.3],
hidden_layer_bias=0.35, output_layer_weights=[0.4, 0.45, 0.5, 0.55], output_
layer_bias=0.6)
    for i in range(10000):
        nn.train([0.05, 0.1], [0.01, 0.09])
        print(i, round(nn.calculate_total_error([[[0.05, 0.1], [0.01, 0.09]]]), 9))
```

运行程序，输出如下：

```
1005 0.00058132
1006 0.00058053
1007 0.000579742
```

```
1008 0.000578955
……
9996 1.8113e-05
9997 1.8109e-05
9998 1.8106e-05
9999 1.8102e-05
```

7.2 激励函数及实现

神经网络中的每个神经元节点接受上一层神经元的输出值作为本神经元的输入值，并将输入值传递给下一层，输入层神经元节点会将输入属性值直接传递给下一层（隐层或输出层）。在多层神经网络中，上层节点的输出和下层节点的输入之间具有一个函数关系，这个函数称为激励函数（又称激活函数）。

7.2.1 激励函数的用途

如果不用激励函数（其实相当于激励函数是 $f(x)=x$），则每一层节点的输入都是上层输出的线性函数，很容易验证，无论神经网络有多少层，输出都是输入的线性组合，与没有隐藏层效果相当，这种情况就是最原始的感知机（Perceptron）了，那么网络的逼近能力就相当有限。正因如此，我们决定引入非线性函数作为激励函数，这样深层神经网络表达能力就更加强大（不再是输入的线性组合，而是几乎可以逼近任意函数）。

7.2.2 几种激励函数

早期研究神经网络主要采用 Sigmoid 函数或者 tanh 函数，输出有界，很容易充当下一层的输入。

近些年 ReLU 函数及其改进型（如 Leaky-ReLU、P-ReLU、R-ReLU 等）在多层神经网络中应用比较多。下面来总结下这些激励函数。

1．Sigmoid 函数

Sigmoid 是常用的非线性的激励函数，它的数学形式如下：

$$f(z)=\frac{1}{1+\mathrm{e}^{-z}}$$

Sigmoid 的几何图像如图 7-5 所示。

其特点主要表现在：它能够把输入的连续实值变换为 0 和 1 之间的输出，如果是非常大的负数，那么输出就是 0；如果是非常大的正数，输出就是 1。

Sigmoid 函数曾经使用很广泛，不过近年来用它的人越来越少了，主要是因为它固有的一些缺点。

缺点 1：在深度神经网络中梯度反向传递时导致梯度爆炸和梯度消失，其中梯度爆炸发生的概率非常小，而梯度消失（gradient vanishing）发生的概率比较大。首先来看 Sigmoid 函数的导数，如图 7-6 所示。

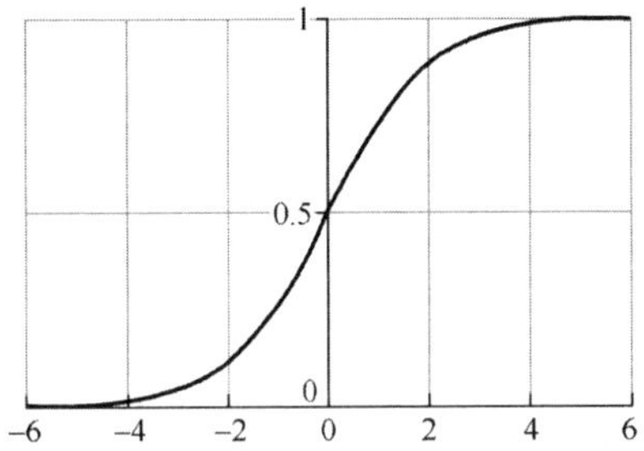

图 7-5　Sigmoid 几何图像

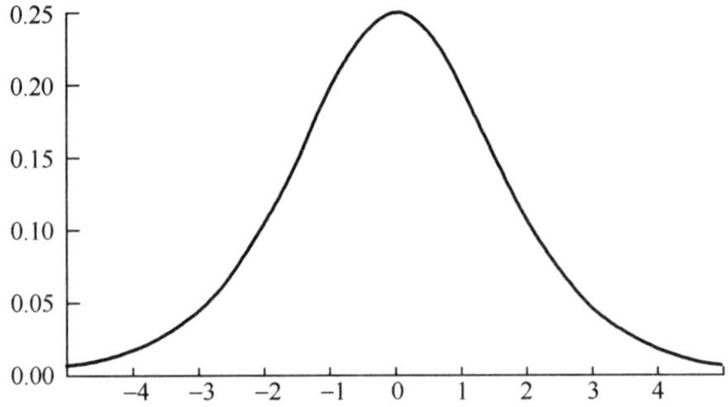

图 7-6　Sigmoid 函数的导数图像

如果初始化神经网络的权值为 [0,1] [0,1][0,1] 之间的随机值，由反向传播算法的数学推导可知，梯度从后向前传播时，每传递一层梯度值都会减小为原来的 0.25，如果神经网络隐层特别多，那么梯度在穿过多层后将变得非常小（接近于 0），即出现梯度消失现象；当网络权值初始化为 (1,+∞) (1,+∞)(1,+∞) 区间内的值时，则会出现梯度爆炸情况。

缺点 2：Sigmoid 的输出不是 0 均值（即 zero-centered）。这是不可取的，因为这会导致后一层的神经元将得到上一层输出的非 0 均值的信号作为输入。这样产生的一个结果就是，如 $x>0, f=w^{\mathrm{T}}x$，那么对 w 求局部梯度则都为正，这样在反向传播的过程中 w 要么都往正方向更新，要么都往负方向更新，导致有一种捆绑的效果，使得收敛缓慢。当然，如果按 batch 去训练，那么那个 batch 可能得到不同的信号，所以这个问题还是可以有所缓解的。因此，非 0 均值这个问题虽然会产生一些不好的影响，不过跟上面提到的梯度消失问题相比还是要好很多。

缺点 3：其解析式中含有幂运算，计算机求解时相对来讲比较耗时。对于规模比较大的深度网络，会较大地增加训练时间。

2．tanh 函数

tanh 函数解析式：

$$\tanh(x)=\frac{\mathrm{e}^{x}-\mathrm{e}^{-x}}{\mathrm{e}^{x}+\mathrm{e}^{-x}}$$

tanh 函数及其导数的几何图像如图 7-7 所示。

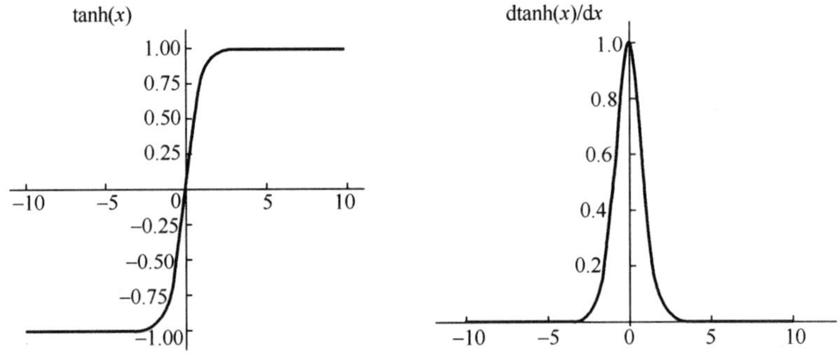

图 7-7　tanh 函数及其导数的几何图像

tanh 函数解决了 Sigmoid 函数不是 0 均值输出的问题，然而，梯度消失的问题和幂运算的问题仍然存在。

3. ReLU 函数

ReLU 函数的解析式：

$$\text{ReLU} = \max(0, x)$$

ReLU 函数及其导数的图像如图 7-8 所示。

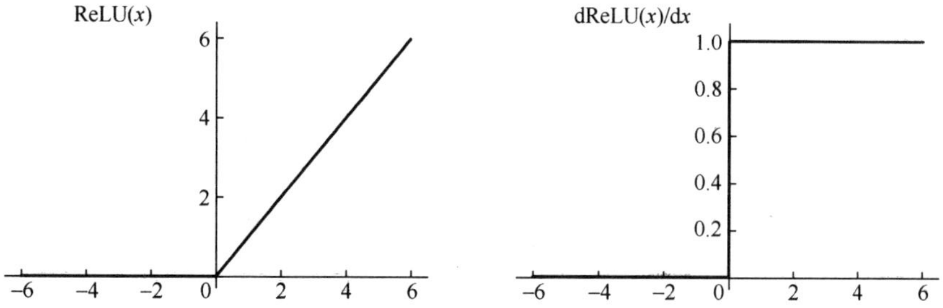

图 7-8　ReLU 函数及其导数的图像

ReLU 函数其实就是一个取最大值函数，注意这并不是全区间可导的，但是可以取 sub-gradient，如图 7-8 所示。ReLU 有以下几大优点：

- 解决了梯度消失的问题（在正区间）。
- 计算速度非常快，只需要判断输入是否大于 0。
- 收敛速度远快于 Sigmoid 和 tanh。

ReLU 也有几个需要特别注意的问题：

- ReLU 的输出不是 0 均值。
- Dead ReLU 问题，指的是某些神经元可能永远不会被激活，导致相应的参数永远不能被更新。有两个主要原因可能导致这种情况产生：一是非常不幸的参数初始化，这种情况比较少见；二是学习率太高导致在训练过程中参数更新太大，不幸使网络进入这种状态。解决方法是采用 Xavier 初始化方法，以及避免将学习率设置太大或使用 adagrad 等自动调节学习率的算法。

尽管存在这两个问题，ReLU 目前仍是最常用的激励算法，在搭建人工神经网络的时候推荐优先尝试。

4. Leaky ReLU 函数（PReLU）

函数表达式：

$$f(x) = \max(\alpha x, x)$$

Leaky ReLU 函数及其导数的图像如图 7-9 所示。

人们为了解决 Dead ReLU 问题，提出了将 ReLU 的前半段设为 αx 而非 0，通常 α =0.01。另外一种直观的想法是基于参数的方法，即 ParametricReLU: $f(x) = \max(\alpha x, x)$，其中 α 可由方向传播算法算出来。理论上来讲，Leaky ReLU 有 ReLU 的所有优点，外加不会有 Dead ReLU 问题，但是在实际操作当中，并没有完全证明 Leaky ReLU 总是好于 ReLU。

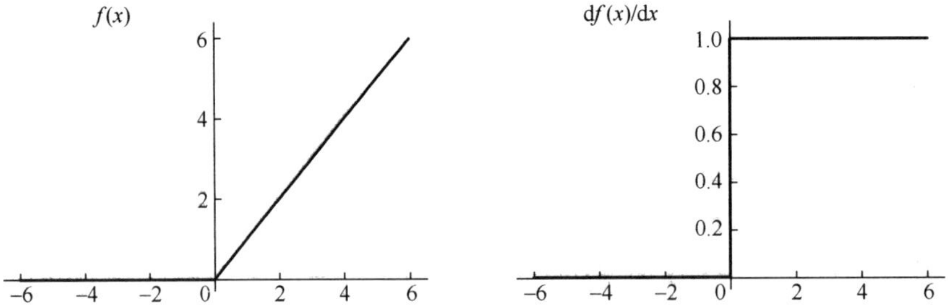

图 7-9　Leaky ReLU 函数及其导数的图像

5．ELU（Exponential Linear Units）函数

函数表达式：

$$f(x)=\begin{cases}x, & x>0\\ \alpha(\mathrm{e}^x-1), & 其他\end{cases}$$

ELU 函数及其导数的图像如图 7-10 所示。

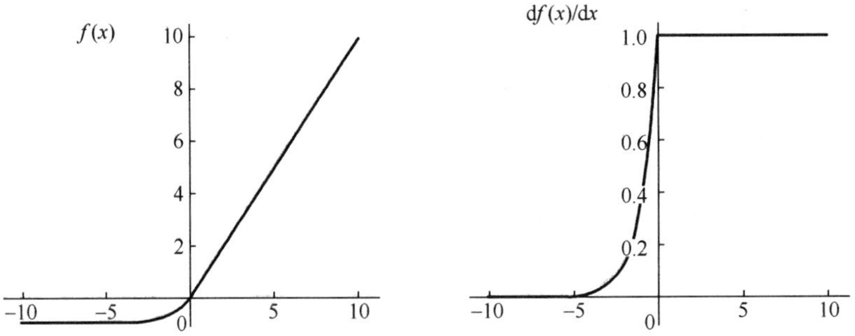

图 7-10　ELU 函数及其导数的图像

ELU 也是为解决 ReLU 存在的问题而提出的，显然，ELU 除有 ReLU 的几乎所有优点外，还有如下优点：

- 不会有 Dead ReLU 问题。
- 输出的均值接近 0，为 0 均值输出。

它的一个小问题在于计算量稍大。类似于 Leaky ReLU，理论上虽然好于 ReLU，但在实际使用中目前并没有证据证明 ELU 总是优于 ReLU。

7.2.3　几种激励函数的绘图

上面已对几种激励函数的表达式、导数、优点等进行了介绍，下面通过一个实例来形象地将几种激励函数用图形绘制出来。

【例 7-2】 现在将上述几种激励函数画出来以形象表示，这里 x 取值为-10 到 10，通过 sess.run 得到各个激励函数的取值，通过 matplotlib 画出函数图像。

```
import tensorflow as tf
import numpy as np
import matplotlib.pyplot as plt
```

```
sess = tf.Session()
x = np.linspace(start=-10,stop=10,num=50)

y1 = sess.run(tf.nn.softplus(x))
print(type(y1))
y2 = sess.run(tf.nn.relu(x))
y3 = sess.run(tf.nn.relu6(x))
y4 = sess.run(tf.nn.elu(x))
y5 = sess.run(tf.nn.sigmoid(x))
y6 = sess.run(tf.nn.tanh(x))
y7 = sess.run(tf.nn.softsign(x))
fig = plt.figure()
fig2 = plt.figure()
ax = fig.add_subplot(111)
ax2 = fig2.add_subplot(111)
ax.plot(x,y1,'-',label='Softplus')
ax.plot(x,y2,'.',label='ReLU')
ax.plot(x,y3,'-.',label='ReLU6')
ax.plot(x,y4,label='ExpLU')
handles,labels  = ax.get_legend_handles_labels()
ax.legend(handles,labels)
ax.set_xlabel('x')
ax.set_ylabel('y')
fig.suptitle('figure1')

ax2.plot(x,y5,'-',label='sigmoid')
ax2.plot(x,y6,'.',label='Tanh')
ax2.plot(x,y7,'-.',label='softsign')
handles,labels  = ax2.get_legend_handles_labels()
ax2.legend(handles,labels)
plt.show()
```

运行程序，得到几种激励函数效果如图 7-11 和图 7-12 所示。

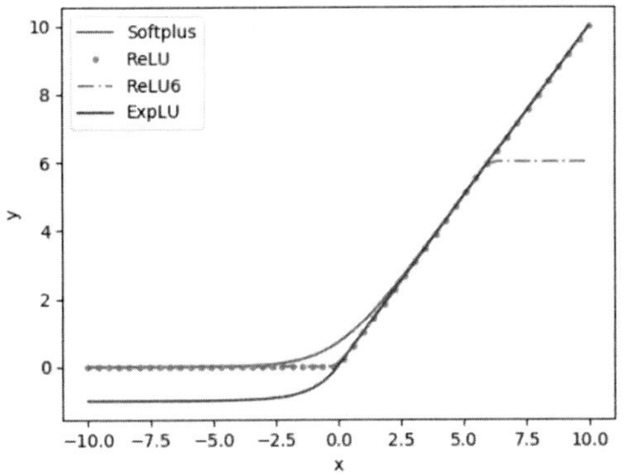

图 7-11　几种激励函数 1

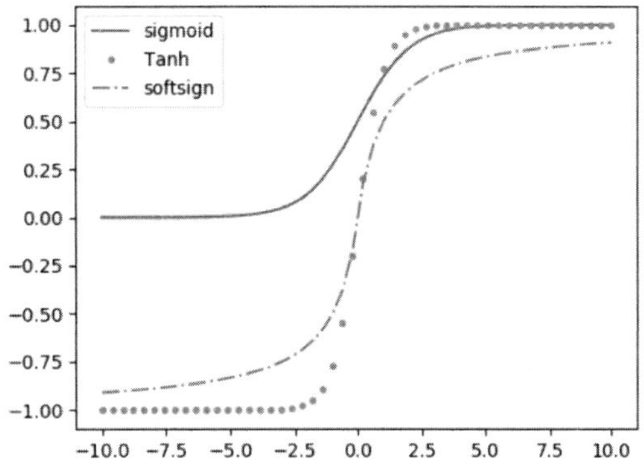

图 7-12　几种激励函数 2

7.3 门函数及其实现

神经网络算法的基本概念之一是门操作。本节以乘法操作作为门操作的开始，接着介绍嵌套的门操作。

第一个实现的操作门是 $f(x)=a\cdot x$。为了优化该门操作，先声明 a 输入作为变量，x 输入作为占位符。这意味着 TensorFlow 将改变 a 的值，而不是 x 的值。这里将创建损失函数来度量输出结果和目标值之间的差值，这里的目标值是 50。

第二个实现的嵌套操作门是 $f(x)=a\cdot x+b$。声明 a 和 b 为变量，x 为占位符。向目标值 50 优化输出结果。第二个例子的解决方法不是唯一的，有许多模型变量的组合使得输出结果为 50。

实现的 TensorFlow 代码为：

```
import tensorflow as tf
from tensorflow.python.framework import ops
ops.reset_default_graph()
# 创建计算图
sess = tf.Session()
# 创建一个乘法门
#   f(x) = a * x#
#  a --
#      |
#      |---- (乘法) --> 输出
#  x --|
#
a = tf.Variable(tf.constant(4.))
x_val = 5.
x_data = tf.placeholder(dtype=tf.float32)
multiplication = tf.multiply(a, x_data)
# 将 loss 函数声明为输出与目标值之间的差值 (50)
loss = tf.square(tf.subtract(multiplication, 50.))
# 初始化变量
init = tf.initialize_all_variables()
sess.run(init)
# 声明优化器
my_opt = tf.train.GradientDescentOptimizer(0.01)
train_step = my_opt.minimize(loss)

# 循环遍历门
print('Optimizing a Multiplication Gate Output to 50.')
for i in range(10):
    sess.run(train_step, feed_dict={x_data: x_val})
    a_val = sess.run(a)
```

```
    mult_output = sess.run(multiplication, feed_dict={x_data: x_val})
    print(str(a_val) + ' * ' + str(x_val) + ' = ' + str(mult_output))
```

运行程序，输出如下：

```
Optimizing a Multiplication Gate Output to 50.
7.0 * 5.0 = 35.0
8.5 * 5.0 = 42.5
9.25 * 5.0 = 46.25
9.625 * 5.0 = 48.125
9.8125 * 5.0 = 49.0625
9.90625 * 5.0 = 49.53125
9.953125 * 5.0 = 49.765625
9.9765625 * 5.0 = 49.882812
9.988281 * 5.0 = 49.941406
9.994141 * 5.0 = 49.970703
```

```
#-----------------------------------
# 创建一个嵌套门：
#   f(x) = a * x + b#
#  a --
#      |
#      |-- (乘法)--
#  x --|            |
#                   |-- (加法) --> 输出
#              b --|
#
# 启动一个新的图形会话
ops.reset_default_graph()
sess = tf.Session()
a = tf.Variable(tf.constant(1.))
b = tf.Variable(tf.constant(1.))
x_val = 5.
x_data = tf.placeholder(dtype=tf.float32)
two_gate = tf.add(tf.multiply(a, x_data), b)

# 将loss函数声明为输出与目标值50之间的差值
loss = tf.square(tf.subtract(two_gate, 50.))
# 初始化变量
init = tf.initialize_all_variables()
sess.run(init)
# 声明优化器
my_opt = tf.train.GradientDescentOptimizer(0.01)
train_step = my_opt.minimize(loss)
# 运行循环通过门
print('\nOptimizing Two Gate Output to 50.')
for i in range(10):
```

```
    sess.run(train_step, feed_dict={x_data: x_val})
    a_val, b_val = (sess.run(a), sess.run(b))
    two_gate_output = sess.run(two_gate, feed_dict={x_data: x_val})
    print(str(a_val) + ' * ' + str(x_val) + ' + ' + str(b_val) + ' = ' + str
(two_gate_output))
```

运行程序，输出如下：

```
Optimizing Two Gate Output to 50.
5.4 * 5.0 + 1.88 = 28.88
7.512 * 5.0 + 2.3024 = 39.8624
8.52576 * 5.0 + 2.5051522 = 45.133953
9.012364 * 5.0 + 2.6024733 = 47.664295
9.2459345 * 5.0 + 2.6491873 = 48.87886
9.358048 * 5.0 + 2.67161 = 49.461853
9.411863 * 5.0 + 2.682373 = 49.74169
9.437695 * 5.0 + 2.687539 = 49.87601
9.450093 * 5.0 + 2.690019 = 49.940483
9.456045 * 5.0 + 2.6912093 = 49.971436
```

这里需要注意是，第二个例子的解决方法不是唯一的。这在神经网络算法中不太重要，因为所有的参数是根据减小损失函数来调整的。最终的解决方案依赖于 a 和 b 的初始值。如果它们是随机初始化的，而不是 1，将会看到每次迭代的模型变量的输出结果并不相同。

通过 TensorFlow 的隐式后向传播使计算门操作的优化。TensorFlow 维护模型操作和变量，调整优化算法和损失函数。

可以扩展操作门来选定哪一个输入是变量，哪一个输入是数据。因为 TensorFlow 将调整所有的模型变量来最小化损失函数，而不是调整数据，数据输入声明为占位符。

维护计算图中的状态以及每次训练迭代自动更新模型变量的隐式能力是 TensorFlow 具有优势特征之一，该能力让 TensorFlow 威力无穷。

7.4 单层神经网络对 iris 数据进行训练

本节将实现一个单层神经网络（层即为神经网络中的神经元），并在 iris 数据集上进行模型训练。

【例 7-3】 本实例是一个回归算法问题，使用均匀误差作为损失函数。

```
# 创建计算图会话，导入必要的编程库
import matplotlib.pyplot as plt
import numpy as np
import tensorflow as tf
from sklearn import datasets
from tensorflow.python.framework import ops
ops.reset_default_graph()
# 加载 iris 数据集，存储花萼长度作为目标值，然后开始下一个计算图会话
```

```
iris = datasets.load_iris()
x_vals = np.array([x[0:3] for x in iris.data])
y_vals = np.array([x[3] for x in iris.data])

sess = tf.Session()
# 因为数据集比较小，设置一个种子使得返回结果可复现
seed = 3
tf.set_random_seed(seed)
np.random.seed(seed)
# 为了准备数据集，创建一个 80-20 分的训练集和测试集。通过 min-max 缩放法正则化 x 特征值为 0 到 1 之间
train_indices = np.random.choice(len(x_vals), round(len(x_vals)*0.8), replace=False)
test_indices = np.array(list(set(range(len(x_vals))) - set(train_indices)))
x_vals_train = x_vals[train_indices]
x_vals_test = x_vals[test_indices]
y_vals_train = y_vals[train_indices]
y_vals_test = y_vals[test_indices]

def normalize_cols(m):
    col_max = m.max(axis=0)
    col_min = m.min(axis=0)
    return (m-col_min) / (col_max - col_min)

x_vals_train = np.nan_to_num(normalize_cols(x_vals_train))
x_vals_test = np.nan_to_num(normalize_cols(x_vals_test))

# 现在为数据集和目标值声明批量大小和占位符
batch_size = 50
x_data = tf.placeholder(shape=[None, 3], dtype=tf.float32)
y_target = tf.placeholder(shape=[None, 1], dtype=tf.float32)

# 声明有合适形状的模型变量。可以声明隐藏层为任意大小，在此设置为 5 个隐藏节点
hidden_layer_nodes = 10
A1 = tf.Variable(tf.random_normal(shape=[3,hidden_layer_nodes]))
b1 = tf.Variable(tf.random_normal(shape=[hidden_layer_nodes]))
A2 = tf.Variable(tf.random_normal(shape=[hidden_layer_nodes,1]))
b2 = tf.Variable(tf.random_normal(shape=[1]))

# 分两步声明训练模型：第一步，创建一个隐藏层输出；第二步，创建训练模型的最后输出
# 注意，本例中的模型有 3 个特征、5 个隐藏节点和 1 个输出结果值
hidden_output = tf.nn.relu(tf.add(tf.matmul(x_data, A1), b1))
final_output = tf.nn.relu(tf.add(tf.matmul(hidden_output, A2), b2))
# 这里定义均方误差作为损失函数
loss = tf.reduce_mean(tf.square(y_target - final_output))
```

```
# 声明优化算法，初始化模型变量
my_opt = tf.train.GradientDescentOptimizer(0.005)
train_step = my_opt.minimize(loss)
init = tf.initialize_all_variables()
sess.run(init)
```

#遍历迭代训练模型。这里初始化两个列表（list）来存储训练损失和测试损失。在每次迭代训练时，随机选择批量训练数据来拟合模型

```
loss_vec = []
test_loss = []
for i in range(500):
    rand_index = np.random.choice(len(x_vals_train), size=batch_size)
    rand_x = x_vals_train[rand_index]
    rand_y = np.transpose([y_vals_train[rand_index]])
    sess.run(train_step, feed_dict={x_data: rand_x, y_target: rand_y})

    temp_loss = sess.run(loss, feed_dict={x_data: rand_x, y_target: rand_y})
    loss_vec.append(np.sqrt(temp_loss))

    test_temp_loss=sess.run(loss,feed_dict={x_data:x_vals_test,y_target:
np.transpose([y_vals_test])})
    test_loss.append(np.sqrt(test_temp_loss))
    if (i+1)%50==0:
        print('Generation: ' + str(i+1) + '. Loss = ' + str(temp_loss))

# 使用 matplotlib 绘制损失函数的代码
plt.plot(loss_vec, 'k-', label='Train Loss')
plt.plot(test_loss, 'r--', label='Test Loss')
plt.title('Loss (MSE) per Generation')
plt.xlabel('Generation')
plt.ylabel('Loss')
plt.legend(loc='upper right')
plt.show()
```

运行程序，输出如下，效果如图 7-13 所示。

```
Generation: 50. Loss = 0.11298189
Generation: 100. Loss = 0.07842442
Generation: 150. Loss = 0.0803005
Generation: 200. Loss = 0.06750391
Generation: 250. Loss = 0.084041566
Generation: 300. Loss = 0.06615012
Generation: 350. Loss = 0.047638472
Generation: 400. Loss = 0.09142087
Generation: 450. Loss = 0.08120594
Generation: 500. Loss = 0.08423965
```

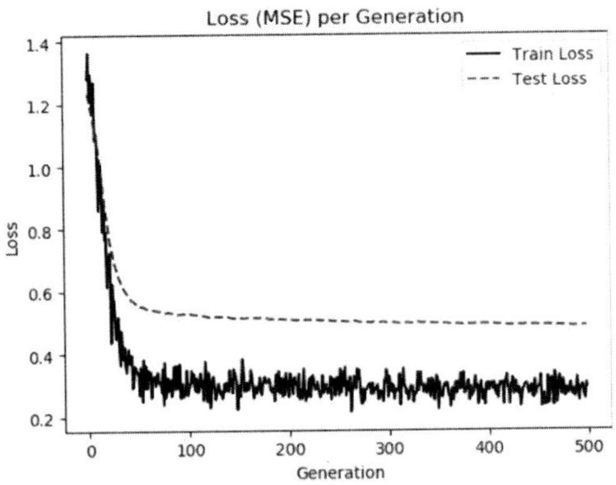

图 7-13　训练集和测试集的损失函数（MSE）绘图

7.5 单个神经元的扩展及实现

在早期，单个神经元出现之后，为了得到更好的拟合效果，又出现了一种 Maxout 网络。

Maxout 网络可以理解为单个神经元的扩展，主要是扩展单个神经元里面的激励函数，正常的单个神经元如图 7-14 所示。

Maxout 将激励函数变成一个网络选择器，原理就是将多个神经元并列放在一起，从它们的输出结果中找到最大的那个，代表对特征响应最敏感，然后取这个神经元的结果参与后面的运算，如图 7-15 所示。

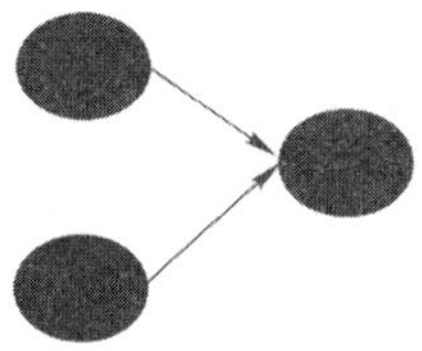

图 7-14　单个神经元

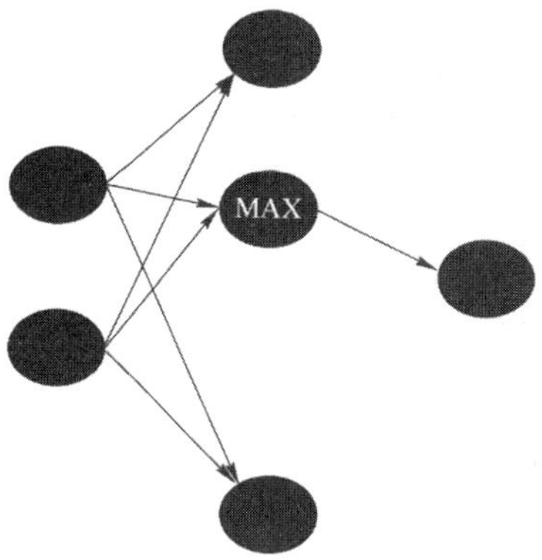

图 7-15　Maxout 网络

它的公式可以理解为：

$$
\begin{aligned}
& z_1 = w_1 \times x + b_1 \\
& z_2 = w_2 \times x + b_2 \\
& z_3 = w_3 \times x + b_3 \\
& z_4 = w_4 \times x + b_4 \\
& z_5 = w_5 \times x + b_5 \\
& \cdots \\
& \text{out} = \max(z_1, z_2, z_3, z_4, z_5, \cdots)
\end{aligned}
$$

为什么要这样做呢？神经元的作用类似于人类的神经细胞，不同的神经元会因为输入的不同而产生不同的输出，即不同的细胞关心的信号不同。依赖于这个原理，现在的做法就是相当于同时将多个神经元放在一起，哪个效果更好就用哪个，所以这样的网络会有更好的拟合效果。

【例 7-4】 Maxout 网络的构建方法：通过 reduce_max 函数对多个神经元的输出来计算 max 值，将 max 值当作输入按照神经元正反传播方向进行计算。

```
from tensorflow.examples.tutorials.mnist import input_data
mnist = input_data.read_data_sets("MNIST_data/")
```

```
print ('输入数据:',mnist.train.images)
print ('输入数据打 shape:',mnist.train.images.shape)
import pylab
im = mnist.train.images[1]
im = im.reshape(-1,28)
pylab.imshow(im)
pylab.show()
print ('输入数据打 shape:',mnist.test.images.shape)
print ('输入数据打 shape:',mnist.validation.images.shape)
import tensorflow as tf #导入 tensorflow 库
tf.reset_default_graph()
# tf Graph Input
x = tf.placeholder(tf.float32, [None, 784]) # mnist data 维度 28*28=784
y = tf.placeholder(tf.int32, [None]) # 0-9 数字=> 10 classes
# Set model weights
W = tf.Variable(tf.random_normal([784, 10]))
b = tf.Variable(tf.zeros([10]))
z= tf.matmul(x, W) + b
maxout = tf.reduce_max(z,axis= 1,keep_dims=True)
# Set model weights
W2 = tf.Variable(tf.truncated_normal([1, 10], stddev=0.1))
b2 = tf.Variable(tf.zeros([1]))
# 构建模型
pred = tf.nn.softmax(tf.matmul(maxout, W2) + b2)
# 构建模型
#pred = tf.nn.softmax(z) # Softmax 分类
cost=tf.reduce_mean(tf.nn.sparse_softmax_cross_entropy_with_logits(labels=y,
logits=z))
# 参数设置
learning_rate = 0.04
# 使用梯度下降优化器
optimizer = tf.train.GradientDescentOptimizer(learning_rate).minimize (cost)
training_epochs = 200
batch_size = 100
display_step = 1
# 启动 session
with tf.Session() as sess:
    sess.run(tf.global_variables_initializer())# Initializing OP
    # 启动循环开始训练
    for epoch in range(training_epochs):
        avg_cost = 0.
        total_batch = int(mnist.train.num_examples/batch_size)
        # 遍历全部数据集
        for i in range(total_batch):
            batch_xs, batch_ys = mnist.train.next_batch(batch_size)
            # Run optimization op (backprop) and cost op (to get loss value)
```

```
            _, c = sess.run([optimizer, cost], feed_dict={x: batch_xs,
                                                          y: batch_ys})
            # Compute average loss
            avg_cost += c / total_batch
        # 显示训练中的详细信息
        if (epoch+1) % display_step == 0:
            print ("Epoch:", '%04d' % (epoch+1), "cost=", "{:.9f}".format (avg_
cost))
    print( " Finished!")
```

运行程序，输出如下：

```
......
Epoch: 0191 cost= 0.297975748
Epoch: 0192 cost= 0.297584648
Epoch: 0193 cost= 0.297219502
Epoch: 0194 cost= 0.296815876
Epoch: 0195 cost= 0.296571933
Epoch: 0196 cost= 0.296303167
Epoch: 0197 cost= 0.295947715
Epoch: 0198 cost= 0.295588067
Epoch: 0199 cost= 0.295275190
Epoch: 0200 cost= 0.294988065
```

可以看到损失值下降到0.29，随着迭代次数的增加还会继续下降。Maxout的拟合功能很强大，但是也会有节点过多、参数过多、训练过慢的缺点。

7.6 构建多层神经网络

本节将建立多层神经网络的函数，这个函数是一个简单的通用函数，通过最后的测试，可以建立一些多次方程的模型，并通过matplotlib.pyplot演示模型建立过程中的数据变化情况。

```
import matplotlib.pyplot as plt
import numpy as np
import tensorflow as tf
def createData(ref):
    '''生成数据函数,ref 参数说明
    本函数将生成一组的 x,y 数据，ref 传参为数组[a1,a2,a3,b]
    x 将为一组 300 个的由-1 至 1 的等分数列组成的数组，y 根据 ref 传参，
如上[a1,a2,a3,b], , y = a1*x3 次方  + a2*x2 次方  + a3*x  + b +燥点
    '''
    x = x_data=np.linspace(-1,1,300).reshape(300,1)
    y = np.zeros(300).astype(np.float64).reshape(300,-1)
    yStr = ""
    for i in range(len(ref)):
```

```
        y = y + x ** (len(ref) - i - 1) * ref[i]
        yStr+= (" = " if yStr == "" else " + ") + str(ref[i]) + " * (" + str(x[3])
+ ") ** " + str(len(ref) - i - 1)
    noise = max(y) * (np.random.uniform(-0.05,0.05,300)).reshape(300,-1)
    y = y + noise
    yStr = str(y[3]) + yStr + " + " + str(noise[3][0]) + "(noise)"
    print(yStr)
    return x,y

def addLayer(inputData,input_size,output_size,activation_function=None):
    # 初始化随机，比全是零要好
    weight = tf.Variable(tf.random_uniform([input_size,output_size],-1,1))
# 这是来自 tensorflow 的建议，biases 不为零比较好
    b = tf.Variable(tf.random_uniform([output_size],-1,1))
    mat = tf.matmul(inputData,weight)+b #matul 求矩阵乘法并加上 biases
    if activation_function != None : mat = activation_function(mat)
    return mat

def draw(x_data,y_data,trainTimes,learningRate):
    '''
    trainTimes: 训练次数，当次 x_data,y_data 不同时，trainTimes 与学习率都必须适当调整
    '''
    x = tf.placeholder(tf.float32,[None,1])
    y = tf.placeholder(tf.float32,[None,1])
    # 在原始数据 x_data 与最后预测值之间加上一个 20 个神经元的神经网络层
    # 典型的三层网络，N 个神级元，x_data,y_data 只有一个属性，算是一个神经元，所以输
入是一个神经元，而隐藏层有 N 个神经元
    layer1 = addLayer(x,1,20,activation_function=tf.nn.relu)
    prediction = addLayer(layer1,20,1)
    loss = tf.reduce_mean(tf.reduce_sum(tf.square(y - prediction), axis=1))
    train=tf.train.GradientDescentOptimizer(learningRate).minimize(loss)
    sess=tf.Session()
    sess.run(tf.initialize_all_variables())
    trainStepPrint=int(trainTimes/10)
    feed_dict={x:x_data,y:y_data}

    predictionStep=[] #用于保存训练过程中的预测结果
    for i in range(trainTimes):
        sess.run(train,feed_dict=feed_dict)
# 分 20 次将计算的步骤值进行保存，i<10 指最开始的 10 次，基本前面几次的 WEIGHT 变化比较
大，效果明显
        if i%trainStepPrint==0 or i<10:
            lossVal=sess.run(loss,feed_dict=feed_dict)
            print("步骤: %d, loss:%f"%(i,lossVal))
           # 预测时并不需要传参 y_data
            predictionStep.append(sess.run(prediction,{x:x_data}))
```

```
        lossVal=sess.run(loss,feed_dict=feed_dict)
        print("最后 loss:%f"%(lossVal))
        predictionStep.append(sess.run(prediction,{x:x_data}))#传入最后结果
        sess.close()

        plt.scatter(x_data,y_data,c='b') #蓝点表示实际点
        plt.ion()
        plt.show()
        predictionPlt=None
        for i in predictionStep:
            if predictionPlt!=None:predictionPlt.remove();
            predictionPlt=plt.scatter(x_data,i,c='r') #红点表示预测点
            plt.pause(0.3)

    x_data,y_data = createData([2,0,1])# 2 * x平方 +1 完全的抛物线
    draw(x_data,y_data,10000,0.1)

    # x_data,y_data = createData([2,2,2])# 2 * x平方+ 2*x + 2 抛物线的一部分，可
自行取消注释后运行
    # draw(x_data,y_data,10000,0.1)
    # 3次方的试验，x3次方+ 2*x 可自行取消注释后运行
    # x_data,y_data = createData([1,0,2,0])
    # draw(x_data,y_data,10000,0.01)
```

运行程序，输出如下。图 7-16～图 7-18 是生成的效果，每张图的蓝点都表示为样本值，红点表示最终预测效果（由于图书为黑白印刷，读者可在自行操作实例代码时注意观察），本例带有点动画效果，可以更直观地展示数值的变化。

```
步骤：0, loss:1.021101
步骤：1, loss:0.639442
步骤：2, loss:0.361200
步骤：3, loss:0.257270
步骤：4, loss:0.197024
步骤：5, loss:0.168875
步骤：6, loss:0.151357
步骤：7, loss:0.139944
步骤：8, loss:0.131296
步骤：9, loss:0.124289
步骤：1000, loss:0.008761
步骤：2000, loss:0.008250
步骤：3000, loss:0.008166
步骤：4000, loss:0.008130
步骤：5000, loss:0.008107
步骤：6000, loss:0.008094
步骤：7000, loss:0.008085
步骤：8000, loss:0.008079
步骤：9000, loss:0.008074
```

最后 loss:0.008070

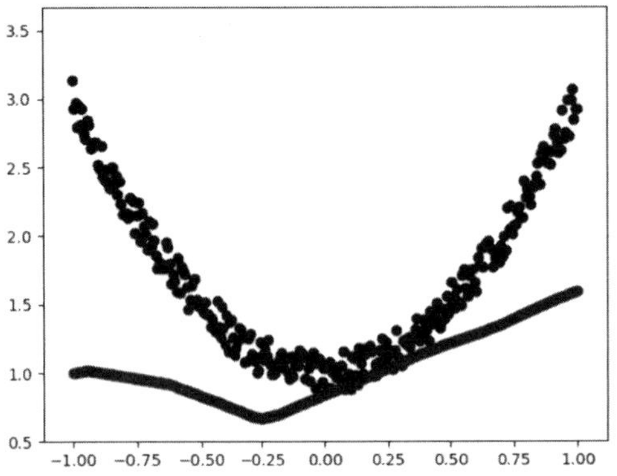

图 7-16 数据预测动画图 1

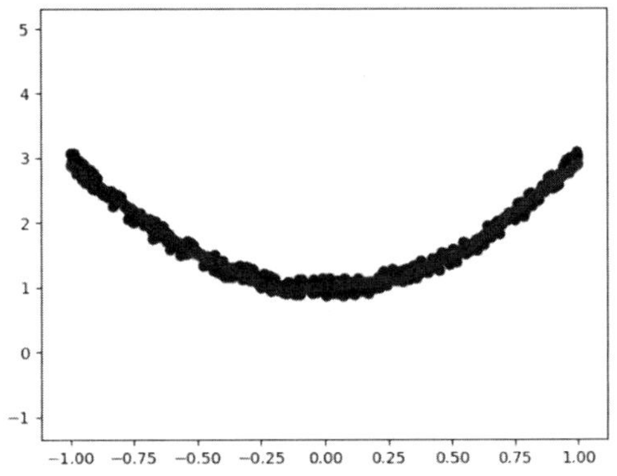

图 7-17 数据预测动画图 2

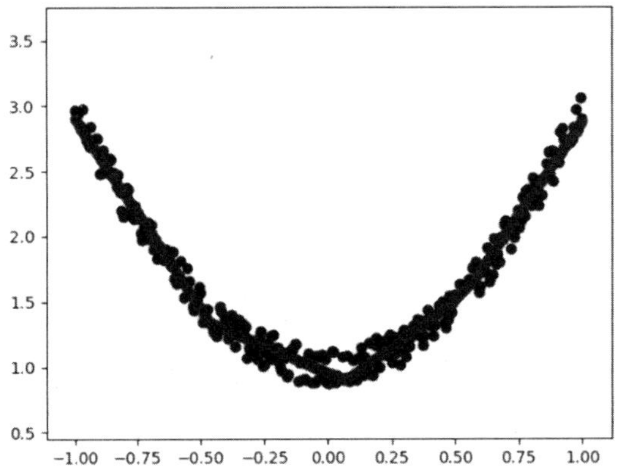

图 7-18 数据预测动画图 3

7.7 实现井字棋

为了展示如何应用神经网络算法模型，将使用神经网络来学习优化井字棋（Tic Tac Toe)。井字棋是一种决策性游戏，并且走棋步骤优化是确定的。

为了训练神经网络模型，我们有一系列优化的不同的走棋棋谱，棋谱基于棋盘位置列表和对应的最佳落子点。考虑到棋盘的对称性，通过只关心不对称的棋盘位置来简化棋盘。井字棋的非单位变换（考虑几何变换）可以通过 90°、180°、270°、Y 轴对称和 X 轴对称旋转获得。如果这个假设成立，可以使用一系列的棋盘位置列表和对应的最佳落子点，应用两个随机变换，然后赋值给神经网络算法模型学习。

在本例中，棋盘走棋一方“X”用“1”表示，对手“O”用“-1”表示，空格棋用“0”表示。图 7-19 展示了棋盘走棋的表示方式，棋盘位置索引的起始位置标为 0。

除了计算模型损失之外，将用两种方法检测算法模型的性能：第一种检测方法是从训练集中移除一个位置，然后优化走棋，这能看出神经网络算法模型能否生成以前未有过的性能（即该走棋不在训练集中）；第二种评估的方法是直接实战井字棋游戏，看是否能赢。

不同的棋盘位置列表和对应的最佳落子点数据在 GitHub（https://github.com/nfmcclure/tensorflow_cookbook/tree/master/06_Neural_Networks/08_Learning_Tic_Tac_Toe）中可以查看。

图 7-20 所示为实现的神经网络结构图。

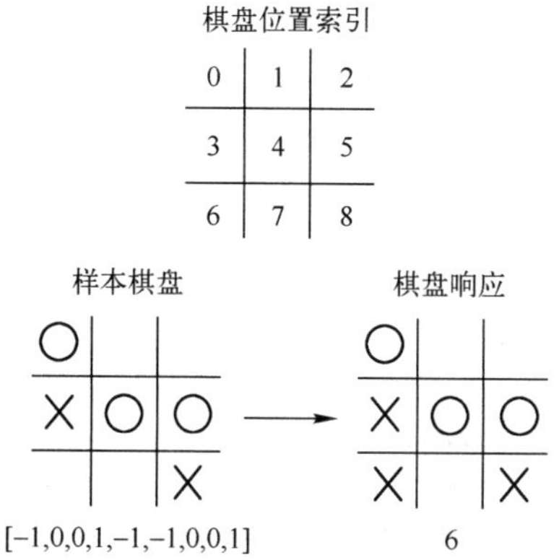

图 7-19　展示棋盘和走棋的表示方式

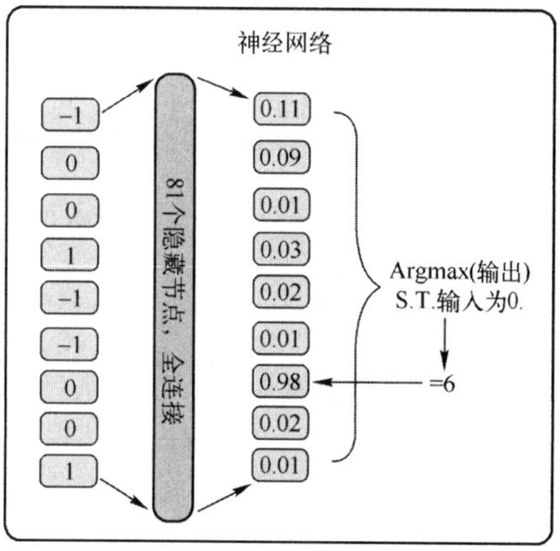

图 7-20　实现的神经网络结构图

实现的 TensorFlow 代码为：

```
# 导入必要的编程库
import tensorflow as tf
import matplotlib.pyplot as plt
import csv
import numpy as np
import random
from tensorflow.python.framework import ops
ops.reset_default_graph()
# X、O 和空格的定义
# X = 1
# O = -1
# 空格 = 0

# 例如，'test_board'是：
#
#   O  |  -  |  -
# -----------------
#   X  |  O  |  O
# -----------------
#   -  |  -  |  X

# 板上面 = [-1, 0, 0, 1, -1, -1, 0, 0, 1]
#   0  |  1  |  2
```

```
# -----------------
#   3  |  4  |  5
# -----------------
#   6  |  7  |  8

# 棋盘上的最佳响应
response = 6
# 声明批量大小
batch_size = 50
symmetry = ['rotate180', 'rotate90', 'rotate270', 'flip_v', 'flip_h']

# 为了让棋盘看起来更清楚，创建一个井字模棋的打印函数
def print_board(board):
    symbols = ['O', ' ', 'X']
    board_plus1 = [int(x) + 1 for x in board]
    board_line1 = ' {} | {} | {}'.format(symbols[board_plus1[0]],
                                         symbols[board_plus1[1]],
                                         symbols[board_plus1[2]])
    board_line2 = ' {} | {} | {}'.format(symbols[board_plus1[3]],
                                         symbols[board_plus1[4]],
                                         symbols[board_plus1[5]])
    board_line3 = ' {} | {} | {}'.format(symbols[board_plus1[6]],
                                         symbols[board_plus1[7]],
                                         symbols[board_plus1[8]])

    print(board_line1)
    print('___________')
    print(board_line2)
    print('___________')
    print(board_line3)

# 创建get_symmetry()函数，返回变换之后的新棋盘和最佳落子点
def get_symmetry(board, play_response, transformation):
    if transformation == 'rotate180':
        new_response = 8 - play_response
        return board[::-1], new_response
    elif transformation == 'rotate90':
        new_response = [6, 3, 0, 7, 4, 1, 8, 5, 2].index(play_response)
        tuple_board = list(zip(*[board[6:9], board[3:6], board[0:3]]))
        return [value for item in tuple_board for value in item], new_response
    elif transformation == 'rotate270':
        new_response = [2, 5, 8, 1, 4, 7, 0, 3, 6].index(play_response)
        tuple_board=list(zip(*[board[0:3],board[3:6],board[6:9]]))[::-1]
        return [value for item in tuple_board for value in item], new_response
    elif transformation == 'flip_v':
        new_response = [6, 7, 8, 3, 4, 5, 0, 1, 2].index(play_response)
        return board[6:9] + board[3:6] + board[0:3], new_response
```

```
    elif transformation == 'flip_h':  # flip_h = rotate180, then flip_v
        new_response = [2, 1, 0, 5, 4, 3, 8, 7, 6].index(play_response)
        new_board = board[::-1]
        return new_board[6:9] + new_board[3:6] + new_board[0:3], new_response
    else:
        raise ValueError('Method not implemented.')
```

棋盘位置列表和对应的最佳落子点数据位于.csv 文件中。将创建 get_moves_from_csv()函数来加载文件中的棋盘和最佳落子点数据，并保存成元组

```
def get_moves_from_csv(csv_file):
    play_moves = []
    with open(csv_file, 'rt') as csvfile:
        reader = csv.reader(csvfile, delimiter=',')
        for row in reader:
            play_moves.append(([int(x) for x in row[0:9]], int(row[9])))
    return play_moves
```

创建一个 get_rand_move()函数，返回一个随机变换棋盘和落子点

```
def get_rand_move(play_moves, rand_transforms=2):
    (board, play_response) = random.choice(play_moves)
    possible_transforms = ['rotate90', 'rotate180', 'rotate270', 'flip_v', 
'flip_h']
    for_in range(rand_transforms):
        random_transform = random.choice(possible_transforms)
        (board, play_response) = get_symmetry(board, play_response, random_
transform)
    return board, play_response
```

初始化计算图会话，加载数据文件、创建训练集

```
moves = get_moves_from_csv('base_tic_tac_toe_moves.csv')
train_length = 500
train_set = []
for t in range(train_length):
    train_set.append(get_rand_move(moves))
```

将从训练集中移除一个棋盘位置和对应的最佳落子点来看训练的模型是否可以生成最佳走棋。下面棋盘的最佳落子点是棋盘位置索引为 6 的位置

```
test_board = [-1, 0, 0, 1, -1, -1, 0, 0, 1]
train_set = [x for x in train_set if x[0] != test_board]
```

创建 init_weights()函数和 model()函数，分别实现初始化模型变量和模型操作。模型中并没有包含 softmax()激励函数，因为 softmax()激励函数会在损失函数中出现

```
def init_weights(shape):
    return tf.Variable(tf.random_normal(shape))

def model(X, A1, A2, bias1, bias2):
    layer1 = tf.nn.sigmoid(tf.add(tf.matmul(X, A1), bias1))
```

```
        layer2 = tf.add(tf.matmul(layer1, A2), bias2)
        # Note: we don't take the softmax at the end because our cost function
does that for us
        return layer2

    # 声明占位符、变量和模型
    X = tf.placeholder(dtype=tf.float32, shape=[None, 9])
    Y = tf.placeholder(dtype=tf.int32, shape=[None])
    A1 = init_weights([9, 81])
    bias1 = init_weights([81])
    A2 = init_weights([81, 9])
    bias2 = init_weights([9])
    model_output = model(X, A1, A2, bias1, bias2)

    # 声明算法模型的损失函数，该函数是最后输出的逻辑变换的平均 softmax 值。然后声明训练步
长和优化器。为了将来可以和训练好的模型对局，我们也需要创建预测操作
    loss=tf.reduce_mean(tf.nn.sparse_softmax_cross_entropy_with_logits(logits=
model_output, labels=Y))
    train_step = tf.train.GradientDescentOptimizer(0.025).minimize(loss)
    prediction = tf.argmax(model_output, 1)
    sess = tf.Session()
    # 初始化变量，遍历迭代训练神经网络模型
    init = tf.global_variables_initializer()
    sess.run(init)
    loss_vec = []
    for i in range(10000):
        rand_indices=np.random.choice(range(len(train_set)),batch_size,replace=
False)
        batch_data = [train_set[i] for i in rand_indices]
        x_input = [x[0] for x in batch_data]
        y_target = np.array([y[1] for y in batch_data])
        sess.run(train_step, feed_dict={X: x_input, Y: y_target})
        temp_loss = sess.run(loss, feed_dict={X: x_input, Y: y_target})
        loss_vec.append(temp_loss)
        if i % 500 == 0:
            print('Iteration: {}, Loss: {}'.format(i, temp_loss))

    # 绘制模型训练的损失函数
    plt.plot(loss_vec, 'k-', label='Loss')
    plt.title('Loss (MSE) per Generation')
    plt.xlabel('Generation')
    plt.ylabel('Loss')
    plt.show()
```

运行程序，输出迭代过程如下，得到损失效果如图 7-21 所示。

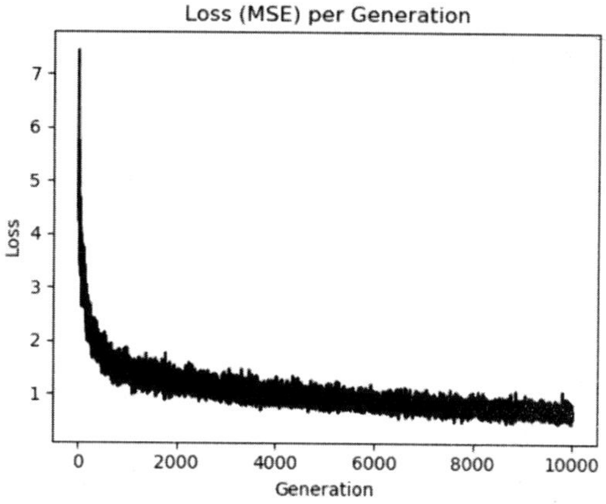

图 7-21　迭代 10000 次训练的井字棋模型的损失函数图

```
Iteration: 0, Loss: 7.433848857879639
Iteration: 500, Loss: 1.8677623271942139
Iteration: 1000, Loss: 1.247631549835205
Iteration: 1500, Loss: 1.3543462753295898
Iteration: 2000, Loss: 1.361527442932129
Iteration: 2500, Loss: 1.292658805847168
Iteration: 3000, Loss: 1.0205416679382324
Iteration: 3500, Loss: 1.103023648262024
Iteration: 4000, Loss: 1.1089394092559814
Iteration: 4500, Loss: 0.95102858543396
Iteration: 5000, Loss: 0.9863930344581604
Iteration: 5500, Loss: 0.9590343236923218
Iteration: 6000, Loss: 0.7764731049537659
Iteration: 6500, Loss: 0.7610051035881042
Iteration: 7000, Loss: 0.7940948009490967
Iteration: 7500, Loss: 0.732502818107605
Iteration: 8000, Loss: 0.8764337301254272
Iteration: 8500, Loss: 0.6828778982162476
Iteration: 9000, Loss: 0.7351039052009583
Iteration: 9500, Loss: 0.6691293120384216
```

为了测试模型，将展示如何在测试棋盘（从训练集中移除的数据）使用。希望看到模型能生成预测落子点的索引，并且索引值为 6。在大部分情况下，模型都会成功预测

```
test_boards = [test_board]
feed_dict = {X: test_boards}
logits = sess.run(model_output, feed_dict=feed_dict)
predictions = sess.run(prediction, feed_dict=feed_dict)
print(predictions)
```

为了能够评估训练模型，将计划和训练好的模型进行对局。为了实现该功能，创建一个函数来检测是否赢了棋局，这样程序才能在该结束的时间喊停

```
def check(board):
    wins = [[0, 1, 2], [3, 4, 5], [6, 7, 8], [0, 3, 6], [1, 4, 7], [2, 5,
```

```
8], [0, 4, 8], [2, 4, 6]]
        for ix in range(len(wins)):
            if board[wins[ix][0]] == board[wins[ix][1]] == board[wins[ix][2]] == 1.:
                return 1
            elif board[wins[ix][0]] == board[wins[ix][1]] == board[wins [ix][2]]
== -1.:
                return 1
        return 0

    # 现在遍历迭代，同训练模型进行对局。起始棋盘为空棋盘，即为全 0 值；然后询问棋手要在哪个
位置落棋子，即输入 0～8 的索引值
    # 接着将其传入训练模型进行预测。对于模型的走棋，这里获得了多个可能的预测。最后显示井字
棋游戏的样例
    # 发现训练的模型表现得并不理想
    game_tracker = [0., 0., 0., 0., 0., 0., 0., 0., 0.]
    win_logical = False
    num_moves = 0
    while not win_logical:
        player_index = input('Input index of your move (0-8): ')
        num_moves += 1
        # 添加玩家移动到游戏中
        game_tracker[int(player_index)] = 1.
        [potential_moves] = sess.run(model_output, feed_dict={X: [game_tracker]})
        allowed_moves = [ix for ix, x in enumerate(game_tracker) if x == 0.0]
        model_move = np.argmax([x if ix in allowed_moves else -999.0 for ix, x
in enumerate(potential_moves)])

        # 添加模型移动到游戏中
        game_tracker[int(model_move)] = -1.
        print('Model has moved')
        print_board(game_tracker)
        # Now check for win or too many moves
        if check(game_tracker) == 1 or num_moves >= 5:
            print('Game Over!')
            win_logical = True
```

运行程序，输出如下：

```
[2]
Input index of your move (0-8): 5
Model has moved
   |   |
___________
   |   | X
___________
   |   | O
Input index of your move (0-8): 6
```

```
Model has moved
 O |   |
___________
   |   | X
___________
 X |   | O
Input index of your move (0-8): 1
Model has moved
 O | X |
___________
   | O | X
___________
 X |   | O
Game Over!
```

这里训练一个神经网络模型来玩井字棋游戏，该模型需要传入棋盘位置，其中棋盘的位置是用一个九维向量来表示的。然后预测最佳落子点。需要赋值可能的井字棋棋盘，应用随机转换来增加训练集的大小。

为了测试算法模型，移除一个棋盘位置列表和对应的最佳落子点，然后看训练模型能否生成预测的最佳落子点。最后和训练模型进行对局，但是结果并不理想，因此需要尝试不同的架构和训练方法来提高效果。

第 8 章 TensorFlow 实现卷积神经网络

卷积神经网络（Convolutional Neural Networks，CNN）是一类包含卷积计算且具有深度结构的前馈神经网络（Feedforward Neural Networks）。由于卷积神经网络能够进行平移不变分类（Shift-Invariant Classification），因此也被称为“平移不变人工神经网络”（Shift-Invariant Artificial Neural Networks，SIANN）。

对卷积神经网络的研究始于 20 世纪 80～90 年代，时间延迟网络和 LeNet-5 是最早出现的卷积神经网络；进入 21 世纪后，随着深度学习理论的提出和数值计算设备的改进，卷积神经网络得到了快速发展，并被大量应用于计算机视觉、自然语言处理等领域。

8.1 全连接网络的局限性

在实际应用中，要处理的图片分辨率都比较高，这样的图片输入到全连接网络中会有什么效果呢？下面我们进行分析。

如果只有两个隐藏层，每层各用了 256 个节点，则 MNIST 数据集所需要的参数是（28×28×256+256×256+256×10）个 w，再加上（256+256+10）个 b。图 8-1 是一个三层神经网络识别手写数字结构图。

1. 图像变大导致色彩数变多

如果换为单层就有 1000 个像素的图片，则仅一层就需要 1000×1000×256≈2 亿个 w（可以把 b 都忽略）。这只是灰度图，如果是 RGB 的真彩色图呢？还要再乘以 3，约等于 6 亿。如果想要得到更好的效果，再加几个隐藏层……可以想象，需要的学习参数量将是非常多的，不仅要消耗大量的内存，同时也需要大量的运算，这显然不是我们想要的结果。

2. 不便处理高维数据

对于比较复杂的高维数据，按照全连接的方式，则只能通过增加节点、增加层数的方式来解决。而增加节点会引起参数过多的问题，因为隐藏层神经网络使用的是 Sigmoid 或 tanh 激活函数，其反向传播的有效层数也只能在 4～6 层左右。所以，层数越多只会使反向传播的修正值越来越小，网络无法训练。

而卷积神经网络使用了参数共享的方式，换了一个角度来解决问题，不仅在准确率上大大提升，也把参数降了下来，下面就来学习卷积神经网络。

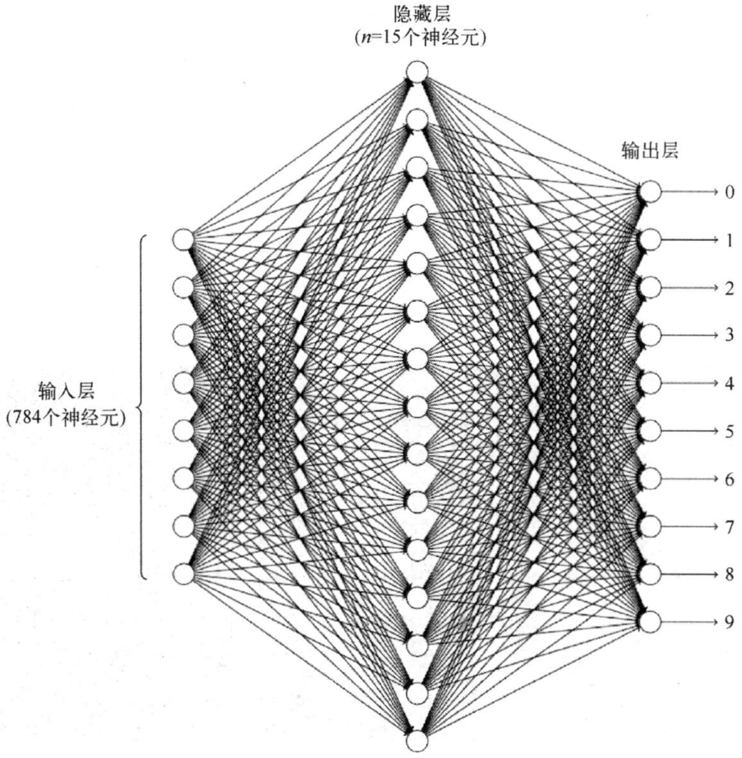

图 8-1　三层神经网络识别手写数字结构图

8.2　卷积神经网络的结构

一个卷积神经网络由很多层组成，网络结构如图 8-2 所示，一个卷积神经网络由很多层组成，它们的输入是三维的，输出也是三维的，有的层有参数，有的层不需要参数。

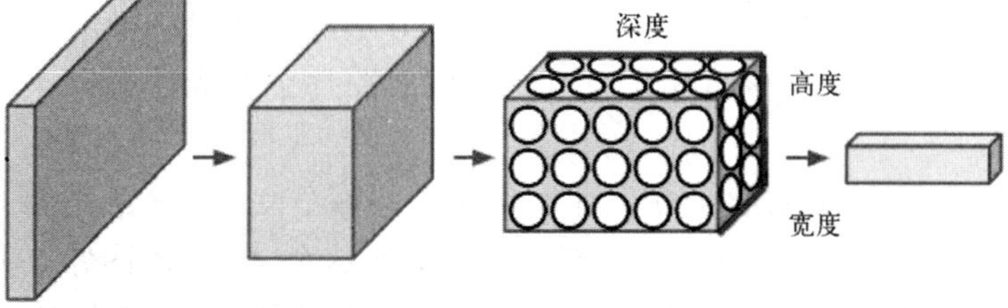

图 8-2　卷积神经网络结构

卷积神经网络通常包含以下几种层：

- 卷积层（Convolutional layer）：卷积神经网络中每层卷积层由若干卷积单元组成，每个卷积单元的参数都是通过反向传播算法优化得到的。卷积运算的目的是提取输入的不同特征，第一层卷积层可能只能提取一些低级的特征，如边缘、线条和角等，更多层的网络能从低级特征中迭代提取更复杂的特征。

- 线性整流层（Rectified Linear Units layer, ReLU layer）：这一层神经的激励函数使用线性整流（Rectified Linear Units，ReLU）。
- 池化层（Pooling layer）：通常在卷积层之后会得到维度很大的特征，将特征切成几个区域，取其最大值或平均值，得到新的维度较小的特征。
- 全连接层（Fully-Connected layer）：把所有局部特征结合变成全局特征，用来计算最后每一类的得分。

一个卷积神经网络各层应用实例如图 8-3 所示。

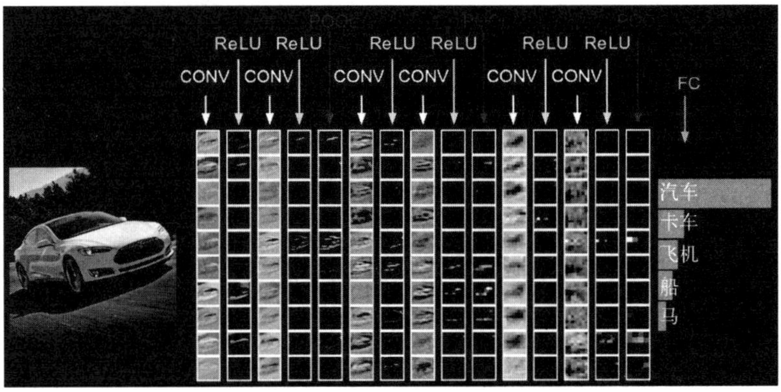

图 8-3　一个卷积神经网络应用的实例

8.2.1　卷积层

前面文提到，传统的三层神经网络需要大量的参数，原因在于每个神经元都和相邻层的神经元相连接，但是细想一下，这种连接方式有必要吗？全连接层的方式对于图像数据来说似乎显得不那么友好，因为图像本身具有“二维空间特征”，通俗点说就是局部特性。比如我们看一张猫的图片，可能不需要把图片的每个部分都看完，而是只看到猫的眼或者嘴巴就知道它是只猫。所以如果我们可以用某种方式对一张图片的某个典型特征进行识别，那么也就知道了这张图片的类别。这个时候就产生了卷积的概念。举个例子，现在有一个 4×4 的图像，设计两个卷积核，看看运用卷积核后图片会变成什么样。其过程如图 8-4 所示。

由图 8-4 可以看到，原始图片是一张灰度图片，每个位置表示的是像素值，0 表示白色，1 表示黑色，（0，1）区间的数值表示灰色。对于这个 4×4 的图像，我们采用两个 2×2 的卷积核来计算。设定步长为 1，即每次以 2×2 的固定窗口往右滑动一个单位。以第一个卷积核 filter1 为例，计算过程如下：

```
feature_map1(1,1) = 1*1 + 0*(-1) + 1*1 + 1*(-1) = 1
feature_map1(1,2) = 0*1 + 1*(-1) + 1*1 + 1*(-1) = -1
```
```
feature_map1(3,3) = 1*1 + 0*(-1) + 1*1 + 0*(-1) = 2
```

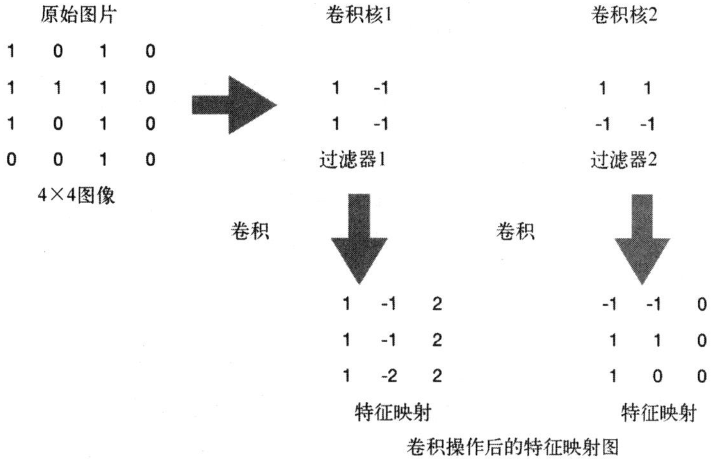

图 8-4　4×4 图像与两个 2×2 的卷积核操作结果

这就是一个简单的内积公式。feature_map1(1,1)表示通过第一个卷积核计算完后得到的 feature_map 的第一行第一列的值，随着卷积核的窗口不断滑动，可以计算出一个 3×3 的 feature_map1；同理可以计算通过第二个卷积核进行卷积运算后的 feature_map2，那么这一层卷积操作就完成了。feature_map 尺寸计算公式：[(原图片尺寸-卷积核尺寸)/ 步长] + 1。这一层我们设定了两个 2×2 的卷积核，在 PaddlePaddle 里是这样定义的：

```
conv_pool_1 = paddle.networks.simple_img_conv_pool(
        input=img,
        filter_size=3,
        num_filters=2,
        num_channel=1,
        pool_stride=1,
        act=paddle.activation.Relu())
```

这里调用了 networks 里的 simple_img_conv_pool 函数，激励函数是 ReLU（修正线性单元），现在来看一看源码里外层接口是如何定义的：

```
def simple_img_conv_pool(input,
                         filter_size,
                         num_filters,
                         pool_size,
                         name=None,
                         pool_type=None,
                         act=None,
                         groups=1,
                         conv_stride=1,
                         conv_padding=0,
                         bias_attr=None,
                         num_channel=None,
                         param_attr=None,
                         shared_bias=True,
```

```
                    conv_layer_attr=None,
                    pool_stride=1,
                    pool_padding=0,
                    pool_layer_attr=None):
    """
    Simple image convolution and pooling group.
    Img input => Conv => Pooling => Output.
    :param name: group name.
    :type name: basestring
    :param input: input layer.
    :type input: LayerOutput
    :param filter_size: see img_conv_layer for details.
    :type filter_size: int
    :param num_filters: see img_conv_layer for details.
    :type num_filters: int
    :param pool_size: see img_pool_layer for details.
    :type pool_size: int
    :param pool_type: see img_pool_layer for details.
    :type pool_type: BasePoolingType
    :param act: see img_conv_layer for details.
    :type act: BaseActivation
    :param groups: see img_conv_layer for details.
    :type groups: int
    :param conv_stride: see img_conv_layer for details.
    :type conv_stride: int
    :param conv_padding: see img_conv_layer for details.
    :type conv_padding: int
    :param bias_attr: see img_conv_layer for details.
    :type bias_attr: ParameterAttribute
    :param num_channel: see img_conv_layer for details.
    :type num_channel: int
    :param param_attr: see img_conv_layer for details.
    :type param_attr: ParameterAttribute
    :param shared_bias: see img_conv_layer for details.
    :type shared_bias: bool
    :param conv_layer_attr: see img_conv_layer for details.
    :type conv_layer_attr: ExtraLayerAttribute
    :param pool_stride: see img_pool_layer for details.
    :type pool_stride: int
    :param pool_padding: see img_pool_layer for details.
    :type pool_padding: int
    :param pool_layer_attr: see img_pool_layer for details.
    :type pool_layer_attr: ExtraLayerAttribute
    :return: layer's output
    :rtype: LayerOutput
    """
```

```
    _conv_ = img_conv_layer(
        name="%s_conv" % name,
        input=input,
        filter_size=filter_size,
        num_filters=num_filters,
        num_channels=num_channel,
        act=act,
        groups=groups,
        stride=conv_stride,
        padding=conv_padding,
        bias_attr=bias_attr,
        param_attr=param_attr,
        shared_biases=shared_bias,
        layer_attr=conv_layer_attr)
    return img_pool_layer(
        name="%s_pool" % name,
        input=_conv_,
        pool_size=pool_size,
        pool_type=pool_type,
        stride=pool_stride,
        padding=pool_padding,
        layer_attr=pool_layer_attr)
```

在 Paddle/python/paddle/v2/framework/nets.py 里可以看到 simple_img_conv_pool 这个函数的定义：

```
def simple_img_conv_pool(input,
                         num_filters,
                         filter_size,
                         pool_size,
                         pool_stride,
                         act,
                         pool_type='max',
                         main_program=None,
                         startup_program=None):
    conv_out = layers.conv2d(
        input=input,
        num_filters=num_filters,
        filter_size=filter_size,
        act=act,
        main_program=main_program,
        startup_program=startup_program)

    pool_out = layers.pool2d(
        input=conv_out,
        pool_size=pool_size,
        pool_type=pool_type,
```

```
        pool_stride=pool_stride,
        main_program=main_program,
        startup_program=startup_program)
    return pool_out
```

可以看到这里面有两个输出，conv_out 是卷积输出值，pool_out 是池化输出值，最后只返回池化输出的值。conv_out 和 pool_out 分别又调用了 layers.py 的 conv2d 和 pool2d，在 layers.py 里可以看到 conv2d 和 pool2d 是如何实现的：

conv2d 的实现为：

```
def conv2d(input,
           num_filters,
           name=None,
           filter_size=[1, 1],
           act=None,
           groups=None,
           stride=[1, 1],
           padding=None,
           bias_attr=None,
           param_attr=None,
           main_program=None,
           startup_program=None):
    helper = LayerHelper('conv2d', **locals())
    dtype = helper.input_dtype()
    num_channels = input.shape[1]
    if groups is None:
        num_filter_channels = num_channels
    else:
        if num_channels % groups is not 0:
            raise ValueError("num_channels must be divisible by groups.")
        num_filter_channels = num_channels / groups

    if isinstance(filter_size, int):
        filter_size = [filter_size, filter_size]
    if isinstance(stride, int):
        stride = [stride, stride]
    if isinstance(padding, int):
        padding = [padding, padding]

    input_shape = input.shape
    filter_shape = [num_filters, num_filter_channels] + filter_size
    std = (2.0 / (filter_size[0]**2 * num_channels))**0.5
    filter = helper.create_parameter(
        attr=helper.param_attr,
        shape=filter_shape,
        dtype=dtype,
```

```
            initializer=NormalInitializer(0.0, std, 0))
    pre_bias = helper.create_tmp_variable(dtype)
    helper.append_op(
        type='conv2d',
        inputs={
            'Input': input,
            'Filter': filter,
        },
        outputs={"Output": pre_bias},
        attrs={'strides': stride,
               'paddings': padding,
               'groups': groups})
    pre_act = helper.append_bias_op(pre_bias, 1)
    return helper.append_activation(pre_act)
```

pool2d 的实现为：

```
def pool2d(input,
           pool_size,
           pool_type,
           pool_stride=[1, 1],
           pool_padding=[0, 0],
           global_pooling=False,
           main_program=None,
           startup_program=None):
    if pool_type not in ["max", "avg"]:
        raise ValueError(
            "Unknown pool_type: '%s'. It can only be 'max' or 'avg'.",
            str(pool_type))
    if isinstance(pool_size, int):
        pool_size = [pool_size, pool_size]
    if isinstance(pool_stride, int):
        pool_stride = [pool_stride, pool_stride]
    if isinstance(pool_padding, int):
        pool_padding = [pool_padding, pool_padding]

    helper = LayerHelper('pool2d', **locals())
    dtype = helper.input_dtype()
    pool_out = helper.create_tmp_variable(dtype)

    helper.append_op(
        type="pool2d",
        inputs={"X": input},
        outputs={"Out": pool_out},
        attrs={
            "poolingType": pool_type,
            "ksize": pool_size,
```

```
            "globalPooling": global_pooling,
            "strides": pool_stride,
            "paddings": pool_padding
        })
    return pool_out
```

大家可以看到，具体的实现方式还调用了 layers_helper.py，其代码可以参考本书的程序代码。

至此，这个卷积过程就完成了。从上文的计算中可以看到，同一层的神经元可以共享卷积核，那么对于高位数据的处理将会变得非常简单。使用卷积核后图片的尺寸变小，方便后续计算，并且不需要手动去选取特征，只要设计好卷积核的尺寸、数量和滑动的步长就可以让它自己去训练了。

那么问题来了，虽然知道了卷积核是如何计算的，但是为什么使用卷积核计算后分类效果要看普通的神经网络呢？下面来仔细看一下上面计算的结果。通过第一个卷积核计算后的 feature_map 是一个三维数据，在第三列的绝对值最大，说明原始图片上对应的地方有一条垂直方向的特征，即像素数值变化较大；而通过第二个卷积核计算后，第三列的数值为 0，第二行的数值绝对值最大，说明原始图片上对应的地方有一条水平方向的特征。

仔细思考一下，设计的两个卷积核分别能够提取或者说检测出原始图片的特定特征，此时其实就可以把卷积核理解为特征提取器。这就是为什么我们只需要把图片数据灌进去，设计好卷积核的尺寸、数量和滑动的步长就可以自动提取出图片的某些特征，从而达到分类的效果。

需要注意的是：

1）此处的卷积运算是两个卷积核大小的矩阵的内积运算，不是矩阵乘法，即相同位置的数字相乘再相加求和。不要弄混淆了。

2）卷积核的公式有很多，这只是最简单的一种。这里所说的卷积核在数字信号处理领域也叫滤波器，滤波器的种类有很多，如均值滤波器、高斯滤波器、拉普拉斯滤波器等，不过，不管是什么滤波器，都只是一种数学运算，无非就是计算更复杂一点。

3）每一层的卷积核大小和个数可以自己定义，不过一般情况下，根据实验得到的经验来看，越靠近输入层的卷积层设定的卷积核越少，越往后卷积层设定的卷积核数目就越多。

8.2.2 池化层

通过上一层 2×2 的卷积核操作后，将 4×4 的原始图像变为了一个新的 3×3 图片。池化层的主要目的是通过降采样的方式，在不影响图像质量的情况下压缩图片，减少参数。简单来说，假设现在设定池化层采用最大池化（Max Pooling），大小为 2×2，步长为 1，取每个窗口最大的数值重新计算，那么图片的尺寸就会由 3×3 变为 2×2：(3−2)+1=2。从上例来看，会有图 8-5 所示的变换。

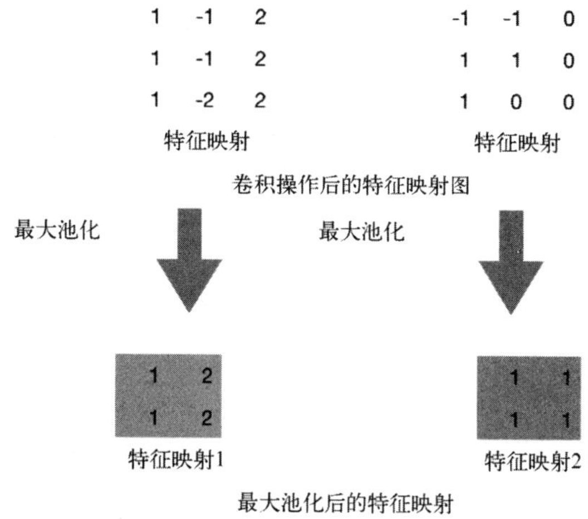

图 8-5 最大池化结果

池化有平均池化（Average Pooling）和最大池化（Max Pooling）两种方法，在此先介绍平均池化，再介绍最大池化。

1. 平均池化的残差传播

假设输入是一个 4×4 的矩阵，池化区域是 2×2 的矩阵，经过池化之后的大小是 2×2 的矩阵（池化过程没有重叠）。在反向传播的计算过程中，假设经过池化之后的 4 个节点的残差已经从最后一层反向传播得到，值如图 8-6 所示。

1	3
2	4

图 8-6 最后一层反向传播效果

其中一个节点对应池化之前的 4 个节点。因为需要满足反向传播时各层的残差总和不变，所以池化之前的神经元的残差值是池化之后的残差值的平均。在本实例中，池化之前 4×4 的神经元的残差值如图 8-7 所示。

0.25	0.25	0.75	0.75
0.25	0.25	0.25	0.75
0.5	0.5	1	1
0.5	0.5	1	1

图 8-7 池化前的神经元的残差值

2. 最大池化的残差传播

同样假设输入是一个 4×4 的矩阵，池化区域是 2×2 的矩阵，经过池化之后的大小是

2×2 的矩阵（池化过程没有重叠）。在反向传播计算过程中，假设经过池化之后的 4 个节点的残差已经从最后一层反向传播得到，值如图 8-6 所示。

在前向计算的过程中，需要记录被池化的 2×2 区域中哪个元素被选中作为最大值。假设在计算池化的时候，选中的最大值的神经元位置如图 8-8 所示。

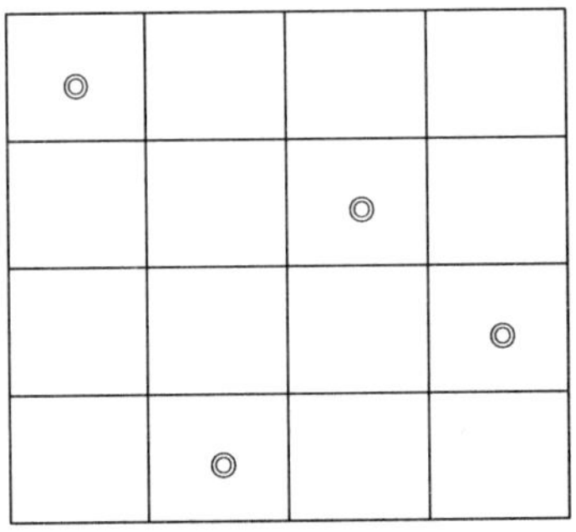

图 8-8　选中的最大值的神经元位置

则反向的残差传播只将残差传播给最大位置的神经元，结果如图 8-9 所示。

1	0	0	0
0	0	3	0
0	0	0	4
0	2	0	0

图 8-9　将残差传播给最大位置的神经元

这里需要注意的是，在池化之前，如果做过非线性激励计算的话，还需要加上激励函数的导数。

8.2.3 全连接层

全连接层和卷积层可以相互转换：

- 对于任意一个卷积层，要把它变成全连接层，只需要把权重变成一个巨大的矩阵，其中除了一些特定区块（因为局部感知）外，大部分都是 0，而且许多区块的权值还相同（由于权重共享）。
- 相反地，任何一个全连接层也可以变为卷积层。比如，一个 K=4096 的全连接层，输入层大小为 7×7=512，它可以等效为一个 F=7、P=0、S=1、K=4096 的卷积层。换言之，把 filter size 正好设置为整个输入层大小。

8.3 卷积神经网络的训练

卷积神经网络的训练过程和全连接网络的训练过程比较类似，都是先将参数随机初始化，进行前向计算得到最后的输出结果，计算最后一层每个神经元的残差，然后从最后一层开始逐层往前计算每一层的神经元的残差，根据残差计算损失对参数的导数，然后再迭代更新参数。这里反向传播中最重要的一个数学概念就是求导的链式法则。

8.3.1 求导的链式法则

求导的链式法则公式为：

$$\frac{\partial y}{\partial x}=\frac{\partial y}{\partial z}\times\frac{\partial z}{\partial x}$$

用 $\delta_i^{(l)}$ 表示第 l 层的第 i 个神经元 $v_i^{(l)}$ 的残差，即损失函数对第 l 层的第 i 个神经元 $v_i^{(l)}$ 的偏导数：

$$\delta_i^{(l)}=\frac{\partial L(w,b)}{\partial v_i^{(l)}}$$

用 $\dfrac{\partial L(w,b)}{\partial w_{ij}^{(l)}}$ 表示损失函数对第 l 层上的参数的偏导数：

$$\frac{\partial L(w,b)}{\partial w_{ij}^{(l)}}=\delta_i^{(l)}\times a_j^{(l-1)}$$

其中，$a_j^{(l-1)}$ 是前面一层的第 j 个神经元的激励值。激励值在前向计算的时候已经得到，所以只要计算出每个神经元的残差，就能得到损失函数对每个参数的偏导数。

最后一层残差的计算公式：

$$\delta_i^{(K)}=-(y_i-a_i^{(K)})\times f'(v_i^{(K)})$$

其中，y_i 为正确的输出值，$a_i^{(K)}$ 为最后一层第 i 个神经元的激活值，f' 是激励函数的导数。

其他层神经元的残差计算公式：

$$\delta_i^{(l-1)}=\left(\sum_{j=1}^{n_l}w_{ji}^{(l-1)}\times\delta_j^{(l)}\right)\times f'(v_i^{(l-1)})$$

求得了所有节点的残差之后，就能得到损失函数对所有参数的偏导数，然后进行参数更新即可。

普通的卷积神经网络和全连接神经网络的结构差别主要在于卷积神经网络有卷积和池化操作，那么只要搞清楚卷积层和池化层残差是如何反向传播的、如何利用残差计算卷积核内参数的偏导数，就基本实现了卷积网络的训练过程。

8.3.2 卷积层反向传播

这里直接通过一个例子进行说明。假设卷积计算之前是 3×3 大小的矩阵，有两个卷积核，每个卷积核的大小是 2×2 的矩阵。为了简单起见，卷积操作不做填充，卷积步长为 1，在卷积之后输出大小缩小为 2×2 的矩阵。

先介绍一个卷积核的残差反向传播过程。

卷积之前的矩阵：

$$\begin{bmatrix} x_{00} & x_{01} & x_{02} \\ x_{10} & x_{11} & x_{12} \\ x_{20} & x_{21} & x_{22} \end{bmatrix}$$

卷积核的矩阵为：

$$\begin{bmatrix} k_{00} & k_{01} \\ k_{10} & k_{11} \end{bmatrix}$$

卷积之后的矩阵为：

$$\begin{bmatrix} y_{00} & y_{01} \\ y_{10} & y_{11} \end{bmatrix}$$

卷积之后的残差矩阵为：

$$\begin{bmatrix} \delta_{00}^{l+1} & \delta_{10}^{l+1} \\ \delta_{01}^{l+1} & \delta_{11}^{l+1} \end{bmatrix}$$

卷积之前的残差矩阵为：

$$\begin{bmatrix} \delta_{00}^{l} & \delta_{01}^{l} & \delta_{02}^{l} \\ \delta_{10}^{l} & \delta_{11}^{l} & \delta_{12}^{l} \\ \delta_{20}^{l} & \delta_{21}^{l} & \delta_{22}^{l} \end{bmatrix}$$

在前向计算的过程中，卷积操作的计算过程如下：

$$y_{00} = x_{00} \times k_{00} + x_{01} \times k_{01} + x_{10} \times k_{10} + x_{11} \times k_{11}$$
$$y_{01} = x_{01} \times k_{00} + x_{02} \times k_{01} + x_{11} \times k_{10} + x_{12} \times k_{11}$$
$$y_{10} = x_{10} \times k_{00} + x_{11} \times k_{01} + x_{20} \times k_{10} + x_{21} \times k_{11}$$
$$y_{11} = x_{11} \times k_{00} + x_{12} \times k_{01} + x_{21} \times k_{10} + x_{22} \times k_{11}$$

假设卷积之后的残差 δ^{l+1} 已经从最后一层的残差逐层计算得到，现在根据 δ^{l+1} 推导卷积之前的残差 δ^{l}。推导过程如下所示：

$$\delta_{00}^{l} = \frac{\partial L}{\partial x_{00}} = \frac{\partial L}{\partial y_{00}} \times \frac{\partial y_{00}}{\partial x_{00}} = \delta_{00}^{l+1} \times k_{00}$$

$$\delta_{01}^{l} = \frac{\partial L}{\partial x_{01}} = \frac{\partial L}{\partial y_{00}} \times \frac{\partial y_{00}}{\partial x_{01}} + \frac{\partial L}{\partial y_{01}} \times \frac{\partial y_{01}}{\partial x_{01}} = \delta_{00}^{l+1} \times k_{01} + \delta_{01}^{l+1} \times k_{00}$$

$$\delta_{02}^{l} = \frac{\partial L}{\partial x_{02}} = \frac{\partial L}{\partial y_{01}} \times \frac{\partial y_{01}}{\partial x_{02}} = \delta_{01}^{l+1} \times k_{01}$$

$$\delta_{10}^{l} = \frac{\partial L}{\partial x_{10}} = \frac{\partial L}{\partial y_{00}} \times \frac{\partial y_{00}}{\partial x_{10}} + \frac{\partial L}{\partial y_{10}} \times \frac{\partial y_{10}}{\partial x_{10}} = \delta_{00}^{l+1} \times k_{10} + \delta_{10}^{l+1} \times k_{00}$$

$$\begin{aligned}\delta_{11}^{l} &= \frac{\partial L}{\partial x_{11}} = \frac{\partial L}{\partial y_{00}} \times \frac{\partial y_{00}}{\partial x_{11}} + \frac{\partial L}{\partial y_{01}} \times \frac{\partial y_{01}}{\partial x_{11}} + \frac{\partial L}{\partial y_{10}} \times \frac{\partial y_{10}}{\partial x_{11}} + \frac{\partial L}{\partial y_{11}} \times \frac{\partial y_{11}}{\partial x_{11}} \\ &= \delta_{00}^{l+1} \times k_{11} + \delta_{01}^{l+1} \times k_{10} + \delta_{10}^{l+1} \times k_{01} + \delta_{11}^{l+1} \times k_{00}\end{aligned}$$

$$
\begin{aligned}
\delta_{12}^{l} &= \frac{\partial L}{\partial x_{11}} = \frac{\partial L}{\partial y_{01}} \times \frac{\partial y_{01}}{\partial x_{12}} + \frac{\partial L}{\partial y_{11}} \times \frac{\partial y_{11}}{\partial x_{12}} = \delta_{01}^{l+1} \times k_{11} + \delta_{11}^{l+1} \times k_{01} \\
\delta_{20}^{l} &= \frac{\partial L}{\partial x_{20}} = \frac{\partial L}{\partial y_{10}} \times \frac{\partial y_{10}}{\partial x_{20}} = \delta_{10}^{l+1} \times k_{10} \\
\delta_{21}^{l} &= \frac{\partial L}{\partial x_{21}} = \frac{\partial L}{\partial y_{10}} \times \frac{\partial y_{10}}{\partial x_{21}} + \frac{\partial L}{\partial y_{11}} \times \frac{\partial y_{11}}{\partial x_{21}} = \delta_{10}^{l+1} \times k_{11} + \delta_{11}^{l+1} \times k_{10} \\
\delta_{22}^{l} &= \frac{\partial L}{\partial x_{22}} = \frac{\partial L}{\partial y_{11}} \times \frac{\partial y_{11}}{\partial x_{22}} = \delta_{11}^{l+1} \times k_{11}
\end{aligned}
\tag{8-1}
$$

经过式（8-1）就可以将残差经过卷积层往前传播一层。我们训练的参数是卷积核中的参数，下面利用残差推导损失函数对卷积核中参数的偏导数。

上面的推导只是差别层残差反向传播的过程，我们最终要更新网络中的参数，在卷积网络中就是要更新卷积核中的参数。要更新卷积核中的参数，就要求损失函数对卷积核中参数的偏导数。

损失函数对卷积核中参数的偏导数与卷积之后的残差和输入给卷积的数据有关，推导过程如下：

$$
\begin{aligned}
\frac{\partial L}{\partial k_{00}} &= \frac{\partial L}{\partial y_{00}} \times \frac{\partial y_{00}}{\partial k_{00}} + \frac{\partial L}{\partial y_{01}} \times \frac{\partial y_{01}}{\partial k_{00}} = \frac{\partial L}{\partial y_{10}} \times \frac{\partial y_{10}}{\partial k_{00}} + \frac{\partial L}{\partial y_{11}} \times \frac{\partial y_{11}}{\partial k_{00}} \\
&= \delta_{00}^{l+1} \times x_{00} + \delta_{01}^{l+1} \times x_{01} + \delta_{10}^{l+1} \times x_{10} + \delta_{11}^{l+1} \times x_{11} \\
\frac{\partial L}{\partial k_{01}} &= \frac{\partial L}{\partial y_{00}} \times \frac{\partial y_{00}}{\partial k_{01}} + \frac{\partial L}{\partial y_{01}} \times \frac{\partial y_{01}}{\partial k_{01}} = \frac{\partial L}{\partial y_{10}} \times \frac{\partial y_{10}}{\partial k_{01}} + \frac{\partial L}{\partial y_{11}} \times \frac{\partial y_{11}}{\partial k_{01}} \\
&= \delta_{00}^{l+1} \times x_{01} + \delta_{01}^{l+1} \times x_{02} + \delta_{10}^{l+1} \times x_{11} + \delta_{11}^{l+1} \times x_{12} \\
\frac{\partial L}{\partial k_{10}} &= \frac{\partial L}{\partial y_{00}} \times \frac{\partial y_{00}}{\partial k_{10}} + \frac{\partial L}{\partial y_{01}} \times \frac{\partial y_{01}}{\partial k_{10}} = \frac{\partial L}{\partial y_{10}} \times \frac{\partial y_{10}}{\partial k_{10}} + \frac{\partial L}{\partial y_{11}} \times \frac{\partial y_{11}}{\partial k_{10}} \\
&= \delta_{00}^{l+1} \times x_{10} + \delta_{01}^{l+1} \times x_{11} + \delta_{10}^{l+1} \times x_{20} + \delta_{11}^{l+1} \times x_{21} \\
\frac{\partial L}{\partial k_{11}} &= \frac{\partial L}{\partial y_{00}} \times \frac{\partial y_{00}}{\partial k_{11}} + \frac{\partial L}{\partial y_{01}} \times \frac{\partial y_{01}}{\partial k_{11}} = \frac{\partial L}{\partial y_{10}} \times \frac{\partial y_{10}}{\partial k_{11}} + \frac{\partial L}{\partial y_{11}} \times \frac{\partial y_{11}}{\partial k_{11}} \\
&= \delta_{00}^{l+1} \times x_{11} + \delta_{01}^{l+1} \times x_{12} + \delta_{10}^{l+1} \times x_{21} + \delta_{11}^{l+1} \times x_{22}
\end{aligned}
\tag{8-2}
$$

通过式（8-2）可以看到，对卷积核中某个参数的偏导数，就是卷积过程中和这个参数参与过计算的每个输入数据元素和卷积后的残差逐个相乘后再相加的结果。

下面通过一个例子来说明一下。

输入的数据是 3×3 的矩阵，值为：

$$
\begin{bmatrix} 1 & 2 & 1 \\ 3 & 2 & 1 \\ 2 & 1 & 1 \end{bmatrix}
$$

假设有两个卷积核，卷积核 1 的值为：

$$
\begin{bmatrix} 0.1 & 0.2 \\ 0.2 & 0.4 \end{bmatrix}
$$

卷积核 2 的值为：

$$\begin{bmatrix} -0.3 & 0.1 \\ 0.1 & 0.2 \end{bmatrix}$$

假设两个卷积核卷积之后的两个特征图中 4 个神经元的残差值如图 8-10 和图 8-11 所示。

$$\begin{bmatrix} 1 & 3 \\ 2 & 2 \end{bmatrix}$$

图 8-10　经过第一个卷积核之后的残差

$$\begin{bmatrix} 1 & 3 \\ 2 & 2 \end{bmatrix}$$

图 8-11　经过第二个卷积核之后的残差

卷积之后的残差已经知道了，现在计算第一个卷积核卷积之前各个节点的残差：

$$\delta_{00}^l = 1\times 0.1 = 0.1$$
$$\delta_{01}^l = 1\times 0.2 + 3\times 0.1 = 0.5$$
$$\delta_{02}^l = 3\times 0.2 = 0.6$$

$$\delta_{10}^l = 1\times 0.2 + 2\times 0.1 = 0.4$$
$$\delta_{11}^l = 1\times 0.4 + 3\times 0.2 + 2\times 0.2 + 2\times 0.1 = 1.6$$
$$\delta_{12}^l = 3\times 0.4 + 2\times 0.2 = 1.6$$
$$\delta_{20}^l = 2\times 0.2 = 0.4$$
$$\delta_{21}^l = 2\times 0.4 + 2\times 0.2 = 1.2$$
$$\delta_{22}^l = 2\times 0.4 = 0.8$$

第一个卷积核反向传播之后卷积之前的残差为：

$$\begin{bmatrix} 0.1 & 0.5 & 0.6 \\ 0.4 & 1.6 & 1.6 \\ 0.4 & 1.2 & 0.8 \end{bmatrix}$$

再根据第二个卷积核和第二个卷积核之后的残差矩阵计算卷积之前的残差：

$$\delta_{00}^l = 2\times(-0.3) = -0.6$$
$$\delta_{01}^l = 2\times 0.1 + 1\times(-0.3) = -0.1$$
$$\delta_{02}^l = 1\times 0.1 = 0.1$$
$$\delta_{10}^l = 2\times 0.1 + 1\times(-0.3) = -0.1$$
$$\delta_{11}^l = 2\times 0.2 + 1\times 0.1 + 1\times 0.1 + 1\times(-0.3) = 0.3$$
$$\delta_{12}^l = 1\times 0.2 + 1\times 0.1 = 0.3$$
$$\delta_{20}^l = 1\times 0.1 = 0.1$$
$$\delta_{21}^l = 1\times 0.2 + 1\times 0.1 = 0.3$$
$$\delta_{22}^l = 1\times 0.2 = 0.2$$

第二个卷积核反向传播之后卷积之前的残差为：

$$\begin{bmatrix} -0.6 & -0.1 & 0.1 \\ -0.1 & 0.3 & 0.3 \\ 0.1 & 0.3 & 0.2 \end{bmatrix}$$

将两个卷积核得到的残差相加，就是最终卷积之前的神经元的残差：

$$\begin{bmatrix} 0.1 & 0.5 & 0.6 \\ 0.4 & 1.6 & 1.6 \\ 0.4 & 1.2 & 0.8 \end{bmatrix} + \begin{bmatrix} -0.6 & -0.1 & 0.1 \\ -0.1 & 0.3 & 0.3 \\ 0.1 & 0.3 & 0.2 \end{bmatrix} = \begin{bmatrix} -0.5 & 0.4 & 0.7 \\ 0.3 & 1.9 & 1.9 \\ 0.5 & 1.5 & 1.0 \end{bmatrix}$$

下面再通过具体的例子演示卷积核中参数的计算过程。

输入数据是$\begin{bmatrix} 1 & 2 & 1 \\ 3 & 2 & 1 \\ 2 & 1 & 1 \end{bmatrix}$，第一个卷积核是$\begin{bmatrix} 0.1 & 0.2 \\ 0.2 & 0.4 \end{bmatrix}$，第一个卷积核卷积之后的残差是$\begin{bmatrix} 1 & 3 \\ 2 & 2 \end{bmatrix}$。

损失函数对卷积核参数的导数$\frac{\partial L}{\partial k_{ij}}$的计算过程如下：

$$\begin{aligned}
\frac{\partial L}{\partial k_{00}} &= \delta_{00}^{l+1} \times x_{00} + \delta_{01}^{l+1} \times x_{01} + \delta_{10}^{l+1} \times x_{10} + \delta_{11}^{l+1} \times x_{11} \\
&= 1\times1 + 3\times2 + 2\times3 + 2\times2 = 17 \\
\frac{\partial L}{\partial k_{01}} &= \delta_{00}^{l+1} \times x_{01} + \delta_{01}^{l+1} \times x_{02} + \delta_{10}^{l+1} \times x_{11} + \delta_{11}^{l+1} \times x_{12} \\
&= 1\times2 + 3\times1 + 2\times2 + 2\times1 = 11 \\
\frac{\partial L}{\partial k_{10}} &= \delta_{00}^{l+1} \times x_{10} + \delta_{01}^{l+1} \times x_{11} + \delta_{10}^{l+1} \times x_{20} + \delta_{11}^{l+1} \times x_{21} \\
&= 1\times3 + 3\times2 + 2\times2 + 2\times1 = 15 \\
\frac{\partial L}{\partial k_{11}} &= \delta_{00}^{l+1} \times x_{11} + \delta_{01}^{l+1} \times x_{12} + \delta_{10}^{l+1} \times x_{21} + \delta_{11}^{l+1} \times x_{22} \\
&= 1\times2 + 3\times1 + 2\times1 + 2\times1 = 9
\end{aligned}$$

最后更新卷积核的操作为：

$$\begin{bmatrix} k'_{00} & k'_{01} \\ k'_{10} & k'_{11} \end{bmatrix} = \begin{bmatrix} 0.1 & 0.2 \\ 0.2 & 0.4 \end{bmatrix} - \alpha \times \begin{bmatrix} 17 & 11 \\ 15 & 9 \end{bmatrix}$$

其中，α 为学习率，k'_{ij} 是更新之后的卷积核的参数。用类似的操作即可更新第二个卷积核的参数。

8.4 卷积神经网络的实现

前面对卷积神经网络的基本概念及训练进行了介绍，下面直接通过几个例子来说明 TensorFlow 如何实现卷积神经网络。

8.4.1 识别 0 和 1 数字

【例 8-1】 构建一个简单的卷积神经网络，用于只识别 0 和 1 数字。

我们的训练数据是 50 个数字 0 和 50 个数字 1 的图片文件。图片大小为 100×100，共有 RGB 三个通道，测试数据是 10 个数字 0 和 10 个数字 1 的图片，大小也是 100×100，共有 RGB 三个通道。实现代码为（由于篇幅所限，本处只展示部分代码，完整代码请从本书附赠资源获取）：

```
#载入必要的编程库
import tensorflow as tf
import os
FLAGS = tf.app.flags.FLAGS
tf.app.flags.DEFINE_float('gpu_memory_fraction', 0.02, 'gpu 占用内存比例')
tf.app.flags.DEFINE_integer('batch_size', 10, 'batch_size 大小')
tf.app.flags.DEFINE_integer('reload_model', 0, '是否 reload 之前训练好的模型')
tf.app.flags.DEFINE_string('model_dir', "./model/", '保存模型的文件夹')
tf.app.flags.DEFINE_string('event_dir', "./event/", '保存 event 数据的文件夹,
给 tensorboard 展示用')
#用 TensorFlow 实现的网络结构
def weight_init(shape, name):
    '''
    获取某个 shape 大小的参数
    '''
    return tf.get_variable(name, shape, initializer=tf.random_normal_
initializer(mean=0.0, stddev=0.1))
def bias_init(shape, name):
    return tf.get_variable(name, shape, initializer=tf.constant_
initializer(0.0))
#得到某个 shape 大小的 bias 参数
def conv2d(x,conv_w):
    return tf.nn.conv2d(x, conv_w, strides=[1, 1, 1, 1], padding='VALID')
#计算池化，步长和池化的大小一样，边缘不填充
def max_pool(x, size):
    return tf.nn.max_pool(x, ksize=[1,size,size,1], strides = [1,size,
size,1], padding='VALID')
#读取 TFRecord 文件队列数据，解码成张量
def read_and_decode(filename_queue):
  reader = tf.TFRecordReader()  #从文件队列中读取数据
  _, serialized_example = reader.read(filename_queue)#将数据反序列化、结构化
的数据
  features = tf.parse_single_example(
     serialized_example,
     features={
        'height': tf.FixedLenFeature([], tf.int64),
        'width': tf.FixedLenFeature([], tf.int64),
```

```
        'channels': tf.FixedLenFeature([], tf.int64),
        'image_data': tf.FixedLenFeature([], tf.string),
        'label': tf.FixedLenFeature([], tf.int64),
    })
 #将 image_data 部分的数据解码成张量
  image = tf.decode_raw(features['image_data'], tf.uint8)
#将 image 的 tensor 变成 100×100 大小，3 通道
  image = tf.reshape(image, [100, 100, 3])
  image = tf.cast(image, tf.float32) * (1. / 255) - 0.5
  #image = tf.cast(image, tf.float32)
  label = tf.cast(features['label'], tf.int32)
  return image, label

#读取 TRFecord 文件数据，得到 TensorFlow 中可以计算的张量数据
def inputs(filename, batch_size):
  #经过随机处理的 TFRecord 文件中保存的图片数据和标注数据
  with tf.name_scope('input'):
    filename_queue = tf.train.string_input_producer(
       #生成文件队列，最多迭代 2000 次
        [filename], num_epochs=2000)
    #从文件中读取数据，并且变成张量格式
    image, label = read_and_decode(filename_queue)
    #将数据按钮（batch）大小返回，并且随机打乱
    images, labels = tf.train.shuffle_batch(
        [image, label], batch_size=batch_size, num_threads=1,
        capacity=4,
        min_after_dequeue=2)

    return images, labels
      ......
```

运行程序，得到训练输出如下：

```
Create model with fresh paramters.
step 100 training_acc is 0.80, loss is 0.9136
step 200 training_acc is 0.80, loss is 0.3715
step 300 training_acc is 0.80, loss is 0.2594
step 400 training_acc is 0.90, loss is 0.2100
step 500 training_acc is 0.90, loss is 0.4416
step 600 training_acc is 0.00, loss is 3.6298
step 700 training_acc is 0.00, loss is 3.0820
step 800 training_acc is 0.10, loss is 2.4715
step 900 training_acc is 0.10, loss is 1.8990
step 1000 training_acc is 0.10, loss is 1.4912
step 1000 test_acc is 0.90
......
```

8.4.2 预测 MNIST 数字

【例 8-2】 本实例将开发一个四层卷积神经网络，提升预测 MNIST 数字的准确度。前两个卷积层由 Convolution-ReLU-maxpool 操作组成，后两层是全连接层。

为了访问 MNIST 数据集，TensorFlow 的 contrib 包包含了数据加载功能。数据集加载之后，设置算法模型变量、创建模型、批量训练模型，并实现损失函数、准确度和一些抽样数字的可视化。

```
#导入必要的编程库
import matplotlib.pyplot as plt
import numpy as np
import tensorflow as tf
from tensorflow.contrib.learn.python.learn.datasets.mnist import read_
data_sets
from tensorflow.python.framework import ops
ops.reset_default_graph()
# 开始计算图会话
sess = tf.Session()
# 加载数据，转化图像为 28×28 的数组
data_dir = 'temp'
mnist = read_data_sets(data_dir)
train_xdata = np.array([np.reshape(x, (28,28)) for x in mnist.train.
images])
test_xdata = np.array([np.reshape(x, (28,28)) for x in mnist.test.
images])
train_labels = mnist.train.labels
test_labels = mnist.test.labels

# 设置模型参数。由于图像是灰度图，所以该图像的深度为 1，即颜色通道数为 1
batch_size = 100
learning_rate = 0.005
evaluation_size = 500
image_width = train_xdata[0].shape[0]
image_height = train_xdata[0].shape[1]
target_size = max(train_labels) + 1
num_channels = 1 # 颜色通道= 1
generations = 500
eval_every = 5
conv1_features = 25
conv2_features = 50
max_pool_size1 = 2
max_pool_size2 = 2
fully_connected_size1 = 100
#为数据集声明占位符。同时，声明训练数据集变量和测试数据集变量。实例中的训练批量大小和
评估大小可以根据实际训练和评估的机器物理内存来调整
```

```
    x_input_shape = (batch_size, image_width, image_height, num_channels)
    x_input = tf.placeholder(tf.float32, shape=x_input_shape)
    y_target = tf.placeholder(tf.int32, shape=(batch_size))
    eval_input_shape = (evaluation_size, image_width, image_height, num_
channels)
    eval_input = tf.placeholder(tf.float32, shape=eval_input_shape)
    eval_target = tf.placeholder(tf.int32, shape=(evaluation_size))

    # 声明卷积层的权重和偏置，权重和偏置的参数在前面的步骤中已设置
    conv1_weight  =  tf.Variable(tf.truncated_normal([4,  4,  num_channels,
conv1_features],
                                       stddev=0.1, dtype=tf.float32))
    conv1_bias = tf.Variable(tf.zeros([conv1_features], dtype=tf.float32))
    conv2_weight  =  tf.Variable(tf.truncated_normal([4,  4,  conv1_features,
conv2_features],
                                       stddev=0.1, dtype=tf.float32))
    conv2_bias = tf.Variable(tf.zeros([conv2_features], dtype=tf.float32))

    # 声明全连接层的权重和偏置
    resulting_width = image_width // (max_pool_size1 * max_pool_size2)
    resulting_height = image_height // (max_pool_size1 * max_pool_size2)
    full1_input_size = resulting_width * resulting_height * conv2_features
    full1_weight = tf.Variable(tf.truncated_normal([full1_input_size, fully_
connected_size1],stddev=0.1, dtype=tf.float32))
    full1_bias  =  tf.Variable(tf.truncated_normal([fully_connected_size1],
stddev=0.1, dtype=tf.float32))
    full2_weight  =  tf.Variable(tf.truncated_normal([fully_connected_size1,
target_size],stddev=0.1, dtype=tf.float32))
    full2_bias  =  tf.Variable(tf.truncated_normal([target_size],  stddev=0.1,
dtype=tf.float32))

    #声明算法模型。首先创建一个模型函数 my_conv_net()，注意该函数的层权重和偏置。当然，
为了最后两层全连接层能有效工作，这里将前层卷积层的结构摊平
    def my_conv_net(input_data):
        # 第一层：Conv-ReLU-MaxPool 层
        conv1 = tf.nn.conv2d(input_data, conv1_weight, strides=[1, 1, 1, 1],
padding='SAME')
        relu1 = tf.nn.relu(tf.nn.bias_add(conv1, conv1_bias))
        max_pool1 = tf.nn.max_pool(relu1, ksize=[1, max_pool_size1, max_
pool_size1, 1], strides=[1, max_pool_size1, max_pool_size1, 1], padding='SAME')
        # 第二层：Conv-ReLU-MaxPool 层
        conv2 = tf.nn.conv2d(max_pool1, conv2_weight, strides=[1, 1, 1, 1],
padding='SAME')
        relu2 = tf.nn.relu(tf.nn.bias_add(conv2, conv2_bias))
        max_pool2 = tf.nn.max_pool(relu2, ksize=[1, max_pool_size2, max_
pool_size2, 1], strides=[1, max_pool_size2, max_pool_size2, 1], padding='SAME')
```

```
        # 将输出转换为下一个完全连接层的 1xN 层
        final_conv_shape = max_pool2.get_shape().as_list()
        final_shape = final_conv_shape[1] * final_conv_shape[2] * final_
conv_shape[3]
        flat_output = tf.reshape(max_pool2, [final_conv_shape[0], final_
shape])
        #第一个全连接层
        fully_connected1 = tf.nn.relu(tf.add(tf.matmul(flat_output, full1_
weight), full1_bias))
        # 第二个全连接层
        final_model_output = tf.add(tf.matmul(fully_connected1, full2_
weight), full2_bias)
        return(final_model_output)

    #声明训练模型
    model_output = my_conv_net(x_input)
    test_model_output = my_conv_net(eval_input)

    # 因为实例的预测结果不是多分类，而仅仅是一类，所以使用 softmax 函数作为损失函数
    loss = tf.reduce_mean(tf.nn.sparse_softmax_cross_entropy_with_logits
(model_output, y_target))
    # 创建训练集和测试集的预测函数。同时，创建对应的准确度函数来评估模型的准确度
    prediction = tf.nn.softmax(model_output)
    test_prediction = tf.nn.softmax(test_model_output)
    # 创建精度函数
    def get_accuracy(logits, targets):
        batch_predictions = np.argmax(logits, axis=1)
        num_correct = np.sum(np.equal(batch_predictions, targets))
        return(100. * num_correct/batch_predictions.shape[0])
    # 创建一个优化器，声明训练步长
    my_optimizer = tf.train.MomentumOptimizer(learning_rate, 0.9)
    train_step = my_optimizer.minimize(loss)
    # 初始化所有的模型变量
    init = tf.initialize_all_variables()
    sess.run(init)
    # 开始训练模型。遍历迭代随机选择批量数据进行训练。在训练集批量数据和预测集批量数据上评
估模型，保存损失函数和准确度。可以看到，在迭代 500 次之后，测试数据集上的准确度达到 96%~97%
    train_loss = []
    train_acc = []
    test_acc = []
    for i in range(generations):
        rand_index = np.random.choice(len(train_xdata), size=batch_size)
        rand_x = train_xdata[rand_index]
        rand_x = np.expand_dims(rand_x, 3)
        rand_y = train_labels[rand_index]
        train_dict = {x_input: rand_x, y_target: rand_y}
```

```
        sess.run(train_step, feed_dict=train_dict)
        temp_train_loss,  temp_train_preds  =  sess.run([loss,  prediction],
feed_dict=train_dict)
        temp_train_acc = get_accuracy(temp_train_preds, rand_y)

        if (i+1) % eval_every == 0:
            eval_index = np.random.choice(len(test_xdata), size=evaluation_
size)
            eval_x = test_xdata[eval_index]
            eval_x = np.expand_dims(eval_x, 3)
            eval_y = test_labels[eval_index]
            test_dict = {eval_input: eval_x, eval_target: eval_y}
            test_preds = sess.run(test_prediction, feed_dict=test_dict)
            temp_test_acc = get_accuracy(test_preds, eval_y)

            # 记录及列印结果
            train_loss.append(temp_train_loss)
            train_acc.append(temp_train_acc)
            test_acc.append(temp_test_acc)
            acc_and_loss = [(i+1), temp_train_loss, temp_train_acc, temp_
test_acc]
            acc_and_loss = [np.round(x,2) for x in acc_and_loss]
            print('Generation # {}. Train Loss: {:.2f}. Train Acc (Test Acc): {:.2f}
({:.2f})'.format(*acc_and_loss))
```

运行程序，输出如下：

```
Generation # 5. Train Loss:2.37. Train Acc (Test Acc):7.00
(9.80)
Generation # 10. Train Loss:2.16. Train Acc (Test Acc):31.00
(22.0)
Generation # 15. Train Loss:2.11. Train Acc (Test Acc):36.00
(35.20)
Generation # 490. Train Loss:0.06. Train Acc (Test Acc):98.00
(97.40)
Generation # 495. Train Loss:0.10. Train Acc (Test Acc):98.00
(95.40)
Generation # 500. Train Loss:0.10. Train Acc (Test Acc):98.00
(96.00)
```

使用 Matplotlib 模块绘制损失函数和准确度，如图 8-12 所示。

```
eval_indices = range(0, generations, eval_every)
# Plot loss over time
plt.plot(eval_indices, train_loss, 'k-')
plt.title('Softmax Loss per Generation')
plt.xlabel('Generation')
```

```
plt.ylabel('Softmax Loss')
plt.show()

# 准确度 (Plot train and test accuracy)
plt.plot(eval_indices, train_acc, 'k-', label='Train Set Accuracy')
plt.plot(eval_indices, test_acc, 'r--', label='Test Set Accuracy')
plt.title('Train and Test Accuracy')
plt.xlabel('Generation')
plt.ylabel('Accuracy')
plt.legend(loc='lower right')
plt.show()
```

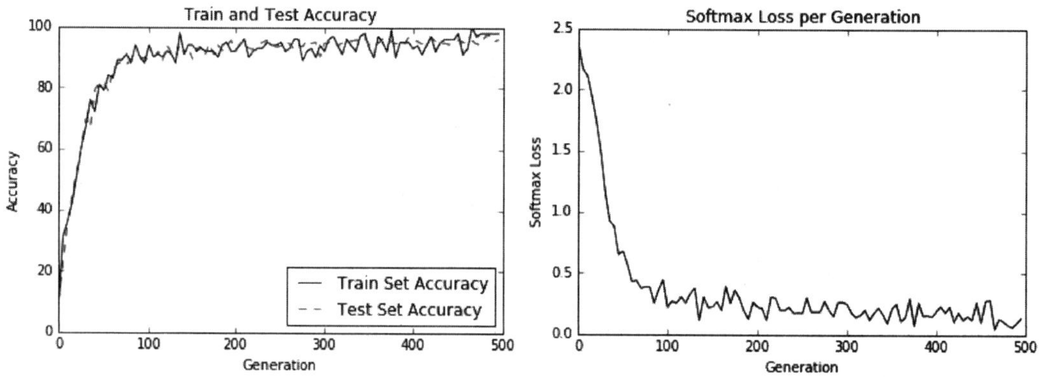

图 8-12　训练集和测试集迭代训练的准确度与 softmax 损失函数

运行如下代码打印最新结果中的 6 幅抽样图，如图 8-13 所示。

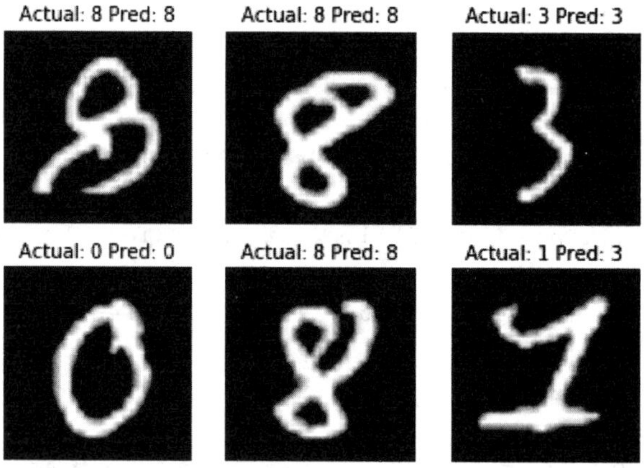

图 8-13　6 幅随机图标题中的实际数字和预测数字

```
actuals = rand_y[0:6]
predictions = np.argmax(temp_train_preds,axis=1)[0:6]
images = np.squeeze(rand_x[0:6])

Nrows = 2
Ncols = 3
```

```
    for i in range(6):
        plt.subplot(Nrows, Ncols, i+1)
        plt.imshow(np.reshape(images[i], [28,28]), cmap='Greys_r')
        plt.title('Actual: ' + str(actuals[i]) + ' Pred: ' + str
(predictions[i]), fontsize=10)
        frame = plt.gca()
        frame.axes.get_xaxis().set_visible(False)
        frame.axes.get_yaxis().set_visible(False)
```

在实例中，训练的批量大小为 100，在迭代训练中观察准确度和损失函数，最后绘制 6 幅随机图片以及对应的实际数字和预测数字。

卷积神经网络算法在图像识别方向中的效果很好。部分原因是卷积层操作将图片中重要的部分特征转化成低维特征。卷积神经网络模型创建它们的特征，并用该特征预测。

8.5 几种经典的卷积神经网络及实现

前面初步介绍了最基本的卷积神经网络，也用两个简单的例子展示了如何使用 TensorFlow 实现卷积神经网络。那么，使用这么简单的网络是否就足够做一个高准确率的图像识别应用了呢？答案是否定的。利用前面简单的卷积神经网络，这里简单介绍几种常见的卷积神经网络结构。

8.5.1 AlexNet 网络及实现

AlexNet 是 Geoffrey Everest Hinton 的学生 Alex Krizhevsky 提出的，主要是在最基本的卷积网络上采用了很多新的技术点，比如首次将 ReLU 激励函数、Dropout、LRN 等技巧应用到卷积神经网络中，并使用了 GPU 加速计算。

整个 AlexNet 有 8 层，前 5 层为卷积层，后 3 层为全连接层，如图 8-14 所示。最后一层是有 1000 类输出的 Softmax 层用作分类。LRN 层出现在第一个及第二个卷积层后，而最大池化层出现在两个 LRN 层及最后一个卷积层后。ReLU 激励函数则应用在这 8 层每一层的后面。

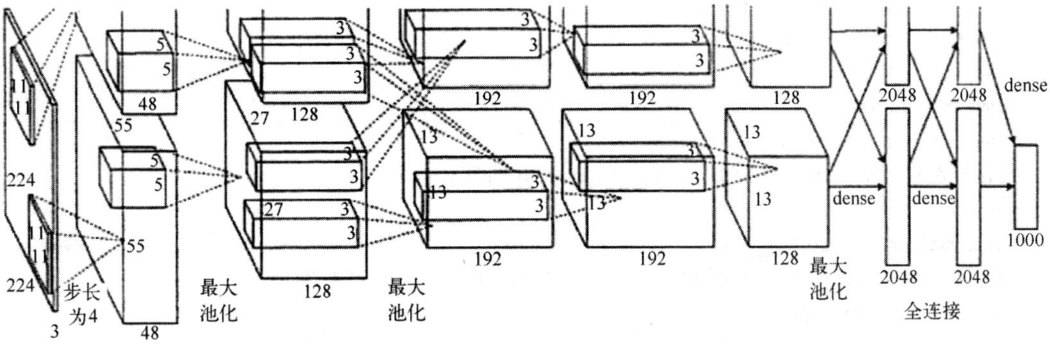

图 8-14 AlexNet 的网络结构

其中，图 8-13 模型的基本参数为：

- 输入：224×224 大小的图片，3 通道。
- 第一层卷积：11×11 大小的卷积核 96 个，每个 GPU 上 48 个。
- 第一层最大池化：2×2 的核。
- 第二层卷积：5×5 卷积核 256 个，每个 GPU 上 128 个。
- 第二层最大池化：2×2 的核。
- 第三层卷积：与上一层全连接，3×3 的卷积核 384 个，分到两个 GPU 上各 192 个。
- 第四层卷积：3×3 的卷积核 384 个，两个 GPU 各 192 个，该层与上一层连接没有经过池化层。
- 第五层卷积：3×3 的卷积核 256 个，两个 GPU 上各 128 个。
- 第五层最大池化：2×2 的核。
- 第一层全连接：4096 维，将第五层最大池化的输出连接成为一个一维向量，作为该层的输入。
- 第二层全连接：4096 维。
- Softmax 层：输出为 1000，输出的每一维都是图片属于该类别的概率。

AlexNet 中主要使用到的技巧有：

- 使用 ReLU 作为卷积神经网络的激励函数，并验证了其效果在较深的网络上超过了 Sigmoid，成功解决了 Sigmoid 在网络较深时的梯度弥散问题。
- 训练时使用 Dropout 随机忽略一部分神经元，以避免模型过拟合。
- 此前卷积神经网络中普遍使用平均池化，AlexNet 全部使用最大池化，避免平均池化的模糊化效果。AlexNet 中提出让步长比池化核的尺寸小，这样池化层的输出之间会有重叠和覆盖，提升了特征的丰富性。
- 提出了 LRN 层，对局部神经元的活动创建竞争机制，使得其中响应比较大的值变得相对更大，并抑制其他反馈较小的神经元，增强了模型的泛化能力。
- 使用 CUDA 加速深度卷积网络的训练，利用 GPU 强大的并行计算能力处理神经网络训练时大量的矩阵运算。

【例 8-3】 用 TensorFlow 实现 AlexNet 网络。

```
#首先导入几个需要使用的库
from datetime import datetime
import math
import time
import tensorflow as tf
#这里设置一个 batch 为 30，共 100 个 batch 的数据
batch_size = 32
num_batch  = 100
#定义了一个可以打印每一层的名称(t.op.name)并以列表的方式打印输入尺寸信息
def print_activation(t):
    print(t.op.name,'\n',t.get_shape().as_list())

#设计网络结构，以图片作为输入，返回 pool5 和所有需要训练的模型参数
```

```
def Alexnet_structure(images):
    #定义一个列表
    parameters = []
    #定义第一层卷积层
    #可以将 scope 段内所有定义的变量自动命名为 conv1/xxx
    with tf.name_scope('conv1') as scope:
 #第一层的卷积核 11*11*3，共 64 个，tf.truncated_normal 是一种设置正态分布的方法
        kernel = tf.Variable(tf.truncated_normal([11,11,3,64],
    dtype=tf.float32,stddev=1e-1),name='weigths')
  #设置第一层卷积层，卷积核是上面初始化后的卷积核，步长为 4,4，填充为 SAME
        conv   = tf.nn.conv2d(images,kernel,[1,4,4,1],padding='SAME')
        #设置第一层的偏置，初始值为 0
        biases = tf.Variable(tf.constant(0.0,shape=[64],
                 dtype=tf.float32),trainable=True,name='biases')
        #设置 w*x+b，之后用激活函数处理，作为第一层的输出
        W_x_plus_b   = tf.nn.bias_add(conv,biases)
        conv1  = tf.nn.relu(W_x_plus_b,name=scope)
        #启用最开始定义的打印层信息的函数，把输出尺寸打印出来
        print_activation(conv1)
        parameters += [kernel,biases]
        #LRN 层与 PCA 的效果差不多，PCA 实现的是降维，把主要的特征保留
        # LRN 实现的是将主要特征的贡献放大，将不重要的特征缩小
  #由于效果并不明显，且运行速度会变成原来的 1/3，很多神经网络已经放弃了加入 LRN 层
        #lrn1=tf.nn.lrn(conv1,4,bias=1.0,alpha=0.001/9,beta=0.75,name=
'lrn1')
#pool1=tf.nn.max_pool(lrn1,ksize=[1,3,3,1],strides=[1,2,2,1],padding='VALID',
name='pool1')
pool1=tf.nn.max_pool(conv1,ksize=[1,3,3,1],strides=[1,2,2,1],padding='VALID',
name='pool1')
        print_activation(pool1)

    #定义第二个网络层
    with tf.name_scope('conv2')as scope:
        #定义卷积核 5*5，192 个，
        kernel = tf.Variable(tf.truncated_normal([5,5,64,192],dtype=tf.
float32,stddev=1e-1),name='weigtths')
        #定义了一个卷积操作，步长为 1，经过这次卷积后图像尺寸大小没有改变
        conv   = tf.nn.conv2d(pool1, kernel, [1, 1, 1, 1], padding='SAME')
        biases = tf.Variable(tf.constant(0.0,shape=[192],dtype=tf.float32),
trainable=True,name='biases')
        W_x_plus_b   = tf.nn.bias_add(conv, biases)
        #同样用了 relu 激活函数
        conv2  = tf.nn.relu(W_x_plus_b, name=scope)
        parameters += [kernel, biases]
        print_activation(conv2)
        #lrn2  = tf.nn.lrn(conv2, 4, bias=1.0, alpha=0.001 / 9, beta=0.75,
```

```
name='lrn2')
        #pool2 = tf.nn.max_pool(lrn2, ksize=[1, 3, 3, 1], strides=[1, 2, 2,
1], padding='VALID', name='pool2')
        #池化层，3*3，步长为 2,2，池化后由 [32, 27, 27, 192]--->[32, 13, 13, 192]
        #这个每一层第一个参数是 32，这个是 batch_size，即每次送入的图片的数目
        pool2 = tf.nn.max_pool(conv2, ksize=[1, 3, 3, 1], strides=[1, 2, 2,
1], padding='VALID', name='pool2')
        print_activation(pool2)

    #定义第三层卷积层
    with tf.name_scope('conv3')as scope:
        kernel = tf.Variable(tf.truncated_normal([3, 3, 192, 384], dtype=
tf.float32, stddev=1e-1), name='weigtths')
        conv   = tf.nn.conv2d(pool2, kernel, [1, 1, 1, 1], padding='SAME')
        biases =tf.Variable(tf.constant(0.0,shape=[384],dtype=tf.float32),
trainable=True,name='biases')
        W_x_plus_b   = tf.nn.bias_add(conv, biases)
        conv3  = tf.nn.relu(W_x_plus_b, name=scope)
        parameters += [kernel, biases]
        print_activation(conv3)

    #定义第四层卷积层
    with tf.name_scope('conv4')as scope:
        kernel = tf.Variable(tf.truncated_normal([3, 3, 384, 256], dtype=
tf.float32,
    stddev=1e-1), name='weigtths')
        conv   = tf.nn.conv2d(conv3, kernel, [1, 1, 1, 1], padding='SAME')
        biases = tf.Variable(tf.constant(0.0,shape=[256],dtype=tf.
float32),trainable=True,name='biases')
        W_x_plus_b   = tf.nn.bias_add(conv, biases)
        conv4  = tf.nn.relu(W_x_plus_b, name=scope)
        parameters += [kernel, biases]
        print_activation(conv4)

    #定义第五层卷积层
    with tf.name_scope('conv5')as scope:
        kernel = tf.Variable(tf.truncated_normal([3, 3, 256, 256], dtype=
tf.float32, stddev=1e-1), name='weigtths')
        conv   = tf.nn.conv2d(conv4, kernel, [1, 1, 1, 1], padding='SAME')
        biases = tf.Variable(tf.constant(0.0,shape=[256],dtype=tf.
float32),trainable=True,name='biases')
        W_x_plus_b   = tf.nn.bias_add(conv, biases)
        conv5  = tf.nn.relu(W_x_plus_b, name=scope)
        parameters += [kernel, biases]
        print_activation(conv5)
        #根据原网络设计，第五层卷积层后紧跟一个池化层
```

```
        pool5  = tf.nn.max_pool(conv5, ksize=[1, 3, 3, 1], strides=[1, 2, 2,
1], padding='VALID', name='pool5')
        print_activation(pool5)
        return pool5,parameters

#评估 Alexnet 每轮计算时间的函数
def time_Alexnet_run(session,target,info_string):
    num_steps_burn_in = 10
    total_duration    = 0.0
    total_duration_squared = 0.0
    for i in range(num_batch+num_steps_burn_in):
        start_time = time.time()
        tar = session.run(target)
        duration = time.time()-start_time
        if i >= num_steps_burn_in:
            if not i%10:
                print('%s:step %d,duration=%.3f'%(datetime.now(),i-num_
steps_burn_in,duration))
            total_duration+=duration
            total_duration_squared+=duration*duration
    mn=total_duration/num_batch
    vr=total_duration_squared/num_batch-mn*mn
    sd=math.sqrt(vr)
    print('%s:s% access %d steps,%.3f +/-%.3f sec/batch ' %
                    (datetime.now(), info_string,num_batch,mn,sd))

#主函数
def main():
    with tf.Graph().as_default():
        image_size = 224
        images = tf.Variable(tf.random_normal([batch_size,image_size,
image_size,3], dtype=tf.float32,stddev=1e-1))
        pool5 , parmeters = Alexnet_structure(images)
        #初始化所有变量
        init   = tf.global_variables_initializer()
        sess   = tf.Session()
        sess.run(init)
        #统计计算时间
        time_Alexnet_run(sess,pool5,"Forward")
        objective = tf.nn.l2_loss(pool5)
        grad      = tf.gradients(objective,parmeters)
        time_Alexnet_run(sess,grad,"Forward-backward")
        print(len(parmeters))
main()
```

运行程序，输出如下：

```
conv1
 [32, 56, 56, 64]
conv1/pool1
 [32, 27, 27, 64]
conv2
 [32, 27, 27, 192]
conv2/pool2
 [32, 13, 13, 192]
conv3
 [32, 13, 13, 384]
conv4
 [32, 13, 13, 256]
conv5
 [32, 13, 13, 256]
conv5/pool5
 [32, 6, 6, 256]
2019-04-02 21:26:16.630965:step 0,duration=0.589
2019-04-02 21:26:22.085388:step 10,duration=0.519
2019-04-02 21:26:27.930746:step 20,duration=0.576
2019-04-02 21:26:33.314348:step 30,duration=0.594
……
```

8.5.2 VGGNet 网络及实现

VGGNet 是计算机视觉组（Visual Geometry Group）和谷歌 DeepMind 公司的研究员一起研究的深度卷积神经网络。VGGNet 探索了卷积神经网络深度与性能之间的关系，通过反复堆叠 3×3 的小型卷积核和 2×2 的最大池化层，VGGNet 成功地构筑了 16～19 层（这里指的是卷积层和全连接层）深度卷积神经网络。到目前为止，VGGNet 主要用来提取图像特征。

1. VGGNet 的特点

以常用的 VGG16 为例，VGGNet 的特点是：

- 整个网络有 5 段卷积，每一段内有 2～3 个卷积层，且每一层的卷积核的数量一样。各段中每一层的卷积核数量依次为 64、128、256、512、512。
- 都使用了同样大小的卷积核尺寸（3×3）和最大池化尺寸（2×2），卷积过程使用“SAME”模式，所以不改变 feature map 的分辨率。网络通过 2×2 的池化核以及 stride=2 的步长，每一次可以将分辨率降低到原来的 1/4，即长宽变为原来的 1/2。
- 网络的参数量主要消耗在全连接层上，不过训练比较耗时的依然是卷积层。

2. 网络结构

VGGNet 拥有 5 段卷积，每一段内有 2～3 个卷积层，同时每段尾部会连接一个最大池化层来缩小图片尺寸。每段内的卷积核数量一样，越靠后段的卷积核数量越多，从开始的 64 个卷积核变为 512 个卷积核。

其中经常出现多个完全一样的 3×3 卷积层堆叠在一起的情况，这是非常有用的设计。如图 8-15 所示，2 个 3×3 的卷积层串联相当于 1 个 5×5 的卷积层，即一个像素会跟周围 5×5 的像素产生关联，而 3×3 的卷积层串联的效果则相当于 1 个 7×7 的卷积层。除此之外，3 个串联的 3×3 的卷积层，拥有比 1 个 7×7 的卷积层更少的参数量，只有后者的 55% $\left(\frac{3\times3\times3}{7\times7}=\frac{27}{49}\approx0.55\right)$。最重要的是，3 个 3×3 的卷积层拥有比 1 个 7×7 的卷积层更多的非线性变换，使得卷积神经网络对特征的学习能力更强。

一个精简版的 VGGNet 的网络结构如图 8-16 所示。

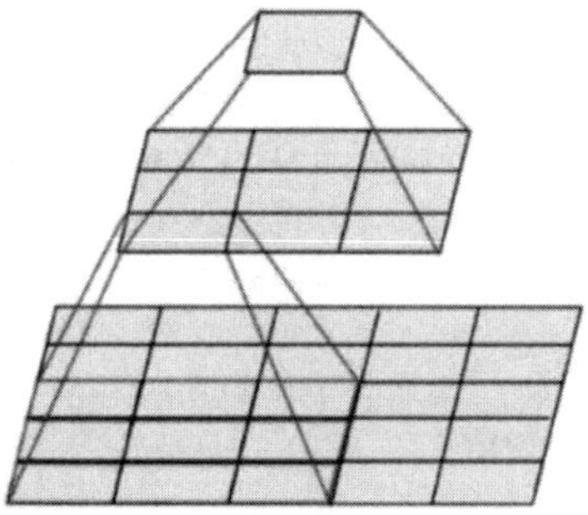

图 8-15　2 个串联 3×3 的卷积层功能类似于 1 个 5×5 的卷积层

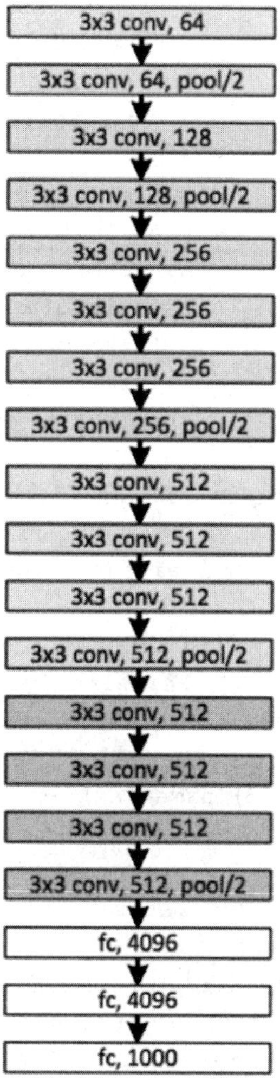

图 8-16　VGG19 网络结构精简版

在图 8-15 中，conv 表示进行卷积操作，pool 表示进行池化操作，fc 表示进行全连接操作（full connect），在卷积操作后面的数字表示这一层的卷积核的个数，全连接层后面的数字表示全连接层的节点数，也等于这一层输入的向量的维度。

【例 8-4】 本实例实现中不直接使用 ImageNet 数据训练一个 VGGNet，而是构造

VGGNet 网络结构，并测评 forward 和 backward 耗时。

```
from datetime import datetime
import math
import time
import tensorflow as tf

def conv_op(input_op,name,kh,kw,n_out,dh,dw,p):
    n_in=input_op.get_shape()[-1].value

    with tf.name_scope(name) as scope:
        #使用 tf.get_variable 创建卷积核参数 kernel
        kernel=tf.get_variable(scope+"w", shape=[kh,kw,n_in,n_out],
dtype=tf.float32, initializer=tf.contrib.layers.xavier_initializer_conv2d())
        #使用 tf.nn.conv2d 对 input_op 进行卷积处理
        conv=tf.nn.conv2d(input_op,kernel,(1,dh,dw,1), padding='SAME')
        bias_init_val=tf.constant(0.0,shape=[n_out],dtype=tf.float32)
        biases=tf.Variable(bias_init_val,trainable=True,name='b')
        z=tf.nn.bias_add(conv,biases)
        activation=tf.nn.relu(z,name=scope)
        p+=[kernel,biases]
        return activation

#定义全连接层的创建函数 fc_op
def fc_op(input_op,name,n_out,p):
    n_in=input_op.get_shape()[-1].value

    with tf.name_scope(name) as scope:
        kernel=tf.get_variable(scope+"w", shape=[n_in,n_out],dtype=tf.
float32, initializer=tf.contrib.layers.xavier_initializer())
        biases=tf.Variable(tf.constant(0.1,shape=[n_out], dtype=tf.
float32),name='b')
        activation=tf.nn.relu_layer(input_op,kernel,biases,name=scope)
        p+=[kernel,biases]
        return activation

#定义最大池化层的创建函数 mpool_op
def mpool_op(input_op,name,kh,kw,dh,dw):
    return tf.nn.max_pool(input_op,
                          ksize=[1,kh,kw,1],
                          strides=[1,dh,dw,1],
                          padding='SAME',
                          name=name)

#创建 VGGNet16 的网络结构，分为 6 个部分，前 5 段为卷积层，最后一段为全连接网络，第一段
卷积网络,包括两个卷积层和一个最大池化层
```

```
def inference_op(input_op,keep_prob):
    p=[]
    conv1_1=conv_op(input_op,name="conv1_1",kh=3,kw=3,n_out=64,dh=1,
dw=1,p=p)
    conv1_2=conv_op(conv1_1,name="conv1_2",kh=3,kw=3,n_out=64,dh=1,
dw=1,p=p)
    pool1=mpool_op(conv1_2,name="pool1",kh=2,kw=2,dw=2,dh=2)

#第二段卷积网络，输出通道变为 128,其他和第一段类似
    conv2_1=conv_op(pool1,name="conv2_1",kh=3,kw=3,n_out=128,dh=1,
dw=1,p=p)
    conv2_2=conv_op(conv2_1,name="conv2_2",kh=3,kw=3,n_out=128,dh=1,
dw=1,p=p)
    pool2=mpool_op(conv2_2,name="pool2",kh=2,kw=2,dw=2,dh=2)

#第三段卷积网络，3 个卷积层和 1 个最大池化层，输出通道为 256
    conv3_1=conv_op(pool2,name="conv3_1",kh=3,kw=3,n_out=256,dh=1,
dw=1,p=p)
    conv3_2=conv_op(conv3_1,name="conv3_2",kh=3,kw=3,n_out=256,dh=1,
dw=1,p=p)
    conv3_3=conv_op(conv3_2,name="conv3_3",kh=3,kw=3,n_out=256,dh=1,
dw=1,p=p)
    pool3=mpool_op(conv3_3,name="pool3",kh=2,kw=2,dw=2,dh=2)

#第四段卷积网络，3 个卷积层和 1 个最大池化层
    conv4_1=conv_op(pool3,name="conv4_1",kh=3,kw=3,n_out=512,dh=1,
dw=1,p=p)
    conv4_2=conv_op(conv4_1,name="conv4_2",kh=3,kw=3,n_out=512,dh=1,
dw=1,p=p)
    conv4_3=conv_op(conv4_2,name="conv4_3",kh=3,kw=3,n_out=512,dh=1,
dw=1,p=p)
    pool4=mpool_op(conv4_3,name="pool4",kh=2,kw=2,dw=2,dh=2)

#第五段卷积网络，3 个卷积层和 1 个最大池化层，输出通道维持 512
    conv5_1=conv_op(pool4,name="conv5_1",kh=3,kw=3,n_out=512,dh=1,
dw=1,p=p)
    conv5_2=conv_op(conv5_1,name="conv5_2",kh=3,kw=3,n_out=512,dh=1,
dw=1,p=p)
    conv5_3=conv_op(conv5_2,name="conv5_3",kh=3,kw=3,n_out=512,dh=1,
dw=1,p=p)
    pool5=mpool_op(conv5_3,name="pool5",kh=2,kw=2,dw=2,dh=2)
    #将五段卷积网络的输出结果扁平化
    shp=pool5.get_shape()
    flattened_shape=shp[1].value*shp[2].value*shp[3].value
    resh1=tf.reshape(pool5,[-1,flattened_shape],name="resh1")
```

```
    #连接一个隐含节点数为 4096 的全连接层，激励函数为 ReLU
    fc6=fc_op(resh1,name="fc6",n_out=4096,p=p)
    fc6_drop=tf.nn.dropout(fc6,keep_prob,name="fc6_drop")

    #与前面一样的全连接层
    fc7=fc_op(fc6_drop,name="fc7",n_out=4096,p=p)
    fc7_drop=tf.nn.dropout(fc7,keep_prob,name="fc7_drop")

    #连接一个有 1000 个输出节点的全连接层，并使用 SoftMax 进行分类处理
    fc8=fc_op(fc7_drop,name="fc8",n_out=1000,p=p)
    softmax=tf.nn.softmax(fc8)
    predicitions=tf.argmax(softmax,1)
    return predicitions,softmax,fc8,p

#评测函数，与 AlexNet 类似
def time_tensorflow_run(session,target,feed,info_string):
    num_steps_burn_in=10
    total_duration=0.0
    total_duration_squared=0.0
    for i in range(num_batches+num_steps_burn_in):
        start_time=time.time()
        _=session.run(target,feed_dict=feed)
        duration=time.time() - start_time
        if i>=num_steps_burn_in:
            if not i % 10:
                print('%s:step %d,duration=%.3f'%
                      (datetime.now(),i-num_steps_burn_in,duration))
                total_duration+=duration
                total_duration_squared+=duration*duration
    mn=total_duration/num_batches
    vr=total_duration_squared/num_batches-mn*mn
    sd=math.sqrt(vr)
    print('%s:%s across %d steps,%.3f +/- %.3f sec /batch'%
        (datetime.now(),info_string,num_batches,mn,sd))

#评测的主函数
def run_benchmark():
    with tf.Graph().as_default():
        image_size=224
        images=tf.Variable(tf.random_normal([batch_size,
                                             image_size,
                                             image_size,3],
        dtype=tf.float32,
        stddev=1e-1))
        keep_prob=tf.placeholder(tf.float32)
        predictions,softmax,fc8,p=inference_op(images,keep_prob)
```

```
        init=tf.global_variables_initializer()
        sess=tf.Session()
        sess.run(init)
        time_tensorflow_run(sess,predictions,{keep_prob:1.0},"Forward")
        objective=tf.nn.l2_loss(fc8)
        grad=tf.gradients(objective,p)
        time_tensorflow_run(sess,grad,{keep_prob:0.5},"Forward-backward")

batch_size=32
num_batches=100
run_benchmark()
```

运行程序，输出如下：

```
2019-04-02 21:26:16.630965:step 0,duration=0.589
2019-04-02 21:26:22.085388:step 10,duration=0.519
2019-04-02 21:26:27.930746:step 20,duration=0.576
2019-04-02 21:26:33.314348:step 30,duration=0.594
2019-04-02 21:30:23.005146:step 40,duration=0.526
2019-04-02 21:30:29.199736:step 50,duration=0.564
2019-04-02 21:30:35.771162:step 60,duration=0.670
2019-04-02 21:30:42.394450:step 70,duration=0.581
2019-04-02 21:30:47.975525:step 80,duration=0.572
2019-04-02 21:30:53.881729:step 90,duration=0.544
2019-04-02  21:30:59.386010:s'Forward'ccoss  100  steps,0.583  +/-0.080
sec/batch
2019-04-02 21:31:19.273825:step 0,duration=1.693
2019-04-02 21:31:38.519358:step 10,duration=2.050
2019-04-02 21:31:59.439413:step 20,duration=1.710
2019-04-02 21:32:17.240807:step 30,duration=1.808
2019-04-02 21:32:34.775914:step 40,duration=1.705
2019-04-02 21:32:53.093928:step 50,duration=1.676
2019-04-02 21:33:10.540271:step 60,duration=1.728
2019-04-02 21:33:33.555722:step 70,duration=2.538
2019-04-02 21:33:55.607750:step 80,duration=2.002
2019-04-02 21:34:16.378584:step 90,duration=2.162
2019-04-02 21:34:35.034694:s'Forward-backward'ccoss 100 steps,1.963 +/
-0.259 sec/batch
10
```

VGGNet 的模型参数虽然比 AlexNet 多，但需要更少的迭代次数就可以收敛，主要原因是更深的网络和更小的卷积核带来的隐式的正则化效果，VGGNet 凭借其相对不算很高的复杂度和优秀的分类性能，成为一个代经典的卷积神经网络。

8.5.3 Inception Net 网络及实现

谷歌提出的 Inception Net 有好几个版本，从 v1 到 v4。它的最大特点是在控制了计算量和参数量的同时，获得了非常好的分类性能。

因为参数越多模型越庞大，需要借模型学习的数据量就越大，参数越多耗费的计算资源也会更大。Inception v1 在减少参数数量的同时，加深了模型的层数，表达能力更强。主要的做法：一是去除了最后的全连接层，用全局平均池化层（即将图片尺寸变为 1×1）来取代它。全连接层几乎占据了 AlexNet 或 VGGNet 中 90%的参数量，而且会引起过拟合，去除全连接层后，模型训练更快并且减轻了过拟合；二是用精心设计的 Inception Module 提高了参数的利用率。Inception Module 本身如同大网络中的一个小网络，其结构可以反复堆叠在一起形成大网络，如图 8-17 所示。

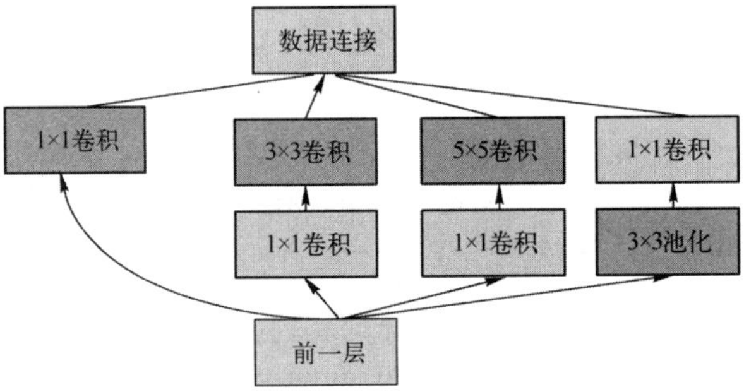

图 8-17　Inception v1 的网络结构

图 8-18 为最原始版本，所有的卷积核都在上一层的所有输出上来做，此时 5×5 的卷积核所需的计算量就太大了，导致特征图厚度很大（此处厚度是指每个卷积核的卷积结果都会生成一个对原始图片进行卷积的图，多个卷积结果叠加的结构称作“厚度”）。为了避免这一现象，这里提出的 Inception 具有如下结构：在 3×3 前、5×5 前、最大池化后分别加上了 1×1 的卷积核，这样可以起到降低特征图厚度的作用，这也是 Inception v1 的网络结构。

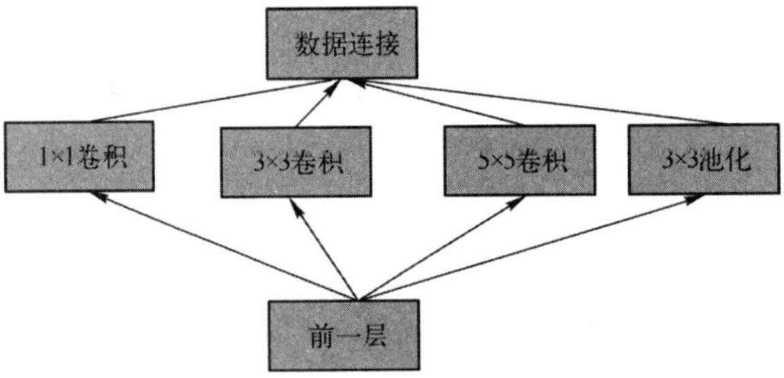

图 8-18　原始版本

Inception v2 模型中，一方面加入了 BN（Batch Normalization）层，使每一层的输出都规范化到均值为 0、方差为 1；另一方面，学习 VGG 用两个 3×3 的卷积替代 Inception 模块中的 5×5，既降低了参数数量，也可以加速计算。

Inception v3 模型中一个最重要的改进是分解，将 7×7 分解成两个一维的卷积——1×7 和 7×1，将 3×3 分解为两个一维的卷积——1×3 和 3×1，这样的好处是既可以加速计算（多余的计算能力可以用来加深网络），又可以将一个卷积拆成两个卷积，使得网络深度进一步增加，增加了网络的非线性。

将 Inception 网络和残差网络相结合，发现残差网络的结构可以极大地加速训练，同时性能也有提升，于是得到 Inception-ResNet v2 网络，在此基础上，同时还设计了一个更深、更优化的 Inception v4 模型，能达到与 Inception-ResNet v2 相媲美的性能。

【例 8-5】 本实例将对完整的 Inception V3 网络进行速度测试，评测 forward 耗时和 backward 耗时（由于篇幅所限，本处只展示部分代码，完整代码请从本书附赠资源获取）。

```
#导入必要的编程库
import os
os.environ['TF_CPP_MIN_LOG_LEVEL'] = '2'

# Inception V3，42 层深
# 载入模块、TensorFlow 定义截断正态分布函数 trunc_normal
from datetime import datetime
import math
import time
import tensorflow as tf
slim = tf.contrib.slim
trunc_normal = lambda stddev: tf.truncated_normal_initializer(0.0, stddev)

# 定义用来生成网络默认参数的函数 inception_v3_arg_scope
def inception_v3_arg_scope(weight_decay=0.00004,
                           stddev=0.1,
                           batch_norm_var_collection='moving_vars'):
    batch_norm_params = {
        'decay': 0.9997,
        'epsilon': 0.001,
        'updates_collections': tf.GraphKeys.UPDATE_OPS,
        'variables_collections': {
            'beta': None,
            'gamma': None,
            'moving_mean': [batch_norm_var_collection],
            'moving_variance': [batch_norm_var_collection],
        }
    }
    # 定义 slim.arg_scope，给函数的参数自动赋予默认值
    with slim.arg_scope([slim.conv2d, slim.fully_connected],
                    weights_regularizer=slim.l2_regularizer(weight_
decay)):
        with slim.arg_scope(
                [slim.conv2d],
                weights_initializer=trunc_normal(stddev),
                activation_fn=tf.nn.relu,
                normalizer_fn=slim.batch_norm,
                normalizer_params=batch_norm_params) as sc:
            return sc

# 定义 inception_v3_base 函数，生成 Inception V3 网络的卷积部分
```

```
def inception_v3_base(inputs, scope=None):
    end_points = {}
    # 5 个卷积层，2 个池化层实现对输入图片数据的尺寸压缩和特征抽象
    with tf.variable_scope(scope, 'InceptionV3', [inputs]):
        with slim.arg_scope([slim.conv2d, slim.max_pool2d, slim.avg_
pool2d], stride=1, padding='VALID'):
            # 299×299× 3
            net = slim.conv2d(inputs, 32, [3, 3], stride=2, scope='Conv2d_
1a_3x3')
            # 149× 149 × 32
            net = slim.conv2d(net, 32, [3, 3], scope='Conv2d_2a_3x3')
            # 147× 147 × 32
            net =slim.conv2d(net, 64, [3, 3], padding='SAME', scope=
'Conv2d_2b_3x3')
            # 147× 147 × 64
            net = slim.max_pool2d(net, [3, 3], stride=2, scope='MaxPool_
3a_3x3')
            # 73 × 73 × 64
            net = slim.conv2d(net, 80, [1, 1], scope='Conv2d_3b_1x1')
            # 73× 73 × 80.
            net = slim.conv2d(net, 192, [3, 3], scope='Conv2d_4a_3x3')
            # 71× 71 ×192.
            net = slim.max_pool2d(net, [3, 3], stride=2, scope='MaxPool_
5a_3x3')
            # 尺寸最后缩小为 35 x 35 x 192.
        # 3 个连续 Inception 模块组 Inception blocks，每个模块组包含多个类似的
Inception Module
        # 3 个 Inception blocks 分别含有（3,5,3）个 Module
        with slim.arg_scope([slim.conv2d, slim.max_pool2d, slim.avg_
pool2d],
                            stride=1, padding='SAME'):
            # mixed: 35 x 35 x 256.
            with tf.variable_scope('Mixed_5b'):
                with tf.variable_scope('Branch_0'):
                    branch_0 = slim.conv2d(net, 64, [1, 1], scope='Conv2d_
0a_1x1')
                with tf.variable_scope('Branch_1'):
                    branch_1 = slim.conv2d(net, 48, [1, 1], scope='Conv2d_
0a_1x1')
                    branch_1=slim.conv2d(branch_1,64,[5,5], cope='Conv2d_
0b_5x5')
                with tf.variable_scope('Branch_2'):
                    branch_2 = slim.conv2d(net, 64, [1, 1], scope='Conv2d_
0a_1x1')
                    branch_2=slim.conv2d(branch_2,96,[3,3], cope='Conv2d_
0b_3x3')
                    branch_2=slim.conv2d(branch_2,96,[3,3], cope='Conv2d_
0c_3x3')
                with tf.variable_scope('Branch_3'):
                    branch_3 = slim.avg_pool2d(net, [3, 3], scope='AvgPool_
```

```
0a_3x3')
                    branch_3=slim.conv2d(branch_3,32,[1,1],scope='Conv2d_
0b_1x1')
                net = tf.concat([branch_0, branch_1, branch_2, branch_3], 3)
        ......
```

运行程序，输出如下：

```
    2019-04-02 21:38:36.875522: step 0, duration = 13.387
    2019-04-02 21:40:49.928706: step 10, duration = 13.180
    2019-04-02 21:43:01.994529: step 20, duration = 13.090
    2019-04-02 21:45:16.114839: step 30, duration = 13.605
    2019-04-02 21:47:32.072449: step 40, duration = 13.731
    2019-04-02 21:49:50.235184: step 50, duration = 12.714
    2019-04-02 21:51:56.573049: step 60, duration = 12.632
    2019-04-02 21:54:03.288077: step 70, duration = 12.637
    2019-04-02 21:56:10.166746: step 80, duration = 12.622
    2019-04-02 21:58:16.488645: step 90, duration = 12.595
    2019-04-02 22:00:09.971909: Forward across 100 steps, 13.065 +/- 0.536 sec
/ batch
```

8.5.4 ResNet 网络及实现

ResNet 最初的灵感源自这个问题：深度学习网络的深度对最后的分类和识别的效果有着很大的影响，所以正常想法就是能把网络设计得越深越好，但是事实上却不是这样，常规的网络堆叠在网络很深的时候效果却越来越差了，即准确率会先上升然后达到饱和，继续持续增加深度则会导致准确率下降，如图 8-19 所示。

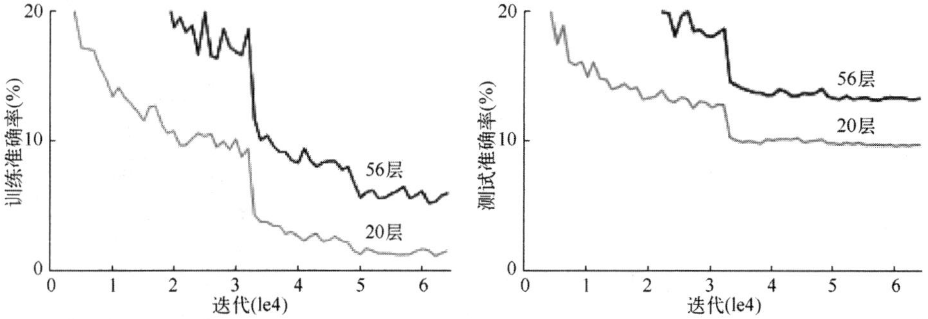

图 8-19　堆叠在深网络中的迭代过程

ResNet 引入了残差网络，通过它可以把网络层设计得很深，最终的网络分类的效果也非常好。残差网络的基本结构如图 8-20 所示。在残差单元中，可以看到输入分成了两部分，一部分经过原来的神经网络单元到输出，另外一部分直接连接到输出，两部分的值相加之后输出结果。假定某段神经网络的输入是 x，期望输出是 $H(x)$，如果直接把输入 x 传到输出作为初始结果，那么此时需要学习的目标就是 $F(x)=H(x)-x$。ResNet 相当于将学习目标改变了，不再是学习一个完整的输出，而只是学习输出和输入的差别，即残差 $F(x)$。

而整个残差网络由很多残差单元组成，比如图 8-21 是一个 34 层的残差网络。残差网络设计的原因是：传统的网络对深度特别敏感，首先复杂度随深度增加而急剧增加，再次加深深度后，输出层的残差很难传递前面几层，导致训练效果在测试集和误差集上的误差都增大。残差网络通过将输入连接到输出这样的“高速通道”，可以让输出层的残差传递得更远，同时可以训练更加深的网络，表现出更好的效果。

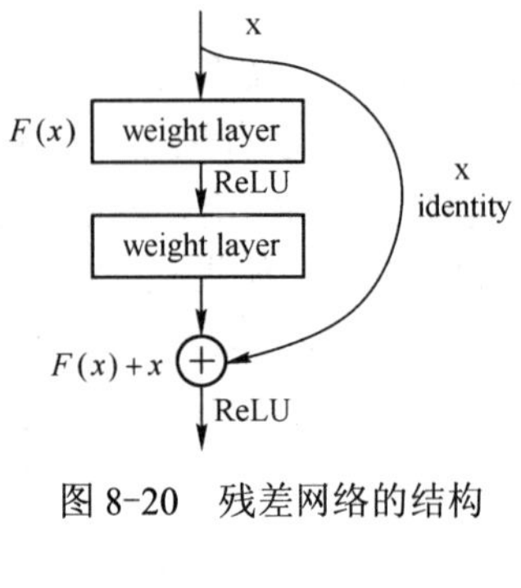

图 8-20　残差网络的结构

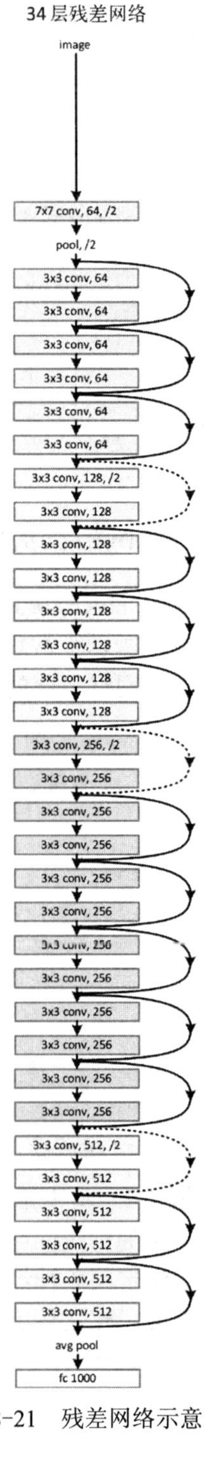

图 8-21　残差网络示意图

在 ResNet 推出后不久，谷歌就借鉴了 ResNet 的精髓，提出了 Inception v4 和 Inception-ResNet-v2，并通过融合这两个模型，在 ILSVRC 数据集上取得了惊人的 3.08% 的错误率。

【例 8-6】 TensorFlow 实现 ResNet 网络（由于篇幅所限，本处只展示部分代码，完整代码请从本书附赠资源获取）。

```
#导入必要的编程库
import collections
import tensorflow as tf
from datetime import datetime
import math
import time
slim = tf.contrib.slim
class Block(collections.namedtuple('Block', ['scope', 'unit_fn', 'args'])):
    '''A named tuple describing a ResNet block.'''

def subsample(inputs, factor, scope=None):
    '''降采样方法:
    factor:采样因子 1：不做修改直接返回 不为 1：使用 slim.max_pool2d 降采样'''
    if factor ==1:
        return inputs
    else:
        return slim.max_pool2d(inputs, [1, 1], stride=factor, scope=scope)

def conv2d_same(inputs, num_outputs, kernel_size, stride, scope=None):
    '''创建卷积层'''
    if stride == 1:
        '''stride 为 1，使用 slim.conv2d，padding 为 SAME'''
        return slim.conv2d(inputs, num_outputs, kernel_size, stride=1,
                        padding='SAME', scope=scope)
    else:
        '''显示 pad zero:
        pad zero 总数为 kernel size-1，pad_beg:pad//2, pad_end:余下部分'''
        pad_total = kernel_size-1
        pad_beg = pad_total//2
        pad_end = pad_total - pad_beg
        '''tf.pad 对 inputs 进行补零操作'''
        inputs = tf.pad(inputs, [[0,0], [pad_beg, pad_end],
                            [pad_beg, pad_end], [0, 0]])

        return slim.conv2d(inputs, num_outputs, kernel_size, stride=stride,
                        padding='VALID', scope=scope)

@slim.add_arg_scope
def stack_blocks_dense(net, blocks, outputs_collections=None):
```

```
'''net:input
    blocks:Block 的 class 的列表
    outputs_collections:收集各个 end_points 的 collections'''
for block in blocks:
    '''双层 for 循环，逐个 Block，逐个 Residual Unit 堆叠'''
    with tf.variable_scope(block.scope, 'block', [net]) as sc:
        '''两个 tf.variable 将残差学习单元命名为 block_1/unit_1 形式'''
        for i, unit in enumerate(block.args):
            with tf.variable_scope('unit_%d' %(i+1), values=[net]):

                '''利用第二层 for 循环拿到前面定义 Blocks Residual Unit 中 args，
                将其展开为 depth、depth_bottleneck、stride'''
                unit_depth, unit_depth_bottleneck, unit_stride = unit
                '''使用 unit_fn 函数（残差学习单元的生成函数）
                顺序地创建并连接所有的残差学习单元'''
                net = block.unit_fn(net,
                                    depth=unit_depth,
                                    depth_bottleneck=unit_depth_bottleneck,
                                    stride=unit_stride)
        '''slim.utils.collect_named_outputs 将输出 net 添加到 collection 中'''
        net = slim.utils.collect_named_outputs(outputs_collections, sc.name,
net)

'''所有的 Residual Unit 都堆叠完后，最后返回 net 作为 stack_blocks_dense 的结
果'''
    return net

def resnet_arg_scope(is_training=True,
                     weight_decay=0.0001,
                     batch_norm_decay=0.097,
                     batch_norm_epsilon=1e-5,
                     batch_norm_scale=True):
    '''创建 ResNet 通用的 arg_scope(作用：定义某些函数的参数默认值)'''
    batch_norm_params = {
        'is_training': is_training,
        'decay': batch_norm_decay,#默认为 0.0001，BN 的衰减速率默认为：0.997
        'epsilon': batch_norm_epsilon,#默认为 1e-5
        'scale': batch_norm_scale,#BN 的 scale 默认为 True
        'updates_collections': tf.GraphKeys.UPDATE_OPS,
    }
    with slim.arg_scope(
        [slim.conv2d],
        weights_regularizer=slim.l2_regularizer(weight_decay),
        weights_initializer=slim.variance_scaling_initializer(),
        activation_fn=tf.nn.relu,
        normalizer_fn=slim.batch_norm,
```

```
        normalizer_params=batch_norm_params):

        with slim.arg_scope([slim.batch_norm], **batch_norm_params):
            with slim.arg_scope([slim.max_pool2d], padding='SAME') as arg_sc:
                return arg_sc
        ……
```

运行程序，输出如下：

```
2019-04-03 13:23:47.710450: step 0, duration = 3.880
2019-04-03 13:24:25.802825: step 10, duration = 3.839
2019-04-03 13:25:04.543520: step 20, duration = 4.257
2019-04-03 13:25:42.768551: step 30, duration = 3.821
2019-04-03 13:26:21.348662: step 40, duration = 3.788
2019-04-03 13:26:59.828039: step 50, duration = 3.773
2019-04-03 13:27:41.611851: step 60, duration = 4.425
2019-04-03 13:28:33.868552: step 70, duration = 5.672
2019-04-03 13:29:18.023229: step 80, duration = 4.058
2019-04-03 13:29:57.018281: step 90, duration = 3.757
2019-04-03 13:30:31.475054: Forward across 100 steps, 0.413 +/- 1.251
sec/batch
```

第 9 章　TensorFlow 实现循环神经网络

本章学习循环神经网络（Recurrent Neural Network，RNN），它是一个具有记忆功能的网络。这种网络最适合解决连续序列的问题，善于从具有一定顺序意义的样本与样本间学习规律。

9.1　循环神经网络概述

循环神经网络主要是自然语言处理（Natural Language Processing，NLP）应用的一种网络模型。不同于传统的前馈神经网络（Feed-forward Neural Network，FNN），循环神经网络在网络中引入了定性循环，使信号从一个神经元传递到另一个神经元后并不会马上消失，而是继续存活。这就是循环神经网络名称的来历。

在传统的神经网络中，输入层到输出层的每层直接是全连接的，但是层内部的神经元彼此之间没有连接。这种网络结构应用到文本处理时却有难度。例如，要预测某个单词的下一个单词是什么，就需要用到前面的单词。循环神经网络的解决方式是，隐藏层的输入不仅包括上一层的输出，还包括上一时刻该隐藏层的输出。理论上，循环神经网络能够包含前面的任意多个时刻的状态，但实践中，为了降低训练的复杂性，一般只处理前面几个状态的输出。

循环神经网络的特点在于它是按时间顺序展开的，下一步会受本步处理的影响，网络模型如图 9-1 所示。

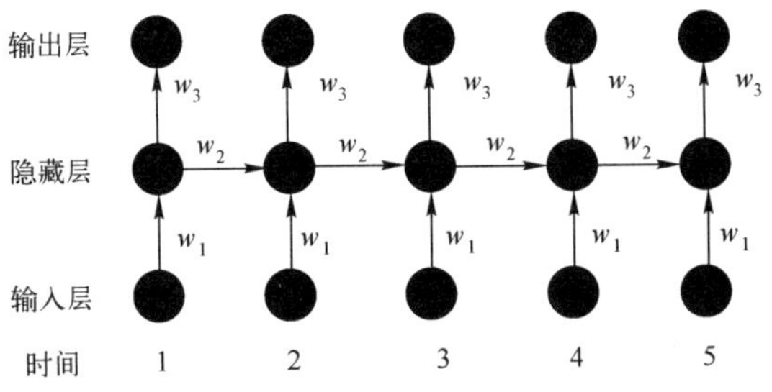

图 9-1　网络模型

循环神经网络的训练也是使用误差反向传播（BackPropagation，BP）算法，并且参数 w_1、w_2 和 w_3 是共享的。但是，其在反向传播中，不仅依赖当前层的网络，还依赖前面若干层的网络，这种算法称为随机时间反向传播（BackPropagation Through Time，BPTT）算法。BPTT 算法是 BP 算法的扩展，可以将加载在网络上的时序信号按层展开，这样就使得前馈神经网络的静态网络转化为动态网络。

9.1.1 循环神经网络的原理

在循环神经网络中引入了定向循环，能够处理那些输入之间前后关联的问题。图 9-2 展示了定向循环结构。

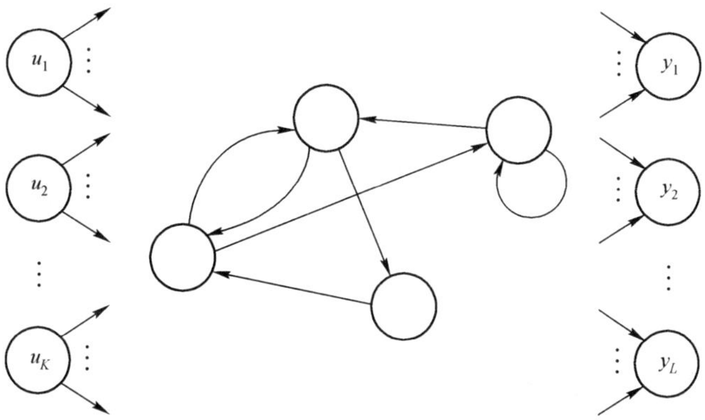

图 9-2 定向循环结构

循环神经网络的目的是处理序列数据。在传统的神经网络模型中，是从输入层到隐含层再到输出层，层与层之间是全连接的，每层之间的节点是无连接的。但是这种普通的神经网络对于很多问题却无能为力。例如，要预测句子的下一个单词是什么，一般需要用到前面的单词，因为一个句子中前后单词并不是独立的。循环神经网络之所以称为循环神经网路，是因为一个序列当前的输出与前面的输出也有关。具体的表现形式为网络会对前面的信息进行记忆并应用于当前输出的计算中，即隐藏层之间的节点不再是无连接而是有连接的，并且隐藏层的输入不仅包括输入层的输出，还包括上一时刻隐藏层的输出。理论上，循环神经网络能够对任何长度的序列数据进行处理。但是在实践中，为了降低复杂性，往往假设当前的状态只与前面的几个状态相关，图 9-3 便是一个典型的循环神经网络。

循环神经网络包含输入单元（Input Units），输入集标记为 $\{x_0, x_1, \cdots, x_t, x_{t+1}, \cdots\}$，而输出单元（Output Units）的输出集则被标记为 $\{y_0, y_1, \cdots, y_t, y_{t+1}, \cdots\}$。循环神经网络还包含隐藏单元（Hidden Units），将其输出集标记为 $\{s_0, s_1, \cdots, s_t, s_{t+1}, \cdots\}$，这些隐藏单元完成了最为主要的工作。通过图 9-3 可知：有一条单向流动的信息流是从输入单元到达隐藏单元的，与此同时另一条单向流动的信息流从隐藏单元到达输出单元。在某些情况下，循环神经网络会打破后者的限制，引导信息从输出单元返回隐藏单元，这些被称为"Back Projections"，并且隐藏层的输入还包括上一隐藏层的状态，即隐藏层内的节点可以自连也可以互连。

图 9-3 将循环神经网络展开成一个全神经网络。例如，对一个包含 5 个单词的语句，那么展开的网络便是一个五层的神经网络，每一层代表一个单词。对于该网络的计算过程如下：

- x_t 表示第 t 步（step）的输入，$t = 1,2,3,\cdots$。比如，$\boldsymbol{x}_1$ 为第二个词的 one-hot 向量（根据图 9-3，$\boldsymbol{x}_0$ 为第一个词）。

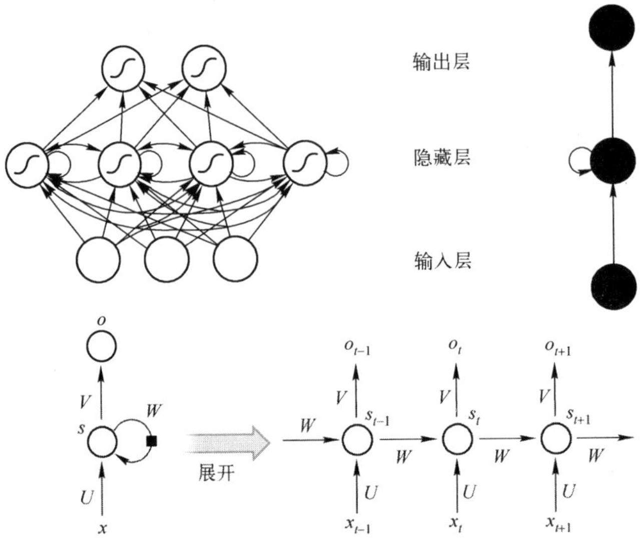

图 9-3　一个典型的循环神经网络

提示：使用计算机对自然语言进行处理，便需要将自然语言处理成为机器能够识别的符号，加上在机器学习过程中需要将其进行数值化。而词是自然语言理解与处理的基础，因此需要对词进行数值化，词向量便是一种可行又有效的方法。所谓词向量，是指用一个指定长度的实数向量 V 来表示一个词。有一种最简单的表示方法，就是使用 One-hot vector 表示单词，即根据单词的数量|V|生成一个$|V| * l$ 的向量，当某一位为 1 的时候其他位都为 0，然后这个向量就代表一个单词。但其缺点也很明显：

1）由于向量长度是根据单词个数来的，如果有新词出现，这个向量还得增加，很烦琐。

2）主观性太强。

3）人工输入如此多的单词，工作量大且易出错。

4）很难计算单词之间的相似性。

word2vec 是一种更加有效的词向量模式，该模式是通过神经网或者深度学习对词进行训练，输出一个指定维度的向量，该向量便是输入词的表达。

- s_t 为隐藏层的第 t 步的状态，它是网络的记忆单元。s_t 根据当前输入层的输出与上一步隐藏层的状态进行计算。$s_t = f(Ux_t + Ws_{t-1})$，其中 f 一般是非线性的激励函数，如 tanh 或 ReLU，在计算 s_0（即第一个单词的隐藏层状态）时，需要用到 s_{-1}，但是其并不存在，在实现中一般置为 0 向量。
- o_t 是第 t 步的输出，以下各单词的向量表示 $o_t = \text{softmax}(Vs_t)$。

需要注意的是：

可以认为隐藏层状态 s_t 是网络的记忆单元。s_t 包含了前面所有步的隐藏层状态。而各输出层的输出 o_t 只与当前步的 s_t 有关，在实践中，为了降低网络的复杂度，往往 s_t 只包含前面若干步而不是所有步的隐藏层状态。

在传统神经网络中，每一个网络层的参数是不共享的。而在循环神经网络中，每输入一步，每一层各自都共享参数 U,V,W。其反应者循环神经网络中的每一步都在做相同的事，只是输入不同，因此大大降低了网络中需要学习的参数。注意，传统神经网络的参数是不共享的，并不是表示对于每个输入有不同的参数，而是将循环神经网络进行展开，这样变成了多层的网络，如果这是一个多层的传统神经网络，那么 x_t 到 s_t 之间的 $\boldsymbol{U}$ 矩阵与 x_{t+1} 到 s_{t+1} 之间的 $\boldsymbol{U}$ 是不同的，而循环神经网络中的却是一样的。同理，对于 s 与 s 层之间的 W、s 层与 o 层之间的 V 也是一样的。

图 9-3 中每一步都会有输出，但是每一步都要有输出并不是必需的。比如，需要预测一条语句所表达的情绪，仅仅需要关心最后一个单词输入后的输出即可，而不需要知道每个单词输入后的输出。同理，每步都需要输入也不是必需的。循环神经网络的关键之处在于隐藏层，隐藏层能够捕捉序列的信息。

9.1.2 循环神经网络的应用

循环神经网络已经被在实践中证明对 NLP 是非常成功的，如词向量表达、语句合法性检查、词性标注等。在循环神经网络中，目前使用最广泛、最成功的模型便是长短时记忆（Long Short Term Memory，LSTM）模型，该模型通常比 vanilla 循环神经网络能够更好地对长短时依赖进行表达，该模型相对于一般的循环神经网络，只是在隐藏层做了手脚。对于 LSTM，后面会进行详细的介绍。下面对循环神经网络在 NLP 中的应用进行简单的介绍。

1. 语言模型与文本生成

语言模型能够预测一个语句正确的可能性，这是机器翻译的一部分，往往可能性越大，语句越正确。另一种应用便是使用生成模型预测下一个单词的概率，从而生成新的文本根据输出概率的采样。语言模型中，典型的输入是单词序列中每个单词的词向量（如 One-hot vector），输出是预测的单词序列。当在对网络进行训练时，如果 $o_t = x_{t+1}$，那么第 t 步的输出便是下一步的输入。

2. 机器翻译

图 9-4 是一种机器翻译序列图。机器翻译是将一种源语言语句变成意思相同或相近的另一种源语言语句，如将英语语句变成同样意思的中文语句。与语言模型关键的区别在于，需要将源语言语句序列输入后才进行输出，即输出第一个单词时，便需要从完整的输入序列中进行获取。

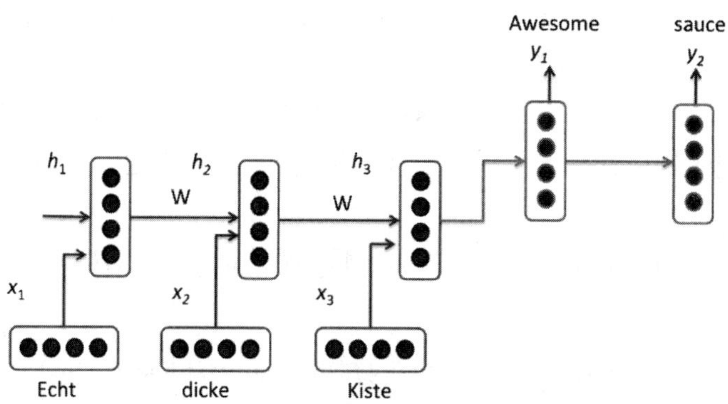

图 9-4 机器翻译序列

3. 语音识别

语音识别是指给定一段声波的声音信号，预测该声波对应的某种指定源语言的语句以及该语句的概率值。

4. 图像描述生成

和卷积神经网络一样，循环神经网络已经在对无标图像描述自动生成中得到应用。将卷积神经网络与循环神经网络结合进行图像描述自动生成，是一个非常神奇的研究与应用。该组合模型能够根据图像的特征生成描述，如图 9-5 所示。

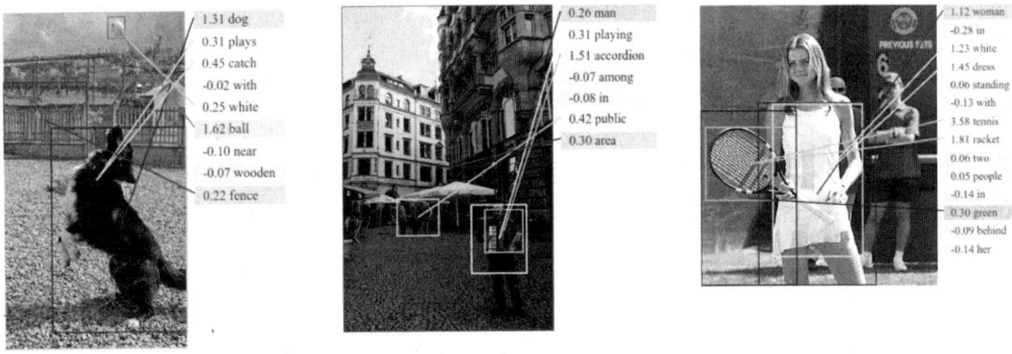

图 9-5 图像的特征生成描述

9.1.3 损失函数

在输出层为二分类或者 softmax 多分类的深度网络中，代价函数通常选择交叉熵损失函数。在分类问题中，交叉熵函数的本质就是似然损失函数。尽管循环神经网络的网络结构与分类网络不同，但是损失函数也是有相似之处的。

假设我们采用循环神经网络网络构建“语言模型”，“语言模型”其实就是看“一句话说出来是不是顺口”，可以应用在机器翻译、语音识别领域，从若干候选结果中挑一个更加靠谱的结果。通常每个 sentence 长度不一样，每一个 word 作为一个训练样例，一个 sentence 作为一个 Minibatch，记 sentence 的长度为 T。为了更好地理解语言模型中损失函数的定义形式，这里做一些推导，根据全概率公式，则一句话是“自然化的语句”的概率为

$$p(w_1, w_2, \cdots, w_T) = p(w_1) \times p(w_2 \mid w_1) \times \cdots \times p(w_T \mid w_1, w_2, \cdots, w_{T-1})$$

所以语言模型的目标就是最大化 $P(w_1, w_2, \cdots, w_T)$，而损失通常为最小化问题，所以可定义

$$\text{Loss}(w_1, w_2, \cdots, w_T \mid \theta) = -\log P(w_1, w_2, \cdots, w_T \mid \theta)$$

那么公式展开可得

$$\text{Loss}(w_1, w_2, \cdots, w_T \mid \theta) = -(\log p(w_1) + \log p(w_1 \mid w_2) + \cdots + \log(w_T \mid w_1, w_2 \cdots, w_{T-1}))$$

展开式中的每一项为一个 softmax 分类模型，类别数为所采用的词库大小，相信大家

此刻应该就明白了为什么使用循环神经网络解决语言模型时，输入序列和输出序列会错一个位置了。

9.1.4 梯度求解

在训练任何深度网络模型时，求解损失函数关于模型参数的梯度，应该算是最为核心的一步了。在循环神经网络模型训练时，采用的是 BPTT 算法，这个算法其实实质上就是朴素的 BP 算法，也是采用的“链式法则”求解参数梯度，唯一的不同在于每一个 time step 上参数共享。从数学的角度来讲，BP 算法就是一个单变量求导过程，而 BPTT 算法就是一个复合函数求导过程。接下来以损失函数展开式中的第 3 项为例，推导其关于网络参数 U,V,W 的梯度表达式（总损失的梯度则是各项相加的过程而已）。

为了简化符号表示，记 $E_3 = -\log p(w_3 \mid w_1, w_2)$，则根据循环神经网络的展开图可得：

$$s_3 = \tanh(U \times x_3 + W \times s_2); \qquad s_2 = \tanh(U \times x_2 + W \times s_1);$$

$$s_1 = \tanh(U \times x_1 + W \times s_0); \qquad s_0 = \tanh(U \times x_0 + W \times s_{-1});$$

所以，

$$\begin{aligned}
\frac{\partial s_3}{W} &= \frac{\partial s_3}{W_1} + \frac{\partial s_3}{\partial s_2} \times \frac{\partial s_2}{W} \\
\frac{\partial s_2}{W} &= \frac{\partial s_2}{W_1} + \frac{\partial s_2}{\partial s_1} \times \frac{\partial s_1}{W} \\
\frac{\partial s_1}{W} &= \frac{\partial s_1}{W_{.0}} + \frac{\partial s_0}{\partial s_0} \times \frac{\partial s_0}{W} \\
\frac{\partial s_0}{W} &= \frac{\partial s_0}{W_1}
\end{aligned} \tag{9-1}$$

说明一下，为了更好地体现复合函数求导的思想，式（9-1）中引入了变量 W_1，看作关于 W 的函数，即 $W_1 = W$。另外，因为 s_{-1} 表示循环神经网络的初始状态，为一个常数向量，所以式（9-1）中第 4 个表达式展开后只有一项。所以由式（9-1）可得：

$$\frac{\partial s_3}{W} = \frac{\partial s_3}{W_1} + \frac{\partial s_3}{\partial s_2} \times \frac{\partial s_2}{W_1} + \frac{\partial s_3}{\partial s_2} \times \frac{\partial s_2}{\partial s_1} \times \frac{\partial s_1}{W_1} + \frac{\partial s_3}{\partial s_2} \times \frac{\partial s_2}{\partial s_1} \times \frac{\partial s_1}{\partial s_0} \times \frac{\partial s_0}{\partial W_1} \tag{9-2}$$

化简得到下式：

$$\frac{\partial s_3}{W} = \frac{\partial s_3}{W_1} + \frac{\partial s_3}{\partial s_2} \times \frac{\partial s_2}{W_1} + \frac{\partial s_3}{\partial s_1} \times \frac{\partial s_1}{W_1} + \frac{\partial s_3}{\partial s_0} \times \frac{\partial s_0}{W_1}$$

继续化简得到：

$$\frac{\partial s_3}{W} = \sum_{i=0}^{3} \frac{\partial s_3}{\partial s_i} \times \frac{\partial s_i}{W}$$

1. E_3 关于参数 V 的偏导数

记 $t=0$ 时刻的 softmax 神经元的输入为 a_3，输出为 y_3，网络的真实标签为 $y_3^{(1)}$。根据函数求导的“链式法则”，有下式成立

$$\frac{\partial E_3}{V} = \frac{\partial E_3}{\partial a_3} \times \frac{\partial a_3}{\partial V} = (y_3^{(1)} - y_3) \otimes s_3$$

2．E_3 关于参数 W 的偏导数

关于参数 W 的偏导数，就要使用到上面关于复合函数的推导过程了，记 z_i 为 $t=i$ 时刻隐藏层神经元的输入，则具体的表达简化过程如下

$$\begin{aligned}\frac{\partial E_3}{W} &= \frac{\partial E_3}{\partial s_3} \times \frac{\partial s_3}{\partial W} = \frac{\partial E_3}{\partial a_3} \times \frac{\partial a_3}{\partial s_3} \times \frac{\partial s_3}{\partial W} \\ &= \sum_{k=0}^{3} \frac{\partial E_3}{\partial a_3} \times \frac{\partial a_3}{\partial s_3} \times \frac{\partial s_3}{\partial s_k} \times \frac{\partial s_k}{\partial W_1} \\ &= \sum_{k=0}^{3} \frac{\partial E_3}{\partial a_3} \times \frac{\partial a_3}{\partial s_3} \times \frac{\partial s_3}{\partial s_k} \times \frac{\partial s_k}{\partial z_k} \times \frac{\partial z_k}{\partial W_1} \\ &= \sum_{k=0}^{3} \frac{\partial E_3}{\partial z_k} \times \frac{\partial z_k}{\partial W_1}\end{aligned} \tag{9-3}$$

类似于标准的 BP 算法中的表示，定义

$$\delta_2^3 = \frac{\partial E_3}{\partial z_3} \times \frac{\partial z_3}{\partial z_2} = \frac{\partial E_3}{\partial z_3} \times \frac{\partial z_3}{\partial s_2} \times \frac{\partial s_2}{\partial z_2} = (\delta_3^3 \otimes W) \otimes (1 - s_2^2) \tag{9-4}$$

那么，式（9-3）可以转化为下式：

$$\frac{\partial E_3}{\partial W} = \sum_{k=0}^{3} \delta_{kl}^3 \times \frac{\partial z_k}{\partial W_1} \tag{9-5}$$

显然，结合式（9-4）中的递推公式，可以递推求解出式（9-5）中的每一项，那么 E_3 关于参数 W 的偏导数便迎刃而解了。

3．E_3 关于参数 U 的偏导数

关于参数 U 的偏导数求解过程，跟 W 的偏导数求解过程非常类似，在这里就不介绍了。

4．梯度消失问题

当网络层数增多时，在使用 BP 算法求解梯度时，自然而然地就会出现梯度消失问题（还有一种问题称作梯度爆炸，但这种情况在训练模型过程中易于被发现，所以可以通过人为控制来解决），下面从数学的角度来证明循环神经网络确实存在梯度消失问题，推导公式如下：

$$\frac{\partial E_3}{\partial W} = \sum_{k=0}^{3} \frac{\partial E_3}{\partial a_3} \times \frac{\partial a_3}{\partial s_3} \times \frac{\partial s_3}{\partial s_k} \times \frac{\partial s_k}{\partial W_1} = \sum_{k=0}^{3} \frac{\partial E_3}{\partial a_3} \times \frac{\partial a_3}{\partial s_3} \times \left(\prod_{i=k+1}^{3} \frac{\partial s_i}{\partial s_{i-1}} \right) \times \frac{\partial s_k}{\partial W_1} \tag{9-6}$$

式（9-6）中有一个连乘式，对于其中的每一项，满足 $s_i = \text{activation}(U \times x_i + W \times s_{i-1})$，当激励函数为 tanh 时，$\frac{\partial s_i}{\partial s_{i-1}}$ 的取值范围为[0,1]。当激励函数为 Sigmoid 时，$\frac{\partial s_i}{\partial s_{i-1}}$ 的取值范围为[0,1/4]。因为这里选择 $t=3$ 时刻的输出损失，所以连乘的式子的个数并不多。但是可以设想一下，对于深度的网络结构而言，如果选择 tanh 或者 Sigmoid 激励函数，

对于式（9-6）中 k 取值较小的那一项，一定满足 $\prod_{i=k+1}^{3} \frac{\partial s_i}{\partial s_{i-1}}$ 趋近于 0，从而导致了消失梯度问题。

再从直观的角度来理解一下消失梯度问题，对于循环神经网络时刻 T 的输出，其必定是时刻 $t=1,2,\cdots,T-1$ 的输入综合作用的结果，也就是说更新模型参数时，要充分利用当前时刻以及之前所有时刻的输入信息。但是如果发生了“梯度消失”问题，就意味着距离当前时刻非常远的输入数据不能为当前模型参数的更新做贡献，所以在循环神经网络的编程实现中，才会有“截断梯度”这一概念，“截断梯度”就是在更新参数时，只利用较近时刻的序列信息，把那些“历史悠久的信息”忽略掉了。

解决“梯度消失”问题后，我们可以更换激励函数，比如采用 ReLU 激励函数，但是更好的办法是使用 LSTM 或者 GRU 架构的网络。

9.1.5 实现二进制数加法运算

前面小节对循环实现网络的原理、应用、损失函数、梯度求解等进行了介绍，下面通过一个例子来演示循环神经网络的应用。

【例 9-1】 用循环神经网络来实现一个八位的二进制数加法运算。

```
import copy, numpy as np
np.random.seed(0)
# 计算 Sigmoid 非线性
def sigmoid(x):
    output = 1/(1+np.exp(-x))
    return output
# 将 sigmoid 函数的输出转换为它的导数
def sigmoid_output_to_derivative(output):
    return output*(1-output)
# 训练数据集生成
int2binary = {}
binary_dim = 8
largest_number = pow(2,binary_dim)
binary = np.unpackbits(
    np.array([range(largest_number)],dtype=np.uint8).T,axis=1)
for i in range(largest_number):
    int2binary[i] = binary[i]
# 输入变量
alpha = 0.1
input_dim = 2
hidden_dim = 16
output_dim = 1
# 初始化神经网络权值
synapse_0 = 2*np.random.random((input_dim,hidden_dim)) - 1
synapse_1 = 2*np.random.random((hidden_dim,output_dim)) - 1
synapse_h = 2*np.random.random((hidden_dim,hidden_dim)) - 1
```

```
    synapse_0_update = np.zeros_like(synapse_0)
    synapse_1_update = np.zeros_like(synapse_1)
    synapse_h_update = np.zeros_like(synapse_h)
    # 训练逻辑
    for j in range(10000):
        #输入是（a[i],b[i]） 其中 i>=0 且 i<8
        a_int = np.random.randint(largest_number/2) # int 版本
        a = int2binary[a_int] # 二进制编码

        b_int = np.random.randint(largest_number/2) # int 版本
        b = int2binary[b_int] # 二进制编码
        #真实值 y （c[i]） i>=0 且 i<8
        c_int = a_int + b_int
        c = int2binary[c_int]
        # 将把最好的猜测存储在哪里(二进制编码)
        d = np.zeros_like(c)
        overallError = 0
        layer_2_deltas = list()
        layer_1_values = list()
        layer_1_values.append(np.zeros(hidden_dim))
        # 沿着二进制编码中的位置移动
        for position in range(binary_dim):
            # 生成输入和输出
            X=np.array([[a[binary_dim-position-1],b[binary_dim-position-1]]])
            y = np.array([[c[binary_dim - position - 1]]]).T
            #隐藏层神经元的输入为输入层加上一时刻（t-1）神经元的输出:
            layer_1 = sigmoid(np.dot(X,synapse_0) + np.dot(layer_1_values[-1],
synapse_h))
            #输出层的输入、输出:
            layer_2 = sigmoid(np.dot(layer_1,synapse_1))
            # 错过了吗?…如果是的话，是多少?
            layer_2_error = y - layer_2
            layer_2_deltas.append((layer_2_error)*sigmoid_output_to_
derivative(layer_2))
            overallError += np.abs(layer_2_error[0])
            # 解码估计值，这样就能把它打印出来
            d[binary_dim - position - 1] = np.round(layer_2[0][0])
            # 存储隐藏层，以便可以在下一个时间步骤中使用它
            layer_1_values.append(copy.deepcopy(layer_1))
        future_layer_1_delta = np.zeros(hidden_dim)
        for position in range(binary_dim):
            X = np.array([[a[position],b[position]]])
            layer_1 = layer_1_values[-position-1]
            prev_layer_1 = layer_1_values[-position-2]
            # 输出层误差
            layer_2_delta = layer_2_deltas[-position-1]
```

```
            #隐层误差
            layer_1_delta = (future_layer_1_delta.dot(synapse_h.T) + layer_
2_delta.dot(synapse_1.T)) * sigmoid_output_to_derivative(layer_1)

            # 更新所有的权重，这样就可以再试一次
            synapse_1_update += np.atleast_2d(layer_1).T.dot(layer_2_delta)
            synapse_h_update += np.atleast_2d(prev_layer_1).T.dot(layer_1_
delta)
            synapse_0_update += X.T.dot(layer_1_delta)
            future_layer_1_delta = layer_1_delta

        synapse_0 += synapse_0_update * alpha
        synapse_1 += synapse_1_update * alpha
        synapse_h += synapse_h_update * alpha
        synapse_0_update *= 0
        synapse_1_update *= 0
        synapse_h_update *= 0
        # 打印结果
        if(j % 1000 == 0):
            print ("Error:" + str(overallError))
            print ("Pred:" + str(d))
            print ("True:" + str(c))
            out = 0
            for index,x in enumerate(reversed(d)):
                out += x*pow(2,index)
            print (str(a_int) + " + " + str(b_int) + " = " + str(out))
            print ("------------")
```

运行程序，输出如下：

```
Error:[3.45638663]
Pred:[0 0 0 0 0 0 0 1]
True:[0 1 0 0 0 1 0 1]
9 + 60 = 1
------------
Error:[3.63389116]
Pred:[1 1 1 1 1 1 1 1]
True:[0 0 1 1 1 1 1 1]
28 + 35 = 255
------------
Error:[3.91366595]
Pred:[0 1 0 0 1 0 0 0]
True:[1 0 1 0 0 0 0 0]
116 + 44 = 72
------------
Error:[3.72191702]
Pred:[1 1 0 1 1 1 1 1]
```

```
True:[0 1 0 0 1 1 0 1]
4 + 73 = 223
------------
Error:[3.5852713]
Pred:[0 0 0 0 1 0 0 0]
True:[0 1 0 1 0 0 1 0]
71 + 11 = 8
------------
Error:[2.53352328]
Pred:[1 0 1 0 0 0 1 0]
True:[1 1 0 0 0 0 1 0]
81 + 113 = 162
------------
Error:[0.57691441]
Pred:[0 1 0 1 0 0 0 1]
True:[0 1 0 1 0 0 0 1]
81 + 0 = 81
------------
Error:[1.42589952]
Pred:[1 0 0 0 0 0 0 1]
True:[1 0 0 0 0 0 0 1]
4 + 125 = 129
------------
Error:[0.47477457]
Pred:[0 0 1 1 1 0 0 0]
True:[0 0 1 1 1 0 0 0]
39 + 17 = 56
------------
Error:[0.21595037]
Pred:[0 0 0 0 1 1 1 0]
True:[0 0 0 0 1 1 1 0]
11 + 3 = 14
------------
```

9.1.6 实现拟合回声信号序列

实例中使用 TensorFlow 中的函数来演示搭建一个简单循环神经网络，使用一串随机的数据作为原始信号，让循环神经网络来拟合其对应的回声信号。

样本数据为一串随机的由 0、1 组成的数字，可将其当成发射出去的一串信号。当碰到阻挡被反弹回来时，会收到原始信号的回声。

如果步长为 3，那么输入和输出的序列如图 9-6 所示。回声序列的前三项是 null，原序列的第一个信号为 0，对应的是回声序列的第四项，即回声序列的每一个数都比原序列滞后 3 个时序。本例的任务就是把序列截取出来，预测每个原序列的回声序列。构建的网络结构如图 9-7 所示。

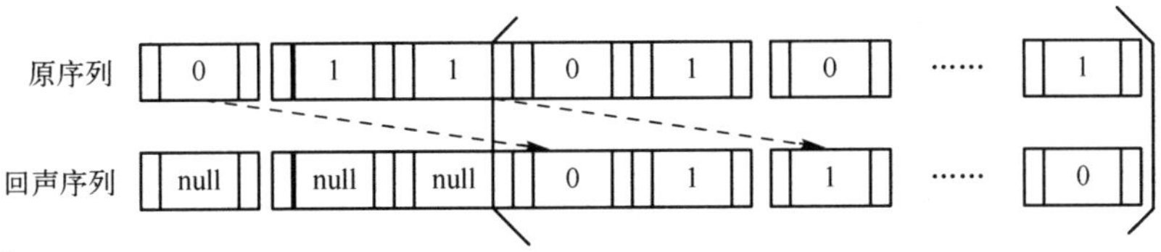

图 9-6 回声序列

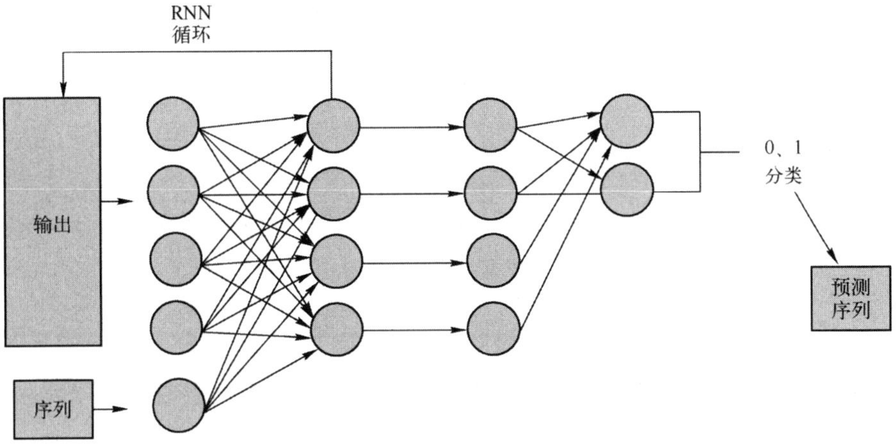

图 9-7 回声信号网络结构图

图 9-7 中，初始的输入有 5 个，x_t 个为 t 时刻输入序列值，另外 4 个为 t-1 时刻隐藏层的输出值 h_t-1。通过一层具有 4 个节点的循环神经网络，再接一个全连接输出两个类别，分别表示输出 0 和 1 类别的概率。这样每个序列都会有一个对应的预测分类值，最终将整个序列生成预测序列。

下面演示一个例子：随机生成一个具有 50000 个序列的样本数据，然后根据原序列生成 50000 个回声序列样本数据。我们针对每个训练截取 15 个序列作为一个样本，设置小批量大小 batch_size 为 5。

（1）实例描述

把 50000 个序列转换为 5×10000 的数组。对数组的每一行按长度为 15 进行分割，每一个小批量含有 5×15 个序列。

针对每一小批量的序列，使用循环神经网络开始迭代，迭代每一个批次中的每一组序列（5×1）。

（2）定义参数生成样本

定义生成样本函数 generateData，在函数中先随机生成 50000 个 0、1 数据的数组 x 作为原始的序列，令 x 中的数据向右循环移动 3 个位置，生成数据 y 作为 x 的回声序列，因为回声步长是 3，表明回声 y 是从 x 的第 3 个数据开始才出现的，所以将 y 的前 3 个数据清零（Echo_signal_sequence.py）。

```
import numpy as np
import tensorflow as tf
import matplotlib.pyplot as plt
```

```
np.random.seed(0)
'''
一 定义参数生成样本数据
'''
num_epochs = 5                        #迭代轮数
total_series_length = 50000           #序列样本数据长度
truncated_backprop_length = 15 #测试时截取数据长度
state_size = 4                        #中间状态长度
num_classes = 2                       #输出类别个数
echo_step =  3                        #回声步长
batch_size = 5                        #小批量大小
learning_rate = 0.4                   #学习率
num_batches  =total_series_length//batch_size//truncated_backprop_length
#计算一轮可以分为多少批

def generate_date():
    '''
    生成原序列和回声序列数据，回声序列滞后原序列 echo_step 个步长
    返回原序列和回声序列组成的元组
    '''
    #生成原序列样本数据   random.choice() 随机选取内容从 0 和 1 中选取
total_series_length 个数据，0,1 数据的概率都是 0.5
    x = np.array(np.random.choice(2,total_series_length,p=[0.5,0.5]))
    #向右循环移位  如 11110000->00011110
    y =np.roll(x,echo_step)
    #回声序列，前 echo_step 个数据清 0
    y[0:echo_step] = 0

    x = x.reshape((batch_size,-1))    #5x10000
    #print(x)
    y = y.reshape((batch_size,-1))    #5x10000
    #print(y)
    return  (x,y)
```

（3）定义占位符处理输入数据

定义 3 个占位符，batch_x 为原始序列，batch_y 为回声序列真实值，init_state 为循环节点的初始值。batch_x 是逐个输入网络的，所以需要将输入的数据打散，按照时间序列变成 15 个数组，每个数组有 batch_size 个元素，进行统一批处理。

```
#原始序列
batch_x = tf.placeholder(dtype=tf.float32,shape=[batch_size,truncated_
backprop_length])
#回声序列作为标签
batch_y = tf.placeholder(dtype=tf.int32,shape=[batch_size,truncated_
backprop_length])
```

```
    #循环节点的初始状态值
    init_state = tf.placeholder(dtype=tf.float32,shape=[batch_size,state_
size])
    #将 batch_x 沿 axis = 1(列)的轴进行拆分，返回一个 list，每个元素都是一个数组
[(5,),(5,)....]，一共 15 个元素，即 15 个序列
    inputs_series = tf.unstack(batch_x,axis=1)
    labels_series = tf.unstack(batch_y,axis=1)
```

（4）定义循环神经网络结构

定义一层循环与一层全网络连接。由于数据是一个二维数组序列，所以需要通过循环将输入数据按照原有序列逐个输入网络，并输出对应的预测序列，同样的，对于每个序列值都要对其做损失计算，在损失计算使用了 spare_softmax_cross_entropy_with_logits 函数，因为 label 的最大值正好是 1，而且是一位的，就不需要在使用 one_hot 编码了，最终将所有的损失均值放入优化器中。

```
    #一个输入样本由 15 个输入序列组成，一个小批量包含 5 个输入样本
    current_state = init_state #存放当前的状态
    #存放一个小批量中每个输入样本的预测序列值，每个元素为 5x2，共有 15 个元素
    predictions_series = []
    #存放一个小批量中每个输入样本训练的损失值，每个元素是一个标量，共有 15 个元素
    losses = []
    #使用一个循环，按照序列逐个输入
    for current_input,labels in zip(inputs_series,labels_series):
        #确定形状为 batch_size x 1
        current_input = tf.reshape(current_input,[batch_size,1])
        '''
          加入初始状态
          5 x 1 序列值和 5 x 4 中间状态，按列连接，得到 5 x 5 数组，构成输入数据
        '''
        input_and_state_concatenated = tf.concat([current_input,current_
state],1)
        #隐藏层激活函数选择 tanh 5x4
        next_state = tf.contrib.layers.fully_connected(input_and_state_
concatenated,
    state_size,activation_fn = tf.tanh)
        current_state = next_state
        #输出层激励函数选择 None，即直接输出 5x2
      logits = tf.contrib.layers.fully_connected(next_state,num_classes,
activation_fn = None)
        #计算代价
        loss = tf.reduce_mean(tf.nn.sparse_softmax_cross_entropy_with_
logits(labels=labels,logits = logits))
        losses.append(loss)
        #经过 softmax 计算预测值 5x2，注意这里并不是标签值，这里是 one_hot 编码
        predictions =  tf.nn.softmax(logits)
        predictions_series.append(predictions)
```

```
total_loss = tf.reduce_mean(losses)
train_step = tf.train.AdagradOptimizer(learning_rate).minimize(total_loss)
```

（5）建立 session 训练数据

建立 session，初始化循环神经网络循环节点的值为 0。总样本迭代 5 轮，每一轮迭代完调用 plot 函数生成图像。

```
with tf.Session() as sess:
    sess.run(tf.global_variables_initializer())
    loss_list = []          #list 存放每一小批量的代价值

    #开始迭代每一轮
    for epoch_idx in range(num_epochs):
        #生成原序列和回声序列数据
        x,y = generate_date()

        #初始化循环节点状态值
        _current_state = np.zeros((batch_size,state_size))
        print('New date,epoch',epoch_idx)

        #迭代每一小批量
        for batch_idx in range(num_batches):
            #计算当前 batch 的起始索引
            start_idx = batch_idx * truncated_backprop_length
            #计算当前 batch 的结束索引
            end_idx = start_idx + truncated_backprop_length

            #当前批次的原序列值
            batchx = x[:,start_idx:end_idx]
            #当前批次的回声序列值
            batchy = y[:,start_idx:end_idx]

            #开始训练当前批次样本
            _total_loss,_train_step,_current_state,_predictions_series = sess.
run(
                    [total_loss,train_step,current_state,predictions_series],
                    feed_dict = {
                          batch_x:batchx,
                          batch_y:batchy,
                          init_state:_current_state
                          })

            loss_list.append(_total_loss)
```

（6）测试模型及可视化

每循环 100 次，将打印数据并调用 plot 函数生成图像。

```
    if batch_idx % 100 == 0:
        print('Step {0} Loss {1}'.format(batch_idx, _total_loss))
        #可视化输出
        plot(loss_list, _predictions_series, batchx, batchy)
plt.ioff()
plt.show()
```

（7）plot 函数的定义

```
def plot(loss_list, predictions_series, batchx, batchy):
    '''
    绘制一个小批量中每一个原序列样本、回声序列样本、预测序列样本图像
    args:
        loss_list: list 存放每一个批次训练的代价值
        predictions_series: list 长度为 5，存放一个批次中每个输入序列的预测序列值，
注意这里每个元素(5x2)都是 one_hot 编码
        batchx: 当前批次的原序列 5×15
        batchy: 当前批次的回声序列 5×15
    '''
    #创建子图，2 行 3 列选择第一个，绘制代价值
    plt.subplot(2, 3, 1)
    plt.cla()
    plt.plot(loss_list)

    for batch_series_idx in range(batch_size):
        one_hot_output_series = np.array(predictions_series)[:, batch_
series_idx, :]
        single_output_series = np.array([(1 if out[0] < 0.5 else 0) for out
in one_hot_output_series])

        plt.subplot(2, 3, batch_series_idx + 2)
        plt.cla()
        plt.axis([0, truncated_backprop_length, 0, 2])
        left_offset = range(truncated_backprop_length)
        left_offset2 = range(echo_step, truncated_backprop_length+echo_step)

        label1 = "past values"
        label2 = "True echo values"
        label3 = "Predictions"
        plt.plot(left_offset2, batchx[batch_series_idx, :]*0.2+1.5, "o--b",
label=label1)
        plt.plot(left_offset, batchy[batch_series_idx, :]*0.2+0.8,
"x--b", label=label2)
        plt.plot(left_offset,  single_output_series*0.2+0.1 , "o--y",
label=label3)

    plt.legend(loc='best')
```

```
    plt.draw()
    plt.pause(0.0001)
```

将函数中输入的原序列、回声序列和预测的序列同时输出在图像中，按照小批量样本的个数生成图像。为了让 3 个序列看起来更明显，将其缩放 0.2，并且调节每个图像的高度。同时将原始序列在显示中滞后 echo_step 个序列，将 3 个图像放在同一序列顺序比较。

运行程序，输出如下，效果如图 9-8 所示。

```
Step 200 Loss 0.30137160420417786
Step 300 Loss 0.28994274139404297
Step 400 Loss 0.25914275646209717
Step 500 Loss 0.2545686960220337
Step 600 Loss 0.24426494538784027
New date,epoch 1
Step 0 Loss 0.28078410029411316
......  ......
Step 100 Loss 0.14165735244750977
Step 200 Loss 0.13314813375473022
Step 300 Loss 0.1448708474636078
Step 400 Loss 0.12134352326393127
Step 500 Loss 0.13103856146335602
Step 600 Loss 0.13680455088615417
```

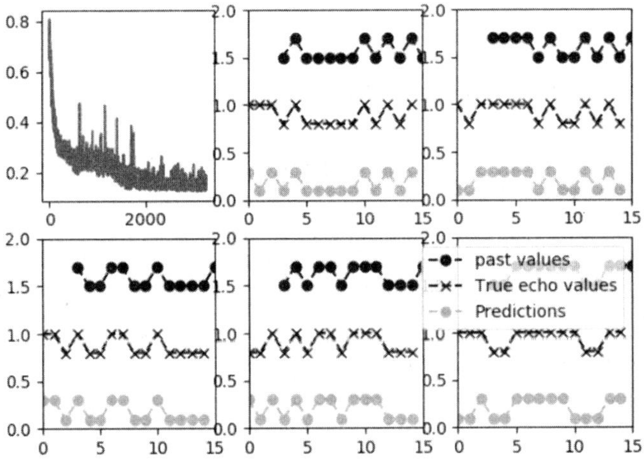

图 9-8　循环神经网络回声实例结果

如图 9-8 所示，最下面的是预测的序列，中间的为回声序列，从图像上可以看出预测序列和回声序列几乎相同，表明循环神经网络已经完全可以学习到回声的规则。

9.2　循环神经网络的训练

对循环神经网络的训练和对传统的神经网络（ANN）训练一样，同样使用 BP 误差反向传播算法，不过有一点区别。如果将循环神经网络进行网络展开，那么参数 W,U,VW,U,V 是共享的，而传统神经网络却不是的。并且在使用梯度下降算法中，每一步的输出不仅依赖当前步的网络，并且还原了前面若干步网络的状态。比如，在 $t=4$ 时，还需要向后传递 3 步，后面的 3 步都需要加上各种的梯度，该算法称为 BPTT。需要意识到的是，在 vanilla 循环神经网络训练中，BPTT 无法解决长时依赖问题（即当前的输出与前面很长的一段序列有关，一般超过 10 步就无能为力了），因为 BPTT 会带来所谓的梯度消失或梯度爆炸问题。当然，有很多方法去解决这个问题，如长短时间记忆网络（Long Short Term Memory networks，LSTM）便是专门应对这种问题的（见 9.3 节）。

9.3 循环神经网络的改进

在第 9.1 节中演示的代码看似功能很强大，但也仅限于处理简单的逻辑和样本。对于相对较复杂的问题，这种循环神经网络便会显出其缺陷，原因还是出在激励函数。通常来讲，激励函数在神经网络里最多只能 6 层左右，因为它的反向误差传递会随着层数的增加而越来越小，而在循环神经网络中，误差传递不仅存在于层与层之间，也存在于每一层的样本序列间，所以循环神经网络无法去学习太长的序列特征。

于是，神经网络学科中又演化了许多循环神经网络的变体版本，使得模型能够学习更长的序列特征。下面介绍循环神经网络循环神经网络、各种演化版本及内部原理与结构。

9.3.1 循环神经网络存在的问题

循环神经网络的一个想法是，它们可能会将之前的信息连接到现在的任务之中。例如视频前一帧的信息可以用于理解当前帧的信息。如果循环神经网络能够做到这些，那么将会非常有用。但是它们可以吗？这要看情况。

有时候，我们处理当前任务仅需要查看当前信息。例如，设想有一个语言模型尝试着基于当前单词去预测下一个单词。如果我们尝试着预测“the clouds are in the sky”的最后一个单词，我们并不需要任何额外的信息，很显然下一个单词就是“天空”。这样的话，如果目标预测的点与其相关信息的点之间的间隔较小，循环神经网络可以学习利用过去的信息。

但是，也有时候我们需要更多的上下文信息。设想预测这句话的最后一个单词“I grew up in France…I speak fluent French。”最近的信息表明下一个单词似乎是一种语言的名字，但是如果我们希望缩小确定语言类型的范围，我们需要更早之前的 France 的上下文，而且需要预测的点与其相关点之间的间隔非常有可能变得很大，如图 9-9 所示。

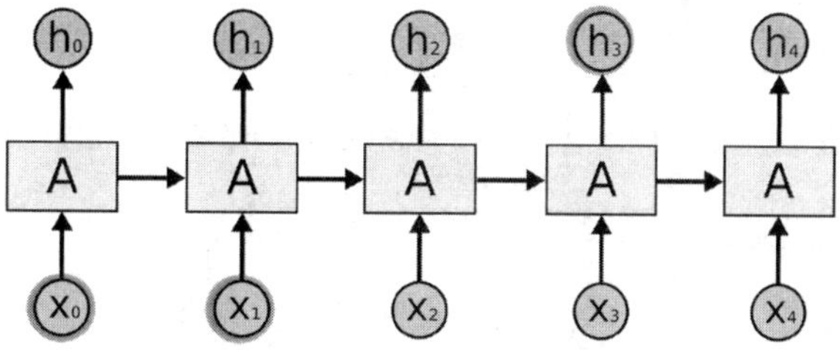

图 9-9 预测点与相关点的间隔

随着间隔增长，循环神经网络变得难以学习连接之间的关系，如图 9-10 所示。

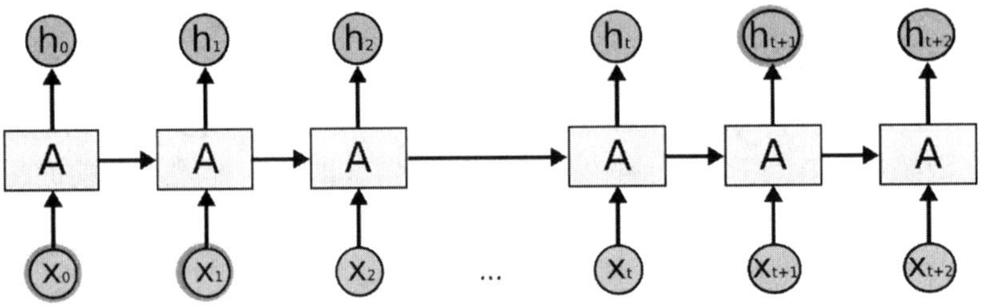

图 9-10　预测点与相关点的连接关系

在循环神经网络中，并不能学习出来这些参数，而 LSTM 可以解决这个问题。

9.3.2　LSTM 网络

长短时间记忆（Long Short Term Memory，LSTM）网络是一种特殊的循环神经网络，它能够学习长时间依赖。它们由 Hochreiter & Schmidhuber（1997 年）提出，后来由很多人加以改进和推广。它们在大量的问题上都取得了巨大成功，现在已经被广泛应用。

LSTM 是专门设计用来避免长期依赖问题的。记忆长期信息是 LSTM 的默认行为，而不是它们努力学习的东西。

所有的周期神经网络都具有链式的重复模块神经网络。在标准的循环神经网络中，这种重复模块具有非常简单的结构，比如一个 tanh 层，如图 9-11 所示。

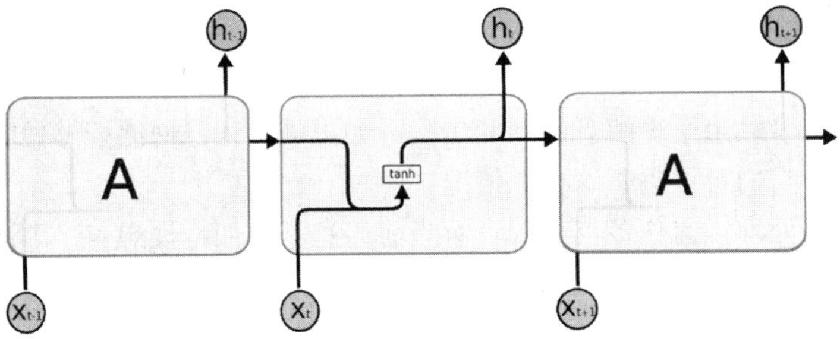

图 9-11　循环神经网络的 tanh 层

LSTM 同样具有链式结构，但是其重复模块却有着不同的结构。不同于单独的神经网络层，它具有 4 个以特殊方式相互影响的神经网络层，如图 9-12 所示。

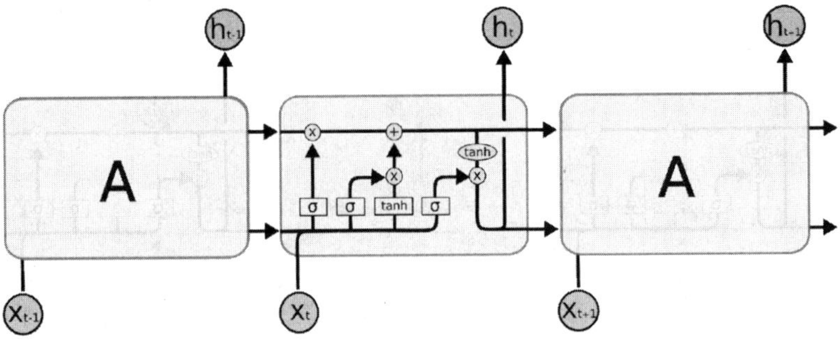

图 9-12　LSTM 网络的 tanh 层

接下来我们将会一步步讲解 LSTM 的示意图。下面是我们将要用到的符号，如图 9-13 所示。

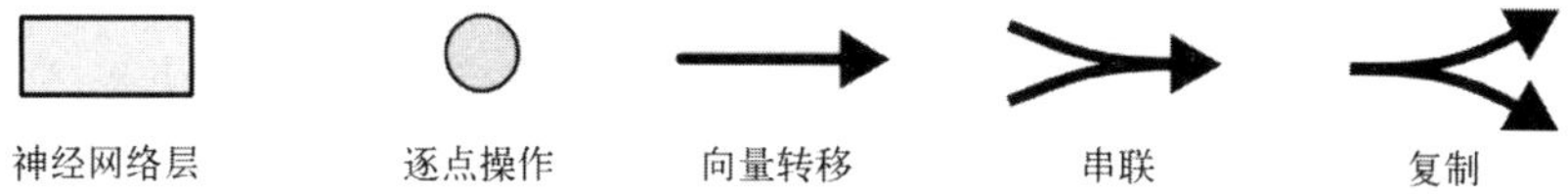

图 9-13　用到的符号图

在图 9-13 中，每一条线代表一个完整的向量，即从一个节点的输出到另一个节点的输入。圆形代表了逐点操作，例如向量求和；方框代表学习出得神经网络层。聚拢的线代表了串联，而分叉的线代表了内容复制去了不同的地方。

9.3.3 LSTM 核心思想

LSTM 的关键在于细胞状态，在图中以水平线表示。细胞状态就像一个传送带，它顺着整个链条从头到尾运行，中间只有少许线性的交互。信息很容易顺着它流动而保持不变。如图 9-14 所示。

LSTM 通过被称为门（gates）的结构来对细胞状态增加或者删除信息。门是选择性让信息通过的方式。它们的输出有一个 Sigmoid 层和逐点乘积操作，如图 9-15 所示。

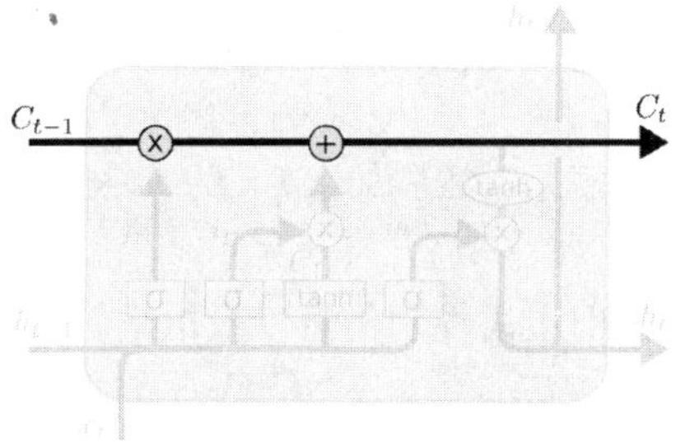

图 9-14　细胞状态图

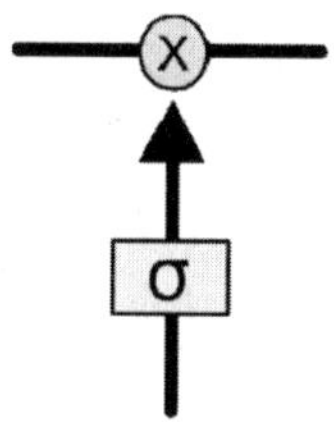

图 9-15　门

9.3.4 LSTM 详解与实现

LSTM 的第一步是决定要从细胞中抛弃何种信息。这个决定是由被称为“遗忘门”的 Sigmoid 层决定的。它以 h_i-1 和 x_i 为输入，在 G_t-1 细胞输出一个介于 0 和 1 之间的数。其中 1 代表“完全保留”，0 代表“完全遗忘”。

回到之前那个语言预测模型的例子，这个模型尝试着根据之前的单词学习预测下一个单词。在这个问题中，细胞状态可能包括了现在主语的性别，因此能够使用正确的代词。当见到一个新的主语时，我们希望它能够忘记之前主语的性别，如图 9-16 所示。

接着是决定细胞中要存储何种信息。它由 2 个组成部分。首先，由一个被称为“输入门层”的 Sigmoid 层决定将要更新哪些值。其次，一个 tanh 层创建一个新的候选向量 $\tilde{C}_t$，它可以加在状态之中。在下一步我们将结合两者来生成状态的更新。

在语言模型的例子中，我们希望把新主语的性别加入到状态之中，从而取代打算遗忘的旧主语的性别，如图 9-17 所示。

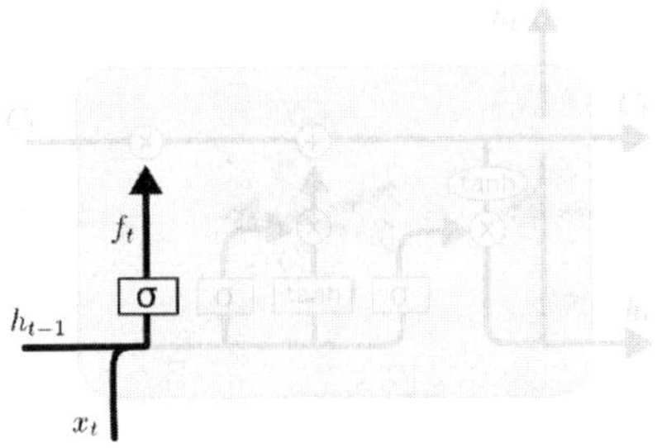

$$f_t=\sigma(W_f\cdot[h_{t-1},x_t]+b_f)$$

图 9-16　遗忘门

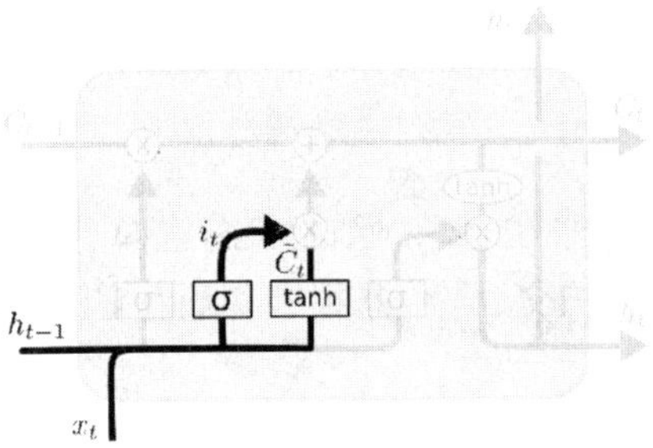

$$i_t=\sigma(W_i\cdot[h_{t-1},x_t]+b_i)$$

$$\tilde{\boldsymbol{C}}_t=\tanh(W_C\cdot[h_{t-1},x_t]+b_C)$$

图 9-17　输入门

现在可以将旧细胞状态 C_t-1 更新为 C_t 了。之前的步骤已经决定了该怎么做，下面进行实际操作。

把旧状态乘以 f_t，用以遗忘之前决定忘记的信息。然后加上 $i_t\times\tilde{\boldsymbol{C}}_t$。这是新的候选值，根据决定更新状态的程度来作为缩放系数。

在语言模型中，此处就是我们真正丢弃关于旧主语性别信息以及增添新信息的地方，如图 9-18 所示。

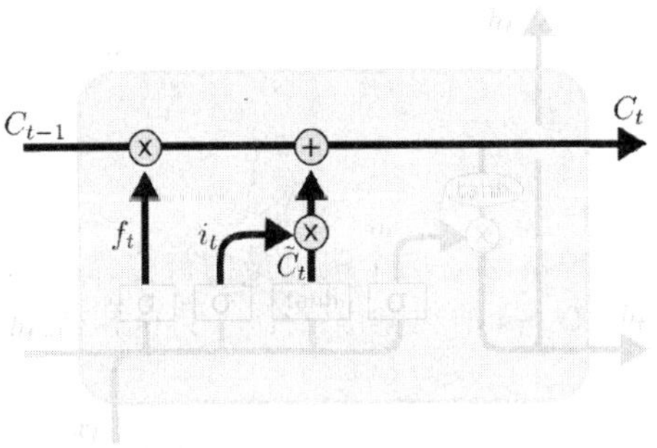

$$\boldsymbol{C}_t=f_t*C_{t-1}+i_t*\tilde{\boldsymbol{C}}_t$$

图 9-18　信息更新处

最终，我们可以决定输出哪些内容。输出取决于细胞状态，但是要以一个过滤后的版本进行。首先，使用 Sigmoid 层来决定要输出细胞状态的哪些部分。然后，用 tanh 处理细胞状态（将状态值映射到-1 至 1 之间）。最后将其与 Sigmoid 门的输出值相乘，从而输出我们决定输出的值，如图 9-19 所示。

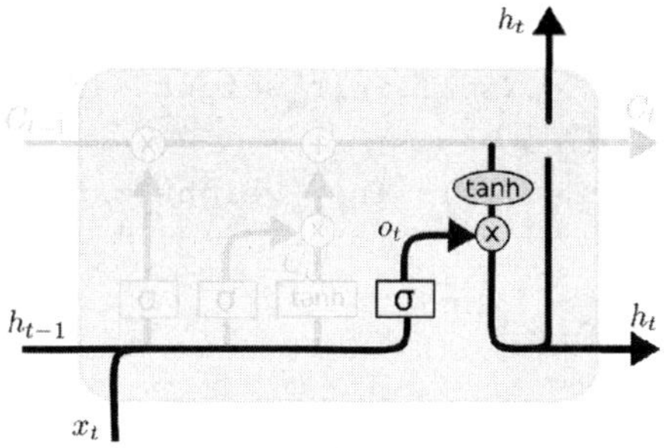

$o_t=\sigma(W_o\ [h_{t-1}, x_t]+b_o)$

$h_t=o_t*\tanh(C_t)$

图 9-19 输出门

对于语言模型，在预测下一个单词的例子中，当它输入一个主语时，它可能会希望输出相关的动词。例如，当主语是单数或复数时，它可能会以相应的形式输出。

【例 9-2】 用 TensorFlow 实现 LSTM（由于篇幅所限，本处只展示部分代码，完整代码请从本书附赠资源获取）。

```
import numpy as np
# 定义一个 LSTM 类（input_width 是输入数据的张量大小，state_width 是状态向量的维度，learning_rate 是学习率）
class LstmLayer(object):
    def __init__(self, input_width, state_width, learning_rate):
        self.input_width = input_width
        self.state_width = state_width
        self.learning_rate = learning_rate
        # 门的激活函数
        self.gate_activator = SigmoidActivator()
        # 输出的激活函数
        self.output_activator = TanhActivator()
        # 当前时刻初始化为 t0
        self.times = 0
        # 各个时刻的单元状态向量 c
        self.c_list = self.init_state_vec()
        # 各个时刻的输出向量 h
        self.h_list = self.init_state_vec()
        # 各个时刻的遗忘门 f
        self.f_list = self.init_state_vec()
        # 各个时刻的输入门 i
        self.i_list = self.init_state_vec()
        # 各个时刻的输出门 o
        self.o_list = self.init_state_vec()
        # 各个时刻的即时状态 c~
        self.ct_list = self.init_state_vec()
        # 遗忘门权重矩阵 Wfh, Wfx, 偏置项 bf
        self.Wfh, self.Wfx, self.bf = (self.init_weight_mat())
        # 输入门权重矩阵 Wfh, Wfx, 偏置项 bf
        self.Wih, self.Wix, self.bi = (self.init_weight_mat())
```

```
            # 输出门权重矩阵 Wfh, Wfx, 偏置项 bf
            self.Woh, self.Wox, self.bo = (self.init_weight_mat())
            # 单元状态权重矩阵 Wfh, Wfx, 偏置项 bf
            self.Wch, self.Wcx, self.bc = (self.init_weight_mat())

        def init_state_vec(self):
            # 初始化保存状态的向量为 0
            state_vec_list = []
            state_vec_list.append(np.zeros((self.state_width, 1)))
            return state_vec_list
        def init_weight_mat(self):
            # 初始化权重矩阵
            Wh = np.random.uniform(-1e-4, 1e-4, (self.state_width, self.
state_width))
            Wx = np.random.uniform(-1e-4, 1e-4, (self.state_width, self.
input_width))
            b = np.zeros((self.state_width, 1))
            return Wh, Wx, b
            ......
    def gradient_check():
        #梯度检查
        # 设计一个误差函数，取所有节点输出项之和
        error_function = lambda o: o.sum()
        lstm = LstmLayer(3, 2, 1e-3)
        # 计算 forward 值
        x, d = data_set()
        lstm.forward(x[0])
        lstm.forward(x[1])
        # 求取 sensitivity map
        sensitivity_array = np.ones(lstm.h_list[-1].shape,dtype=np.float64)
        # 计算梯度
        lstm.backward(x[1], sensitivity_array, IdentityActivator())
        # 检查梯度
        epsilon = 10e-4
        for i in range(lstm.Wfh.shape[0]):
            for j in range(lstm.Wfh.shape[1]):
                lstm.Wfh[i, j] += epsilon
                lstm.reset_state()
                lstm.forward(x[0])
                lstm.forward(x[1])
                err1 = error_function(lstm.h_list[-1])
                lstm.Wfh[i, j] -= 2 * epsilon
                lstm.reset_state()
                lstm.forward(x[0])
                lstm.forward(x[1])
                err2 = error_function(lstm.h_list[-1])
```

```
            expect_grad = (err1 - err2) / (2 * epsilon)
            lstm.Wfh[i, j] += epsilon
            print('weights(%d,%d): expected - actural %.4e - %.4e' % (
                i, j, expect_grad, lstm.Wfh_grad[i, j]))
    return lstm
def test():
    l = LstmLayer(3, 2, 1e-3)
    x, d = data_set()
    l.forward(x[0])
    l.forward(x[1])
    l.backward(x[1], d, IdentityActivator())
    return l
gradient_check()
```

运行程序，输出如下：

```
weights(0,0): expected - actural 1.2120e-09 - 1.2120e-09
weights(0,1): expected - actural 7.6235e-10 - 7.6232e-10
weights(1,0): expected - actural 7.6229e-10 - 7.6229e-10
weights(1,1): expected - actural 4.7944e-10 - 4.7946e-10
```

9.3.5 窥视孔连接

图 9-20 是一个窥视孔连接（Peephole Connection）的逻辑图。窥视孔连接的出现是为了弥补遗忘门的一个缺点：当前细胞的状态不能影响到输入门和遗忘门在下一时刻的输出，使整个细胞对上个序列的处理丢失了部分信息。所以增加了窥视孔连接，如图 9-20 所示。

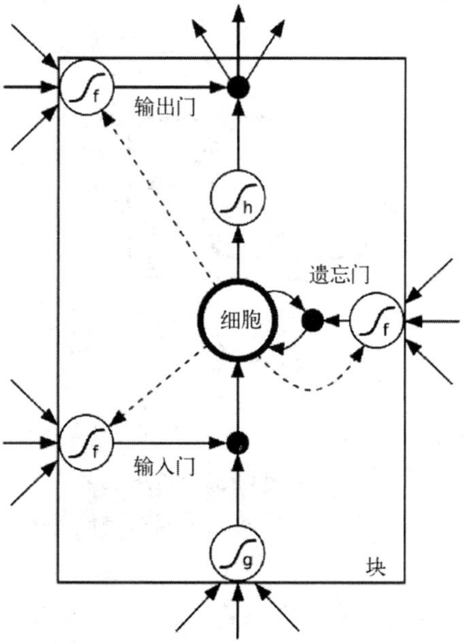

图 9-20 窥视孔连接逻辑

计算的顺序为：

1）上一时刻从细胞输出的数据，随着本次时刻数据一起输入输入门和遗忘门。

2）将输入门和遗忘门的输出数据同时输入细胞中。

3）细胞出来的数据输入到当前时刻的输出门，也输入到下一时刻的输入门和遗忘门。

4）遗忘门输出的数据与细胞激活后的数据一起作为整个块的输出。

如图 9-21 所示为窥视孔连接的详细结构。通过这样的结构，将门的输入部分增加了一个来源——遗忘门、输入门的输入来源增加了细胞前一时刻的输出，输出门的输入来源增加了细胞当前的输出，使细胞对序列记忆增强。

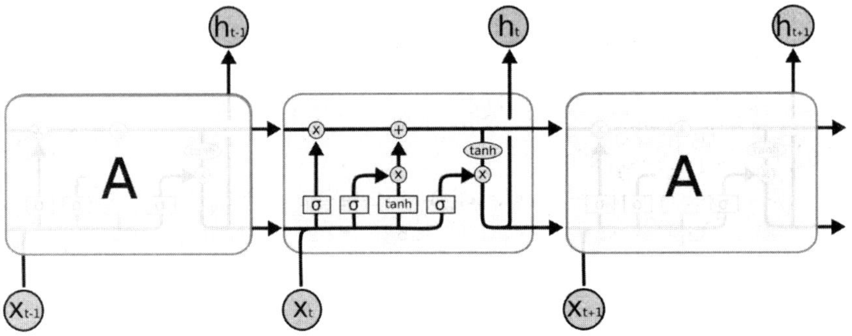

图 9-21　窥视孔连接的详细结构

9.3.6　GRU 网络对 MNIST 数据集分类

GRU 是与 LSTM 功能几乎一样的另一个常用的网络结构，它将遗忘门和输入门合成了一个单一的更新门，同样混合了细胞状态和隐藏状态及其他一些改动。最终的模型比标准的 LSTM 模型要简单，如图 9-22 所示。

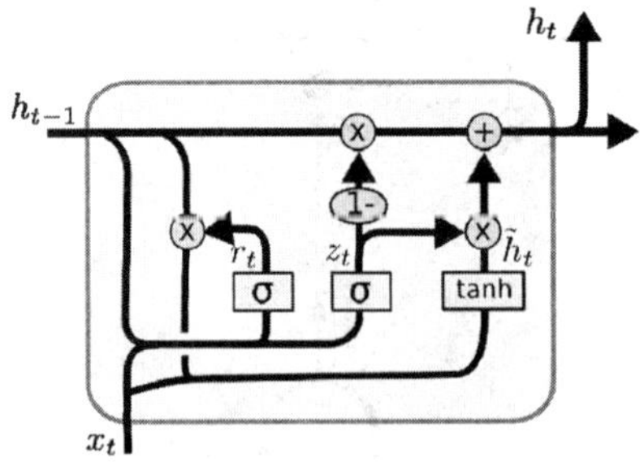

图 9-22　GRU 模型

当然，基于 LSTM 的变体不止 GRU 一个，经过一些专业人士的测试，它们在性能和准确度上几乎没有什么差别，只是在具体的某些业务上会略微有不同。

由于 GRU 比 LSTM 少一个状态输出，效果几乎一样，因此在编码时使用 GRU 可以让代码更为简单一些。

【例 9-3】 构建单层 GRU 网络对 MNIST 数据集分类。

```
import tensorflow as tf
```

```
# 导入 MNIST 数据集
from tensorflow.examples.tutorials.mnist import input_data
mnist = input_data.read_data_sets("/data/", one_hot=True)
n_input = 28 # MNIST 数据集输入 (img shape: 28*28)
n_steps = 28 # 步长
n_hidden = 128 # 隐藏层特征数
n_classes = 10  # MNIST 列别 (0-9 , 一共 10 类)

tf.reset_default_graph()

# tf Graph 输入
x = tf.placeholder("float", [None, n_steps, n_input])
y = tf.placeholder("float", [None, n_classes])
x1 = tf.unstack(x, n_steps, 1)
#3 gru 网络
gru = tf.contrib.rnn.GRUCell(n_hidden)
outputs = tf.contrib.rnn.static_rnn(gru, x1, dtype=tf.float32)
#4 创建动态循环神经网络
pred = tf.contrib.layers.fully_connected(outputs[-1],n_classes,activation_
fn = None)
learning_rate = 0.001
training_iters = 100000
batch_size = 128
display_step = 10
#定义损失函数和优化函数
cost = tf.reduce_mean(tf.nn.softmax_cross_entropy_with_logits(logits=
pred, labels=y))
optimizer = tf.train.AdamOptimizer(learning_rate=learning_rate).
minimize(cost)
# 评估模型
correct_pred = tf.equal(tf.argmax(pred,1), tf.argmax(y,1))
accuracy = tf.reduce_mean(tf.cast(correct_pred, tf.float32))
# 启动 session
with tf.Session() as sess:
    sess.run(tf.global_variables_initializer())
    step = 1
    # 保持训练直到最大迭代
    while step * batch_size < training_iters:
        batch_x, batch_y = mnist.train.next_batch(batch_size)
        # 重新格式化数据，得到 28 个元素中的 28 个 seq
        batch_x = batch_x.reshape((batch_size, n_steps, n_input))
        # 运行优化 op (backprop)
        sess.run(optimizer, feed_dict={x: batch_x, y: batch_y})
        if step % display_step == 0:
            # 计算批次数据的准确率
            acc = sess.run(accuracy, feed_dict={x: batch_x, y: batch_y})
```

```
            # 批处理计算损失
            loss = sess.run(cost, feed_dict={x: batch_x, y: batch_y})
            print ("Iter " + str(step*batch_size) + ", Minibatch Loss= " + \
                 "{:.6f}".format(loss) + ", Training Accuracy= " + \
                 "{:.5f}".format(acc))
        step += 1
    print (" Finished!")
    # 计算准确率
    test_len = 128
    test_data = mnist.test.images[:test_len].reshape((-1, n_steps, n_input))
    test_label = mnist.test.labels[:test_len]
    print ("Testing Accuracy:", \
        sess.run(accuracy, feed_dict={x: test_data, y: test_label}))
```

运行程序，输出如下：

```
rts instructions that this TensorFlow binary was not compiled to use: AVX2
Iter 1280, Minibatch Loss= 2.095457, Training Accuracy= 0.42969
Iter 2560, Minibatch Loss= 1.841022, Training Accuracy= 0.34375
Iter 3840, Minibatch Loss= 1.592266, Training Accuracy= 0.53906
Iter 5120, Minibatch Loss= 1.355840, Training Accuracy= 0.57812
……
Iter 96000, Minibatch Loss= 0.132790, Training Accuracy= 0.95312
Iter 97280, Minibatch Loss= 0.185305, Training Accuracy= 0.95312
Iter 98560, Minibatch Loss= 0.157916, Training Accuracy= 0.96875
Iter 99840, Minibatch Loss= 0.116497, Training Accuracy= 0.96094
 Finished!
Testing Accuracy: 1.0
```

9.3.7 BRNN网络对MNIST数据集分类

如果能像访问过去的上下文信息一样访问未来的上下文，那么对于许多序列标注任务都是非常有益的。例如，在最特殊字符分类的时候，如果能像知道这个字母之前的字母一样知道将要来的字母，这将非常有帮助。

然而，标准的循环神经网络在时序上处理序列，因此往往忽略了未来的上下文信息。一种很有效的解决办法是在输入和目标之间添加延迟，进而在网络一些时步中加入未来的上下文信息，也就是加入 M 时间帧的未来信息来一起预测输出。理论上，M 可以非常大，以捕获所有未来的可用信息，但事实上，如果 M 过大，预测结果将会变差。这是因为网络把精力都集中在记忆大量的输入信息上，而导致将不同输入向量的预测知识联合的建模能力下降。因此，M 的大小需要手动来调节。

双向循环神经网络（BRNN）的基本思想是，每一个训练序列向前和向后分别是两个循环神经网络，而且这两个都连接着一个输出层。这个结构提供给输出层输入序列中每一个点的完整的过去和未来的上下文信息。图 9-23 展示的是一个沿着时间展开的双向循环神经网络。6 个独特的权值在每一个时步被重复的利用，6 个权值分别对应：输入到向前和向后

隐含层 (w_1, w_2)，隐含层到隐含层自己 (w_2, w_5)，向前和向后隐含层到输出层 (w_4, w_6)。值得注意的是，向前和向后隐含层之间没有信息流，这保证了展开图是非循环的。

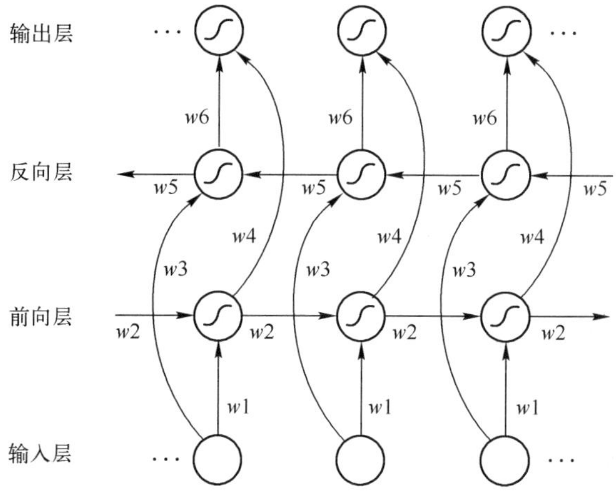

图 9-23　双向循环神经网络在时间上展开

对于整个双向循环神经网络的计算过程如下：

1. 向前推算

对于双向循环神经网络的隐含层，向前推算（Forward pass）跟单向的循环神经网络一样，除了输入序列对于两个隐含层是相反方向的，输出层直到两个隐含层处理完所有的全部输入序列才更新。

2. 向后推算

双向循环神经网络的向后推算（Backward pass）与标准的循环神经网络通过时间反向传播相似，所有的输出层 δ 项首先被计算，然后返回给两个不同方向的隐含层。

【例 9-4】 TensorFlow 实现双向 LSTM 分类。

```
# -*- coding: utf-8 -*-
"""
用双向 LSTM 进行分类
"""
import tensorflow as tf
import numpy as np
#加载测试数据的读写工具包，加载测试手写数据，目录 MNIST_data 是用来存放下载网络上的训练和测试数据的
#可以修改“/tmp/data”，把数据放到自己要存储的地方
import tensorflow.examples.tutorials.mnist.input_data as input_data
mnist = input_data.read_data_sets("/tmp/data", one_hot=True)
#设置了训练参数
learning_rate = 0.01
max_samples = 400000
batch_size =128
```

```
    display_step = 10
    #MNIST 图像尺寸为 28*28，输入 n_input 为 28
    #n_steps 即 LSTM 的展开步数，也为 28.
    #n_classes 为分类数目
    n_input = 28
    n_steps = 28
    n_hidden =256 #LSTM 的 hidden 是什么结构
    n_classes =10
    x=tf.placeholder("float",[None,n_steps,n_input])
    y=tf.placeholder("float",[None,n_classes])
    #softmax 层的 weights 和 biases
    #双向 LSTM 有 forward 和 backward 两个 LSTM 的 cell，所以 weights 的参数数量为
2*n_hidden
    weights = {
        'out': tf.Variable(tf.random_normal([2*n_hidden, n_classes]))
    }
    biases = {
        'out': tf.Variable(tf.random_normal([n_classes]))
    }
    #定义了 Bidirectional LSTM 网络的生成
    #
    def BiRNN(x,weights,biases):
        x = tf.transpose(x,[1,0,2])
        x = tf.reshape(x,[-1,n_input])
        x = tf.split(x,n_steps)
        #修改添加了作用域
        with tf.variable_scope('forward'):
            lstm_fw_cell = tf.contrib.rnn.BasicLSTMCell(n_hidden,forget_
bias=1.0)
        with tf.variable_scope('backward'):
            lstm_bw_cell = tf.contrib.rnn.BasicLSTMCell(n_hidden,forget_
bias=1.0)
        with tf.variable_scope('birnn'):
            outputs,_,_ =tf.contrib.rnn.static_bidirectional_rnn(lstm_fw_
cell,lstm_bw_cell,x,dtype=tf.float32)
        #outputs = tf.contrib.rnn.static_bidirectional_rnn(lstm_fw_cell, lstm_
bw_cell, x, dtype=tf.float32)
        return tf.matmul(outputs[-1],weights['out'])+biases['out']

    pred =BiRNN(x,weights,biases)
    cost = tf.reduce_mean(tf.nn.softmax_cross_entropy_with_logits(logits =pred,
labels = y))
    optimizer = tf.train.AdamOptimizer(learning_rate = learning_rate).
minimize(cost)
```

```
correct_pred = tf.equal(tf.argmax(pred,1),tf.argmax(y,1))
accuracy = tf.reduce_mean(tf.cast(correct_pred,tf.float32))
init = tf.global_variables_initializer()
with tf.Session() as sess:
    sess.run(init)
    step =1
    while step* batch_size <max_samples :
        batch_x ,batch_y =mnist.train.next_batch(batch_size)
        batch_x =batch_x.reshape((batch_size,n_steps,n_input))

        sess.run(optimizer,feed_dict={x:batch_x,y:batch_y})
        if step % display_step ==0:
            acc = sess.run(accuracy , feed_dict={x:batch_x,y:batch_y})
            loss = sess.run(cost,feed_dict={x:batch_x,y:batch_y})
            print("Iter" + str(step*batch_size)+",Minibatch Loss = "+\
                  "{:.6f}".format(loss)+", Training Accuracy = "+ \
                  "{:.5f}".format(acc))
        step+=1
    print("Optimization Finished!")
    test_len = 10000
    test_data = mnist.test.images[:test_len].reshape((-1,n_steps,n_input))
    test_label = mnist.test.labels[:test_len]
    print("Testing Accuracy:",
          sess.run(accuracy,feed_dict={x:test_data,y:test_label}))
```

运行程序，输出如下：

```
......
Iter394240,Minibatch Loss = 0.022451, Training Accuracy = 0.99219
Iter395520,Minibatch Loss = 0.005667, Training Accuracy = 1.00000
Iter396800,Minibatch Loss = 0.005014, Training Accuracy = 1.00000
Iter398080,Minibatch Loss = 0.006802, Training Accuracy = 1.00000
Iter399360,Minibatch Loss = 0.004697, Training Accuracy = 1.00000
Optimization Finished!
Testing Accuracy: 0.9876
```

9.3.8 CTC 实现端到端训练的语音识别模型

CTC（Connectionist Temporal Classification）是语音辨识中的一个关键技术，通过增加一个额外的 Symbol 代表 NULL 来解决叠字问题。

循环神经网络的优势是处理连续的数据，在基于连续的时间序列分类任务中，通常会使用 CTC 的方法。该方法主要体现在处理损失值上，通过对序列对不上的 label 添加 blank（空 label）的方式，将预测的输出值与给定的 label 值在时间序列上对齐，通过交叉熵的算法求出具体损失值。

比如在语音识别的例子中，对于一句语音有它的序列值及对应的文本，可以使用 CTC

的损失函数求出模型输出与 label 之间的损失，再通过优化器的迭代训练让损失值变小的方式将模型训练出来。

【例 9-5】 2015 年，百度公开发布的采用神经网络的 LSTM+CTC 模型大幅度降低了语音识别的错误率。这种技术在安静环境下的标准普通话的识别率接近 97%。本节将通过一个简单的例子来演示如何用 TensorFlow 的 LSTM+CTC 完成一个端到端训练的语音识别模型。

声音实际上是一种波图 9-24 是一个声音波形的示意图。常见的 MP3 等格式都是压缩格式，原始的音频文件叫作 WAV 文件。WAV 文件中存储的除了一个文件头以外，就是声音波形的一个个点了。

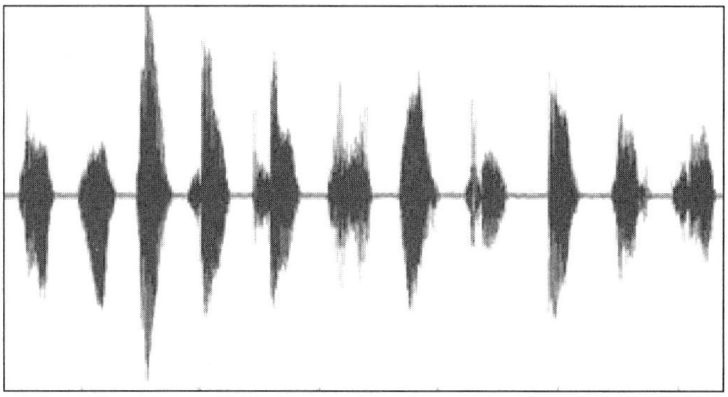

图 9-24　声音波形示意图

要对声音进行分析，需要对其分帧，也就是把声音切开成很多小段，每小段称为一帧。帧与帧之间一般是有交叠的。

分帧后，语音就变成了很多小段，常见的提取特征的方法有线性预测编码（Linear Predictive Coding，LPC）、梅尔频率倒谱系数（Mel-Frequency Cepstrum Coefficients，MFCC）等。其中，MFCC 特征提取是根据人的听觉对不同频率声音的敏感程度，把一帧波形变成一个多维向量，将波形文件转换成特征向量的过程称为声学特征提取。在实际应用中，有很多提取声学的方法。

语音识别最主要的过程之一就是把提取的声学特征数据转换成发音的音素。音素是人发音的基本单元。对于英文，常用的音素集是一套由 39 个音素构成的集合。对于汉语，基本上就是汉语拼音的声母和韵母组成的音素集合。

举例说明：假设输入给 LSTM 的是一个 100×13 的数据，发音音素的各类数是 39，则经过 LSTM 处理后，输入给 CTC 的数据要求是 100×41 的形状的矩阵（41=39+2）。其中 100 是原始序列的长度，即多少帧的数据，41 表示这一帧数据在 41 个分类上的各自概率。为什么是 41 个分类呢？在这 41 个分类中，其中 39 个是发音音素，剩下两个分别代表空白和没有标签。总的来说，这些输出定义了将分类序列对齐到输入序列的全部可能方法的概率。任何一个分类序列的总概率，可以看作它的不同对齐形式对应的全部概率之和。其计算过程如图 9-25 所示。

为了简化操作，本实例的语音识别是训练一句话，这句话的音素分类也简化成对应的字母（不管是真实的音素还是对应文本的字母，原理都是一样的）。其实现代码过程如下。

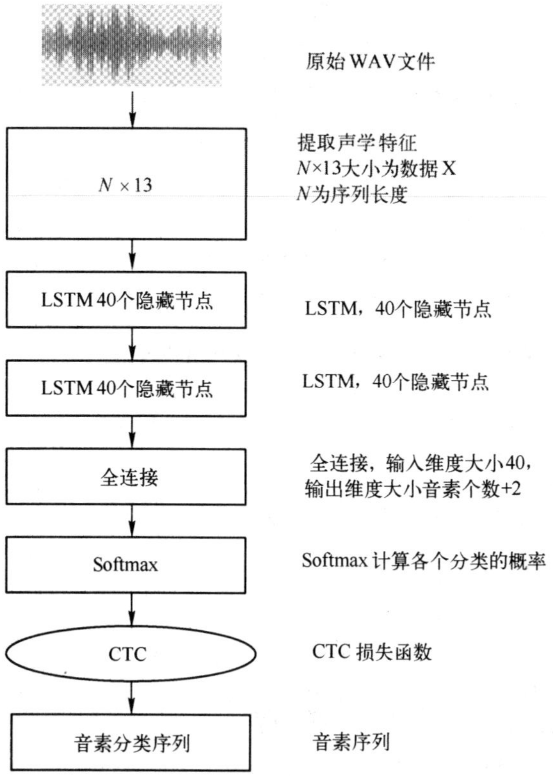

图 9-25　双向 LSTM+CTC 声学模型训练过程图

（1）提取 WAV 文件的 MFCC 特征

```
def get_audio_feature():
  '''
  获取 WAV 文件提取 MFCC 特征之后的数据
  '''
  audio_filename = "audio.wav"
  #读取 WAV 文件内容，fs 为采样率，audio 为数据
  fs, audio = wav.read(audio_filename)
  #提取 MFCC 特征
  inputs = mfcc(audio, samplerate=fs)
  # 对特征数据进行归一化，减去均值除以方差
  feature_inputs = np.asarray(inputs[np.newaxis, :])
  feature_inputs = (feature_inputs - np.mean(feature_inputs))/np.std
(feature_inputs)
  #特征数据的序列长度
  feature_seq_len = [feature_inputs.shape[1]]
  return feature_inputs, feature_seq_len
```

函数返回的 feature_seq_len 表示这段语音被分隔为多少帧，一帧数据计算出每个 13 维

长度的特征值。返回的 feature_inputs 是一个二维矩阵，表示这段语音提取出来的所有特征值。矩阵的行数为 feature_seq_len，列数为 13。

然后读取这段 WAV 文件对应的文本文件，并将文本转换成音素分类。音素分类的数量是 28 个，其中包含英文字母的个数为 26 个，另外需要添加一个空白分类和一个没有音素的分类，一共 28 种分类。示例的 WAV 文件是一句英文，内容是“she had your dark suit in greasy wash water all year”。现在要把这句英文里的字母变成用整数表示的序列，空白用序号 0 表示，字母 a～z 用序号 1～26 表示。于是这句话用整数表示就转换为：[19 8 5 0 8 1 4 0 25 12 21 18 0 4 1 18 11 0 19 21 9 20 0 9 14 0 7 18 5 19 25 0 23 1 19 8 0 23 1 20 5 18 0 1 12 12 0 25 5 1 18]。最后，再将这个整数序列通过 sparse_tuple_from 函数转换成稀疏三元组的结构，这主要是为了可以直接用在 TensorFlow 的 tf.sparse_placeholder 上。

（2）将一句话转换成分类的整数 id

```
def get_audio_label():
  '''
  将 label 文本转换成整数序列，然后再换成稀疏三元组
  '''
  target_filename = 'label.txt'
  with open(target_filename, 'r') as f:
    #原始文本为“she had your dark suit in greasy wash water all year”
    line = f.readlines()[0].strip()
    targets = line.replace(' ', '  ')
    # 放入 list 中，空格用''代替
#['she', '', 'had', '', 'your', '', 'dark', '', 'suit', '', 'in', '', 'greasy',
'', 'wash', '', 'water', '', 'all', '', 'year']
    targets = targets.split(' ')
    # 每个字母作为一个 label,转换成如下:
    #['s' 'h' 'e' '<space>' 'h' 'a' 'd' '<space>' 'y' 'o' 'u' 'r' '<space>'
'd'
    # 'a' 'r' 'k' '<space>' 's' 'u' 'i' 't' '<space>' 'i' 'n' '<space>' 'g'
'r'
    # 'e' 'a' 's' 'y' '<space>' 'w' 'a' 's' 'h' '<space>' 'w' 'a' 't' 'e'
'r'
    #'<space>' 'a' 'l' 'l' '<space>' 'y' 'e' 'a' 'r']
    targets = np.hstack([SPACE_TOKEN if x == '' else list(x) for x in targets])

    # 将 label 转换成整数序列表示:
    # [19  8  5  0  8  1  4  0 25 15 21 18  0  4  1 18 11  0 19 21  9 20  0  9
    # 14  0  7 18  5  1 19 25  0 23  1 19  8  0 23  1 20  5 18  0  1 12 12  0
25
    # 5  1  18]
    targets = np.asarray([SPACE_INDEX if x == SPACE_TOKEN else ord(x) -
                                    FIRST_INDEX
                                    for x in targets])
    # 将列表转换成稀疏三元组
```

```
    train_targets = sparse_tuple_from([targets])
  return train_targets
```

接着，定义两层的双向 LSTM 结构以及 LSTM 之后的特征映射。

（3）定义双向 LSTM 结构

```
def inference(inputs, seq_len):
  '''
  2 层双向 LSTM 的网络结构定义
  Args:
  inputs: 输入数据，形状是[batch_size, 序列最大长度，一帧特征的个数 13]
        序列最大长度是指，一个样本在转成特征矩阵之后保存在一个矩阵中，在 n 个样本组成的
batch 中，因为不同的样本的序列长度不一样，在组成的 3 维数据中，第 2 维的长度要足够容纳下所有
的样本的特征序列长度
    seq_len: batch 里每个样本的有效的序列长度
    '''
    #定义一个向前计算的 LSTM 单元，40 个隐藏单元
    cell_fw = tf.contrib.rnn.LSTMCell(num_hidden,
                     initializer=tf.random_normal_initializer(
                               mean=0.0, stddev=0.1),
                     state_is_tuple=True)
    # 组成一个有 2 个 cell 的 list
    cells_fw = [cell_fw] * num_layers
    # 定义一个向后计算的 LSTM 单元，40 个隐藏单元
    cell_bw = tf.contrib.rnn.LSTMCell(num_hidden,
                     initializer=tf.random_normal_initializer(
                               mean=0.0, stddev=0.1),
                     state_is_tuple=True)
    # 组成一个有 2 个 cell 的 list
    cells_bw = [cell_bw] * num_layers
    # 将前面定义向前计算和向后计算的 2 个 cell 的 list 组成双向 LSTM 网络
    # sequence_length 为实际有效的长度，大小为 batch_size
    # 相当于表示 batch 中每个样本的实际有用的序列长度有多长
    # 输出的 outputs 宽度是隐藏单元的个数，即 num_hidden 的大小
    outputs, _, _ = tf.contrib.rnn.stack_bidirectional_dynamic_rnn(cells_fw,
                                            cells_bw,
                                            inputs,
                                            dtype=tf.float32,
                                            sequence_length=seq_len)
    #获得输入数据的形状
    shape = tf.shape(inputs)
    batch_s, max_timesteps = shape[0], shape[1]
    # 将 2 层 LSTM 的输出转换成宽度为 40 的矩阵
    # 后面进行全连接计算
    outputs = tf.reshape(outputs, [-1, num_hidden])
    W = tf.Variable(tf.truncated_normal([num_hidden,
                               num_classes],
```

```
                                          stddev=0.1))
    b = tf.Variable(tf.constant(0., shape=[num_classes]))
    # 进行全连接线性计算
    logits = tf.matmul(outputs, W) + b
    # 将全连接计算的结果由宽度 40 变成宽度 80
    # 最后的输入给 CTC 的数据宽度必须是 26+2 的宽度
    logits = tf.reshape(logits, [batch_s, -1, num_classes])
    # 转置，将第一维和第二维交换
    # 变成序列的长度放第一维，batch_size 放第二维
    # 也是为了适应 TensorFlow 的 CTC 的输入格式
    logits = tf.transpose(logits, (1, 0, 2))
    return logits
```

最后，将读取数据、构建 LSTM+CTC 的网络结构以及训练过程结合到一起。在完成 1200 次迭代训练后，进行样本测试，将 CTC 解码结果的音素分类的整数值重新转换回字母，得到最后结果。

（4）语音识别训练的主程序逻辑代码

```
def main():
    # 输入特征数据，形状为[batch_size, 序列长度，一帧特征数]
    inputs = tf.placeholder(tf.float32, [None, None, num_features])
    # 输入数据的 label，定义成稀疏 sparse_placeholder，会生成稀疏张量 SparseTensor
    # 这个结构可以直接输入给 CTC 求损失
    targets = tf.sparse_placeholder(tf.int32)
    # 序列的长度，大小是[batch_size]
    # 表示的是 batch 中每个样本的有效序列长度是多少
    seq_len = tf.placeholder(tf.int32, [None])
    # 向前计算网络，定义网络结构，输入是特征数据，输出提供给 CTC 计算损失值
    logits = inference(inputs, seq_len)
    # ctc 计算损失
    # 参数 targets 必须是一个值为 int32 的稀疏张量的结构：tf.SparseTensor
    # 参数 logits 是前面 LSTM 网络的输出
    # 参数 seq_len 是这个 batch 的样本中每个样本的序列长度
    loss = tf.nn.ctc_loss(targets, logits, seq_len)
    # 计算损失的平均值
    cost = tf.reduce_mean(loss)
    # 采用冲量优化方法
    optimizer = tf.train.MomentumOptimizer(initial_learning_rate, 0.9).
minimize(cost)
    # 还有另外一个 CTC 的函数：tf.contrib.ctc.ctc_beam_search_decoder
    # 本函数会得到更好的结果，但是效果比 ctc_beam_search_decoder 低
    # 返回的结果中，decode 是 CTC 解码的结果，即输入的数据解码出结果的序列是什么
    decoded, _ = tf.nn.ctc_greedy_decoder(logits, seq_len)
    # 采用计算编辑距离的方式计算，计算解码后结果的错误率
    ler = tf.reduce_mean(tf.edit_distance(tf.cast(decoded[0], tf.int32),
                                          targets))
```

```
config = tf.ConfigProto()
config.gpu_options.allow_growth = True
with tf.Session(config=config) as session:
  # 初始化变量
  tf.global_variables_initializer().run()
  for curr_epoch in range(num_epochs):
    train_cost = train_ler = 0
    start = time.time()
    for batch in range(num_batches_per_epoch):
      #获取训练数据，本例中只取一个样本的训练数据
      train_inputs, train_seq_len = get_audio_feature()
      # 获取这个样本的 label
      train_targets = get_audio_label()
      feed = {inputs: train_inputs,
              targets: train_targets,
              seq_len: train_seq_len}

      # 一次训练，更新参数
      batch_cost, _ = session.run([cost, optimizer], feed)
      # 计算累加的训练的损失值
      train_cost += batch_cost * batch_size
      # 计算训练集的错误率
      train_ler += session.run(ler, feed_dict=feed)*batch_size
    train_cost /= num_examples
    train_ler /= num_examples
    # 打印每一轮迭代的损失值和错误率
    log = "Epoch {}/{}, train_cost = {:.3f}, train_ler = {:.3f}, time = {:.3f}"
    print(log.format(curr_epoch+1, num_epochs, train_cost, train_ler,
                     time.time() - start))
  # 在进行了 1200 次训练之后，计算一次实际的测试并且输出
  # 读取测试数据，这里读取的和训练数据的是同一个样本
  test_inputs, test_seq_len = get_audio_feature()
  test_targets = get_audio_label()
  test_feed = {inputs: test_inputs,
               targets: test_targets,
               seq_len: test_seq_len}
  d = session.run(decoded[0], feed_dict=test_feed)
  # 将得到的测试语音经过 CTC 解码后的整数序列转换成字母
  str_decoded = ''.join([chr(x) for x in np.asarray(d[1]) + FIRST_
INDEX])
  # 将 no label 转换成空
  str_decoded = str_decoded.replace(chr(ord('z') + 1), '')
  # 将空白转换成空格
  str_decoded = str_decoded.replace(chr(ord('a') - 1), ' ')
  # 打印最后的结果
  print('Decoded:\n%s' % str_decoded)
```

进行 200 次训练后，输出结果如下：

```
……
Epoch 194/200, train_cost = 21.196, train_ler = 0.096, time = 0.088
Epoch 195/200, train_cost = 20.941, train_ler = 0.115, time = 0.087
Epoch 196/200, train_cost = 20.644, train_ler = 0.115, time = 0.083
Epoch 197/200, train_cost = 20.367, train_ler = 0.096, time = 0.088
Epoch 198/200, train_cost = 20.141, train_ler = 0.115, time = 0.082
Epoch 199/200, train_cost = 19.889, train_ler = 0.096, time = 0.087
Epoch 200/200, train_cost = 19.613, train_ler = 0.096, time = 0.087
Decoded:
she had your dark suitgreasy wash water allyear
```

实例只演示了一个最简单的 LSTM+CTC 的端到端的训练，实际的语音识别系统还需要大量的训练样本以及将音素转换到文本的解码过程。

第 10 章　TensorFlow 其他网络

在前面介绍了 TensorFlow 神经网络、卷积网络、循环网络，下面再对 TensorFlow 其他的一些网络进行介绍。

10.1　自编码网络及实现

自编码器（Autoencoder）是神经网络的一种，是一种无监督学习方法，使用了反向传播算法，目标是使输出等于输入。自编码器内部有隐藏层，可以产生编码表示输入。

自编码器的主要作用在于通过复现输出而捕捉可以代表输入的重要因素，利用中间隐层对输入的压缩表达，达到像 PCA 那样的找到原始信息主成分的效果。

传统自编码器被用于降维或特征学习。近年来，自编码器与潜变量模型理论的联系将自编码器带到了生成式建模的前沿。

10.1.1　自编码网络的结构

图 10-1 所示是一个自编码网络的例子，对于输入 $x^{(1)},x^{(2)},\cdots,x^{(i)}\in R^n$，让目标值等于输入值 $y^{(i)}=x^{(i)}$。

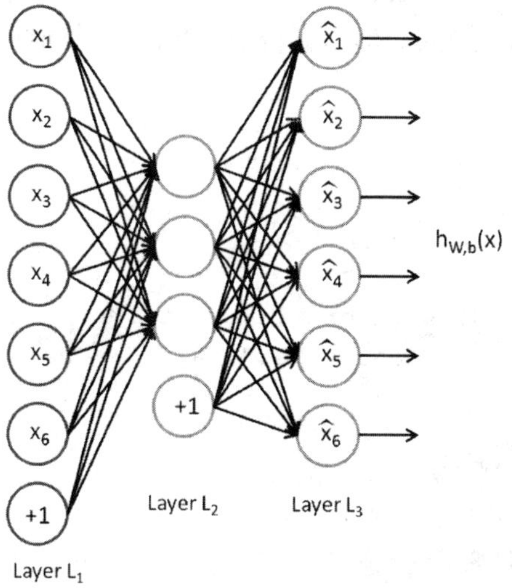

图 10-1　自编码网络图

自编码有两个过程：

1）输入层，隐层的编码过程：

$$h = g\theta_1(x) = \sigma(W_1 x + b_1)$$

2）隐层，输出层的解码过程：

$$\hat{x} = g\theta_2(h) = \sigma(W_2 h + b_2)$$

这之间的压缩损失就是

$$J_E(W,b) = \frac{1}{m}\sum_{r=1}^{m}\frac{1}{2}\left\|\hat{x}^{(r)} - x^{(r)}\right\|^2$$

自编码的输入和输出都是自身，这样的操作有何意义呢？主要有两点：

1）自编码可以实现非线性降维，只要设定输出层中神经元的个数小于输入层中神经元的个数，就可以对数据集进行降维。反之，也可以将输出层神经元的个数设置为大于输入层神经元的个数，然后在损失函数构造上加入正则化项进行系数约束，这时就成了稀疏自编码。

2）利用自编码来进行神经网络预训练。对于深层网络，通过随机初始化权重，然后用梯度下降来训练网络，很容易发生梯度消失。因此现在训练深层网络可行的方式都是先采用无监督学习来训练模型的参数，然后将这些参数作为初始化参数进行有监督的训练。

10.1.2 自编码网络的代码实现

本小节利用几个实例来演示自编码网络的实现。

1. 提取图片的特征，并利用特征还原图片

【例 10-1】 通过构建一个量程的自编码网络，将 MNIST 数据集的数据特征提取出来，并通过这些特征重建一个 MNIST 数据集，下面以 MNIST 数据集为例，将其像素点组成的数据（28×28）从 784 维降到 256，然后再降到 128，再以同样的方式经过 256，最终还原到原来的图片。

```
import tensorflow as tf
import numpy as np
import matplotlib.pyplot as plt
# 导入 MNIST 数据集
from tensorflow.examples.tutorials.mnist import input_data
mnist = input_data.read_data_sets("/data/", one_hot=True)
# 网络模型参数
learning_rate = 0.01
n_hidden_1 = 256 # 第一层 256 个节点
n_hidden_2 = 128 # 第二层 128 个节点
n_input = 784 # MNIST data 输入 (img shape: 28*28)
# 占位符
x = tf.placeholder("float", [None, n_input])#输入
y = x #输出
#学习参数
weights = {
```

```
        'encoder_h1': tf.Variable(tf.random_normal([n_input, n_hidden_1])),
        'encoder_h2': tf.Variable(tf.random_normal([n_hidden_1, n_hidden_2])),
        'decoder_h1': tf.Variable(tf.random_normal([n_hidden_2, n_hidden_1])),
        'decoder_h2': tf.Variable(tf.random_normal([n_hidden_1, n_input])),
    }
    biases = {
        'encoder_b1': tf.Variable(tf.zeros([n_hidden_1])),
        'encoder_b2': tf.Variable(tf.zeros([n_hidden_2])),
        'decoder_b1': tf.Variable(tf.zeros([n_hidden_1])),
        'decoder_b2': tf.Variable(tf.zeros([n_input])),
    }
    # 编码
    def encoder(x):
        layer_1=tf.nn.sigmoid(tf.add(tf.matmul(x, weights['encoder_h1']),
biases['encoder_b1']))
        layer_2=tf.nn.sigmoid(tf.add(tf.matmul(layer_1,weights['encoder_
h2']), biases['encoder_b2']))
        return layer_2
    # 解码
    def decoder(x):
        layer_1= tf.nn.sigmoid(tf.add(tf.matmul(x, weights['decoder_h1']),
biases['decoder_b1']))
        layer_2 = tf.nn.sigmoid(tf.add(tf.matmul(layer_1, weights['decoder_
h2']),biases['decoder_b2']))
        return layer_2
    # 输出的节点
    encoder_out = encoder(x)
    pred = decoder(encoder_out)
    # 使用平方差为 cost
    cost = tf.reduce_mean(tf.pow(y - pred, 2))
    optimizer = tf.train.RMSPropOptimizer(learning_rate).minimize(cost)
    # 训练参数
    training_epochs = 20  #一共迭代 20 次
    batch_size = 256      #每次取 256 个样本
    display_step = 5      #迭代 5 次输出一次信息
    # 启动会话
    with tf.Session() as sess:
        sess.run(tf.global_variables_initializer())

        total_batch = int(mnist.train.num_examples/batch_size)
        # 开始训练
        for epoch in range(training_epochs):#迭代
            for i in range(total_batch):
                batch_xs, batch_ys = mnist.train.next_batch(batch_size)#取数据
                _, c = sess.run([optimizer, cost], feed_dict={x: batch_xs})# 训
练模型
```

```
            if epoch % display_step == 0:# 现实日志信息
                print("Epoch:", '%04d' % (epoch+1),"cost=", "{:.9f}".format(c))

        print("完成!")
        # 测试
        correct_prediction = tf.equal(tf.argmax(pred, 1), tf.argmax(y, 1))
        # 计算错误率
        accuracy = tf.reduce_mean(tf.cast(correct_prediction, "float"))
        print ("Accuracy:", 1-accuracy.eval({x: mnist.test.images, y: mnist.
test.images}))

        # 可视化结果
        show_num = 10
        reconstruction = sess.run(
            pred, feed_dict={x: mnist.test.images[:show_num]})

        f, a = plt.subplots(2, 10, figsize=(10, 2))
        for i in range(show_num):
            a[0][i].imshow(np.reshape(mnist.test.images[i], (28, 28)))
            a[1][i].imshow(np.reshape(reconstruction[i], (28, 28)))
        plt.draw()
```

运行程序，输出如下，效果如图 10-2 所示。

```
Epoch: 0001 cost= 0.205947176
Epoch: 0006 cost= 0.126171440
Epoch: 0011 cost= 0.107432112
Epoch: 0016 cost= 0.097940058
完成!
Accuracy: 1.0
```

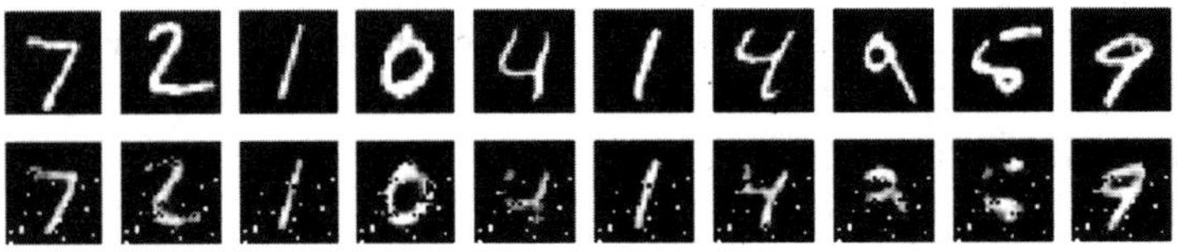

图 10-2　自编码输出结果 1

在上面的代码中，使用的激励函数为 Sigmoid，输出范围是[0,1]，当对最终提取的特征节点采用激励函数时，相当于对输入限制或缩放，使其位于[0,1]范围中。有一些数据集（比如 MNIST）能方便地将输出缩放到[0,1]中，但是很难满足对输入值的要求。例如，PCA 白化处理的输入并不满足[0,1]的范围要求，并不清楚是否有更好的办法将数据缩放到特定范围中。

如果利用一个恒等式来作为激励函数，就可以很好地解决这个问题，即 $f(z)=z$ 作为激励函数。

由多个带有 Sigmoid 激励函数的隐藏层以及一个线性输出层构成的自编码器，称为线性解码器。

2．提取图片的二维特征，并利用二维特征还原图片

【例 10-2】 通过构建一个二维的自编码网络，将 MNIST 数据集的数据特征提取出来，并通过这些特征重建一个 MNIST 数据集，这里使用 4 层逐渐压缩的方法，将 784 维度分别压缩成 256,64,16,2 这 4 个特征向量，最后再还原。在这里我们使用了线性解码器，在编码的最后一层，没有进行 Sigmoid 变化，这是因为生成的二维特征数据特征已经标为极为主要，如果希望让它传到解码器中，少一些变化可以最大化地保存原有的主要特征，当然这一切是通过分析之后实际测试得来的结果。

```
import tensorflow as tf
import numpy as np
import matplotlib.pyplot as plt
# 导入 MNIST 数据集
from tensorflow.examples.tutorials.mnist import input_data
mnist = input_data.read_data_sets("/data/", one_hot=True)
#参数设置
learning_rate = 0.01
# hidden layer settings
n_hidden_1 = 256
n_hidden_2 = 64
n_hidden_3 = 16
n_hidden_4 = 2
n_input = 784  # MNIST data 输入 (img shape: 28*28)

#tf Graph 输入
x = tf.placeholder("float", [None,n_input])
y=x
weights = {
    'encoder_h1': tf.Variable(tf.random_normal([n_input, n_hidden_1],)),
    'encoder_h2': tf.Variable(tf.random_normal([n_hidden_1, n_hidden_2],)),
    'encoder_h3': tf.Variable(tf.random_normal([n_hidden_2, n_hidden_3],)),
    'encoder_h4': tf.Variable(tf.random_normal([n_hidden_3, n_hidden_4],)),
    'decoder_h1': tf.Variable(tf.random_normal([n_hidden_4, n_hidden_3],)),
    'decoder_h2': tf.Variable(tf.random_normal([n_hidden_3, n_hidden_2],)),
    'decoder_h3': tf.Variable(tf.random_normal([n_hidden_2, n_hidden_1],)),
    'decoder_h4': tf.Variable(tf.random_normal([n_hidden_1, n_input],)),
    }
biases = {
    'encoder_b1': tf.Variable(tf.zeros([n_hidden_1])),
    'encoder_b2': tf.Variable(tf.zeros([n_hidden_2])),
    'encoder_b3': tf.Variable(tf.zeros([n_hidden_3])),
    'encoder_b4': tf.Variable(tf.zeros([n_hidden_4])),
    'decoder_b1': tf.Variable(tf.zeros([n_hidden_3])),
    'decoder_b2': tf.Variable(tf.zeros([n_hidden_2])),
```

```
    'decoder_b3': tf.Variable(tf.zeros([n_hidden_1])),
    'decoder_b4': tf.Variable(tf.zeros([n_input])),
    }
def encoder(x):
    layer_1 = tf.nn.sigmoid(tf.add(tf.matmul(x, weights['encoder_h1']),
                                   biases['encoder_b1']))
    layer_2 = tf.nn.sigmoid(tf.add(tf.matmul(layer_1, weights['encoder_h2']),
                                   biases['encoder_b2']))
    layer_3 = tf.nn.sigmoid(tf.add(tf.matmul(layer_2, weights['encoder_h3']),
                                   biases['encoder_b3']))
    layer_4 = tf.add(tf.matmul(layer_3, weights['encoder_h4']),
                                    biases['encoder_b4'])
    return layer_4
def decoder(x):
    layer_1 = tf.nn.sigmoid(tf.add(tf.matmul(x, weights['decoder_h1']),
                                   biases['decoder_b1']))
    layer_2 = tf.nn.sigmoid(tf.add(tf.matmul(layer_1, weights['decoder_h2']),
                                   biases['decoder_b2']))
    layer_3 = tf.nn.sigmoid(tf.add(tf.matmul(layer_2, weights['decoder_h3']),
                                biases['decoder_b3']))
    layer_4 = tf.nn.sigmoid(tf.add(tf.matmul(layer_3, weights['decoder_h4']),
                                biases['decoder_b4']))
    return layer_4
# 构建模型
encoder_op = encoder(x)
y_pred = decoder(encoder_op)    # 784 特殊
cost = tf.reduce_mean(tf.pow(y - y_pred, 2))
optimizer = tf.train.AdamOptimizer(learning_rate).minimize(cost)
# 训练
training_epochs = 20    # 20 Epoch 训练
batch_size = 256
display_step = 1

with tf.Session() as sess:
    sess.run(tf.global_variables_initializer())
    total_batch = int(mnist.train.num_examples/batch_size)
    # 启动循环开始训练
    for epoch in range(training_epochs):
        # 遍历全部数据集
        for i in range(total_batch):
            batch_xs, batch_ys = mnist.train.next_batch(batch_size)
            _, c = sess.run([optimizer, cost], feed_dict={x: batch_xs})
        # 显示训练中的详细信息
        if epoch % display_step == 0:
```

```
        print("Epoch:", '%04d' % (epoch+1),
              "cost=", "{:.9f}".format(c))
print("完成!")
# 可视化结果
show_num = 10
encode_decode = sess.run(
    y_pred, feed_dict={x: mnist.test.images[:show_num]})
# 根据样本对应的自编码重建图像并输出比较
f, a = plt.subplots(2, 10, figsize=(10, 2))
for i in range(show_num):
    a[0][i].imshow(np.reshape(mnist.test.images[i], (28, 28)))
    a[1][i].imshow(np.reshape(encode_decode[i], (28, 28)))
plt.show()
```

运行程序，输出如下，效果如图 10-3 所示。

```
Epoch: 0001 cost= 0.098318711
Epoch: 0002 cost= 0.091663495
Epoch: 0003 cost= 0.081670709
Epoch: 0004 cost= 0.074709192
Epoch: 0005 cost= 0.071831539
Epoch: 0006 cost= 0.069056571
Epoch: 0007 cost= 0.067873269
Epoch: 0008 cost= 0.065257862
Epoch: 0009 cost= 0.061944347
Epoch: 0010 cost= 0.062432341
Epoch: 0011 cost= 0.062073592
Epoch: 0012 cost= 0.062478509
Epoch: 0013 cost= 0.061033133
Epoch: 0014 cost= 0.060771815
Epoch: 0015 cost= 0.061996032
Epoch: 0016 cost= 0.059241831
Epoch: 0017 cost= 0.059299808
Epoch: 0018 cost= 0.058314051
Epoch: 0019 cost= 0.057423860
Epoch: 0020 cost= 0.059067950
完成!
```

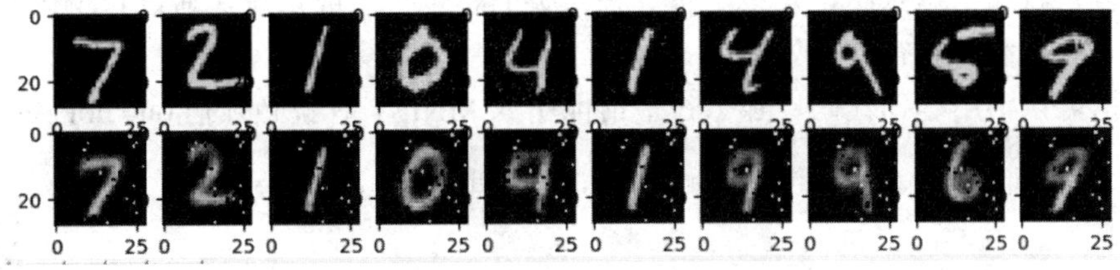

图 10-3 自编码输出结果 2

接着，要把数据压缩后的二维特征显示出来，执行以下代码：

```
……
'''
# 可视化结果
  show_num = 10
  encode_decode = sess.run(
      y_pred, feed_dict={x: mnist.test.images[:show_num]})
  # 根据样本对应的自编码重建图像并输出比较
  f, a = plt.subplots(2, 10, figsize=(10, 2))
  for i in range(show_num):
      a[0][i].imshow(np.reshape(mnist.test.images[i], (28, 28)))
      a[1][i].imshow(np.reshape(encode_decode[i], (28, 28)))
  plt.show()'''
  aa = [np.argmax(l) for l in mnist.test.labels]#将 one hot 编码转成一般编码
  encoder_result = sess.run(encoder_op, feed_dict={x: mnist.test.images})
  plt.scatter(encoder_result[:, 0], encoder_result[:, 1], c=aa)#mnist.
test.labels)
  plt.colorbar()
  plt.show()
```

运行程序，效果如图 10-4 所示。

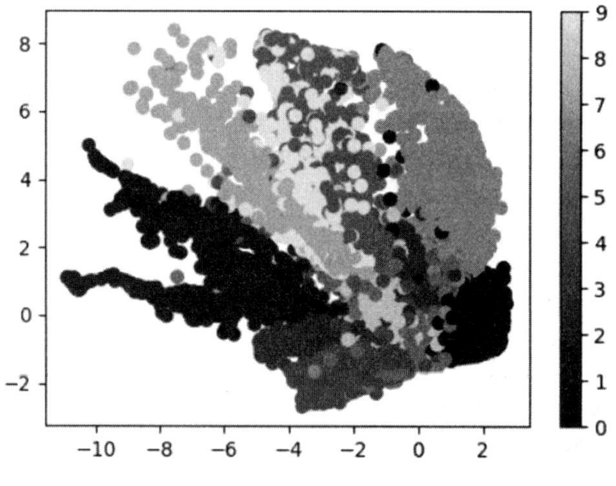

图 10-4　自编码进阶效果

我们再来看一下这张图，是不是有一种聚类的感觉？一般来说，通过自编码网络将数据降维之后更有利于进行分类处理。

当然也可以不用这句代码，那么在最前面引入 MNIST 时就必须把 one hot 关掉，将

```
mnist = input_data.read_data_sets("/data/", one_hot=True)
```

改为

```
mnist = input_data.read_data_sets("/data/", one_hot=False)
```

同时将倒数第三句改成使用 MNIST 的测试标签：

```
plt.scatter(encoder_result[:, 0], encoder_result[:, 1], c=mnist.test.labels)
```

3. 实现卷积网络的自编码

自编码结构不仅可以用在全网络连接上，还可以用在卷积网络上。

【例 10-3】 在原有代码的基础上把全连接改成卷积，把解码改成反卷积、反池化，代码（GPU 环境才可以运行）如下：

```
import tensorflow as tf
import numpy as np
import matplotlib.pyplot as plt
# 导入 MNIST 数据集
from tensorflow.examples.tutorials.mnist import input_data
mnist = input_data.read_data_sets("/data/", one_hot=True)
#最大池化
def max_pool_with_argmax(net, stride):
    _, mask = tf.nn.max_pool_with_argmax( net,ksize=[1, stride, stride, 1], strides=[1, stride, stride, 1],padding='SAME')
    mask = tf.stop_gradient(mask)
    net = tf.nn.max_pool(net, ksize=[1, stride, stride, 1],strides=[1, stride, stride, 1], padding='SAME')
    return net, mask
#反池化
def unpool(net, mask, stride):
    ksize = [1, stride, stride, 1]
    input_shape = net.get_shape().as_list()
    output_shape = (input_shape[0], input_shape[1] * ksize[1], input_shape[2] * ksize[2], input_shape[3])

    one_like_mask = tf.ones_like(mask)
    batch_range = tf.reshape(tf.range(output_shape[0], dtype=tf.int64), shape=[input_shape[0], 1, 1, 1])
    b = one_like_mask * batch_range
    y = mask // (output_shape[2] * output_shape[3])
    x = mask % (output_shape[2] * output_shape[3]) // output_shape[3]
    feature_range = tf.range(output_shape[3], dtype=tf.int64)
    f = one_like_mask * feature_range

    updates_size = tf.size(net)
    indices = tf.transpose(tf.reshape(tf.stack([b, y, x, f]), [4, updates_size]))
    values = tf.reshape(net, [updates_size])
    ret = tf.scatter_nd(indices, values, output_shape)
    return ret
```

```
def conv2d(x, W):
  return tf.nn.conv2d(x, W, strides=[1, 1, 1, 1], padding='SAME')
def max_pool_2x2(x):
  return tf.nn.max_pool(x, ksize=[1, 2, 2, 1],
                        strides=[1, 2, 2, 1], padding='SAME')
# 网络模型参数
learning_rate = 0.01
n_conv_1 = 16 # 第一层 16 个 ch
n_conv_2 = 32 # 第二层 32 个 ch
n_input = 784 # MNIST 数据输入 (img shape: 28*28)
batchsize = 50
# 占位符
x = tf.placeholder("float", [batchsize, n_input])#输入
x_image = tf.reshape(x, [-1,28,28,1])
# 编码
def encoder(x):
    h_conv1 = tf.nn.relu(conv2d(x, weights['encoder_conv1']) + biases
['encoder_conv1'])
    h_conv2  =  tf.nn.relu(conv2d(h_conv1,  weights['encoder_conv2'])  +
biases['encoder_conv2'])
    return h_conv2,h_conv1
# 解码
def decoder(x,conv1):
    t_conv1 = tf.nn.conv2d_transpose(x-biases['decoder_conv2'], weights
['decoder_conv2'], conv1.shape,[1,1,1,1])
    t_x_image  =  tf.nn.conv2d_transpose(t_conv1-biases['decoder_conv1'],
weights['decoder_conv1'], x_image.shape,[1,1,1,1])
    return t_x_image
# 学习参数
weights = {
    'encoder_conv1': tf.Variable(tf.truncated_normal([5, 5, 1, n_conv_
1],stddev=0.1)),
    'encoder_conv2': tf.Variable(tf.random_normal([3, 3, n_conv_1, n_conv_
2],stddev=0.1)),
    'decoder_conv1': tf.Variable(tf.random_normal([5, 5, 1, n_conv_
1],stddev=0.1)),
    'decoder_conv2': tf.Variable(tf.random_normal([3, 3, n_conv_1, n_conv_
2],stddev=0.1))
}
biases = {
    'encoder_conv1': tf.Variable(tf.zeros([n_conv_1])),
    'encoder_conv2': tf.Variable(tf.zeros([n_conv_2])),
    'decoder_conv1': tf.Variable(tf.zeros([n_conv_1])),
    'decoder_conv2': tf.Variable(tf.zeros([n_conv_2])),
}
```

```
# 输出的节点
encoder_out,conv1 = encoder(x_image)
h_pool2, mask = max_pool_with_argmax(encoder_out, 2)
h_upool = unpool(h_pool2, mask, 2)
pred = decoder(h_upool,conv1)
# 使用平方差为 cost
cost = tf.reduce_mean(tf.pow(x_image - pred, 2))
optimizer = tf.train.RMSPropOptimizer(learning_rate).minimize(cost)
# 训练参数
training_epochs = 20  #一共迭代 20 次
display_step = 5      #迭代 5 次输出一次信息
# 启动会话
with tf.Session() as sess:
    sess.run(tf.global_variables_initializer())
    total_batch = int(mnist.train.num_examples/batchsize)
    # 开始训练
    for epoch in range(training_epochs):#迭代
        for i in range(total_batch):
            batch_xs, batch_ys = mnist.train.next_batch(batchsize)#取数据
            _, c = sess.run([optimizer, cost], feed_dict={x: batch_xs})
    # 训练模型
        if epoch % display_step == 0:# 现实日志信息
            print("Epoch:", '%04d' % (epoch+1),"cost=", "{:.9f}".format(c))
    print("完成!")
    # 测试
    batch_xs, batch_ys = mnist.train.next_batch(batchsize)
    print ("Error:", cost.eval({x: batch_xs}))
    # 可视化结果
    show_num = 10
    reconstruction = sess.run(
        #pred, feed_dict={x: mnist.test.images[:show_num]})
        pred, feed_dict={x: batch_xs})
    f, a = plt.subplots(2, 10, figsize=(10, 2))
    for i in range(show_num):
        #a[0][i].imshow(np.reshape(mnist.test.images[i], (28, 28)))
        a[0][i].imshow(np.reshape(batch_xs[i], (28, 28)))
        a[1][i].imshow(np.reshape(reconstruction[i], (28, 28)))
    plt.draw()
```

10.2 降噪自编码器及实现

自编码器的学习只是简单地保留原始输入数据的信息，并不能确保获得一种有用的特征表示。因为自编码器可能仅仅简单地复制原始输入，或者简单地选取能够稍微改变重构误差却不包含特别有用信息的特征。为了避免上述情况，并且能够学习更好的特征表示，

需要给数据表示一定的约束。降噪自编码器（Denoising Autoencoder，DAE）可以通过重构含有噪声的输入数据来解决该问题。

降噪自编码器所要实现的功能就是学习叠加噪声的原始数据，而它学习到的特征与从未叠加噪声的数据学到的特征几乎一样，但降噪自编码器从叠加噪声的输入中学习得到的特征更具鲁棒性，并且可以避免自编码器遇到的上述问题，简单地学习相同的特征值。

10.2.1 降噪自编码器的原理

降噪自编码器的训练过程如图 10-5 所示。这里引入一个损失过程 $C(\tilde{x}\mid x)$，这个条件代表给定数据样本 x 产生损坏样本 $\tilde{x}$ 的概率。

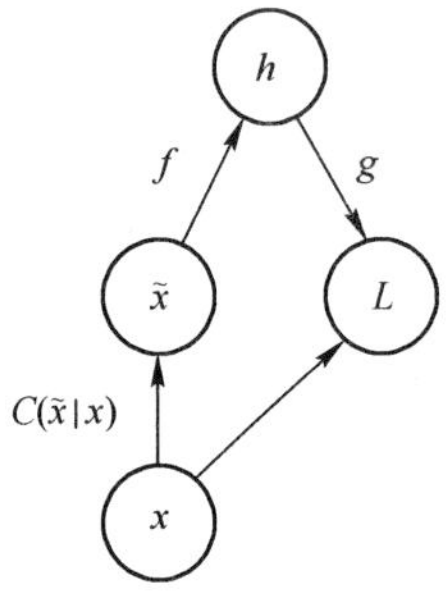

图 10-5　降噪自编码器训练过程图

降噪自编码器被训练为从损坏的版本 $\tilde{x}$ 重构干净数据点 x。这可以通过最小化损失 $L=-\log \text{Pdecoder}(x\mid h=f(\tilde{x}))$ 实现，其中 $\tilde{x}$ 是样本 x 经过损坏过程 $C(\tilde{x}\mid x)$ 后得到的损坏版本。通常分布 Pdecoder 是因子的分布（平局参数由前馈网络 g 给出）。

自编码器根据以下过程，从训练数据对 $(x\mid\tilde{x})$ 中学习重构分布 $\text{Pdecoder}(x\mid\tilde{x})$：

1）从训练集中采一个训练样本 x。

2）从 $C(\tilde{x}\mid X=x)$ 采一个损坏样本 $\tilde{x}$。

3）将 $(x\mid\tilde{x})$ 作为训练样本来估计自编码器的重构分布 $\text{Pdecoder}(x\mid\tilde{x})=\text{Pdecoder}(x\mid h)$。

通常我们可以认为降噪自编码器是在期望下进行的随机梯度下降：

$$-E_{x\sim\hat{\text{P}}\text{data}(x)}E_{\tilde{x}\sim C}(\tilde{x}\mid x)\log \text{Pdecoder}(x\mid h=f(\tilde{x}))$$

其中，$\hat{\text{P}}\text{data}(x)$ 是训练数据的分布。

10.2.2 降噪自编码器的实现

自编码器在实际应用中不仅可以为监督训练做预训练，也可以直接进行特征提取和分析。

【例 10-4】 TensorFlow 实现降噪自编码器。

1）导入模块和数据。

```
import numpy as np
import sklearn.preprocessing as prep
import tensorflow as tf
import input_data
```

2）定义 Xaiver 初始化方法。这里的自编码器采用 Xavier 初始化器方法初始化参数，需要先定义好它。Xavier 初始化器的特点是会根据某一层网络的输入、输出节点数量自动整合最合适的分布，使得初始化的权重不大不小，正好合适。从数学的角度分析，Xavier 就是让权重满足 0 均值，同时方差为 $2/(n[\text{input}]+n[\text{output}])$，其中 n 为节点数，分布可以用均匀分布或高斯分布。

```
def xavier_init(fan_in, fan_out, constant=1):
    low = -constant * np.sqrt(6.0 / (fan_in + fan_out))
    high =  constant * np.sqrt(6.0 / (fan_in + fan_out))
    return tf.random_uniform((fan_in, fan_out), minval=low, maxval=high,
dtype=tf.float32)
```

3）下面定义一个降噪自编码器的类，这个类包含构建函数 init()和一些常用的成员函数。先看看构建函数 init()。

其中，class 中的 scale 参数做成了一个 placeholder，参数初始化使用接下来定义的 _initialize_weights 函数，只使用一个隐含层。

```
class AdditiveGaussianNoiseAutoencoder(object):
    def _init_(self, n_input, n_hidden, transfer_function=tf.nn.softplus,
               optimizer=tf.train.AdamOptimizer(), scale=0.1):
        '''
        初始化函数（只有一个隐含层），如何添加多个隐含层？
        :param n_input: 输入变量数
        :param n_hidden: 隐含层节点数
        :param transfer_function: 隐含层激活函数，默认为 softplus
        :param optimizer: 优化器，默认为 Adam
        :param scale: 高斯噪声系数，默认为 0.1
        '''
        self.n_input = n_input
        self.n_hidden = n_hidden
        self.transfer = transfer_function
        self.scale = tf.placeholder(tf.float32)
        self.training_scale = scale
        network_weights = self._initialize_weights()
        self.weights = network_weights
```

4）开始定义网络结构，为输入 x 创建一个维度为 n_input 的 placeholder。然后建立一个能提取特征的隐含层，先将 x 加上噪声，即 self.x+scale*tf.random_normal((n_input,))，然后用 tf.mutmul 将加了噪声的输入和隐含层的权重相乘，加上 bias。最后使用 transfer 进行激活处理。经过隐含层后，要在输出层进行数据复原，重建操作（建立 reconstruction 层），这里不需要激励函数，直接将隐含层的 s 输出 self.hidden 乘以输出层的权重 $w2$，加上 bias2 即可。

```
# 定义网络结构
self.x = tf.placeholder(tf.float32, [None, self.n_input])
```

```
    self.hidden = self.transfer(tf.add(tf.matmul(
        self.x + scale * tf.random_normal((n_input,)),
        self.weights['w1']), self.weights['b1']))
    self.reconstruction = tf.add(tf.matmul(self.hidden,
        self.weights['w2']), self.weights['b2'])
```

5）定义自编码器的损失函数，直接使用平方误差 tf.subtract 作为 cost，计算输出 self.reconstruction 和输入 self.x 之间的差，用 tf.pow 求差的平方，用 tf.reduce_sum 求和即可得到平方误差，再定义 self.optimizer 作为优化器对 self.cost 进行优化，最后创建 Session，初始化自编码器全部模型参数。

```
    # 损失函数
    self.cost = 0.5 * tf.reduce_sum(tf.pow(tf.subtract(
        self.reconstruction, self.x), 2.0))
    self.optimizer = optimizer.minimize(self.cost)
    init = tf.global_variables_initializer()
    self.sess = tf.Session()
    self.sess.run(init)
```

6）看一下初始化权重的函数_initialize_weights，先创建一个 all_weights 的字典，把 $w1$、$w2$、$b1$、$b2$ 全部放进去，最后返回 all_weights，其中 $w1$ 需要使用前面提到的 xavier_init 函数初始化，直接传入输入层节点数和隐含层节点数然后 Xavier 即可返回一个比较适合 Softplus 激励函数的权重初始分布，$b1$ 直接用 tf.zeros 全部初始化为 0。输出 self.reconstruction 没有使用激励函数，直接 $w2$ 和 $b2$ 初始化为 0 即可。

```
    def _initialize_weights(self):
        all_weights = dict()
        all_weights['w1'] = tf.Variable(xavier_init(self.n_input,self.n_
hidden))
        all_weights['b1'] = tf.Variable(tf.zeros([self.n_hidden],dtype=tf.
float32))
        all_weights['w2'] = tf.Variable(tf.zeros([self.n_hidden,
                                 self.n_input], dtype=tf.float32))
        all_weights['b2'] = tf.Variable(tf.zeros([self.n_input],dtype=tf.
float32))
        return all_weights
```

7）定义计算损失 cost 以及执行一步训练的函数 partial_fit。函数里只需要让 Session 执行两个计算图的节点 cost 和 optimizer，输入的 feed_dict 字典包括输出数据 x 和噪声系数 scale。函数 partial_fit 做的就是用一个 batch 数据进行训练并返回当前的损失 cost。

```
    def partial_fit(self, X):
        cost, opt = self.sess.run((self.cost, self.optimizer),
                    feed_dict={self.x: X, self.scale: self.training_scale})
        return cost
```

8）定义一个只求损失 cost 的函数 calc_total_cost，这里就只让 Session 执行一个计算图节点 self.cost，传入的参数和前面的 partial_fit 一样。这个函数是自编码器训练完成后在测试集上对模型性能进行评测的时候会用到的，不会触发训练操作。

```
def calc_total_cost(self, X):
    return self.sess.run(self.cost, feed_dict={self.x: X, self.scale: self.
training_scale})
```

9）定义 transform 函数，返回自编码器隐含层的输出结果。目的是提供一个借口来获取抽象后的特征，自编码器隐含层的最主要功能就是学习数据中的高阶特征。

```
def transform(self):
    return self.sess.run(self.hidden, feed_dict={self.x: X, self.scale: self.
training_scale})
```

10）定义 generate 函数。它将隐含层的输出结果作为输入，通过之后的重建层将提取到的高阶特征复原为原始数据。这个接口和前面的 transform 刚好将整个自编码器拆分为两部分，这里的 generate 为后部分，把高阶特征复原为原始数据的部分。

```
def generate(self, hidden = None):
    if hidden is None:
        hidden = np.random.normal(size=self.weights["b1"])
    return self.sess.run(self.reconstruction, feed_dict={self.hidden: hidden})
```

11）定义 reconstruct 函数，它整体运行一遍复原过程。

```
def reconstruct(self, X):
    return self.sess.run(self.reconstruction, feed_dict={self.x: X, self.scale:
self.training_scale})
```

12）定义一个获取隐含层的权重 $w1$ 的函数。

```
def getWeights(self):
    return self.sess.run(self.weights['w1'])
```

13）获取隐含层 $b1$ 的偏置系数。

```
def getBiases(self):
    return self.sess.run(self.weights['b1'])
```

14）载入 MNIST 的数据集。

```
mnist = input_data.read_data_sets('MNIST_data', one_hot=True)
```

15）对数据进行标准化处理，数据标准化的主要功能就是消除变量间的量纲关系，从而使数据具有可比性。

```
def standard_scale(X_train, X_test):
    preprocessor = prep.StandardScaler().fit(X_train)
    X_train = preprocessor.transform(X_train)
    X_test = preprocessor.transform(X_test)
    return X_train, X_test
```

16）随机获取 block 数据，进行不放回抽样。

```
def get_random_block_from_data(data, batch_size):
    start_index = np.random.randint(0, len(data) - batch_size)
    return data[start_index:(start_index + batch_size)]
```

17）调用标准化函数对训练和测试集进行标准化。

```
X_train, X_test = standard_scale(mnist.train.images, mnist.test.images)
```

18）定义几个常用参数：最大训练的轮数（epoch），batch_size 设置为 128，每一轮显示一次 cost。

```
n_samples = int(mnist.train.num_examples)
# 训练轮数（epoch）
training_epochs = 20
batch_size = 128
display_step = 1
```

19）创建一个加性高斯噪声（AGN）自编码器的实例。

```
autoencoder = AdditiveGaussianNoiseAutoencoder(n_input=784,n_hidden=200,
transfer_function=tf.nn.softplus, optimizer=tf.train.AdamOptimizer(learning_
rate=0.001),scale=0.01)
```

20）训练。

```
for epoch in range(training_epochs):
    avg_cost = 0
    total_batch = int(n_samples / batch_size)
    for i in range(total_batch):
        batch_xs = get_random_block_from_data(X_train, batch_size)
        cost = autoencoder.partial_fit(batch_xs)
        avg_cost += cost / n_samples * batch_size
    if epoch % display_step == 0:
        print("Epoch:", '%04d' % (epoch+1), "cost=", "{:.9f}".format
(avg_cost))
print("total cost: " + str(autoencoder.calc_total_cost(X_test)))
```

运行程序，输出如下：

```
rts instructions that this TensorFlow binary was not compiled to use: AVX2
Epoch: 0001 cost= 19011.174751136
Epoch: 0002 cost= 12108.026196591
Epoch: 0003 cost= 11186.629313068
Epoch: 0004 cost= 10030.233071023
Epoch: 0005 cost= 10256.705612500
Epoch: 0006 cost= 9656.689953977
Epoch: 0007 cost= 9662.481788636
```

```
Epoch: 0008 cost= 8563.943857386
Epoch: 0009 cost= 8970.126824432
Epoch: 0010 cost= 7884.817446591
Epoch: 0011 cost= 8895.699427273
Epoch: 0012 cost= 8668.729584091
Epoch: 0013 cost= 9379.260441477
Epoch: 0014 cost= 8662.363753409
Epoch: 0015 cost= 8927.585473864
Epoch: 0016 cost= 8528.194665909
Epoch: 0017 cost= 8284.182400568
Epoch: 0018 cost= 8680.981559659
Epoch: 0019 cost= 7926.993515341
Epoch: 0020 cost= 8422.773536932
total cost: 714646.9
```

10.3 栈式自编码器及实现

逐层贪婪训练法依次训练网络的每一层，进而预训练整个深度神经网络。本节将会学习如何将自编码器“栈化”到逐层贪婪训练法中，从而预训练（或者说初始化）深度神经网络的权重。

10.3.1 栈式自编码器概述

栈式自编码神经网络是一个由多层稀疏自编码器组成的神经网络，其前一层自编码器的输出作为后一层自编码器的输入。对于一个 n 层栈式自编码神经网络，这里沿用自编码器的各种符号，假定用 $W^{(k,1)}$、$W^{(k,2)}$、$b^{(k,1)}$、$b^{(k,2)}$ 表示第 k 个自编码器对应的 $W^{(1)}$、$W^{(2)}$、$b^{(1)}$、$b^{(2)}$ 参数，那么该栈式自编码神经网络的编码过程就是按照从前向后的顺序执行每一层自编码器的编码步骤：

$$a^{(l)} = f(z^{(l)})$$
$$z^{(l+1)} = W^{(l,1)}a^{(l)} + b^{(l,1)}$$

同理，栈式神经网络的解码过程就是按照从后向前的顺序执行每一层自编码的解码步骤：

$$a^{(n+l)} = f(z^{(n+l)})$$
$$z^{(n+l+1)} = W^{(n-l,2)}a^{(n+l)} + b^{(n-l,2)}$$

其中，$a^{(n)}$ 是最深层隐藏单元的激活值，其包含了我们感兴趣的信息，这个向量也是对输入值的更高阶的表示。

通过将 $a^{(n)}$ 作为 Softmax 分类器的输入特征，可以将栈式自编码神经网络中学到的特征用于分类问题。

10.3.2 栈式自编码器训练

一种比较好的获取栈式自编码神经网络参数的方法是采用逐层贪婪训练法进行训练。即先利用原始输入来训练网络的第一层，得到其参数 $W^{(1,1)}$、$W^{(1,2)}$、$b^{(1,1)}$、$b^{(1,2)}$；然后网络第一层将原始输入转化成为由隐藏单元激活值组成的向量(假设该向量为 $\boldsymbol{A}$)，接着把 $\boldsymbol{A}$ 作为第二层的输入，继续训练得到第二层的参数 $W^{(2,1)}$、$W^{(2,2)}$、$b^{(2,1)}$、$b^{(2,2)}$；最后，对后面的各层同样采用的策略，即将前层的输出作为下一层输入的方式依次训练。

对于上述训练方式，在训练每一层参数的时候，会固定其他各层参数保持不变。所以，如果想得到更好的结果，在上述预训练过程完成之后，可以通过反向传播算法同时调整所有层的参数以改善结果，这个过程一般被称为“微调”（fine-tuning)。

实际上，使用逐层贪婪训练方法将参数训练到快要收敛时，应该使用微调。反之，如果直接在随机化的初始权重上使用微调，会得到不好的结果，因为参数会收敛到局部最优。

如果只对以分类为目的的微调感兴趣，那么惯用的做法是丢掉栈式自编码器网络的“解码”层，直接把最后一个隐藏层作为特征输入到 Softmax 分类器进行分类，这样，分类器（Softmax）的分类错误的梯度值就可以直接反向传播给编码层了。

10.3.3 栈式自编码器进行 MNIST 手写数字分类

让我们来看一个具体的例子，假设想要训练一个包含两个隐含层的栈式自编码网络，用来进行 MNIST 手写数字分类。首先，需要用原始输入 $x^{(k)}$ 训练第一个自编码器，它能够学习得到原始输入的一阶特征表示 $h^{(1)(k)}$，如图 10-6 所示。

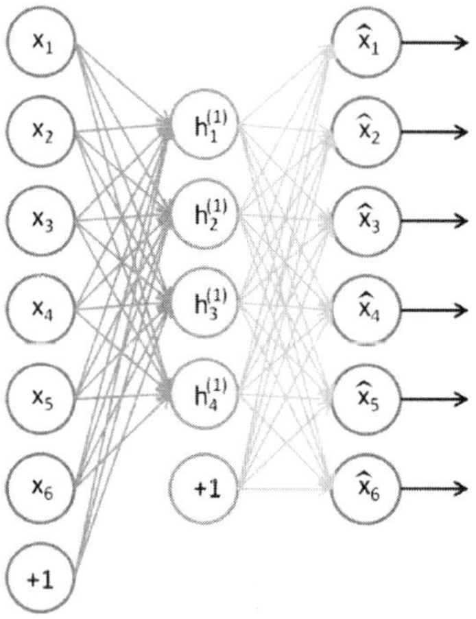

图 10-6 一阶特征的自编码网络图

接着，需要把原始数据输入到上述训练好的稀疏自编码器中，对于每一个输入 $x^{(k)}$，都可以得到它对应的一阶特征表示 $h^{(1)(k)}$。然后再用这些一阶特征作为另一个稀疏自编码器的输入，使用它们来学习二阶特征 $h^{(2)(k)}$，如图 10-7 所示。

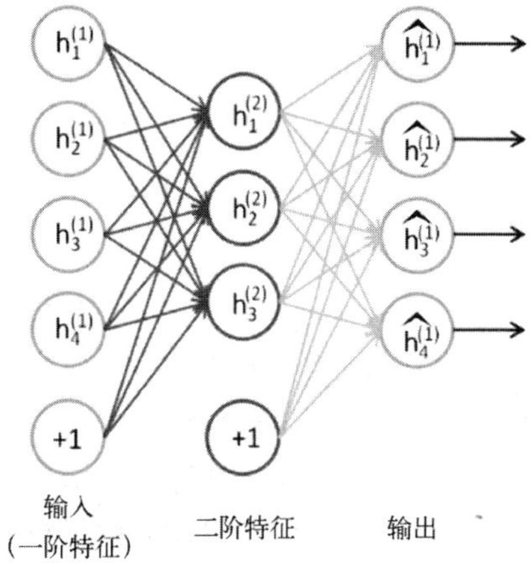

图 10-7　二阶特征的自编码网络图

同样，再把一阶特征输入到刚训练好的第二层稀疏自编码器中，得到每个 $h^{(1)(k)}$ 对应的二阶特征激活值 $h^{(2)(k)}$。接下来可以把这些二阶特征作为 Softmax 分类器的输入，训练得到一个能将二阶特征映射到数字标签的模型，如图 10-8 所示。

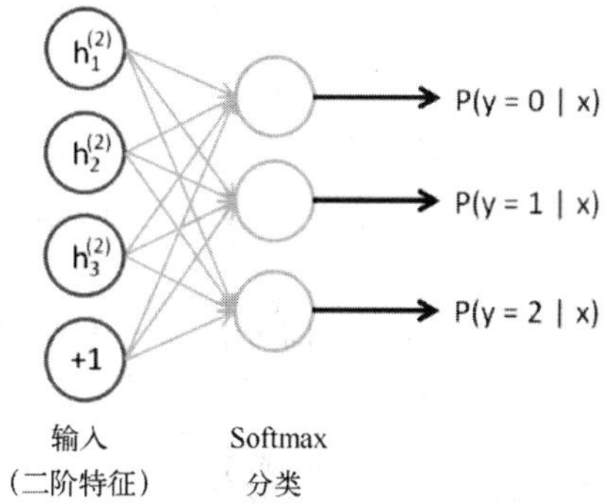

图 10-8　二阶特征映射到数字标签的模型

如图 10-9 所示，最终可以将这 3 层结合起来构建一个包含两个隐藏层和一个最终 Softmax 分类器层的栈式自编码网络，这个网络能够如你所愿地对 MNIST 数字进行分类。

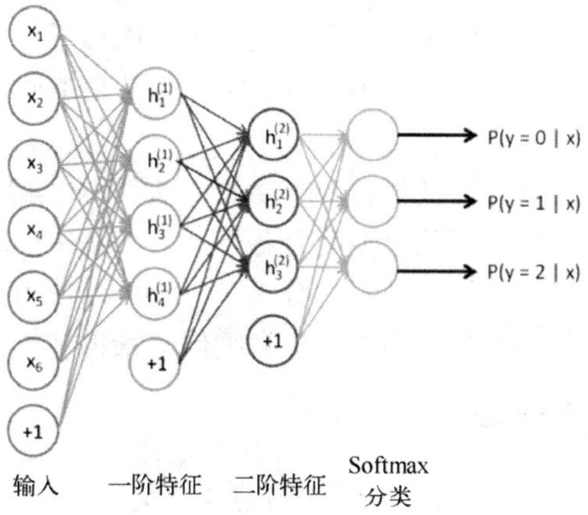

图 10-9　三层栈式自编码结构

栈式自编码神经网络具有强大的表达能力及深度神经网络的所有优点。其主要几个优点表现在：

1）每一层都可以单独训练，保证降维特征的可控性。

2）对于高维度的分类问题，一下拿出一套完整可用的模型相对来讲并不容易，因为节点太多、参数太多，一味地增加深度只会使结果越来越不可控，成为彻底的黑盒，而使用栈式自编码器逐层降维，可以将复杂问题简单化，更容易完成任务。

3）理论上是越深层的神经网络对现实的拟合度越高，但是传统的多层神经网络使用的是误差反向传播方式，导致层越深，传播的误差越小。栈式自编码器巧妙地绕过这个问题，直接使用降维后的特征值进行二次训练，可以实现任意层数的加深。

栈式自编码神经网络具有强大的表达能力和深度神经网络的所有优点，它通常能够获取到输入的“层次型分组”或者“部分-整体分解”结构，自编码器倾向于学习得到与样本相对应的低维向量，该向量可以更好地表示高维样本的数据特征。

如果网络输入的是图像，第一层会学习去识别边，二层会学习组合边、构成轮廓角等，更高层会学习组合更形象的特征。例如，如果输入数据集包含人脸图像，更高层会学习如何识别或组合眼睛、鼻子、嘴等人脸器官。

10.3.4 代替和级联

栈式自编码器会将网络中的中间层作为下一个网络的输入进行训练。我们可以得到网络中每一个中间层的原始值，为了能有更好的效果，还可以使用级联的方式进一步优化网络的参数。

在已有的模型上接着优化参数的步骤习惯上称为“微调”。该方法不仅在自编码网络中很常用，在整个深度学习里都是常见的技术。

微调通常在有大量已标注的训练数据的情况下使用。在这样的情况下，微调能显著提高分类器的性能。但如果有大量未标记数据集，却只有相对较少的已标注数据集，则微调的作用很有限。

10.3.5 自编码器的应用场合

前文中我们使用自编码器和降噪自编码器演示了 MNIST 的例子，主要是为了得到一个很好的可视化效果。但是在实际应用中，全连接网络的自编码器并不适合处理图像类的问题（网络参数太多）。

自编码器更像是一种技巧，而任何一种网络及方法都不可能不变化就可以满足所有的问题。现实环境中，需要使用具体的模型配合各种技巧来解决问题。明白其原理，知道它的优缺点才是核心。在任何一个多维数据的分类中也都可以使用自编码器，另外在大型图片分类任务中，对卷积池化后的特征数据进行自编码降维也是一个好办法。

10.3.6 自编码器的综合实现

【例 10-5】 降噪自编码器和栈式自编码器的综合实现。

- 建立一个降噪自编码器（包含输入层共 4 层的网络）。

- 对第一层的输出做一次简单的自编码压缩（包含输入层共 3 层的网络）。
- 将第二层的输出做一个 Softmax 分类。
- 把这 3 个网络里的中间层拿出来，组成一个新的网络并进行微调，从而构建一个包含输入层的简单降噪自编码器。

（1）导入数据集

```
import tensorflow as tf
import numpy as np
import matplotlib.pyplot as plt
from tensorflow.examples.tutorials.mnist import input_data
import os

from tensorflow.examples.tutorials.mnist import input_data
# 获取数据,number 1 至 10
mnist = input_data.read_data_sets('MNIST_data', one_hot=True)
print(type(mnist)) #<class 'tensorflow.contrib.learn.python.learn.
datasets.base.Datasets'>
print('Training data shape:',mnist.train.images.shape)
print('Test data shape:',mnist.test.images.shape)
print('Validation data shape:',mnist.validation.images.shape)
print('Training label shape:',mnist.train.labels.shape)

train_X = mnist.train.images
train_Y = mnist.train.labels
test_X = mnist.test.images
test_Y = mnist.test.labels
```

（2）定义网络参数

最终训练的网络包含一个输入层、两个隐藏层、一个输出层。除了输入层，每一层都用一个网络来训练，因此需要训练 3 个网络，最后再把训练好的各层组合在一起，形成第 4 个网络。

```
def stacked_auto_encoder():
    tf.reset_default_graph()
    '''
    网络参数定义
    '''
    n_input = 784
    n_hidden_1 = 256
    n_hidden_2 = 128
    n_classes = 10
    learning_rate = 0.01              #学习率
    training_epochs = 20              #迭代轮数
    batch_size = 256                  #小批量数量大小
    display_epoch = 10
    show_num = 10
```

```
savedir = "./stacked_encoder/"      #检查点文件保存路径
savefile = 'mnist_model.cpkt'       #检查点文件名
#第一层输入
x = tf.placeholder(dtype=tf.float32,shape=[None,n_input])
y = tf.placeholder(dtype=tf.float32,shape=[None,n_input])
keep_prob = tf.placeholder(dtype=tf.float32)
#第二层输入
l2x = tf.placeholder(dtype=tf.float32,shape=[None,n_hidden_1])
l2y = tf.placeholder(dtype=tf.float32,shape=[None,n_hidden_1])
#第三层输入
l3x = tf.placeholder(dtype=tf.float32,shape=[None,n_hidden_2])
l3y = tf.placeholder(dtype=tf.float32,shape=[None,n_classes])
```

（3）定义学习参数

除了输入层，后面的其他 3 层（256,128,10）的每一层都需要单独使用一个自编码网络来训练，所以要为这 3 个网络创建 3 套学习参数。

```
weights = {
        #网络 1 784-256-256-784
        'l1_h1':tf.Variable(tf.truncated_normal(shape=[n_input,n_
hidden_1],stddev=0.1)), #级联使用
    'l1_h2':tf.Variable(tf.truncated_normal(shape=[n_hidden_1,n_hidden_1],
stddev=0.1)),
    'l1_out':tf.Variable(tf.truncated_normal(shape=[n_hidden_1,n_input],std
dev=0.1)),
    #网络 2 256-128-128-256
    'l2_h1':tf.Variable(tf.truncated_normal(shape=[n_hidden_1,n_hidden_2],
stddev=0.1)),#级联使用
    'l2_h2':tf.Variable(tf.truncated_normal(shape=[n_hidden_2,n_hidden_2],
stddev=0.1)),

'l2_out':tf.Variable(tf.truncated_normal(shape=[n_hidden_2,n_hidden_1],stdd
ev=0.1)),
     #网络 3 128-10
    'out':tf.Variable(tf.truncated_normal(shape=[n_hidden_2,n_classes],stdd
ev=0.1))  #级联使用
        }
biases = {
        #网络 1 784-256-256-784
        'l1_b1':tf.Variable(tf.zeros(shape=[n_hidden_1])),  #级联使用
        'l1_b2':tf.Variable(tf.zeros(shape=[n_hidden_1])),
        'l1_out':tf.Variable(tf.zeros(shape=[n_input])),
        #网络 2 256-128-128-256
        'l2_b1':tf.Variable(tf.zeros(shape=[n_hidden_2])),  #级联使用
        'l2_b2':tf.Variable(tf.zeros(shape=[n_hidden_2])),
        'l2_out':tf.Variable(tf.zeros(shape=[n_hidden_1])),
        #网络 3 128-10
```

```
        'out':tf.Variable(tf.zeros(shape=[n_classes]))   #级联使用
        }
```

（4）定义第一层网络结构

注意：在第一层里加入噪声，并且使用弃权层 784-256-256-784

```
l1_h1 = tf.nn.sigmoid(tf.add(tf.matmul(x,weights['l1_h1']),biases
['l1_b1']))
l1_h1_dropout = tf.nn.dropout(l1_h1,keep_prob)
l1_h2 = tf.nn.sigmoid(tf.add(tf.matmul(l1_h1_dropout,weights['l1_
h2']),biases['l1_b2']))
l1_h2_dropout = tf.nn.dropout(l1_h2,keep_prob)
l1_reconstruction = tf.nn.sigmoid(tf.add(tf.matmul(l1_h2_dropout,
weights['l1_out']),biases['l1_out']))
#计算代价
l1_cost = tf.reduce_mean((l1_reconstruction-y)**2)
#定义优化器
l1_optm = tf.train.AdamOptimizer(learning_rate).minimize(l1_cost)
```

（5）定义第二层网络结构

```
l2_h1 = tf.nn.sigmoid(tf.add(tf.matmul(l2x,weights['l2_h1']),biases
['l2_b1']))
l2_h2 = tf.nn.sigmoid(tf.add(tf.matmul(l2_h1,weights['l2_h2']),biases
['l2_b2']))
l2_reconstruction = tf.nn.sigmoid(tf.add(tf.matmul(l2_h2,weights['l2_out']),
biases['l2_out']))
#计算代价
l2_cost = tf.reduce_mean((l2_reconstruction-l2y)**2)
#定义优化器
l2_optm = tf.train.AdamOptimizer(learning_rate).minimize(l2_cost)
```

（6）定义第三层网络结构

```
l3_logits = tf.add(tf.matmul(l3x,weights['out']),biases['out'])
#计算代价
l3_cost = tf.reduce_mean(tf.nn.softmax_cross_entropy_with_logits
(logits=l3_logits,labels=l3y))
#定义优化器
l3_optm = tf.train.AdamOptimizer(learning_rate).minimize(l3_cost)
```

（7）定义级联级网络结构

将前 3 个网络级联在一起，建立第 4 个网络，并定义网络结构

```
    #1 联 2
    l1_l2_out = tf.nn.sigmoid(tf.add(tf.matmul(l1_h1,weights['l2_h1']),
biases['l2_b1']))
    #2 联 3
    logits = tf.add(tf.matmul(l1_l2_out,weights['out']),biases['out'])
```

```
        #计算代价
        cost = tf.reduce_mean(tf.nn.softmax_cross_entropy_with_logits(logits=
logits,labels=l3y))
        #定义优化器
        optm = tf.train.AdamOptimizer(learning_rate).minimize(cost)
        num_batch = int(np.ceil(mnist.train.num_examples / batch_size))
        #生成 Saver 对象，max_to_keep = 1，表名最多保存一个检查点文件，这样在迭代过程中
新生成的模型就会覆盖以前的模型
        saver = tf.train.Saver(max_to_keep=1)
        #直接载入最近保存的检查点文件
        kpt = tf.train.latest_checkpoint(savedir)
        print("kpt:",kpt)
```

（8）训练网络第一层

```
    with tf.Session() as sess:
        sess.run(tf.global_variables_initializer())
        #如果存在检查点文件，则恢复模型
        if kpt!=None:
            saver.restore(sess, kpt)
        print('网络第一层 开始训练')
        for epoch in range(training_epochs):
            total_cost = 0.0
            for i in range(num_batch):
                batch_x,batch_y = mnist.train.next_batch(batch_size)
#添加噪声，每次取出来一批次的数据，将输入数据的每一个像素都加上 0.3 倍的高斯噪声
      batch_x_noise = batch_x + 0.3*np.random.randn(batch_size,784)  #标准正态
分布
                _,loss = sess.run([l1_optm,l1_cost],feed_dict={x:batch_x_
noise,y:batch_x,keep_prob:0.5})
                total_cost += loss
            #打印信息
            if epoch % display_epoch == 0:
                print('Epoch {0}/{1}  average cost {2}'.format(epoch,training_
epochs,total_cost/num_batch))
            #每隔 1 轮后保存一次检查点
            saver.save(sess,os.path.join(savedir,savefile),global_step = epoch)
        print('训练完成')
        #数据可视化
        test_noisy= mnist.test.images[:show_num]  + 0.3*np.random.randn
(show_num,784)
        reconstruction = sess.run(l1_reconstruction,feed_dict = {x:test_
noisy,keep_prob:1.0})
        plt.figure(figsize=(1.0*show_num,1*2))
        for i in range(show_num):
            #原始图像
            plt.subplot(3,show_num,i+1)
```

```
        plt.imshow(np.reshape(mnist.test.images[i],(28,28)),cmap='gray')
        plt.axis('off')
        #加入噪声后的图像
        plt.subplot(3,show_num,i+show_num*1+1)
        plt.imshow(np.reshape(test_noisy[i],(28,28)),cmap='gray')
        plt.axis('off')
        #降噪自编码器输出图像
        plt.subplot(3,show_num,i+show_num*2+1)
        plt.imshow(np.reshape(reconstruction[i],(28,28)),cmap='gray')
        plt.axis('off')
    plt.show()
```

（9）训练网络第二层

```
注意：这个网络模型的输入已经不再是 MNIST 图片了，而是上一层网络中的一层的输出
with tf.Session() as sess:
    sess.run(tf.global_variables_initializer())
    print('网络第二层 开始训练')
    for epoch in range(training_epochs):
        total_cost = 0.0
        for i in range(num_batch):
            batch_x,batch_y = mnist.train.next_batch(batch_size)
            l1_out = sess.run(l1_h1,feed_dict={x:batch_x,keep_prob:1.0})
            _,loss = sess.run([l2_optm,l2_cost],feed_dict={l2x:l1_out,
l2y:l1_out})
            total_cost += loss
        #打印信息
        if epoch % display_epoch == 0:
            print('Epoch {0}/{1} average cost {2}'.format(epoch,training_
epochs,total_cost/num_batch))
        #每隔 1 轮后保存一次检查点
        saver.save(sess,os.path.join(savedir,savefile),global_step = epoch)
    print('训练完成')
    #数据可视化
    testvec = mnist.test.images[:show_num]
    l1_out = sess.run(l1_h1,feed_dict={x:testvec,keep_prob:1.0})
    reconstruction = sess.run(l2_reconstruction,feed_dict = {l2x:l1_
out})
    plt.figure(figsize=(1.0*show_num,1*2))
    for i in range(show_num):
        #原始图像
        plt.subplot(3,show_num,i+1)
        plt.imshow(np.reshape(testvec[i],(28,28)),cmap='gray')
        plt.axis('off')
        #加入噪声后的图像
        plt.subplot(3,show_num,i+show_num*1+1)
        plt.imshow(np.reshape(l1_out[i],(16,16)),cmap='gray')
```

```
        plt.axis('off')
        #降噪自编码器输出图像
        plt.subplot(3,show_num,i+show_num*2+1)
        plt.imshow(np.reshape(reconstruction[i],(16,16)),cmap='gray')
        plt.axis('off')
    plt.show()
```

（10）训练网络第三层

```
同理，这个网络模型的输入要经过前面两次网络运算才可以生成
with tf.Session() as sess:
    sess.run(tf.global_variables_initializer())
    print('网络第三层 开始训练')
    for epoch in range(training_epochs):
        total_cost = 0.0
        for i in range(num_batch):
            batch_x,batch_y = mnist.train.next_batch(batch_size)
            l1_out = sess.run(l1_h1,feed_dict={x:batch_x,keep_prob:1.0})
            l2_out = sess.run(l2_h1,feed_dict={l2x:l1_out})
            _,loss = sess.run([l3_optm,l3_cost],feed_dict={l3x:l2_out,
l3y:batch_y})
            total_cost += loss
        #打印信息
        if epoch % display_epoch == 0:
            print('Epoch {0}/{1}  average cost {2}'.format(epoch,training_
epochs,total_cost/num_batch))
        #每隔1轮后保存一次检查点
        saver.save(sess,os.path.join(savedir,savefile),global_step = epoch)
    print('训练完成')
```

（11）栈式自编码网络验证

```
correct_prediction =tf.equal(tf.argmax(logits,1),tf.argmax(l3y,1))
#计算准确率
accuracy = tf.reduce_mean(tf.cast(correct_prediction,dtype=tf.float32))
print('Accuracy:',accuracy.eval({x:mnist.test.images,l3y:mnist.test.lab
els}))
```

（12）级联微调，将网络模型联起来进行分类训练

```
with tf.Session() as sess:
    sess.run(tf.global_variables_initializer())
    print('级联微调 开始训练')
    for epoch in range(training_epochs):
        total_cost = 0.0
        for i in range(num_batch):
            batch_x,batch_y = mnist.train.next_batch(batch_size)
            _,loss = sess.run([optm,cost],feed_dict={x:batch_x,l3y:
batch_y})
```

```
            total_cost += loss
        #打印信息
        if epoch % display_epoch == 0:
            print('Epoch {0}/{1}  average cost {2}'.format(epoch,training_
epochs,total_cost/num_batch))
        #每隔 1 轮后保存一次检查点
        saver.save(sess,os.path.join(savedir,savefile),global_step = epoch)
    print('训练完成')
    print('Accuracy:',accuracy.eval({x:mnist.test.images,l3y:mnist.
test.labels}))

if  __name__ == '__main__':
    stacked_auto_encoder()
```

运行程序，输出如下，效果如图 10-10 和图 10-11 所示。

```
Training data shape: (55000, 784)
Test data shape: (10000, 784)
Validation data shape: (5000, 784)
Training label shape: (55000, 10)
网络第一层 开始训练
Epoch 0/20  average cost 0.04819703022407931
Epoch 10/20  average cost 0.026828159149302994
训练完成
```

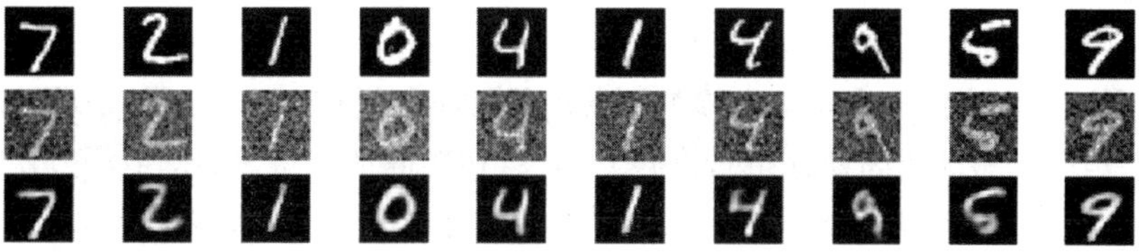

图 10-10　第一层训练降噪效果

```
网络第二层 开始训练
Epoch 0/20  average cost 0.015684995388742105
Epoch 10/20  average cost 0.003399355595844776
训练完成
```

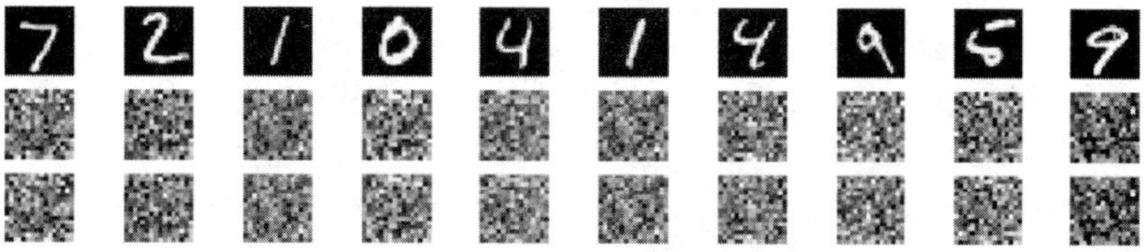

图 10-11　第二层训练降噪效果

```
网络第三层 开始训练
Epoch 0/20  average cost 2.0654699164767596
```

```
Epoch 10/20  average cost 0.7360656081244003
训练完成
Accuracy: 0.8465
级联微调 开始训练
Epoch 0/20  average cost 0.355837113011715
Epoch 10/20  average cost 0.017571143613760033
训练完成
Accuracy: 0.9772
```

由以上结果可以看到，由于网络模型中各层的初始值已经训练好了，我们略过对第三层网络模型的单独验证，直接去验证整个分类模型，看看栈式自编码器的分类效果如何。可以看出直接将每层的训练参数堆起来，网络会有不错的表现，准确率达到 84.65%。为了进一步优化，我们进行了级联微调，最终的准确率达到了 97.72%。可以看到这个准确率和前馈神经网络准确度近似，但是可以增加网络的层数进一步提高准确率。

10.4 变分自编码器及实现

变分自编码（Variational Auto-Encoder，VAE）不再是学习样本的个体，而是学习样本的规律，这样训练出来的自编码器不仅具有重构样本的功能，还具有仿照样本的功能。

变分自编码器其实就是在编码过程中改变样本的分布（“变分”可以理解为改变分布）。前面所说的“学习样本的规律”，具体指的就是样本的分布，假设知道样本的分布函数，就可以从这个函数中随便取一个样本，然后进行网络解码层向前传导，这样就可以生成一个新的样本。

为了得到这个样本的分布函数，模型训练的目的不再是样本本身，而是通过加一个约束项，将网络生成一个服从于高斯分布的数据集，这样按照高斯分布里的均值和方差规则就可以任意取相关的数据，然后通过解码层还原成样本。变分自编码器的结构框图如图 10-12 所示。

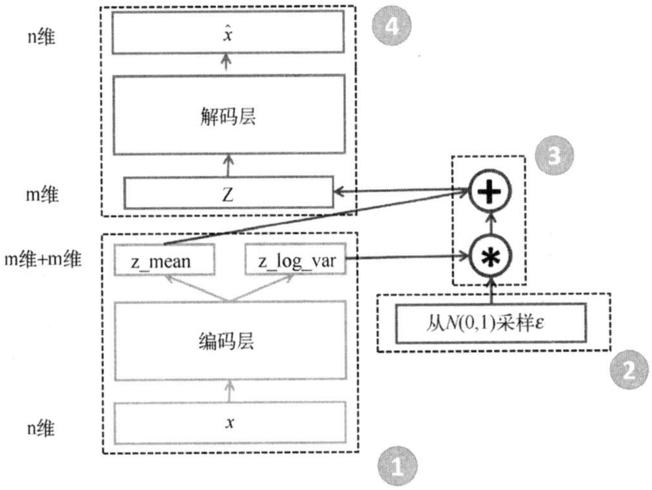

图 10-12　变分自编码器的结构框图

10.4.1 变分自编码器的原理

以 MNIST 为例，在看过几千张手写数字图片之后，我们能进行模仿，并生成一些类似的图片，这些图片在原始数据中并不存在，虽然有一些变化，但是看起来相似，换言之，需要学会数据 x 的分布，这样，根据数据的分布就能轻松地产生新样本。

$$P(X)$$

但数据分布的估计不是件容易的事情，尤其是当数据量不足的时候。可以使用一个隐变量 z，由 z 经过一个复杂的映射得到 x，并且假设 z 服从高斯分布：

$$x = f(z;\theta)$$

因此只需要学习隐变量所服从的高斯分布的参数，以及映射函数，即可得到原始数据的分布，为了学习隐变量所服从的高斯分布的参数，需要得到 z 足够多的样本。然而 z 的样本并不能直接获得，因此还需要一个映射函数（条件概率分布），从已有的 x 样本中得到对应的 z 样本。

$$z = Q(z \mid x)$$

这看起来和自编码器很相似，从数据本身经编码得到隐层表示，经解码还原。但变分自编码器和自编码器的区别如下：

- 自编码器中隐层表示的分布未知，而变分自编码器中隐变量服从高斯分布。
- 自编码器中学习的是编码器和解码器，变分自编码器中还学习了隐变量的分布，包括高斯分布的均值和方差。
- 自编码器只能从一个 x 得到对应的重构 x。
- 变分自编码器可以产生新的 z，从而得到新的 x，即生成新的样本。

10.4.2 损失函数

除了重构误差，由于在变分自编码器中假设隐变量 z 服从高斯分布，因此编码器对应的条件概率分布应当和高斯分布尽可能相似。可以用相对熵，又称作 KL 散度（Kullback-Leibler Divergence），来衡量两个分布的差异（或者说距离），但相对熵是非对称的：

$$D(f \parallel g) = \int f(x)\log\frac{f(x)}{g(x)}\mathrm{d}x$$

10.4.3 变分自编码器模拟生成 MNIST 数据

【例 10-6】 使用变分自编码器模拟生成 MNIST 数据。

（1）定义占位符

该网络与之前的略有不同，编码器为两个全连接层，第一个全连接层由 784 个维度的输入变为 256 个维度的输出，第二个全连接层并列连接了两个输出网络，mean 和 lg_var（可以看作噪声项，变分自编码器跟普通的自编码器差别不大，无非是多加了该噪声并对该噪声做了约束），每个网络都有两个维度的输出。然后两个输出通过一个公式的计算，输入到以一个 2 节点为开始的解码部分，接着后面为两个全连接的解码层，第一个由两个维度的输入到 256 个维度的输出，第二个由 256 个维度的输入到 784 个维度的输出。

```
import tensorflow as tf
import numpy as np
import matplotlib.pyplot as plt
from tensorflow.examples.tutorials.mnist import input_data
from scipy.stats import norm

mnist = input_data.read_data_sets('MNIST-data',one_hot=True)

print(type(mnist)) #<class 'tensorflow.contrib.learn.python.learn.
datasets.base.Datasets'>
print('Training data shape:',mnist.train.images.shape)
print('Test data shape:',mnist.test.images.shape)
print('Validation data shape:',mnist.validation.images.shape)
print('Training label shape:',mnist.train.labels.shape)

train_X = mnist.train.images
train_Y = mnist.train.labels
test_X = mnist.test.images
test_Y = mnist.test.labels
'''
定义网络参数
'''
n_input = 784
n_hidden_1 = 256
n_hidden_2 = 2
learning_rate = 0.001
training_epochs = 20              #迭代轮数
batch_size = 128                  #小批量数量大小
display_epoch = 3
show_num = 10

x = tf.placeholder(dtype=tf.float32,shape=[None,n_input])
#后面通过它输入分布数据，用来生成模拟样本数据
zinput = tf.placeholder(dtype=tf.float32,shape=[None,n_hidden_2])
```

（2）定义学习参数

mean_w1 和 mean_b1 是生成 mean 的权重和偏置，log_sigma_w1 和 log_sigma_b1 是生成 log_sigma 的权重和偏置。

```
weights = {
        'w1':tf.Variable(tf.truncated_normal([n_input,n_hidden_1],
stddev = 0.001)),
      'mean_w1':tf.Variable(tf.truncated_normal([n_hidden_1,n_hidden_2],
stddev = 0.001)),
    'log_sigma_w1':tf.Variable(tf.truncated_normal([n_hidden_1,n_hidden_2],
stddev = 0.001)),
```

```
        'w2':tf.Variable(tf.truncated_normal([n_hidden_2,n_hidden_1],
stddev = 0.001)),
        'w3':tf.Variable(tf.truncated_normal([n_hidden_1,n_input],
stddev = 0.001))
        }
    biases = {
        'b1':tf.Variable(tf.zeros([n_hidden_1])),
        'mean_b1':tf.Variable(tf.zeros([n_hidden_2])),
        'log_sigma_b1':tf.Variable(tf.zeros([n_hidden_2])),
        'b2':tf.Variable(tf.zeros([n_hidden_1])),
        'b3':tf.Variable(tf.zeros([n_input]))
        }
```

注意：这里初始化权重时，使用了很小的值 0.001。这里的设置要非常小心，如果网络初始生成的模型均值和方差都很大，那么与标准高斯分布的差距就会非常大，这样会导致模型训练不出来，生成 NAN 的情况。

（3）定义网络结构

```
    #第一个全连接层由 784 个维度的输入样本作为 256 个维度的输出
    h1 = tf.nn.relu(tf.add(tf.matmul(x,weights['w1']),biases['b1']))
    #第二个全连接层并列了两个输出网络
    z_mean = tf.add(tf.matmul(h1,weights['mean_w1']),biases['mean_b1'])
    z_log_sigma_sq = tf.add(tf.matmul(h1,weights['log_sigma_w1']),biases
['log_sigma_b1'])

    #将两个输出通过一个公式的计算输入到以一个 2 节点为开始的解码部分，为高斯分布样本
    eps = tf.random_normal(tf.stack([tf.shape(h1)[0],n_hidden_2]),0,1,
dtype=tf.float32)
    z = tf.add(z_mean,tf.multiply(tf.sqrt(tf.exp(z_log_sigma_sq)),eps))

    #解码器由 2 个维度的输入作为 256 个维度的输出
    h2 = tf.nn.relu(tf.matmul(z,weights['w2']) + biases['b2'])
    #解码器由 256 个维度的输入作为 784 个维度的输出，即还原成原始输入数据
    reconstruction = tf.matmul(h2,weights['w3']) + biases['b3']

    #这两个节点不属于训练中的结构，是为了生成指定数据时用的
    h2out = tf.nn.relu(tf.matmul(zinput,weights['w2']) + biases['b2'])
    reconstructionout = tf.matmul(h2out,weights['w3']) + biases['b3']
```

（4）反向传播

这里定义损失函数加入了 KL 散度。

```
    #计算重建损失
    #计算原始数据和重构数据之间的损失，这里除了使用平方差代价函数，也可以使用交叉熵代价函数
    reconstr_loss = 0.5*tf.reduce_sum((reconstruction-x)**2)
    print(reconstr_loss.shape)    #(,) 标量
```

```
    #使用KL离散度的公式
    latent_loss = -0.5*tf.reduce_sum(1 + z_log_sigma_sq - tf.square(z_mean) -
tf.exp(z_log_sigma_sq),1)
    print(latent_loss.shape)     #(128,)
    cost = tf.reduce_mean(reconstr_loss+latent_loss)
    #定义优化器
    optimizer = tf.train.AdamOptimizer(learning_rate).minimize(cost)
    num_batch = int(np.ceil(mnist.train.num_examples / batch_size))
```

（5）开始训练，并可视化输出

```
    with tf.Session() as sess:
        sess.run(tf.global_variables_initializer())

        print('开始训练')
        for epoch in range(training_epochs):
            total_cost = 0.0
            for i in range(num_batch):
                batch_x,batch_y = mnist.train.next_batch(batch_size)
                _,loss = sess.run([optimizer,cost],feed_dict={x:batch_x})
                total_cost += loss

            #打印信息
            if epoch % display_epoch == 0:
                print('Epoch {}/{}  average cost {:.9f}'.format(epoch+1,
training_epochs,total_cost/num_batch))
        print('训练完成')
        #测试
        print('Result:',cost.eval({x:mnist.test.images}))
        #数据可视化
        reconstruction = sess.run(reconstruction,feed_dict = {x:mnist.test.
images[:show_num]})
        plt.figure(figsize=(1.0*show_num,1*2))
        for i in range(show_num):
            #原始图像
            plt.subplot(2,show_num,i+1)
            plt.imshow(np.reshape(mnist.test.images[i],(28,28)),cmap='gray')
            plt.axis('off')
            #变分自编码器重构图像
            plt.subplot(2,show_num,i+show_num+1)
            plt.imshow(np.reshape(reconstruction[i],(28,28)),cmap='gray')
            plt.axis('off')
        plt.show()
        #绘制均值和方差代表的二维数据
        plt.figure(figsize=(5,4))
        #将onehot转为一维编码
        labels = [np.argmax(y) for y in mnist.test.labels]
```

```
        mean,log_sigma = sess.run([z_mean,z_log_sigma_sq],feed_dict={x:
mnist.test.images})
        plt.scatter(mean[:,0],mean[:,1],c=labels)
        plt.colorbar()
        plt.show()
        '''
        plt.figure(figsize=(5,4))
        plt.scatter(log_sigma[:,0],log_sigma[:,1],c=labels)
        plt.colorbar()
        plt.show()
        '''
        '''
        高斯分布取样，生成模拟数据
        '''
        n = 15  #15 x 15的figure
        digit_size = 28
        figure = np.zeros((digit_size * n, digit_size * n))
        grid_x = norm.ppf(np.linspace(0.05, 0.95, n))
        grid_y = norm.ppf(np.linspace(0.05, 0.95, n))
        for i, yi in enumerate(grid_x):
            for j, xi in enumerate(grid_y):
                z_sample = np.array([[xi, yi]])
                x_decoded = sess.run(reconstructionout,feed_dict={zinput:
z_sample})

                digit = x_decoded[0].reshape(digit_size, digit_size)
                figure[i * digit_size: (i + 1) * digit_size,
                     j * digit_size: (j + 1) * digit_size] = digit

        plt.figure(figsize=(10, 10))
        plt.imshow(figure, cmap='gray')
        plt.show()
```

运行程序，输出如下，效果如图 10-13～图 10-15 所示。

```
Training data shape: (55000, 784)
Test data shape: (10000, 784)
Validation data shape: (5000, 784)
Training label shape: (55000, 10)
开始训练
Epoch 1/20  average cost 3122.352842819
Epoch 4/20  average cost 2448.467387355
Epoch 7/20  average cost 2294.400140239
Epoch 10/20  average cost 2215.912743573
Epoch 13/20  average cost 2166.834991313
Epoch 16/20  average cost 2132.051581520
Epoch 19/20  average cost 2104.639311183
```

训练完成

```
Result: 163160.58
```

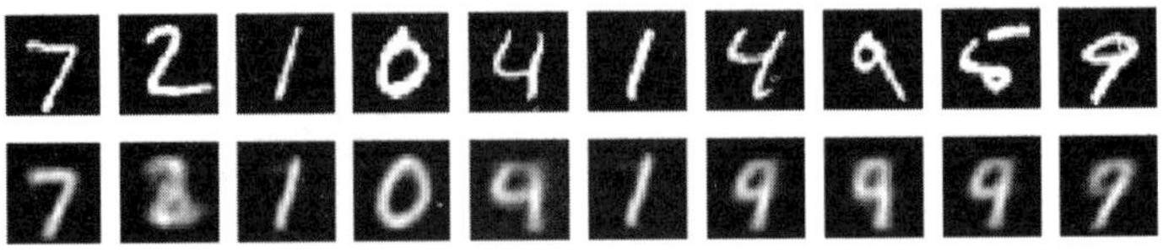

图 10-13　变分自编码器结果

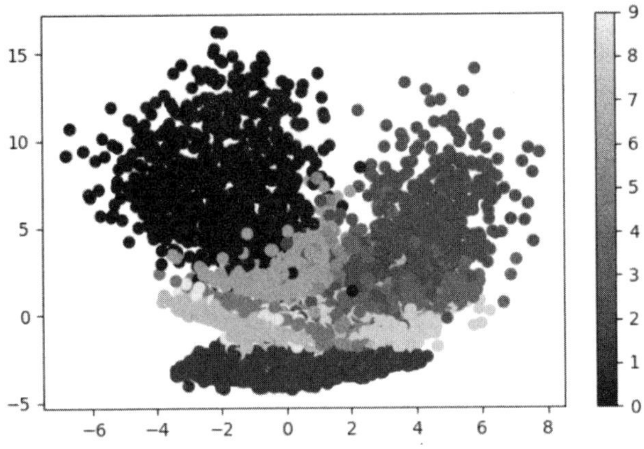

图 10-14　变分自编码器二维可视化

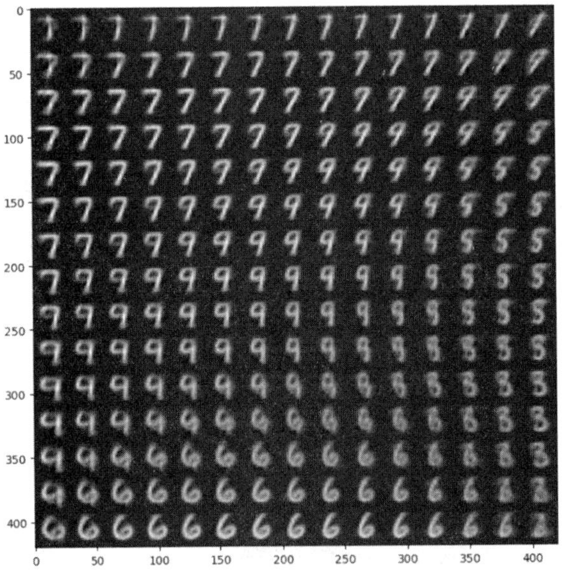

图 10-15　变分自编码器生成模拟数据

由图 10-15 可看到，在神经网络的世界里，从左下角到右上角显示了网络是按照图片的形状变化而排列的，并不像人类一样，把数字按照 1 到 9 的顺序排列，因为机器学习的只是图片，而人类对数字的理解更多的是其代表的意思。

10.5 条件变分自编码器及实现

前面的变分自编码器是为了本节介绍条件变分自编码器做铺垫的，在实际应用中条件变分自编码器的应用会更为广泛一些，下面来介绍条件变分自编码器。

10.5.1 条件变分自编码器概述

变分自编码器存在一个问题：虽然可以生成一个样本，但是只能输出与输入图片相同类别的样本。虽然也可以随机从符合模型生成的高斯分布中取数据来还原成样本，但并不知道生成的样本属于哪个类别。条件变分解码器可以解决这个问题，让网络按照所指定的类别生成样本。

在变分自编码器的基础上，再去理解条件变分自编码器会很容易。主要的改动是在训练、测试时，加入一个 one-hot 向量，用于表示标签向量。其实就是给变分自解码网络加了一个条件，让网络学习图片分布时加入标签因素，这样可以按照标签的数值来生成指定的图片。

10.5.2 条件变分自编码器生成 MNIST 数据

【例 10-7】 使用标签指导条件变分自编码网络生成 MNIST 数据。

在编码阶段需要在输入端添加标签对应的特征。在解码阶段同样也需要将标签加入输入，这样，再解码的结果会向原始的输入样本不断逼近，最终得到的模型将会把输入的标签特征当成 MNIST 数据的一部分，就实现了通过标签来生成 MNIST 数据的效果。

在输入端添加标签时，一般是通过一个全连接层的变换将得到的结果 contact 到原始输入的地方，在解码阶段也将标签作为样本输入，与高斯分布的随机值一并运算，生成模拟样本。条件变分自编码器结构如图 10-16 所示。

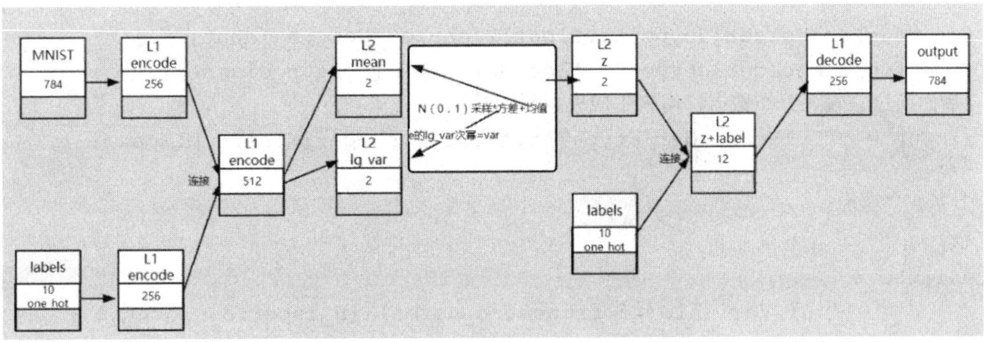

图 10-16 条件变分自编码器结构

实现的 TensorFlow 代码为：

```
'''
条件变分自编码器
'''
import tensorflow as tf
import numpy as np
import matplotlib.pyplot as plt
from tensorflow.examples.tutorials.mnist import input_data

mnist = input_data.read_data_sets('MNIST-data',one_hot=True)

print(type(mnist))
print('Training data shape:',mnist.train.images.shape)
print('Test data shape:',mnist.test.images.shape)
print('Validation data shape:',mnist.validation.images.shape)
print('Training label shape:',mnist.train.labels.shape)

train_X = mnist.train.images
train_Y = mnist.train.labels
test_X = mnist.test.images
test_Y = mnist.test.labels
'''
定义网络参数
'''
n_input = 784
n_hidden_1 = 256
n_hidden_2 = 2
n_classes = 10
learning_rate = 0.001
training_epochs = 20            #迭代轮数
batch_size = 128                #小批量数量大小
display_epoch = 3
show_num = 10

x = tf.placeholder(dtype=tf.float32,shape=[None,n_input])
y = tf.placeholder(dtype=tf.float32,shape=[None,n_classes])
#后面通过它输入分布数据，用来生成模拟样本数据
zinput = tf.placeholder(dtype=tf.float32,shape=[None,n_hidden_2])
'''
定义学习参数
'''
weights = {
        'w1':tf.Variable(tf.truncated_normal([n_input,n_hidden_1],
stddev = 0.001)),
        'w_lab1':tf.Variable(tf.truncated_normal([n_classes,n_hidden_1],
stddev = 0.001)),
    'mean_w1':tf.Variable(tf.truncated_normal([n_hidden_1*2,n_hidden_2],
```

```
stddev = 0.001)),
            'log_sigma_w1':tf.Variable(tf.truncated_normal([n_hidden_1*2,
n_hidden_2],stddev = 0.001)),
            'w2':tf.Variable(tf.truncated_normal([n_hidden_2+n_classes,n_
hidden_1],stddev = 0.001)),
            'w3':tf.Variable(tf.truncated_normal([n_hidden_1,n_input],
stddev = 0.001))
            }
    biases = {
            'b1':tf.Variable(tf.zeros([n_hidden_1])),
            'b_lab1':tf.Variable(tf.zeros([n_hidden_1])),
            'mean_b1':tf.Variable(tf.zeros([n_hidden_2])),
            'log_sigma_b1':tf.Variable(tf.zeros([n_hidden_2])),
            'b2':tf.Variable(tf.zeros([n_hidden_1])),
            'b3':tf.Variable(tf.zeros([n_input]))
            }
    '''
    定义网络结构
    '''
    #第一个全连接层由784个维度的输入样变成256个维度的输出
    h1 = tf.nn.relu(tf.add(tf.matmul(x,weights['w1']),biases['b1']))
    #输入标签
    h_lab1 = tf.nn.relu(tf.add(tf.matmul(y,weights['w_lab1']),biases
['b_lab1']))
    #合并
    hall1 = tf.concat([h1,h_lab1],1)
    #第二个全连接层并列了两个输出网络
    z_mean = tf.add(tf.matmul(hall1,weights['mean_w1']),biases['mean_b1'])
    z_log_sigma_sq = tf.add(tf.matmul(hall1,weights['log_sigma_w1']),
biases['log_sigma_b1'])
    #将两个输出通过一个公式的计算，输入到以一个2节点为开始的解码部分，高斯分布样本
    eps = tf.random_normal(tf.stack([tf.shape(h1)[0],n_hidden_2]),0,1,
dtype=tf.float32)
    z = tf.add(z_mean,tf.multiply(tf.sqrt(tf.exp(z_log_sigma_sq)),eps))
    #合并
    zall = tf.concat([z,y],1)    #None x 12
    #解码器由12个维度的输入变成256个维度的输出
    h2 = tf.nn.relu(tf.matmul(zall,weights['w2']) + biases['b2'])
    #解码器由256个维度的输入变成784个维度的输出，即还原成原始输入数据
    reconstruction = tf.matmul(h2,weights['w3']) + biases['b3']
    #这两个节点不属于训练中的结构，是为了生成指定数据时用的
    zinputall = tf.concat([zinput,y],1)
    h2out = tf.nn.relu(tf.matmul(zinputall,weights['w2']) + biases['b2'])
    reconstructionout = tf.matmul(h2out,weights['w3']) + biases['b3']
    '''
    构建模型的反向传播
```

```
    '''
    #计算重建损失
    #计算原始数据和重构数据之间的损失，这里除了使用平方差代价函数，也可以使用交叉熵代价函数
    reconstr_loss = 0.5*tf.reduce_sum((reconstruction-x)**2)
    print(reconstr_loss.shape)    #(,) 标量
    #使用 KL 离散度的公式
    latent_loss = -0.5*tf.reduce_sum(1 + z_log_sigma_sq - tf.square(z_mean) -
tf.exp(z_log_sigma_sq),1)
    print(latent_loss.shape)     #(128,)
    cost = tf.reduce_mean(reconstr_loss+latent_loss)
    #定义优化器
    optimizer = tf.train.AdamOptimizer(learning_rate).minimize(cost)
    num_batch = int(np.ceil(mnist.train.num_examples / batch_size))
    '''
    开始训练
    '''
    with tf.Session() as sess:
        sess.run(tf.global_variables_initializer())
        print('开始训练')
        for epoch in range(training_epochs):
            total_cost = 0.0
            for i in range(num_batch):
                batch_x,batch_y = mnist.train.next_batch(batch_size)
                _,loss = sess.run([optimizer,cost],feed_dict={x:batch_x,
y:batch_y})
                total_cost += loss
            #打印信息
            if epoch % display_epoch == 0:
                print('Epoch {}/{}  average cost {:.9f}'.format(epoch+1,
training_epochs,total_cost/num_batch))
        print('训练完成')
        #测试
        print('Result:',cost.eval({x:mnist.test.images,y:mnist.test.labels}))
        #数据可视化，根据原始图片生成自编码数据
        reconstruction = sess.run(reconstruction,feed_dict = {x:mnist.test.images
[:show_num],y:mnist.test.labels[:show_num]})
        plt.figure(figsize=(1.0*show_num,1*2))
        for i in range(show_num):
            #原始图像
            plt.subplot(2,show_num,i+1)
            plt.imshow(np.reshape(mnist.test.images[i],(28,28)),cmap='gray')
            plt.axis('off')
            #变分自编码器重构图像
            plt.subplot(2,show_num,i+show_num+1)
            plt.imshow(np.reshape(reconstruction[i],(28,28)),cmap='gray')
            plt.axis('off')
```

```
    plt.show()
    '''
    高斯分布取样，根据标签生成模拟数据
    '''
    z_sample = np.random.randn(show_num,2)
    reconstruction = sess.run(reconstructionout,feed_dict={zinput:z_
sample,y:mnist.test.labels[:show_num]})
    plt.figure(figsize=(1.0*show_num,1*2))
    for i in range(show_num):
        #原始图像
        plt.subplot(2,show_num,i+1)
        plt.imshow(np.reshape(mnist.test.images[i],(28,28)),cmap='gray')
        plt.axis('off')
        #根据标签成成模拟数据
        plt.subplot(2,show_num,i+show_num+1)
        plt.imshow(np.reshape(reconstruction[i],(28,28)),cmap='gray')
        plt.axis('off')
    plt.show()
```

运行程序，输出如下，效果如图 10-17 和图 10-18 所示。

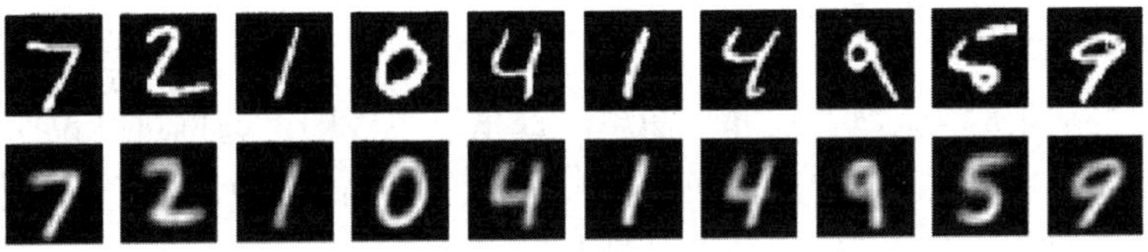

图 10-17　根据原数据生成模拟数据

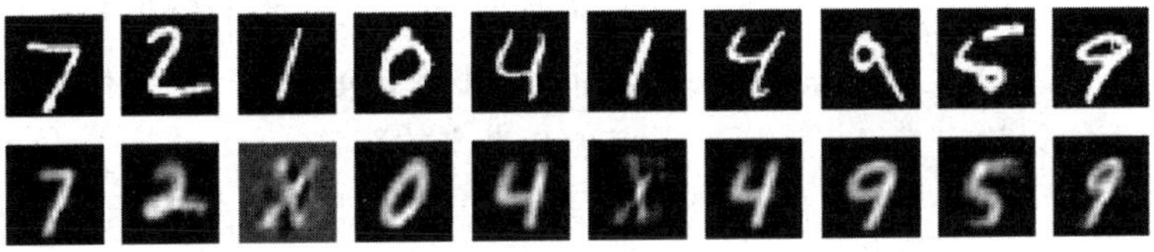

图 10-18　根据标签生成模拟数据

```
Training data shape: (55000, 784)
Test data shape: (10000, 784)
Validation data shape: (5000, 784)
Training label shape: (55000, 10)
开始训练
Epoch 1/20  average cost 2747.583380269
Epoch 4/20  average cost 1929.891334427
Epoch 7/20  average cost 1846.391463595
Epoch 10/20  average cost 1804.154971384
Epoch 13/20  average cost 1774.558020871
```

```
Epoch 16/20  average cost 1754.259125749
Epoch 19/20  average cost 1737.567899198
训练完成
Result: 135659.16
```

图 10-17 是根据原始图片生成的自编码器数据，第一行为原始数据，第二行为自编码器数据，该数据仍然保留一些原始图片的特征。

图 10-18 是利用样本数据的标签和高斯分布 z_sample 一起生成的模拟数据，可以看到通过标签生成的数据已经彻底学会了样本数据的分布，并生成了与输入截然不同但意义相同的数据。

10.6 对抗神经网络

对抗神经网络（GAN）其实是两个网络的组合，可以理解为一个网络生成模拟数据，另一个网络判断生成的数据是真实的还是模拟的。生成模拟数据的网络要不断优化自己，让判别的网络判断不出来，判别的网络也要优化自己，让自己判断得更准确。二者形成对抗关系，因此称为对抗神经网络。

10.6.1 对抗神经网络的原理

对抗神经网络的基本原理其实非常简单，这里以生成图片为例进行说明。假设有两个网络，分别为 G（Generator，代表生成模型）和 D（Discriminator，代表判别模型）。正如它们的名字所暗示的那样，它们的功能分别是：

- G 是一个生成图片的网络，它接收一个随机的噪声 z，通过这个噪声生成图片，记做 G（z）。
- D 是一个判别网络，判别一张图片是不是"真实的"。它的输入参数是 x，x 代表一张图片，输出 D（x）代表 x 为真实图片的概率，如果为 1，就代表 100%是真实的图片，而如果输出为 0，就代表不可能是真实的图片。

在训练过程中，生成网络 G 的目标是尽量生成真实的图片去欺骗判别网络 D。而 D 的目标就是尽量把 G 生成的图片和真实的图片分别开来。这样，G 和 D 就构成了一个动态的"博弈过程"。

最后博弈的结果是什么？在最理想的状态下，G 可以生成足以"以假乱真"的图片 G（z）；对于 D 来说，它难以判定 G 生成的图片究竟是不是真实的，因此 D（G（z））= 0.5。

这样我们的目的就达成了：得到了一个生成模型 G，它可以用来生成图片。

10.6.2 生成模型的应用

生成模型（generator）的特性主要包括以下几方面：

- 在应用数学和工程方面，能够有效地表征高维数据分布。
- 在强化学习方面，作为一种技术手段，有效表征强化学习模型中的状态（state）。
- 在半监督学习方面，能够在数据缺失的情况下训练模型，并给出相应的输出。

生成模型还适用于一个输入伴随着多个输出的场景下，如在视频中通过场景预测下一帧的场景，而判别模型通过最小化模型输出和期望输出的某个预测值，无法训练单输入多输出的模型。前面学习的自编码器部分就属于一个生成模型。

10.6.3 对抗神经网络的训练方法

根据对抗神经网络的结构不同，会有不同的对应训练方法。但无论采用什么训练方法，其原理都是一样的，即在迭代训练的优化过程中进行两个网络的优化。有的会在一个优化步骤中对两个网络优化，有的会对两个网络中采取不同的优化步骤。

10.7 DCGAN 网络及实现

10.7.1 DCGAN 网络概述

DCGAN 相对于原始的对抗神经网络并没有太大的改进，只是将全卷积神经网络应用到了对抗神经网络中，因此对抗神经网络存在的许多问题 DCGAN 依然有。

同时，DCGAN 中的卷积神经网络也做了一些结构上的改变，以提高样本的质量和收敛速度：

- 取消所有池化层。G 网络中使用转置卷积进行采样，D 网络中用加入步长的卷积代替池化。
- 在 D 和 G 中均使用 batch normalization（让数据更集中，不用担心数据太大或者太小，可以稳定学习，有助于处理初始化不良导致的训练问题，也有助于梯度流向更深的网络，防止 G 崩溃。同时，让学习效率变得更高）。
- 去掉全连接层，而直接使用卷积层连接生成器和判别器的输入层以及输出层，使网络变为全卷积网络。
- G 网络中使用 ReLU 作为激励函数，最后一层使用 tanh。
- D 网络中使用 LeakyReLU 作为激励函数。

DCGAN 中换成了两个卷积神经网络的 G 和 D，可以更好地学到对输入图像层次化的表示，尤其是在生成器部分会有更好的模拟效果。DCGAN 在训练中会使用 Adam 优化算法。

10.7.2 DCGAN 网络模拟 MNIST 数据

【例 10-8】 利用 DCGAN 网络实现 MNIST 模拟数据。

```
from __future__ import division, print_function, absolute_import
import matplotlib.pyplot as plt
import numpy as np
import tensorflow as tf
'''
导入数据集
```

```
'''
from tensorflow.examples.tutorials.mnist import input_data
mnist = input_data.read_data_sets("data/", one_hot=True)
'''
设置参数
'''
#训练参数
num_steps = 10000 #总迭代次数
batch_size = 128 #批量大小
lr_generator = 0.002 #生成器学习率
lr_discriminator = 0.002 #判别器学习率
#网络参数
image_dim = 784  # 28×28 pixels × 1 channel
noise_dim = 100 # Noise data points
'''
构建 DCGAN 网络
'''
#构建网络
#网络输入
noise_input = tf.placeholder(tf.float32, shape=[None, noise_dim])  #生成器输入噪声 batch×100，none 后面被赋值 batch
real_image_input = tf.placeholder(tf.float32, shape=[None, 28, 28, 1]) #判别器输入真实图像 batch×28×28×1
# A boolean to indicate batch normalization if it is training or inference time
#判断是否在训练
is_training = tf.placeholder(tf.bool)
#定义激励函数 LeakyReLU，在判别器网络中用
# LeakyReLU 是 ReLU 的变种 [^1]
def leakyrelu(x, alpha=0.2):
    return 0.5 * (1 + alpha) * x + 0.5 * (1 - alpha) * abs(x)
#定义生成器网络
#输入：噪声；输出：图像
#训练时才使用 batch_normalization
def generator(x, reuse=False):
    with tf.variable_scope('Generator', reuse=reuse):
        #第一层为全连接层，含神经元个数为 7×7×128，输入是噪声 batch×100
        x = tf.layers.dense(x, units=7 * 7 * 128)
        #tf.layers.batch_normalization() 的第二个参数 axis 表示在哪一个维度做normalize，通常数据排布顺序为(batch, height, width, channels)，故默认为-1
        #全连接层 channel=1，所以是对所有数据做 normalize
        x = tf.layers.batch_normalization(x, training=is_training)
        #激励函数 RuLE
        x = tf.nn.relu(x)
        # Reshape 为 4 维：(batch, height, width, channels)，这里是 (batch, 7, 7, 128)
```

```
        x = tf.reshape(x, shape=[-1, 7, 7, 128])
        #反卷积层 1
        #卷积核大小 5×5×128，64 个，步长 2（tf.layers.conv2d_transpose 函数前几
个参数为 input，filters(输出 feature map 通道数)，kernel_size, strides，padding)
        #输入 x shape：(batch，7，7，128)，输出 image shape: (batch, 14, 14, 64)
        x = tf.layers.conv2d_transpose(x, 64, 5, strides=2, padding='same')
        # batch normalization，在 channel 维度上做 normalize
        x = tf.layers.batch_normalization(x, training=is_training)
        #激励函数 ReLU
        x = tf.nn.relu(x)
        #反卷积层 2
        #卷积核大小 5×5×128，1 个，步长 2
        #输入 x shape：(batch，14，14，64)， 输出 image shape: (batch, 28, 28, 1)
        x = tf.layers.conv2d_transpose(x, 1, 5, strides=2, padding='same')
        #激励函数 tanh
        # Apply tanh for better stability - clip values to [-1, 1].
        x = tf.nn.tanh(x)
        return x
#定义判别器网络
#输入：图像，输出：预测结果（Real/Fake Image）
#同样，训练时才使用 batch_normalization
def discriminator(x, reuse=False):
    with tf.variable_scope('Discriminator', reuse=reuse):
        #卷积层 1，输入 x，卷积核大小 5×5，64 个，步长 2
        x = tf.layers.conv2d(x, 64, 5, strides=2, padding='same')
        x = tf.layers.batch_normalization(x, training=is_training)
        #激活函数 LeakyReLU
        x = leakyrelu(x)
        #卷积层 2，输入第一个卷积层的输出，卷积核大小 5×5，128 个，步长 2
        x = tf.layers.conv2d(x, 128, 5, strides=2, padding='same')
        x = tf.layers.batch_normalization(x, training=is_training)
        #激活函数 LeakyReLU
        x = leakyrelu(x)
        #展平
        x = tf.reshape(x, shape=[-1, 7*7*128])
        #全连接层，含 1024 个神经元
        x = tf.layers.dense(x, 1024)
        x = tf.layers.batch_normalization(x, training=is_training)
        #激活函数 LeakyReLU
        x = leakyrelu(x)
        #输出 2 个类别：Real and Fake images
        x = tf.layers.dense(x, 2)
    return x
#构建生成器
gen_sample = generator(noise_input)
#构建两个判别器（一个是真实图像输入，一个是生成图像）
```

```
    disc_real = discriminator(real_image_input)
    disc_fake = discriminator(gen_sample, reuse=True)
    #用于计算生成器的损失
    stacked_gan = discriminator(gen_sample, reuse=True)
    #创建损失函数、交叉熵
    #真实图像，标签 1
    disc_loss_real = tf.reduce_mean(tf.nn.sparse_softmax_cross_entropy_
with_logits(
        logits=disc_real, labels=tf.ones([batch_size], dtype=tf.int32)))
    #生成图像，标签 0
    disc_loss_fake = tf.reduce_mean(tf.nn.sparse_softmax_cross_entropy_
with_logits(
        logits=disc_fake, labels=tf.zeros([batch_size], dtype=tf.int32)))
    #判别器损失函数是两者之和
    disc_loss = disc_loss_real + disc_loss_fake
    #生成器损失函数（生成器试图骗过判别器，因此这里标签是 1）
    gen_loss = tf.reduce_mean(tf.nn.sparse_softmax_cross_entropy_with_
logits(
        logits=stacked_gan, labels=tf.ones([batch_size], dtype=tf.int32)))
    #创建优化器（采用 Adam 方法）
    optimizer_gen = tf.train.AdamOptimizer(learning_rate=lr_generator, beta1=
0.5, beta2=0.999)
    optimizer_disc = tf.train.AdamOptimizer(learning_rate=lr_discriminator,
beta1=0.5, beta2=0.999)
    #生成网络的变量
    gen_vars = tf.get_collection(tf.GraphKeys.TRAINABLE_VARIABLES, scope=
'Generator') # tf.get_collection：从一个结合中取出全部变量，是一个列表
    #判别器网络的变量
    disc_vars = tf.get_collection(tf.GraphKeys.TRAINABLE_VARIABLES, scope=
'Discriminator')
    #创建训练操作
    gen_update_ops = tf.get_collection(tf.GraphKeys.UPDATE_OPS, scope=
'Generator')
    with tf.control_dependencies(gen_update_ops):
        train_gen = optimizer_gen.minimize(gen_loss, var_list=gen_vars)
    disc_update_ops = tf.get_collection(tf.GraphKeys.UPDATE_OPS, scope=
'Discriminator')
    with tf.control_dependencies(disc_update_ops):
        train_disc = optimizer_disc.minimize(disc_loss, var_list=disc_vars)
    #变量全局初始化
    init = tf.global_variables_initializer()
    #开始训练
    sess = tf.Session()
    sess.run(init)
    '''
    训练
```

```
    '''
    for i in range(1, num_steps+1):
        batch_x, _ = mnist.train.next_batch(batch_size)
        batch_x = np.reshape(batch_x, newshape=[-1, 28, 28, 1])
        batch_x = batch_x * 2. - 1.
        z = np.random.uniform(-1., 1., size=[batch_size, noise_dim])
        _, dl = sess.run([train_disc, disc_loss], feed_dict={real_image_
input: batch_x, noise_input: z, is_training:True})
        # Generator 训练
        z = np.random.uniform(-1., 1., size=[batch_size, noise_dim])
        _, gl = sess.run([train_gen, gen_loss], feed_dict={noise_input: z,
is_training:True})
        if i % 500 == 0 or i == 1:
            print('Step %i: Generator Loss: %f, Discriminator Loss: %f' % (i, gl,
dl))
    '''
    测试
    '''
    n = 6
    canvas = np.empty((28 * n, 28 * n))
    for i in range(n):
        #噪声输入
        z = np.random.uniform(-1., 1., size=[n, noise_dim])
        #根据噪声生成图片
        g = sess.run(gen_sample, feed_dict={noise_input: z, is_training:False})
        g = (g + 1.) / 2.
        g = -1 * (g - 1)
        for j in range(n):
            #绘制生成的数字
            canvas[i * 28:(i + 1) * 28, j * 28:(j + 1) * 28] = g[j].reshape([28, 28])
    plt.figure(figsize=(n, n))
    plt.imshow(canvas, origin="upper", cmap="gray")
    plt.show()
```

运行程序，输出如下，效果如图 10-19 所示。

```
Extracting data/train-images-idx3-ubyte.gz
Extracting data/train-labels-idx1-ubyte.gz
Extracting data/t10k-images-idx3-ubyte.gz
Extracting data/t10k-labels-idx1-ubyte.gz

Step 1: Generator Loss: 4.056510, Discriminator Loss: 1.733832
Step 500: Generator Loss: 1.653992, Discriminator Loss: 1.087970

Step 1000: Generator Loss: 1.918907, Discriminator Loss: 0.964812
Step 1500: Generator Loss: 2.567637, Discriminator Loss: 0.717904
Step 2000: Generator Loss: 2.398796, Discriminator Loss: 0.512406
```

```
Step 2500: Generator Loss: 3.057401, Discriminator Loss: 1.235215
Step 3000: Generator Loss: 2.620444, Discriminator Loss: 0.539795
Step 3500: Generator Loss: 3.193395, Discriminator Loss: 0.265896
Step 4000: Generator Loss: 5.071162, Discriminator Loss: 0.409445
Step 4500: Generator Loss: 5.213869, Discriminator Loss: 0.203033
Step 5000: Generator Loss: 6.087250, Discriminator Loss: 0.350634
Step 5500: Generator Loss: 5.467363, Discriminator Loss: 0.424895
Step 6000: Generator Loss: 4.910432, Discriminator Loss: 0.196554
Step 6500: Generator Loss: 3.230242, Discriminator Loss: 0.268745
Step 7000: Generator Loss: 4.777361, Discriminator Loss: 0.676658
Step 7500: Generator Loss: 4.165446, Discriminator Loss: 0.150221
Step 8000: Generator Loss: 5.681596, Discriminator Loss: 0.108955
Step 8500: Generator Loss: 6.023059, Discriminator Loss: 0.114312
Step 9000: Generator Loss: 4.660669, Discriminator Loss: 0.182506
Step 9500: Generator Loss: 4.492438, Discriminator Loss: 0.411817
Step 10000: Generator Loss: 5.906080, Discriminator Loss: 0.088082
```

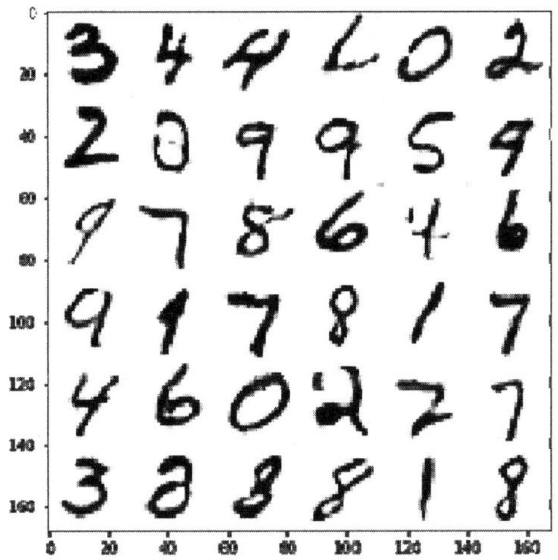

图 10-19　DCGAN 生成模拟数据

10.8　InfoGAN 网络及实现

从无监督学习研究的角度来看，对抗神经网络仍然有一些美中不足的地方，现有很多具有很好效果的对抗神经网络并不是完全无监督的，而是人为加入了很多带标签数据的半监督学习 link。传统的对抗神经网络生成数据是通过一组完全随机的 z 隐含变量得到的，这个 z 基本是不可控的，非常不稳定，如果人工智能连这样的简单特性都不能稳定控制，那么很难说它已经具备了这些非常显著且易于掌握的概念。

InfoGAN 正是针对这一问题而提出的对抗神经网络修正模型，其在对抗神经网络优化函数中引入了一个由互信息最小下界得来的正则项。

10.8.1 什么是互信息

互信息一般用来度量一个随机变量中包含的关于另一个随机变量的信息量。可以用下式表示：

$$I(X;Y)=\sum_{x\in X}\sum_{y\in Y}p(x,y)\log\frac{p(x,y)}{p(x)p(y)} \tag{10-1}$$

其具备如下特性：

$$I(X;Y)=H(Y)-H(Y\mid X)=H(X)-H(X\mid Y) \tag{10-2}$$

$H(Y\mid X)$ 是条件熵，有 $\sum_{x\in X}p(x)H(Y\mid X=x)$，可推导：

$$H(Y\mid X)=\sum_{x\in X}p(x)\sum_{y\in Y}p(y\mid x)\log\frac{1}{p(y\mid x)}=\sum_{x\in X}\sum_{y\in Y}p(x,y)\log\frac{1}{p(y\mid x)} \tag{10-3}$$

利用贝叶斯公式 $p(y\mid x)=\frac{p(x,y)}{p(x)}$，可知上述公式等于下式：

$$H(Y\mid X)=\sum_{x\in X}\sum_{y\in Y}p(x,y)\log\frac{p(x)}{p(x,y)} \tag{10-4}$$

$I(X;Y)$ 根据对数函数可分解为：

$$\begin{aligned}&I(X;Y)\\&=\sum_{y\in Y}p(y)\log\frac{1}{p(y)}-\sum_{x\in X}\sum_{y\in Y}p(x,y)\log\frac{p(x)}{p(x,y)}\\&=H(Y)-H(Y\mid X)\end{aligned} \tag{10-5}$$

这样就得到式（10-2）的意义为：X 中包含 Y 的信息等于 Y 的信息量减去在 X 条件下 Y 的信息量，如果两者相减等于 0，那么给定 X 和 Y 就无关。

而 InfoGAN 的核心思想正是利用互信息这个正则项来使得隐空间中有几个可控变量来控制生成数据的属性。

10.8.2 互信息的下界

只有这样一个损失函数并不能简单地求解 InfoGAN 问题，因为我们很难得到通过 G 生成的 x 条件下 c 的分布 $P(c\mid x)$。其具体解决办法是：推导 InfoGAN 下界，目的在于用神经网络来估计 x 条件下的 $Q(c\mid x)$，由于优化的时候只用到 $Q(c\mid x)$，因此就不用处理 $P(c\mid x)$ 了。

根据互信息量的特性，有：

$$I(X;Y)=H(Y)-H(Y\mid X)=H(Y)-\sum_{x\in X}p(x)H(Y\mid X=x) \tag{10-6}$$

根据期望公式，式（10-6）可变为

$$H(Y)-E_x(H(Y\mid X=x))=H(Y)+E_xE_{y|x}\log p(y\mid x)$$

引入一个估计分布 $q(y\mid x)$，

$$
\begin{aligned}
&I(X;Y) \\
&= H(Y) + E_x E_{y|x} \log \frac{p(y|x)q(y|x)}{q(y|x)} \\
&= H(Y) + E_x E_{y|x} \log q(y|x) + E_x E_{y|x} \log \frac{p(y|x)}{q(y|x)}
\end{aligned} \tag{10-7}
$$

其中，$E_x E_{y|x} \log \frac{p(y|x)}{q(y|x)}$ 是 KL 散度在 x 分布下的期望，根据 KL 散度特征 $E_x(KL(p(y|x)\| q(y|x))) \geqslant 0$，得到互信息下界 $H(Y) + E_x E_{y|x} \log q(y|x)$。

生成 x 的同时，也采用神经网络来估计 c，然后优化损失函数的下界 $\min_G \max_D V(D,G) - \lambda(H(c) + E_c E_{c|G(z,c)} \log q(c|G(z,c)))$ 即可。

10.8.3 InfoGAN 生成 MNIST 模拟数据

【例 10-9】 构建 InfoGAN 生成 MNIST 模拟数据（由于篇幅所限，本处只展现小部分代码，完整代码可以附赠资源获取）。

```
#导入必要的编程库
import numpy as np
import tensorflow as tf
import matplotlib.pyplot as plt
import tensorflow.contrib.slim as slim
from tensorflow.examples.tutorials.mnist import input_data
#载入 MNIST 数据
mnist = input_data.read_data_sets("MNIST_data/")
tf.reset_default_graph()
'''
定义生成器与判别器
'''
def generator(x): #生成器
    reuse = len([t for t in tf.global_variables() if t.name.startswith
('generator')]) > 0
    print(x.get_shape()) # (10, 50)
    with tf.variable_scope('generator', reuse=reuse):
        x = slim.fully_connected(x, 1024)
        print(x.shape) # (10, 1024)
        x = slim.batch_norm(x, activation_fn=tf.nn.relu)
        print(x.shape) # (10, 1024)
        x = slim.fully_connected(x, 7 * 7 * 128)
        print(x.shape) # (10, 6272)
        x = slim.batch_norm(x, activation_fn=tf.nn.relu)
        print(x.shape) # (10, 6272)
        x = tf.reshape(x, [-1, 7, 7, 128])
        print(x.shape) # (10, 7, 7, 128)
        x = slim.conv2d_transpose(x, 64, kernel_size=[4, 4], stride=2,
```

```
activation_fn=None)
            print(x.shape)  # (10, 14, 14, 64)
            x = slim.batch_norm(x, activation_fn=tf.nn.relu)
            print(x.shape)  # (10, 14, 14, 64)
            z  =  slim.conv2d_transpose(x,  1,  kernel_size=[4,  4],  stride=2,
activation_fn=tf.nn.sigmoid)
            print('z---', z.shape)  # z--- (10, 28, 28, 1)
        return z
    ……
```

运行程序，效果如图 10-20 和图 10-21 所示。

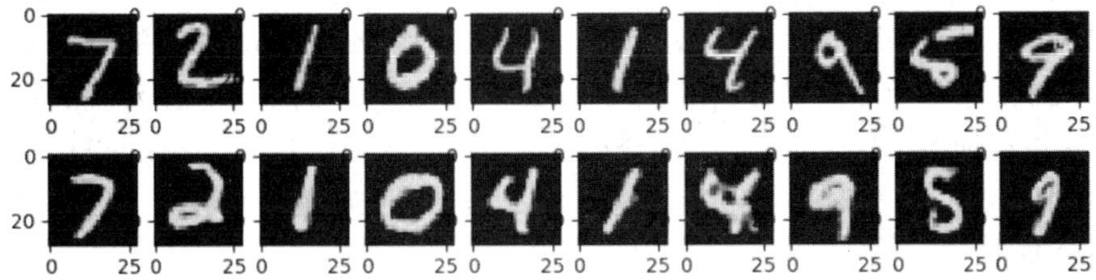

图 10-20　InfoGAN 模拟数据效果 1

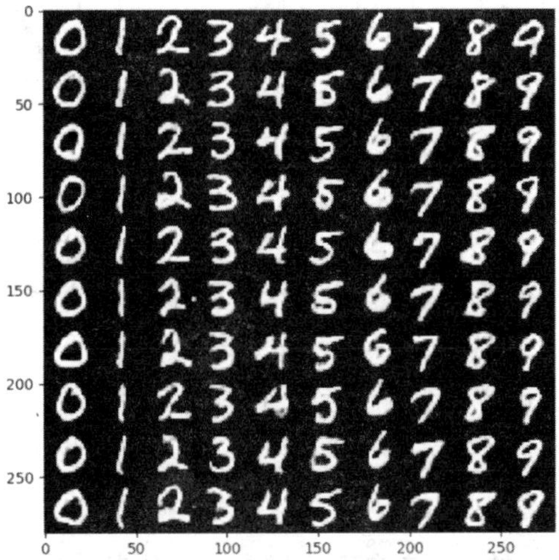

图 10-21　InfoGAN 模拟数据效果 2

10.9 AEGAN 网络及实现

自编码器是一个很好的特征提取模型，然而，如果我们使用自编码器的解码器部分来当作一个生成器，效果并不好，主要原因在于，我们提取出的 h 本身是一个启发式的特征，没有任何显式含义，所以在利用解码器来做生成的时候，无法给出一个有意义的关于 h 的分布。

对抗神经网络作为一个很好的生成模型，同样也存在一个问题，就是生产的图像缺乏合理的解释，并且不是特别真实。

所以在此提出了一种新的 AEGAN，利用对抗神经网络的形式来提升编码器的生成能力，而利用自编码器来实现图像的重构，从而让生成的图像更加真实。

10.9.1 AEGAN 网络概述

1. AEGAN 的结构

整个 AEGAN 由 3 部分组成：编码器、解码器和判别器，其结构如图 10-22 所示。

- 编码器：对真实的图像 x 进行编码，从而获得一个隐含层 z 。
- 解码器：对编码的隐含层 z 进行解码，从而获得一个原始输入 x 的重构 $\hat{x}$ 。

图 10-22 所示的上面两部分构成了 AEGAN 中自编码器的部分，用传统的重构误差最小化的方式进行训练。

- 判别器：通过一个判别器来判断输入的 z 是来自生成的一个分布，还是对真实值的特征提取。

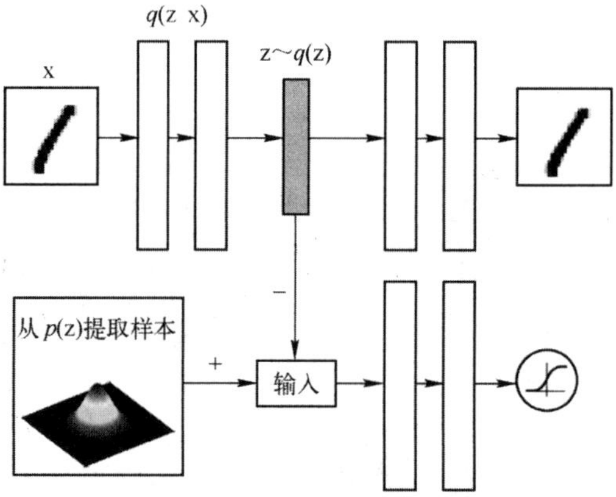

图 10-22　AEGAN 结构图

2. 对 AEGAN 的理解

给定一个 D 来判别输入的 z 是来自真实样本，还是来自某个特定分布，这和原始的对抗神经网络有着根本的区别，原始的对抗神经网络是拟合样本 pdata 的分布，而 AEGAN 则是让我们提取的特征 z 接近给定的分布 $p_z(z)$，这样就可以很好地解决原始自编码器在生成时中间层 h 的特征无异议的问题。然后利用约束后的这个特征进行重构，就可以获得一个和原始样本无限接近的新样本。这就很好地消除了原始对抗神经网络生成图像不逼真的问题。

3. AEGAN 的不足

重构误差虽然解决了生成样本的真实性问题，同时也让对抗神经网络生成的多样性大打折扣，这本身又是一个矛盾。

10.9.2 AEGAN 对 MNIST 数据集压缩及重建

下面通过一个例子来演示 AEGAN 网络的应用。

【例 10-10】 使用 AEGAN 对 MNIST 数据集进行特征压缩及重建（由于篇幅所限，本书只展示小部分代码，完整代码可从本书附赠资源中获取）。

```
#导入必要的编程库
import numpy as np
import tensorflow as tf
import matplotlib.pyplot as plt
from scipy.stats import norm
import tensorflow.contrib.slim as slim
#载入数据
from tensorflow.examples.tutorials.mnist import input_data
mnist = input_data.read_data_sets("/data/")#, one_hot=True)
tf.reset_default_graph()
#生成器函数
def generator(x):
    reuse = len([t for t in tf.global_variables() if t.name.startswith
('generator')]) > 0
    with tf.variable_scope('generator', reuse = reuse):
        #两个带 bn 的全连接
        x = slim.fully_connected(x, 1024)
        x = slim.batch_norm(x, activation_fn=tf.nn.relu)
        x = slim.fully_connected(x, 7*7*128)
        x = slim.batch_norm(x, activation_fn=tf.nn.relu)
        #两个转置卷积
        x = tf.reshape(x, [-1, 7, 7, 128])
       x = slim.conv2d_transpose(x, 64, kernel_size=[4,4], stride=2,
activation_fn = None)
        x = slim.batch_norm(x, activation_fn = tf.nn.relu)
        z  =  slim.conv2d_transpose(x,  1,  kernel_size=[4,  4],  stride=2,
activation_fn=tf.nn.sigmoid)
    return z
#反向生成器定义，结构与判别器类似
def inversegenerator(x):
    reuse = len([t for t in tf.global_variables() if t.name.startswith
('inversegenerator')]) > 0
    with tf.variable_scope('inversegenerator', reuse=reuse):
        #两个卷积
        x = tf.reshape(x, shape=[-1, 28, 28, 1])
        x = slim.conv2d(x, num_outputs = 64, kernel_size=[4,4], stride=2,
activation_fn=leaky_relu)
        x  =  slim.conv2d(x,  num_outputs=128,  kernel_size=[4,4],  stride=2,
activation_fn=leaky_relu)
```

```
        #两个全连接
        x = slim.flatten(x)
    shared_tensor = slim.fully_connected(x, num_outputs=1024, activation_
fn = leaky_relu)
      z = slim.fully_connected(shared_tensor, num_outputs=50, activation_
fn = leaky_relu)
      return z
  #LeakyReLU 定义
  def leaky_relu(x):
      return tf.where(tf.greater(x, 0), x, 0.01 * x)
      ……
```

运行程序，效果如图 10-23 和图 10-24 所示。

```
ae_global_step.eval(session=sess) 7054 1
Epoch: 0002 cost= 0.542551994  0.75912267
Epoch: 0003 cost= 0.496676028  1.0750401
GAN 完成!
Result: 0.62317634 1.1992588
ae_global_step.eval(session=sess) 18054 3
……
```

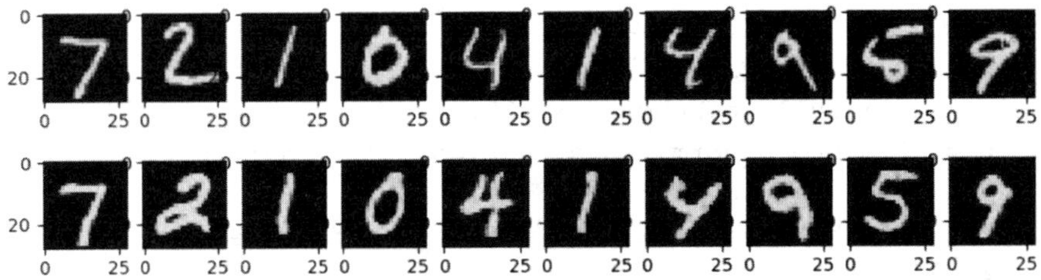

图 10-23　对抗神经网络结果

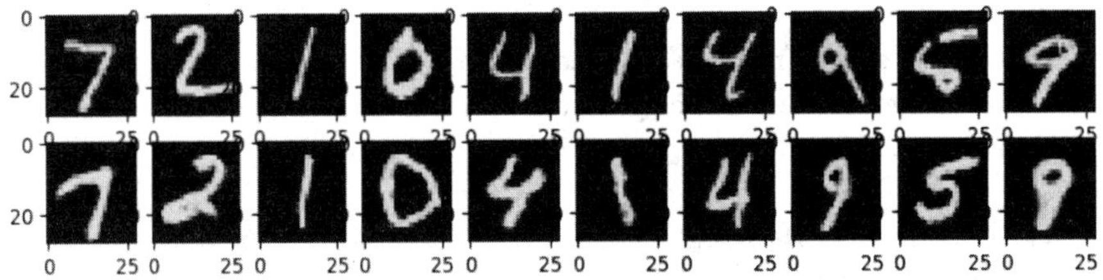

图 10-24　AEGAN 结果

10.10　WGAN-GP 网络

WGAN-GP 又称为具有梯度惩罚（Gradient Penalty，GP）的 WGAN（Wasserstein GAN），是 WGAN 的升级版，一般可以全面代替 WGAN。但是为了让读者了解 WGAN-GP，先来介绍 WGAN。

10.10.1 WGAN 网络

1．原始对抗神经网络存在问题的原因

实际训练中，对抗神经网络存在着训练困难、生成器和判别器的损失无法指示训练进度、生成样本缺乏多样性等问题，这与对抗神经网络的机制有关。

对抗神经网络最终达到对抗的纳什均衡只是一个理想状态，而现实情况是，所得到的结果都是中间状态（伪平衡）。大部分情况下，训练的次数越多、判别器 D 的效果越好，会导致一直可以将生成器 G 的输出与真实样本区分开。

这是因为生成器 G 是从低维空间向高维空间（复杂的样本空间）映射的，其生成的样本分布空间 Pg 难以充满整个真实样本的分布空间 Pr，即两个分布完全没有重叠部分，或者它们重叠的部分可以忽略，这样就使得判别器 D 总会将它们分开。

为什么重叠部分可以忽略呢？放在二维空间中会更好理解一些。在二维平面中随机取两条曲线，两条曲线上的点可以代表二者的分布，要想使判别器无法分辨它们，需要将两个分布融合在一起，即它们之间需要存在重叠线段，然而这样的概率为 0；另一方面，即使它们很可能存在交叉点，但是相比于两条曲线而言，交叉点也比曲线低一个维度，长度（测度）为 0 代表它只是一个点，代表不了分布情况，所以可以忽略。

这样会带来什么后果呢？假设先将 D 训练得足够好，然后固定 D，再来训练 G，通过实验会发现 G 的损失无论怎么更新也无法收敛到最小值，而是无限接近 log2。这个 log2 可以理解为 Pg 与 Pr 两个样本分布的距离。损失值恒定表明 G 的梯度为 0，无法再通过训练来优化自己。

所以在原始对抗神经网络的训练中，判别器训练得太好，会使生成器梯度消失，生成器损失降不下去；判别器训练得不好，会使生成器梯度不准，四处乱跑。只有将判别器训练到中间状态才是最佳，但是这个尺度很难把握，即便是在同一轮训练的前后不同阶段，这个状态出现的时段也都不一样，是完全不可控的。

2．WGAN 网络

WGAN（Wasserstein GAN）中的 Wasserstein 是指 Wasserstein 距离，又叫 Earth-Mover（EM），即推土机距离。

WGAN 的思想是将生成的模拟样本分布 Pg 与原始样本分布 Pr 组合起来，当成所有可能的联合分布的集合。然后可以从中采样得到真实样本与模拟样本，并计算二者的距离，还可以算出距离的期望值。这样就可以通过训练让网络在所有可能的联合分布中对这个期望值取下界的方向优化，也就是将两个分布的集合拉到一起。这样原来的判别器就不再具备判别真伪的功能，而是起到计算两个分布集合距离的作用，所以将其称为评论器更加合适，最后一层的 Sigmoid 也需要去掉。

为了实现计算 Wasserstein 距离的功能，将这部分交给神经网络去拟合。为了简化公式，让神经网络拟合如下函数：

$$|f(x_1)-f(x_2)| \leqslant k|x_1-x_2| \tag{10-8}$$

$f(x)$ 可以理解成神经网络的计算，让判别器来实现将 $f(x_1)$ 与 $f(x_2)$ 的距离变换成 $x_1 - x_2$ 的绝对值 $\times k(K \geqslant 0)$。K 代表函数 $f(x)$ 的 Lipschitz 常数，这样两个分布集合的距离就可以表示成 D(real)−D(G(x))的绝对值 $\times k$ 了，这个 k 可以理解成梯度，即在神经网络 $f(x)$ 中 x 的梯度绝对值会小于 K。

将 k 忽略整理后可以得到二者分布的公式

$$L=D(real)-D(G(x)) \tag{10-9}$$

现在要做的就是将 L 当成目标来计算损失，G 将希望生成的结果 Pg 越来越接近 Pr，所以需要通过训练让距离 L 最小化。因为生成器 G 与第一项无关，所以 G 的损失可以简化为

$$G(loss)=-D(G(x)) \tag{10-10}$$

而 D 的任务是区分它们，希望二者距离变大，所以损失需要取反，得到：

$$D(loss)=D(G(x))-D(real) \tag{10-11}$$

同样，通过 D 的损失值也可以看出 G 的生成质量，即损失越小代表距离越近，生成的质量越高。

而对于前面的梯度限制，WGAN 直接使用了截断（clipping）的方式，即 Weight clipping。这个方式在实际应用中有问题，所以后来又产生了其升级版 WGAN-GP。

10.10.2 WGAN-GP 网络生成 MNIST 数据集

1. WGAN 存在问题的原因

原始 WGAN 的 Lipschitz 限制的施加方式不对，使用 Weight Clipping 方式太过生硬：每当更新完一次判别器的参数之后，就检查判别器所有参数的绝对值有没有超过一个阈值（比如 0.01），如果有的话就把这些参数截断，回到[-0.01,0.01]的范围内。

Lipschitz 限制的本意是当输入的样本稍微变化后，判别器给出的分数不能发生太剧烈的变化。通过在训练过程中保证判别器的所有参数有界，就保证了判别器不能对两个略微不同的样本给出天差地别的分数值，从而间接实现了 Lipschitz 限制。

然而，这种渴望与判别器本身的目的相矛盾。判别器希望损失尽可能地大，这样才能拉大真假样本的区别，这种情况会导致在判别器中通过损失算出的梯度会沿着损失越来越大的方向变化，然而经过 Weight Clipping 后每一个网络参数又被独立地限制了取值范围（如[-0.01,0.01]），这种结果只能是所有的参数走向极端，要么取最大值（如 0.01），要么取最小值（如-0.01），判别器没能充分利用自身的模型能力，经过它回传给生成器的梯度也会跟着变差。

如果判别器是一个多层网络，Weight Clipping 还会导致梯度消失或者梯度爆炸。原因是，如果把截断阈值设得稍微小了一点，每经过一层网络，梯度就变小一点，多层之后就会指数衰减；反之，如果设得稍微大了一点，每经过一层网络，梯度就会变大一点，多层之后就会指数爆炸。在实际应用中很难做到设置适宜，让生成器获得收敛恰到好处的回传梯度。

2. WGAN-GP 介绍

WGAN-GP 中的 GP 是梯度惩罚（Gradient Penalty）的意思，它是替换 Weight Clipping 的一种方法。通过直接设置一个额外的梯度惩罚项，来实现判别器的梯度不超过 k。

例如式（10-12）和式（10-13）：

$$\text{Norm=tf.gradients(D(X\_inter),[X\_inter])} \qquad (10\text{-}12)$$

$$\text{grad\_pen=MSE(Norm}-k) \qquad (10\text{-}13)$$

其中，MSE 为平方差公式，X_inter 为整个联合分布空间的 x 取样，即梯度惩罚项 grad_pen 为求整个联合分布空间的 x 对应 D 的梯度与 k 的平方差。

判别器尽可能拉大真假样本的分数差距，希望梯度越大越好，变化幅度越大越好，所以判别器在充分训练之后，其梯度 Norm 就会在 k 附近。因此可以把上面的损失改成要求梯度 Norm 离 k 越近越好，k 可以是任何数，我们就简单地把 k 定为 1，再跟 WGAN 原来的判别器损失加权合并，就得到新的判别器损失，如式（10-14）和式（10-15）

$$\text{L=D(real)}-\text{D(G(}x\text{))+}\lambda\,\text{MSE(tf.gradients(D(X\_inter),[X\_inter]}-1\text{))} \qquad (10\text{-}14)$$

$$\text{L=D(real)}-\text{D(G(}x\text{))+}\lambda\times\text{grad\_pen} \qquad (10\text{-}15)$$

其中，λ 为梯度惩罚参数，可以用来调节梯度惩罚的力度。

grad_pen 需要从 Pg 与 Pr 的联合空间里采样。对于整个样本空间而言，需要抓住生成样本集中区域、真实样本集中区域及夹在它们中间的区域，即先随机取一个 0～1 的随机数，令一对真假样本分别按随机数的比例加和来生成 X_inter 的采样，见式（10-16）和式（10-17）：

$$\text{eps=tf.random\_uniform([shape],minval=0.,maxval=1.)} \qquad (10\text{-}16)$$

$$\text{X\_inter=eps}\times\text{real+(1.}-\text{ps)}\times\text{G(}x\text{)} \qquad (10\text{-}17)$$

这样把 X_inter 代入式（10-12）中，就得到最终版本的判别器损失。

```
eps=tf.random_uniform([shape],minval=0.,maxval=1.)
X_inter=eps*real+(1.-eps)*G(x)
L=D(real)-D(G(x))+λ*MSE(tf.gradients(D(X_inter),[X_inter])-1)
```

WGAN-GP 能够显著提高训练速度，解决了原始 WGAN 生成器梯度二值化问题（见图 10-25 所示）与梯度消失爆炸问题（见图 10-26 所示）。

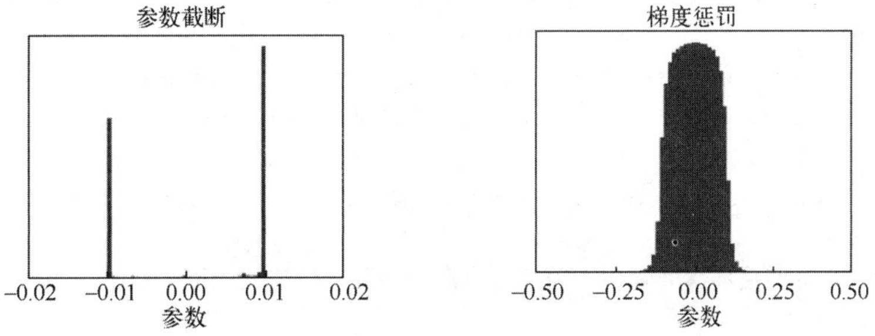

图 10-25 WGAN 生成器梯度二值化问题

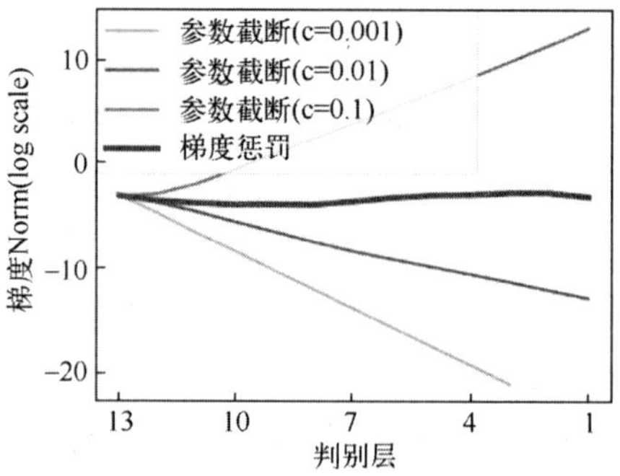

图 10-26　梯度消失爆炸问题

【例 10-11】 构建 WGAN-GP 生成 MNIST 数据集。

```
#导入必要编程库
import tensorflow as tf
from tensorflow.examples.tutorials.mnist import input_data
import os
import numpy as np
from scipy import misc,ndimage
import tensorflow.contrib.slim as slim
#from tensorflow.python.ops import init_ops
#加载 MNIST 数据
mnist = input_data.read_data_sets("/data/", one_hot=True)
#设置参数值
batch_size = 100
width,height = 28,28
mnist_dim = 784
random_dim = 10
tf.reset_default_graph()
'''
定义生成器与判别器
'''
#生成器有 3 个全连接层。其最终输出与 MNIST 图片相同维度的数据作为模拟样本
def G(x):
    reuse = len([t for t in tf.global_variables() if t.name.startswith
('generator')]) > 0
    with tf.variable_scope('generator', reuse = reuse):
        x = slim.fully_connected(x, 32,activation_fn = tf.nn.relu)
        x = slim.fully_connected(x, 128,activation_fn = tf.nn.relu)
        x = slim.fully_connected(x, mnist_dim,activation_fn = tf.nn.sigmoid)
    return x
#判别器有 3 个全连接层，其输出不需要再有激励函数，以输出维度为 1 的数值表示其结果
def D(X):
    reuse = len([t for t in tf.global_variables() if t.name.startswith
('discriminator')]) > 0
    with tf.variable_scope('discriminator', reuse=reuse):
```

```
        X = slim.fully_connected(X, 128,activation_fn = tf.nn.relu)
        X = slim.fully_connected(X, 32,activation_fn = tf.nn.relu)
        X = slim.fully_connected(X, 1,activation_fn = None)
    return X
'''
定义网络模型与损失
'''
real_X = tf.placeholder(tf.float32, shape=[batch_size, mnist_dim])
random_X = tf.placeholder(tf.float32, shape=[batch_size, random_dim])
random_Y = G(random_X)
eps = tf.random_uniform([batch_size, 1], minval=0., maxval=1.)
X_inter = eps*real_X + (1. - eps)*random_Y
grad = tf.gradients(D(X_inter), [X_inter])[0]
grad_norm = tf.sqrt(tf.reduce_sum((grad)**2, axis=1))
grad_pen = 10 * tf.reduce_mean(tf.nn.relu(grad_norm - 1.))
D_loss = tf.reduce_mean(D(random_Y)) -tf.reduce_mean(D(real_X))  + grad_pen
G_loss = -tf.reduce_mean(D(random_Y))
'''
定义优化器并开始训练
'''
# 获得各个网络中各自的训练参数
t_vars = tf.trainable_variables()
d_vars = [var for var in t_vars if 'discriminator' in var.name]
g_vars = [var for var in t_vars if 'generator' in var.name]
print(len(t_vars),len(d_vars))
#定义 D 和 G 的优化器
D_solver = tf.train.AdamOptimizer(1e-4, 0.5).minimize(D_loss, var_list=d_vars)
G_solver = tf.train.AdamOptimizer(1e-4, 0.5).minimize(G_loss, var_list=g_vars)
training_epochs =100
with tf.Session() as sess:
    sess.run(tf.global_variables_initializer())
    if not os.path.exists('out/'):
        os.makedirs('out/')

    for epoch in range(training_epochs):
        total_batch = int(mnist.train.num_examples/batch_size)
        # 遍历全部数据集
        for e in range(total_batch):
            for i in range(5):
                real_batch_X,_ = mnist.train.next_batch(batch_size)
                random_batch_X=np.random.uniform(-1, 1, (batch_size,
random_dim))
                _,D_loss_ = sess.run([D_solver,D_loss], feed_dict={real_
X:real_batch_X, random_X:random_batch_X})
            random_batch_X = np.random.uniform(-1, 1, (batch_size,
random_dim))
```

```
            _,G_loss_ = sess.run([G_solver,G_loss], feed_dict={random_
X:random_batch_X})
    '''
    可视化结果
    '''
        if epoch % 10 == 0:
            print ('epoch %s, D_loss: %s, G_loss: %s'%(epoch, D_loss_, G_loss_))
            n_rows = 6
            check_imgs = sess.run(random_Y, feed_dict={random_X:random_
batch_X}).reshape((batch_size, width, height))[:n_rows*n_rows]
            imgs = np.ones((width*n_rows+5*n_rows+5, height*n_rows+5*n_
rows+5))
            #print(np.shape(imgs))#(203, 203)
            for i in range(n_rows*n_rows):
                num1 = (i%n_rows)
                num2 = np.int32(i/n_rows)
                imgs[5+5*num1+width*num1:5+5*num1+width+width*num1, 5+5*
num2+height*num2:5+5*num2+height+height*num2] = check_imgs[i]
      print("完成!")
```

运行程序，输出如下：

```
epoch 0, D_loss: -4.162326, G_loss: 0.031190895
epoch 10, D_loss: -2.5416298, G_loss: 1.578418
epoch 20, D_loss: -2.3131628, G_loss: 1.9143695
epoch 30, D_loss: -1.8501409, G_loss: 1.3791564
epoch 40, D_loss: -1.7044042, G_loss: 1.3646064
epoch 50, D_loss: -1.3972032, G_loss: 1.4049988
epoch 60, D_loss: -1.1967263, G_loss: 1.8022178
epoch 70, D_loss: -1.1946878, G_loss: 1.9150869
epoch 80, D_loss: -1.0761716, G_loss: 1.8016719
epoch 90, D_loss: -0.97329414, G_loss: 1.696329
完成!
```

第 11 章　TensorFlow 机器学习综合实战

前面章节对 TensorFlow 软件及机器学习的相关概念、公式、函数、应用进行了相应介绍，下面通过本章综合介绍 TensorFlow 机器学习的应用技巧与方法。

11.1　房屋价格的预测

本小节将利用不同的方法对房屋价格进行计算。

11.1.1　K 近邻算法预测房屋价格

关于 K 近邻算法（KNN）总体理论在前面已介绍，下面直接讲解实例。

1．数据集准备

这里使用比较古老的房屋预测的数据集，下载地址 https://archive.ics.uci.edu/ml/machine-learning-databases/housing/housing.data，部分截图如图 11-1 所示。

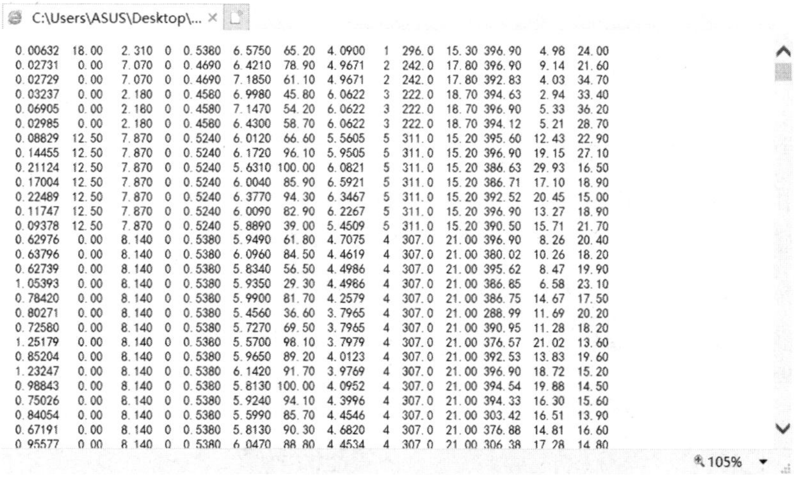
C:\Users\ASUS\Desktop\...

0.00632	18.00	2.310	0	0.5380	6.5750	65.20	4.0900	1	296.0	15.30	396.90	4.98	24.00
0.02731	0.00	7.070	0	0.4690	6.4210	78.90	4.9671	2	242.0	17.80	396.90	9.14	21.60
0.02729	0.00	7.070	0	0.4690	7.1850	61.10	4.9671	2	242.0	17.80	392.83	4.03	34.70
0.03237	0.00	2.180	0	0.4580	6.9980	45.80	6.0622	3	222.0	18.70	394.63	2.94	33.40
0.06905	0.00	2.180	0	0.4580	7.1470	54.20	6.0622	3	222.0	18.70	396.90	5.33	36.20
0.02985	0.00	2.180	0	0.4580	6.4300	58.70	6.0622	3	222.0	18.70	394.12	5.21	28.70
0.08829	12.50	7.870	0	0.5240	6.0120	66.60	5.5605	5	311.0	15.20	395.60	12.43	22.90
0.14455	12.50	7.870	0	0.5240	6.1720	96.10	5.9505	5	311.0	15.20	396.90	19.15	27.10
0.21124	12.50	7.870	0	0.5240	5.6310	100.00	6.0821	5	311.0	15.20	386.63	29.93	16.50
0.17004	12.50	7.870	0	0.5240	6.0040	85.90	6.5921	5	311.0	15.20	386.71	17.10	18.90
0.22489	12.50	7.870	0	0.5240	6.3770	94.30	6.3467	5	311.0	15.20	392.52	20.45	15.00
0.11747	12.50	7.870	0	0.5240	6.0090	82.90	6.2267	5	311.0	15.20	396.90	13.27	18.90
0.09378	12.50	7.870	0	0.5240	5.8890	39.00	5.4509	5	311.0	15.20	390.50	15.71	21.70
0.62976	0.00	8.140	0	0.5380	5.9490	61.80	4.7075	4	307.0	21.00	396.90	8.26	20.40
0.63796	0.00	8.140	0	0.5380	6.0960	84.50	4.4619	4	307.0	21.00	380.02	10.26	18.20
0.62739	0.00	8.140	0	0.5380	5.8340	56.50	4.4986	4	307.0	21.00	395.62	8.47	19.90
1.05393	0.00	8.140	0	0.5380	5.9350	29.30	4.4986	4	307.0	21.00	386.85	6.58	23.10
0.78420	0.00	8.140	0	0.5380	5.9900	81.70	4.2579	4	307.0	21.00	386.75	14.67	17.50
0.80271	0.00	8.140	0	0.5380	5.4560	36.60	3.7965	4	307.0	21.00	288.99	11.69	20.20
0.72580	0.00	8.140	0	0.5380	5.7270	69.50	3.7965	4	307.0	21.00	390.95	11.28	18.20
1.25179	0.00	8.140	0	0.5380	5.5700	98.10	3.7979	4	307.0	21.00	376.57	21.02	13.60
0.85204	0.00	8.140	0	0.5380	5.9650	89.20	4.0123	4	307.0	21.00	392.53	13.83	19.60
1.23247	0.00	8.140	0	0.5380	6.1420	91.70	3.9769	4	307.0	21.00	396.90	18.72	15.20
0.98843	0.00	8.140	0	0.5380	5.8130	100.00	4.0952	4	307.0	21.00	394.54	19.88	14.50
0.75026	0.00	8.140	0	0.5380	5.9240	94.10	4.3996	4	307.0	21.00	394.33	16.30	15.60
0.84054	0.00	8.140	0	0.5380	5.5990	85.70	4.4546	4	307.0	21.00	303.42	16.51	13.90
0.67191	0.00	8.140	0	0.5380	5.8130	90.30	4.6820	4	307.0	21.00	376.88	14.81	16.60
0.95577	0.00	8.140	0	0.5380	6.0470	88.80	4.4534	4	307.0	21.00	306.38	17.28	14.80

105%

图 11-1　房屋预测部分数据

以上房屋数据集中有 14 列数据，分别是 13 个特征和 1 个房屋价格值，主要表示：

1）CRIM：村庄的人均犯罪率。

2）ZN：占地面积超过 25000 平方尺的住宅用地比例。

3）INDUS：每个城镇非零售业务的比例。

4）CHAS Charles River：虚拟变量（如果管道限制河流则为 1；否则为 0）。

5）NOX：一氧化氮浓度（每千万份）。

6）RM：每个居所的平均屋子数量。

7）AGE：1940 年以前建造的自住单位比例。

8）DIS：到波士顿 5 个就业中心的加权距离。

9）RAD：径向高速公路的可达性指数。

10）TAX：每 10000 美元的全额房产税率。

11）PTRATIO：城镇的师生比例。

12）B：城市的黑人比例。

13）LSTAT：人口减少的百分比。

14）MEDV：自住房屋的中位数价值。

2. 数据集预处理

读入 txt 类数据的一般步骤为：

```
path = 'XXX.txt'
fr = open(path) #打开文件
lines = fr.readlines() #读入所有行
dataset = []
for line in lines: #遍历每一行（这里的每一行都是 string）
    # 将整个 string 左右两边的空格和换行符去掉
    # 可以理解为只保留最外面的两层
    line = line.strip()
    # 用空格将 string 分割成 list
    line = line.split('\t')
    # 将 list 每个元素的 string 转换为 float
    line = [float(i) for i in line]
    dataset.append(line)
```

这里使用的数据集为.data 格式，其处理过程和 txt 文件相似。由于数据集每列之间的空格个数不相同，有的是一个空格，有的是两个，有的是三个，因此，这里 string 的 split 需要用正则化 re.split 来代替，具体代码如下：

```
path = 'housing.data'
fr = open(path)
lines = fr.readlines()
dataset = []
for line in lines:
    line = line.strip()
    line = re.split(r' +', line) # re 处理
    line = [float(i) for i in line]
    dataset.append(line)
```

这里的特征我们不全都用，只用一部分，因为一些特征与最后的预测没有很密切的关

系，如图 11-2 所示。

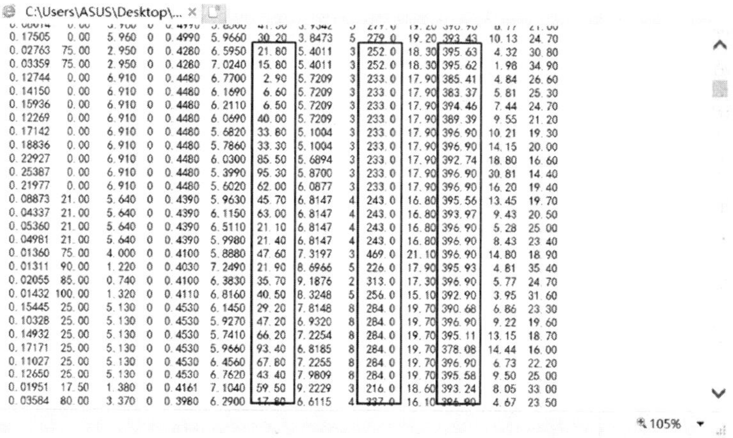

0.17505	0.00	5.960	0	0.4990	5.9660	30.20	3.8473	5	279.0	19.20	393.43	10.13	24.70
0.02763	75.00	2.950	0	0.4280	6.5950	21.80	5.4011	3	252.0	18.30	395.63	4.32	30.80
0.03359	75.00	2.950	0	0.4280	7.0240	15.80	5.4011	3	252.0	18.30	395.62	1.98	34.90
0.12744	0.00	6.910	0	0.4480	6.7700	2.90	5.7209	3	233.0	17.90	385.41	4.84	26.60
0.14150	0.00	6.910	0	0.4480	6.1690	6.60	5.7209	3	233.0	17.90	383.37	5.81	25.30
0.15936	0.00	6.910	0	0.4480	6.2110	6.50	5.7209	3	233.0	17.90	394.46	7.44	24.70
0.12269	0.00	6.910	0	0.4480	6.0690	40.00	5.7209	3	233.0	17.90	389.39	9.55	21.20
0.17142	0.00	6.910	0	0.4480	5.6820	33.80	5.1004	3	233.0	17.90	396.90	10.21	19.30
0.18836	0.00	6.910	0	0.4480	5.7860	33.30	5.1004	3	233.0	17.90	396.90	14.15	20.00
0.22927	0.00	6.910	0	0.4480	6.0300	85.50	5.6894	3	233.0	17.90	392.74	18.80	16.60
0.25387	0.00	6.910	0	0.4480	5.3990	95.30	5.8700	3	233.0	17.90	396.90	30.81	14.40
0.21977	0.00	6.910	0	0.4480	5.6020	62.00	6.0877	3	233.0	17.90	396.90	16.20	19.40
0.08873	21.00	5.640	0	0.4390	5.9630	45.70	6.8147	4	243.0	16.80	395.56	13.45	19.70
0.04337	21.00	5.640	0	0.4390	6.1150	63.00	6.8147	4	243.0	16.80	393.97	9.43	20.50
0.05360	21.00	5.640	0	0.4390	6.5110	21.10	6.8147	4	243.0	16.80	396.90	5.28	25.00
0.04981	21.00	5.640	0	0.4390	5.9980	21.40	6.8147	4	243.0	16.80	396.90	8.43	23.40
0.01360	75.00	4.000	0	0.4100	5.8880	47.60	7.3197	3	469.0	21.10	396.90	14.80	18.90
0.01311	90.00	1.220	0	0.4030	7.2490	21.90	8.6966	5	226.0	17.90	395.93	4.81	35.40
0.02055	85.00	0.740	0	0.4100	6.3830	35.70	9.1876	2	313.0	17.30	396.90	5.77	24.70
0.01432	100.00	1.320	0	0.4110	6.8160	40.50	8.3248	5	256.0	15.10	392.90	3.95	31.60
0.15445	25.00	5.130	0	0.4530	6.1450	29.20	7.8148	8	284.0	19.70	390.68	6.86	23.30
0.10328	25.00	5.130	0	0.4530	5.9270	47.20	6.9320	8	284.0	19.70	396.90	9.22	19.60
0.14932	25.00	5.130	0	0.4530	5.7410	66.20	7.2254	8	284.0	19.70	395.11	13.15	18.70
0.17171	25.00	5.130	0	0.4530	5.9660	93.40	6.8185	8	284.0	19.70	378.08	14.44	16.00
0.11027	25.00	5.130	0	0.4530	6.4560	67.80	7.2255	8	284.0	19.70	396.90	6.73	22.20
0.12650	25.00	5.130	0	0.4530	6.7620	43.40	7.9809	8	284.0	19.70	395.58	9.50	25.00
0.01951	17.50	1.380	0	0.4161	7.1040	59.50	9.2229	3	216.0	18.60	393.24	8.05	33.00
0.03584	80.00	3.370	0	0.3980	6.2900	17.80	6.6115	4	337.0	16.10	396.90	4.67	23.50

图 11-2　数据的差距

图 11-2 中所标识 3 列就与其他列差别很大（这里只是举例），需要做归一化处理，利用(data−min)/(max−min)实现：

```
    housing_header = ['CRIM', 'ZN', 'INDUS', 'CHAS', 'NOX', 'RM', 'AGE', 'DIS',
'RAD', 'TAX', 'PTRATIO', 'B', 'LSTAT', 'MEDV']
    #需要用到的 column
    cols_used = ['CRIM', 'INDUS', 'NOX', 'RM', 'AGE', 'DIS', 'TAX', 'PTRATIO',
'B', 'LSTAT']
    dataset_array = np.array(dataset)
    #转换为 pandas
    dataset_pd = pd.DataFrame(dataset_array, columns=housing_header)
    #取出特征数据
    housing_data = dataset_pd.get(cols_used)
    #取出房价数据
    labels = dataset_pd.get('MEDV')
    housing_data = np.array(housing_data)
    #对特征数据进行归一化处理
    # ptp(0)为每列求出每列数据中的 range = max-min
    housing_data = (housing_data - housing_data.min(0))/housing_data.ptp(0)
    # [:, np.newaxis]为行向量转换为列向量
    labels = np.array(labels)[:, np.newaxis]
    print(housing_data)
    print(labels)
    最终得到的数据为
    housing_data:
    [[0.00000000e+00 6.78152493e-02 3.14814815e-01 ... 2.87234043e-01
      1.00000000e+00 8.96799117e-02]
     [2.35922539e-04 2.42302053e-01 1.72839506e-01 ... 5.53191489e-01
      1.00000000e+00 2.04470199e-01]
     [2.35697744e-04 2.42302053e-01 1.72839506e-01 ... 5.53191489e-01
```

```
 9.89737254e-01 6.34657837e-02]
...
[6.11892474e-04 4.20454545e-01 3.86831276e-01 ... 8.93617021e-01
 1.00000000e+00 1.07891832e-01]
[1.16072990e-03 4.20454545e-01 3.86831276e-01 ... 8.93617021e-01
 9.91300620e-01 1.31070640e-01]
[4.61841693e-04 4.20454545e-01 3.86831276e-01 ... 8.93617021e-01
 1.00000000e+00 1.69701987e-01]]
label:
[[24. ]
 [21.6]
 [34.7]
 [33.4]
 [36.2]
 [28.7]
 [22.9]
 [27.1]
……
[16.8]
 [22.4]
 [20.6]
 [23.9]
 [22. ]
 [11.9]]
```

3. 分为训练集与测试集

一般来说，训练集和测试集需要随机分配，如果没有验证集的部分，一般为 8∶2。其实可以用 sklearn 来进行分配操作，但本实例我们选择用 numpy 来操作，写法更为基础：

```
np.random.seed(22)
# 生成随机的 index
train_ratio = 0.8
data_size = len(housing_data)
train_index = np.random.choice(a=data_size, size=round(data_size*train_
ratio), replace=False)
test_index = np.array(list(set(range(data_size))-set(train_index)))
# 生成训练集和测试集
x_train = housing_data[train_index]
y_train = labels[train_index]
x_test = housing_data[test_index]
y_test = labels[test_index]
```

4. TensorFlow 实现 K 近邻算法

TensorFlow 的输入：x 的每一个输入为上面处理之后保留 num 个特征的数据；y 的每一个输入为一个数据。

```
x_train_placeholder = tf.placeholder(tf.float32, [None, num_features])
x_test_placeholder = tf.placeholder(tf.float32, [None, num_features])

y_train_placeholder = tf.placeholder(tf.float32, [None, 1])
y_test_placeholder = tf.placeholder(tf.float32, [None, 1])
```

（1）距离实现

K 近邻算法即取前 k 个距离进行判断，如果是分类问题则很好判断，只需要选一种计算距离的方式即可，如 L2（欧氏距离）：

$$d(p,q)=d(q,p)=\sqrt{(q_1-p_1)^2+(q_2-p_2)^2+\cdots+(q_n-p_n)^2}=\sqrt{\sum_{i=1}^{n}(q_i-p_i)^2}$$

也可以是 L1：

$$d(x,y)=|x_1-y_1|+|x_2-y_2|+|x_3-y_3|$$

因为此处需要用到 TensorFlow 来编写，需要注意的是矩阵运算，正常来说应该是一个 testdata 与全部的 traindata 进行计算，但这里采用 batchsize 大小的 testdata 与 traindata 进行计算，这里集中于矩阵和维度的变换上。

```
distance = tf.sqrt(tf.reduce_sum(tf.square(tf.subtract(x_train_placeholder, tf.
expand_dims(x_test_placeholder, 1))), reduction_indices=[1]))
```

这句代码也可以分解为：

```
x_test_placeholder_expansion = tf.expand_dims(x_test_placeholder, 1) #增
加一个维度
x_substract = x_train_placeholder - x_test_placeholder_expansion #相减
x_square = tf.square(x_substract) #平方
x_square_sum = tf.reduce_sum(x_square, reduction_indices=[1]) #相加
x_sqrt = tf.sqrt(x_square_sum) #开方
```

其中，第一句代码做的是每个 testdata 都与所有的 traindata 做计算，所以这里需要把 testdata 扩展一个维度。这样一来就相当于把每一个 batchsize 维度的数据 testdata 与所有的 traindata 进行相减。

x_square_sum = tf.reduce_sum(x_square, reduction_indices=[1])这句代码是指，将之前计算出来的每个 testdata 与所有 traindata 相减得到的每个特征进行平方，再把每个结果相加求和。

而用 L1 方式计算得到预测效果会更好，实现代码为：

```
distance = tf.reduce_sum(tf.abs(x_train_placeholder - tf.expand_dims(x_
test_placeholder , 1)), axis=2)
```

（2）排序实现

这里处理的不是分类问题，而是预测问题，主要有两种方法可以实现。

1）平均权重。每个 testdata 的预测选择前 k 个最小的距离，每个距离对应 traindata 的房价值，求出的平均值即为预测值，见表 11-1。

表 11-1 预测值

距离	房价值
12	1
14	3
5	7
8	6
3	2
预测值	5

如果 k 为 3，则预测值=(7+6+2)/3=5。

2）按权重大小计算。即求出每个选中的距离占总距离的比例，再乘以此距离对应的房价值，最后求和即可，见表 11-2。

表 11-2 求和

距离	房价值
12	1
14	3
5	7
8	6
3	2
预测值	5/16×7+8/16×6+3/16×2

这里也体现了一种编程思想，即如果不乘以对应的房价值，剩下那部分计算结果则类似前向推理中的 weights，后面的编程也会如此处理。

3）代码实现。其对应的实现代码为：

```
top_k_value, top_k_index = tf.nn.top_k(tf.negative(distance), k=K)
top_k_value = tf.truediv(1.0, top_k_value)
top_k_value_sum = tf.reduce_sum(top_k_value, axis=1)
top_k_value_sum = tf.expand_dims(top_k_value_sum, 1)
top_k_value_sum_again = tf.matmul(top_k_value_sum, tf.ones([1, K], dtype=
tf.float32))
top_k_weights = tf.div(top_k_value, top_k_value_sum_again)
weights = tf.expand_dims(top_k_weights, 1)
top_k_y = tf.gather(y_train_placeholder, top_k_index)
predictions = tf.squeeze(tf.matmul(weights, top_k_y), axis=[1])
```

其中，对距离做 negative 操作也就是取负值：

```
top_k_value, top_k_index = tf.nn.top_k(tf.negative(distance), k=K)
```

因为 top_k_value 变为负数，所以这里用一个倒数就可以恢复到以前的大小比较关系，这里相当于一个数变为负，再进行倒数，如果所有数都这样操作，那最后的大小关系还是之前正数的大小关系，因为我们不需要真正大小，只需要比例就可以了。倒数代码如下：

```
top_k_value = tf.truediv(1.0, top_k_value)
```

接着，开始算整个总和，可以和前面的公式比对来看，此过程相当于算 5+8+3=16 的过程：

```
top_k_value_sum = tf.reduce_sum(top_k_value, axis=1)
top_k_value_sum = tf.expand_dims(top_k_value_sum, 1)
```

此处采用的都是矩阵方式，也就是很多操作需要矩阵化。接下来应该用每个距离的负数倒数来除以总和 sum，但是在相除之前还有一个步骤需要进行，这相当于为之后的计算做铺垫，每个 sum 扩展到 *k* 个维度。

```
top_k_value_sum_again = tf.matmul(top_k_value_sum, tf.ones([1, K], dtype=
tf.float32))
```

最后相除：

```
top_k_weights = tf.div(top_k_value, top_k_value_sum_again)
weights = tf.expand_dims(top_k_weights, 1)
```

取出前 *k* 个数值，与整个权重 weights 进行矩阵相乘计算，与前一步 expand_dims 的功能差不多：

```
top_k_y = tf.gather(y_train_placeholder, top_k_index)
predictions = tf.squeeze(tf.matmul(weights, top_k_y), axis=[1])
```

（3）损失函数和 session

实现损失函数和 session 的代码为：

```
loss = tf.reduce_mean(tf.square(tf.subtract(predictions, y_test_
placeholder)))
loop_nums = int(np.ceil(len(x_test)/batchsize))
with tf.Session() as sess:
    for i in range(loop_nums):
        min_index = i*batchsize
        max_index = min((i+1)*batchsize, len(x_test))
        x_test_batch = x_test[min_index: max_index]
        y_test_batch = y_test[min_index: max_index]
        result, los = sess.run([predictions, loss], feed_dict={
            x_train_placeholder: x_train, y_train_placeholder: y_train,
            x_test_placeholder: x_test_batch, y_test_placeholder: y_test_batch
        })
        print("No.%d batch, loss is %f"%(i+1, los))
```

损失函数为比较常见的计算损失的方式，其他都是 TensorFlow 的常用格式。

（4）可视化

利用 plt 可视化柱状图 hist，代码为：

```
pins = np.linspace(5, 50, 45)
print(pins)
```

```
plt.hist(result, pins, alpha=0.5, label='prediction')
plt.hist(y_test_batch, pins, alpha=0.5, label='actual')
plt.legend(loc='best')
plt.show()
```

完整的代码可参考本书附赠资源。运行程序，输出如下，效果如图 11-3 所示。

```
No.1 batch, loss is 10.624782
[ 5.          6.02272727  7.04545455  8.06818182  9.09090909 10.11363636
 11.13636364 12.15909091 13.18181818 14.20454545 15.22727273 16.25
 17.27272727 18.29545455 19.31818182 20.34090909 21.36363636 22.38636364
 23.40909091 24.43181818 25.45454545 26.47727273 27.5        28.52272727
 29.54545455 30.56818182 31.59090909 32.61363636 33.63636364 34.65909091
 35.68181818 36.70454545 37.72727273 38.75       39.77272727 40.79545455
 41.81818182 42.84090909 43.86363636 44.88636364 45.90909091 46.93181818
 47.95454545 48.97727273 50.        ]
```

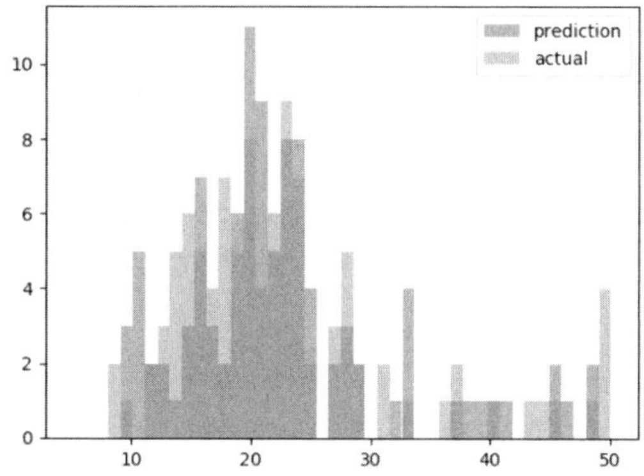

图 11-3　柱状图

11.1.2　卷积神经网络预测房屋价格

sklearn 已经足够简单高效，为什么还要与卷积神经网络比较来进行房屋回归计算呢？因为卷积神经网络有两大优势：

1）sklearn 需要人工进行特征优选，而卷积神经网络会进行自动优选特征。

2）随着训练数据的增多，sklearn 的准确性就没什么大变化了，卷积神经网络则是越来越准，没有瓶颈。

提示：波士顿房价的数据为 506 行、13 个特征（列），为了较明显地表现出卷积神经网络的优势，下面的实例增加了 3 列数据。

```
import numpy as np
from sklearn import preprocessing
import tensorflow as tf
from sklearn.datasets import load_boston
from sklearn.model_selection import train_test_split
#波士顿房价数据
```

```
boston=load_boston()
x=boston.data
y=boston.target
x_3=x[:,3:6]
x=np.column_stack([x,x_3]) #随意给 x 增加了 3 列，x 变为 16 列，reshape 为 4*4 矩阵了
# 随机挑选
train_x_disorder, test_x_disorder, train_y_disorder, test_y_disorder = 
train_test_split(x, y, train_size=0.8, random_state=33)
#数据标准化
ss_x = preprocessing.StandardScaler()
train_x_disorder = ss_x.fit_transform(train_x_disorder)
test_x_disorder = ss_x.transform(test_x_disorder)

ss_y = preprocessing.StandardScaler()
train_y_disorder = ss_y.fit_transform(train_y_disorder.reshape(-1, 1))
test_y_disorder=ss_y.transform(test_y_disorder.reshape(-1, 1))

#变厚矩阵
def weight_variable(shape):
    initial = tf.truncated_normal(shape, stddev=0.1)
    return tf.Variable(initial)
#偏置
def bias_variable(shape):
    initial = tf.constant(0.1, shape=shape)
    return tf.Variable(initial)
#卷积处理，变厚过程
def conv2d(x, W):
    # stride [1, x_movement, y_movement, 1] x_movement、y_movement 就是步长
    # Must have strides[0] = strides[3] = 1 padding='SAME'表示卷积后长宽不变
    return tf.nn.conv2d(x, W, strides=[1, 1, 1, 1], padding='SAME')
#pool 长宽缩小到之前的一半
def max_pool_2x2(x):
    # stride [1, x_movement, y_movement, 1]
    return tf.nn.max_pool(x, ksize=[1,2,2,1], strides=[1,2,2,1], padding=
'SAME')

#定义占位符以输入网络
xs = tf.placeholder(tf.float32, [None, 16]) #原始数据的维度：16
ys = tf.placeholder(tf.float32, [None, 1])#输出数据的维度：1

keep_prob = tf.placeholder(tf.float32)#dropout 的比例

x_image = tf.reshape(xs, [-1, 4, 4, 1])#原始数据 16 变成二维图片 4×4
##第一卷积层
```

```
    W_conv1 = weight_variable([2,2, 1,32]) # 块 2×2，输入为 1 个像素，输出为 32 个
像素，每个像素变成 32 个像素就是变厚的过程
    b_conv1 = bias_variable([32])
    h_conv1 = tf.nn.relu(conv2d(x_image, W_conv1) + b_conv1) # 输入大小 2×2×
32，长宽不变，高度为 32 的三维图像

    ## conv2 layer：第二卷积层
    W_conv2 = weight_variable([2,2, 32, 64]) # patch 2x2, in size 32, out size
64
    b_conv2 = bias_variable([64])
    h_conv2 = tf.nn.relu(conv2d(h_conv1, W_conv2) + b_conv2) #输入第一层的处理
结果，输出 shape 4×4×64

    ## fc1 layer：全连接层 1
    W_fc1 = weight_variable([4*4*64, 512])#4×4，高度为 64 的三维图片，然后把它拉成
512 长的一维数组
    b_fc1 = bias_variable([512])

    h_pool2_flat = tf.reshape(h_conv2, [-1, 4*4*64])#把 4×4，高度为 64 的三维图片
拉成一维数组，降维处理
    h_fc1 = tf.nn.relu(tf.matmul(h_pool2_flat, W_fc1) + b_fc1)
    h_fc1_drop = tf.nn.dropout(h_fc1, keep_prob)#把数组中扔掉比例为 keep_prob 的
元素
    ## fc2 layer：全连接层 2
    W_fc2 = weight_variable([512, 1]) #将 512 长的一维数组压缩为长度为 1 的数组
    b_fc2 = bias_variable([1]) #偏置
    #最后的计算结果
    prediction =  tf.matmul(h_fc1_drop, W_fc2) + b_fc2
    #计算 predition 与 y 的差距，所用方法为 suare()平方、sum()求和、mean()平均值
    cross_entropy = tf.reduce_mean(tf.reduce_sum(tf.square(ys - prediction),
reduction_indices=[1]))
    # 0.01 学习效率，minimize(loss)减小损失误差
    train_step = tf.train.AdamOptimizer(0.01).minimize(cross_entropy)

    sess = tf.Session()

    #训练 500 次
    for i in range(200):
        sess.run(train_step, feed_dict={xs: train_x_disorder, ys: train_y_
disorder, keep_prob: 0.7})
        print(i,'误差=',sess.run(cross_entropy, feed_dict={xs: train_x_
disorder, ys: train_y_disorder, keep_prob: 1.0})) # 输出损失值

    #可视化
```

```
    prediction_value = sess.run(prediction, feed_dict={xs: test_x_disorder, ys: test_y_disorder, keep_prob: 1.0})
    #画图
    import matplotlib.pyplot as plt
    fig = plt.figure(figsize=(20, 3))  # dpi 参数指定绘图对象的分辨率，即每英寸多少个像素，默认值为 80
    axes = fig.add_subplot(1, 1, 1)
    line1,=axes.plot(range(len(prediction_value)), prediction_value, 'b--', label='cnn',linewidth=2)
    line3,=axes.plot(range(len(test_y_disorder)), test_y_disorder, 'g', label='real')

    axes.grid()
    fig.tight_layout()
    plt.legend(handles=[line1,  line3])
    plt.title('卷积神经网络')
    plt.show()
```

运行程序，输出如下，效果如图 11-4 所示。

```
0 误差= 419.9345
1 误差= 11.706484
2 误差= 1.0493392
3 误差= 2.1697197
4 误差= 1.833041
5 误差= 1.3993722
6 误差= 1.1105909
……
194 误差= 0.048136923
195 误差= 0.049122814
196 误差= 0.048153102
197 误差= 0.050131373
198 误差= 0.047948077
199 误差= 0.04897491
```

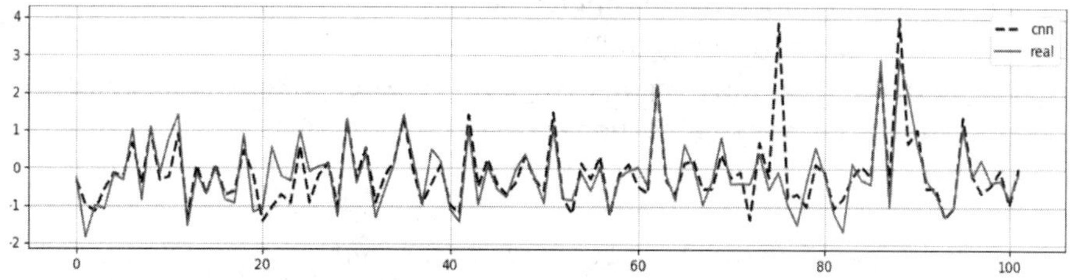

图 11-4　真实房价与卷积神经网络预测房价

11.1.3　深度神经网络预测房屋价格

前面已经利用 K 近邻算法、卷积神经网络实现了预测波士顿房价，下面再通过深度神经网络（DNN）来预测波士顿房价。其实现步骤如下（代码有所简化，完整代码见本书附赠资源）。

（1）把所有的包导入进来

```
# coding: utf-8
import tensorflow as tf
from sklearn.datasets import load_boston
import matplotlib.pyplot as plt
from sklearn.preprocessing import scale
from sklearn.model_selection import train_test_split
```

（2）获取数据

```
boston = load_boston()
# X = scale(boston.data)
# y = scale(boston.target.reshape((-1,1)))

X_train,X_test,y_train,y_test = train_test_split(boston.data,boston.
target,test_size=0.1,random_state=0)
X_train = scale(X_train)
X_test = scale(X_test)
y_train = scale(y_train.reshape((-1,1)))
y_test = scale(y_test.reshape((-1,1)))
```

（3）定义每一层网络结构

写一个 add_layer，让添加网络更加灵活。

```
def add_layer(inputs,input_size,output_size,activation_function=None):
    with tf.variable_scope("Weights"):
        Weights = tf.Variable(tf.random_normal(shape=[input_size,output_
size]),name="weights")
    with tf.variable_scope("biases"):
        biases = tf.Variable(tf.zeros(shape=[1,output_size]) + 0.1,
name="biases")
    with tf.name_scope("Wx_plus_b"):
        Wx_plus_b = tf.matmul(inputs,Weights) + biases
    with tf.name_scope("dropout"):
        Wx_plus_b = tf.nn.dropout(Wx_plus_b,keep_prob=keep_prob_s)
    if activation_function is None:
        return Wx_plus_b
    else:
        with tf.name_scope("activation_function"):
            return activation_function(Wx_plus_b)
```

（4）定义占位符和网络层数

```
xs = tf.placeholder(shape=[None,X_train.shape[1]],dtype=tf.float32,
name="inputs")
```

```
ys = tf.placeholder(shape=[None,1],dtype=tf.float32,name="y_true")
keep_prob_s = tf.placeholder(dtype=tf.float32)

with tf.name_scope("layer_1"):
    l1 = add_layer(xs,13,10,activation_function=tf.nn.relu)
with tf.name_scope("y_pred"):
    pred = add_layer(l1,10,1)

# 这里多余的操作是为了保存 pred 的操作，做恢复用
pred = tf.add(pred,0,name='pred')

with tf.name_scope("loss"):
    loss = tf.reduce_mean(tf.reduce_sum(tf.square(ys - pred),reduction_
indices=[1]))# mse
    tf.summary.scalar("loss",tensor=loss)
with tf.name_scope("train"):
    train_op = tf.train.AdamOptimizer(learning_rate=0.01).minimize(loss)
```

（5）数据可视化，训练参数的定义

```
#画画
fig = plt.figure()
ax = fig.add_subplot(1,1,1)
ax.plot(range(50),y_train[0:50],'b')  #展示前 50 个数据
ax.set_ylim([-2,5])
plt.ion()
plt.show()

#参数
keep_prob=1        #防止过拟合，取值一般在 0.5 到 0.8。此处是 1，没有做过拟合处理
ITER =5000         #训练次数
```

（6）定义训练过程

```
def fit(X, y, ax, n, keep_prob):
    init = tf.global_variables_initializer()
    feed_dict_train = {ys: y, xs: X, keep_prob_s: keep_prob}
    with tf.Session() as sess:
        saver = tf.train.Saver(tf.global_variables(), max_to_keep=15)
        merged = tf.summary.merge_all()
        writer = tf.summary.FileWriter(logdir="nn_boston_log", graph=
sess.graph) #写 tensorbord
        sess.run(init)
        for i in range(n):
            _loss, _ = sess.run([loss, train_op], feed_dict=feed_dict_train)

            if i % 100 == 0:
                print("epoch:%d\tloss:%.5f" % (i, _loss))
```

```
                y_pred = sess.run(pred, feed_dict=feed_dict_train)
                rs = sess.run(merged, feed_dict=feed_dict_train)
                writer.add_summary(summary=rs, global_step=i)  #写tensorbord
                saver.save(sess=sess, save_path="nn_boston_model/nn_
boston.model", global_step=i) #保存模型
                try:
                    ax.lines.remove(lines[0])
                except:
                    pass
                lines = ax.plot(range(50), y_pred[0:50], 'r--')
                plt.pause(1)

        saver.save(sess=sess, save_path="nn_boston_model/nn_boston.
model", global_step=n)  #保存模型
```

（7）训练网络

```
fit(X=X_train,y=y_train,n=ITER,keep_prob=keep_prob,ax=ax)
```

运行程序，输出如下，效果如图 11-5 所示。

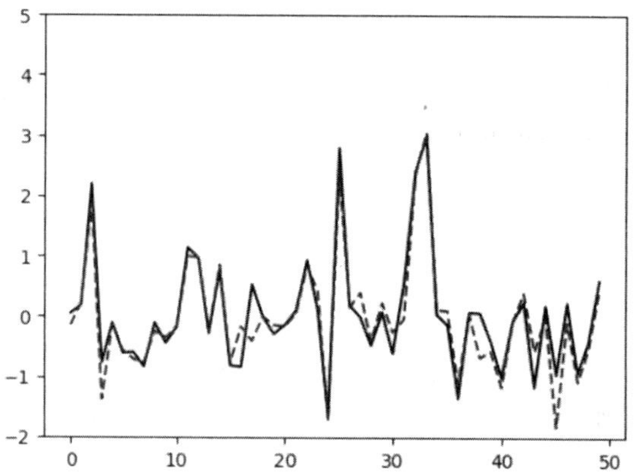

图 11-5　DNN 预测房屋价格

```
epoch:0 loss:59.64084
epoch:100      loss:1.85673
epoch:200      loss:0.85302
epoch:300      loss:0.50381
epoch:400      loss:0.34592
……
epoch:4500     loss:0.07306
epoch:4600     loss:0.07278
epoch:4700     loss:0.07258
epoch:4800     loss:0.07240
epoch:4900     loss:0.07225
```

图中，实线为实际数据，虚线为拟合数据。

11.2 卷积神经网络实现人脸识别

这是一个小型的人脸数据库（olivettifaces.gif），一共有 40 个人，每个人有 10 张照片作为样本数据。这些图片都是黑白照片，意味着这些图片都只有灰度（0～255），没有 RGB 三通道，我们需要将这张大图片切分成一个个的小脸。整张图片大小是 1190×942，一共有 20×20 张照片。那么每张照片的大小约为（1190 / 20）×（942 / 20）= 57×47（约数，因为每张图片之间存在间距），如图 11-6 所示。

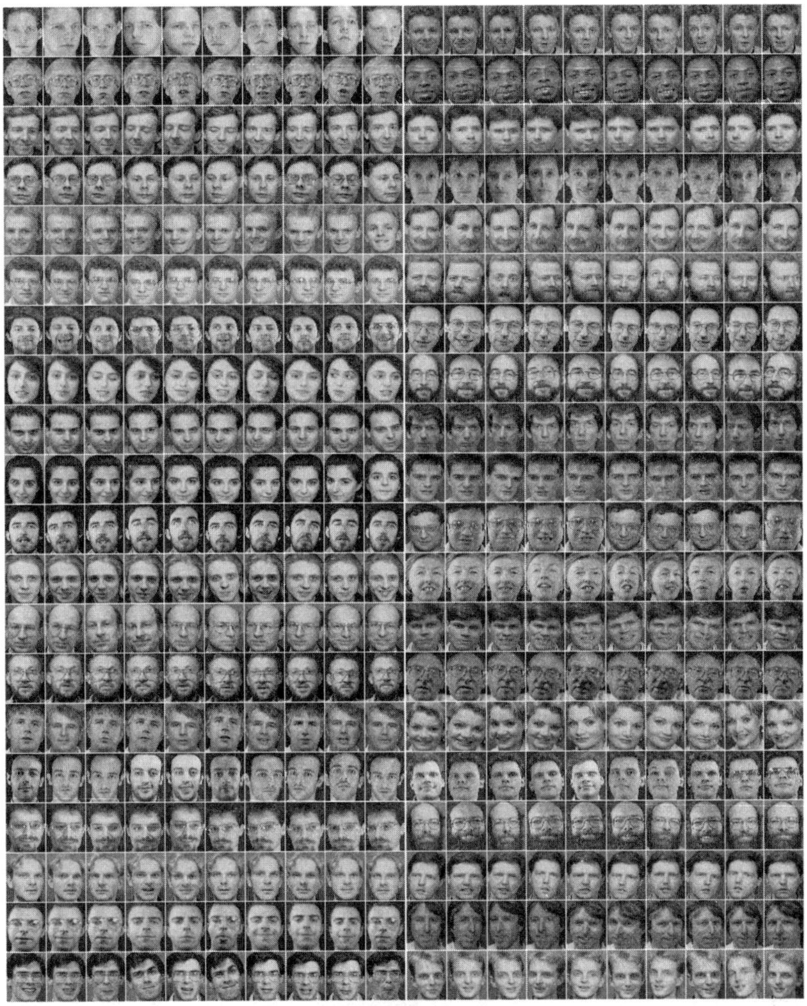

图 11-6 简单人脸识别数据库（olivettifaces.gif）

利用 TensorFlow 对图 11-6 所示的人脸识别数据库进行识别，代码为：

```
import os
import numpy as np
import tensorflow as tf
```

```
import matplotlib.pyplot as plt
import matplotlib.image as mpimg
import matplotlib.patches as patches
import numpy
from PIL import Image

#获取 dataset
def load_data(dataset_path):
    img = Image.open(dataset_path)
    # 定义一个 20×20 的训练样本，一共有 40 个人，每个人有 10 张样本照片
    img_ndarray = np.asarray(img, dtype='float64') / 256

    # 记录脸数据矩阵，57×47 为每张脸的像素矩阵
    faces = np.empty((400, 57 * 47))
    for row in range(20):
        for column in range(20):
            faces[20 * row + column] = np.ndarray.flatten(
              img_ndarray[row * 57: (row + 1) * 57, column * 47 : (column
+ 1) * 47]
            )
    label = np.zeros((400, 40))
    for i in range(40):
        label[i * 10: (i + 1) * 10, i] = 1
    # 将数据分成训练集、验证集、测试集
    train_data = np.empty((320, 57 * 47))
    train_label = np.zeros((320, 40))
    vaild_data = np.empty((40, 57 * 47))
    vaild_label = np.zeros((40, 40))
    test_data = np.empty((40, 57 * 47))
    test_label = np.zeros((40, 40))

    for i in range(40):
        train_data[i * 8: i * 8 + 8] = faces[i * 10: i * 10 + 8]
        train_label[i * 8: i * 8 + 8] = label[i * 10: i * 10 + 8]
        vaild_data[i] = faces[i * 10 + 8]
        vaild_label[i] = label[i * 10 + 8]
        test_data[i] = faces[i * 10 + 9]
        test_label[i] = label[i * 10 + 9]
    train_data = train_data.astype('float32')
    vaild_data = vaild_data.astype('float32')
    test_data = test_data.astype('float32')
    return [
        (train_data, train_label),
        (vaild_data, vaild_label),
        (test_data, test_label)
    ]
def convolutional_layer(data, kernel_size, bias_size, pooling_size):
    kernel = tf.get_variable("conv", kernel_size, initializer=tf.random_
```

```
normal_initializer())
        bias = tf.get_variable('bias', bias_size, initializer=tf.random_
normal_initializer())

        conv = tf.nn.conv2d(data, kernel, strides=[1, 1, 1, 1], padding=
'SAME')
        linear_output = tf.nn.relu(tf.add(conv, bias))
        pooling = tf.nn.max_pool(linear_output, ksize=pooling_size, strides=
pooling_size,
    padding="SAME")
        return pooling

    def linear_layer(data, weights_size, biases_size):
        weights = tf.get_variable("weigths", weights_size,
    initializer=tf.random_normal_initializer())
        biases = tf.get_variable("biases", biases_size,
    initializer=tf.random_normal_initializer())
        return tf.add(tf.matmul(data, weights), biases)
    def convolutional_neural_network(data):
        # 根据类别个数定义最后输出层的神经元
        n_ouput_layer = 40
        kernel_shape1=[5, 5, 1, 32]
        kernel_shape2=[5, 5, 32, 64]
        full_conn_w_shape = [15 * 12 * 64, 1024]
        out_w_shape = [1024, n_ouput_layer]

        bias_shape1=[32]
        bias_shape2=[64]
        full_conn_b_shape = [1024]
        out_b_shape = [n_ouput_layer]

        data = tf.reshape(data, [-1, 57, 47, 1])
        # 经过第一层卷积神经网络后，得到的张量shape为[batch, 29, 24, 32]
        with tf.variable_scope("conv_layer1") as layer1:
            layer1_output = convolutional_layer(
                data=data,
                kernel_size=kernel_shape1,
                bias_size=bias_shape1,
                pooling_size=[1, 2, 2, 1]
            )
        # 经过第二层卷积神经网络后，得到的张量shape为[batch, 15, 12, 64]
        with tf.variable_scope("conv_layer2") as layer2:
            layer2_output = convolutional_layer(
                data=layer1_output,
                kernel_size=kernel_shape2,
                bias_size=bias_shape2,
                pooling_size=[1, 2, 2, 1]
            )
```

```
        with tf.variable_scope("full_connection") as full_layer3:
            # 卷积层张量的数据只有一个列向量
            layer2_output_flatten = tf.contrib.layers.flatten(layer2_output)
            layer3_output = tf.nn.relu(
                linear_layer(
                    data=layer2_output_flatten,
                    weights_size=full_conn_w_shape,
                    biases_size=full_conn_b_shape
                )
            )
        with tf.variable_scope("output") as output_layer4:
            output = linear_layer(
                data=layer3_output,
                weights_size=out_w_shape,
                biases_size=out_b_shape
            )
        return output;
    def train_facedata(dataset, model_dir,model_path):
        batch_size = 40
        train_set_x = dataset[0][0]
        train_set_y = dataset[0][1]
        valid_set_x = dataset[1][0]
        valid_set_y = dataset[1][1]
        test_set_x = dataset[2][0]
        test_set_y = dataset[2][1]

        X = tf.placeholder(tf.float32, [batch_size, 57 * 47])
        Y = tf.placeholder(tf.float32, [batch_size, 40])
        predict = convolutional_neural_network(X)
        cost_func = tf.reduce_mean(tf.nn.softmax_cross_entropy_with_logits
(logits=predict,
    labels=Y))
        optimizer = tf.train.AdamOptimizer(1e-2).minimize(cost_func)

        # 用于保存训练的最佳模型
        saver = tf.train.Saver()
        with tf.Session() as session:
            # 若不存在模型数据，需要训练模型参数
            if not os.path.exists(model_path + ".index"):
                session.run(tf.global_variables_initializer())
                best_loss = float('Inf')
                for epoch in range(20):
                    epoch_loss = 0
                    for i in range((int)(np.shape(train_set_x)[0] / batch_size)):
                        x = train_set_x[i * batch_size: (i + 1) * batch_size]
                        y = train_set_y[i * batch_size: (i + 1) * batch_size]
                        _, cost = session.run([optimizer, cost_func], feed_
dict={X: x, Y: y})
```

```
                epoch_loss += cost

            print(epoch, ' : ', epoch_loss)
            if best_loss > epoch_loss:
                best_loss = epoch_loss
                if not os.path.exists(model_dir):
                    os.mkdir(model_dir)
                    print("create the directory: %s" % model_dir)
                save_path = saver.save(session, model_path)
                print("Model saved in file: %s" % save_path)

        # 恢复数据并校验和测试
        saver.restore(session, model_path)
        correct = tf.equal(tf.argmax(predict,1), tf.argmax(Y,1))
        valid_accuracy = tf.reduce_mean(tf.cast(correct,'float'))
        print('valid set accuracy: ', valid_accuracy.eval({X: valid_set_x,
Y: valid_set_y}))

        test_pred = tf.argmax(predict, 1).eval({X: test_set_x})
        test_true = np.argmax(test_set_y, 1)
        test_correct = correct.eval({X: test_set_x, Y: test_set_y})
        incorrect_index = [i for i in range(np.shape(test_correct)[0])
if not test_correct[i]]
        for i in incorrect_index:
            print('picture person is %i, but mis-predicted as person %i'
                %(test_true[i], test_pred[i]))
        plot_errordata(incorrect_index, "olivettifaces.gif")

    #画出在测试集中错误的数据
    def plot_errordata(error_index, dataset_path):
        img = mpimg.imread(dataset_path)
        plt.imshow(img)
        currentAxis = plt.gca()
        for index in error_index:
            row = index // 2
            column = index % 2
            currentAxis.add_patch(
                patches.Rectangle(
                    xy=(
                        47 * 9 if column == 0 else 47 * 19,
                        row * 57
                       ),
                    width=47,
                    height=57,
                    linewidth=1,
                    edgecolor='r',
                    facecolor='none'
                )
        )
```

```
    plt.savefig("result.png")
    plt.show()

def main():
    dataset_path = "olivettifaces.gif"
    data = load_data(dataset_path)
    model_dir = './model'
    model_path = model_dir + '/best.ckpt'
    train_facedata(data, model_dir, model_path)

if __name__ == "__main__" :
    main()
```

运行程序，输出如下，效果如图 11-7 所示。

```
valid set accuracy:  0.846
picture person is 0, but mis-predicted as person 23
picture person is 6, but mis-predicted as person 38
picture person is 8, but mis-predicted as person 34
picture person is 15, but mis-predicted as person 11
picture person is 24, but mis-predicted as person 7
picture person is 29, but mis-predicted as person 7
picture person is 33, but mis-predicted as person 39
```

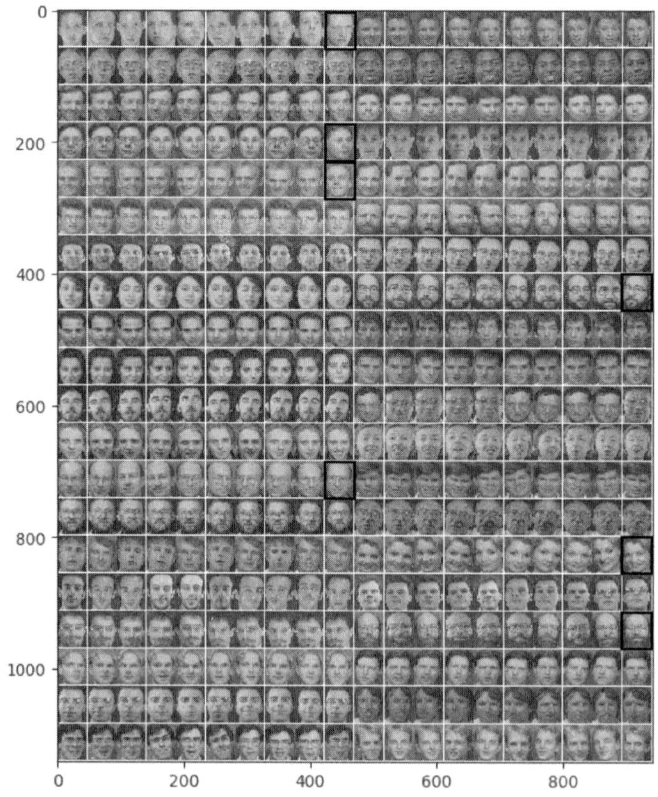

图 11-7　人脸识别结果

11.3 肾癌的转移判断

某研究人员在探讨肾细胞癌转移的有关临床病理因素研究中，收集了一批行根治性肾切除术患者的肾癌标本资料，现从中抽取 26 例资料作为示例进行逻辑回归分析。

数据说明：

- y：肾细胞癌转移情况（有转移 $y=1$；无转移 $y=0$）。
- x_1：确认时患者的年龄（岁）。
- x_2：肾细胞癌血管内皮生长因子（VEGF），其阳性表述为由低到高共 3 个等级。
- x_3：肾细胞癌组织内微血管数（MVC）。
- x_4：肾癌细胞核组织学分级，由低到高共 4 级。
- x_5：肾细胞癌分期，由低到高共 4 级。

数据为：

```
y x1 x2 x3 x4 x5
0,0,59,2,43.4,2,1
0,0,36,1,57.2,1,1
0,0,61.2,190,2,1
0,1,58,3,128,4,3
0,1,55,3,80,3,4
0,0,61,1,94.4,2
0,0,38,1,76,1,1
0,0,42,1,240,3,2
0,0,50,1,74,1,1
0,0,58,3,68.6,2,2
0,0,68,3,132.8,4,2
0,1,25,2,94.6,4,3
0,0,52,1,56,1,1
0,0,31,1,47.8,2,1
0,1,36,3,31.6,3,1
0,0,42,1,66.2,2,1
0,1,14,3,138.6,3,3
0,0,32,1,114,2,3
0,0,35,1,40.2,2,1
0,1,70,3,177.2,4,3
0,1,65,2,51.6,4,4
0,0,45,2,124,2,4
0,1,68,3,127.2,3,3
0,0,31,2,124.8,2,3
```

将建立一个名为 cancer.txt 的文件作为数据源。根据前期分析，对肾癌数据建立逻辑回归模型。在计算患者的扩散概率之前，可以使用统计类进行数据分析。

第一步是对数据的读取，本例中数据是以数值的形式存在的，因此可以直接读取而无须经过类型转换这一中间步骤。

在给出的数据中，每一行代表一个单独的数据例子，每一行由 7 个浮点数构成，前 2 个是 label 经过 one-hot 编码后实现的数字（[0,0]或[0,1]），后面 5 个是特征值。

```
def readFile(filename):
    filename_queue=tf.train.string_input_producer(filename,shuffle=False)
    reader=tf.TextLineReader()
    key,value=reader.read(filename_queue)
    record_defaults=[[1.0],[1.0],[1.0],[1.0],[1.0],[1.0],[1.0]]
    col1,col2,col3,col4,col5,col6,col7=tf.decode_csv(value,record_defaul
ts=record_defaults)
    label=tf.pack([col1,col2])
    features=tf.pack([col3,col4,col5,col6,col7])
    example_batch,label_batch=tf.train.shuffle_batch([features,label],ba
tch_size=3,capability=100,min_after_dequeue=10)

    return example_batch,label_batch
```

代码段中首选使用了 tf.train.string_input_producer 函数将数据文件读取到内存中，之后使用 TextLineReader 文件获得文件读取的第一行句柄，reader 里面的 read 方法返回了文件头和文件名。

```
record_defaults=[[1.0],[1.0],[1.0],[1.0],[1.0],[1.0],[1.0]]
col1,col2,col3,col4,col5,col6,col7=tf.decode_csv(value,record_defaults=
record_defaults)
label=tf.pack([col1,col2])
features=tf.pack([col3,col4,col5,col6,col7])
```

record_defaults 方法代表数据解析的模板，在数据中默认使用逗号“，”将不同的列向量分开。在这里输入的数据为浮点型，因此模板为[1.0]，即每一列的数字都被解析成浮点型，整形用[1]来表示，string 类型使用["null"]来进行解析。

col1～col7 代表每一行的数据列向量。第一和第三列分别是 one-hot 使用的值代表计算结果，因此 label 就是 one-hot 的表示，这里只有 2 位，使用 col1 和 col2 即可。features 是剩余的 5 个数据，代表 5 个特征值，这里被打包在 features 中。

要将数据读取出来，可以使用如下代码：

```
example_batch,label_batch=Test.readFile(["cancer.txt"])
    with tf.Session() as sess:
        sess.run(init)
        coord=tf.train.Coordinator()
        for i in range(5):
            e_val,l_val=sess.run([example_batch,label_batch])
            print(e_val)
        coord.request_stop()
        coord.join(threads)
```

这里需要注意的是，数据的读取必须启动数据读取协调器，即 tf.train.Coordinator 函数创建的 coord，start_queue_runners 必须要对其进行启动，此时文件数据已经被输入队列，最终打印结果如下所示：

```
[[36.         3.         31.60000038.         3.           1.        ]
 [61.         2.         190.                2.           1.        ]
 [56.         1.         72.                 12.          1.        ]]
```

此时可以看到，数据为 3 个一组，这是在 tf.train.shuffle_batch 函数中确定的，每个 batch_size 的大小为 3。

完整的实现代码为：

```
import tensorflow as tf
import numpy as np
import test

def readFile(filename):
    filename_queue=tf.train.string_input_producer(filename,shuffle=False)
    reader=tf.TextLineReader()
    key,value=reader.read(filename_queue)
    record_defaults=[[1.0],[1.0],[1.0],[1.0],[1.0],[1.0],[1.0]]
    col1,col2,col3,col4,col5,col6,col7=tf.decode_csv(value,record_defaul
ts=record_defaults)
    label=tf.pack([col1,col2])
    features=tf.pack([col3,col4,col5,col6,col7])
    example_batch,label_batch=tf.train.shuffle_batch([features,label],ba
tch_size=3,capability=100,min_after_dequeue=10)

    return example_batch,label_batch

    example_batch,label_batch=Test.readFile(["cancer.txt"])

    weight=tf.Variable(np.random.rand(5,1).astype(np.float32))
    bias=tf.Variable(np.random.rand(2,1).astype(np,float31))
    x_=tf.placeholder(tf.float32,[Nome,5])
    y_model=tf.matmul(x_,weight)+bias_variable
    y=tf.placeholder(tf.float32,[2,2])

    loss=-tf.reduce_sum(y*tf.log(y_model))
    train=tf.train.GradientDescentOptimizer(0.1).minimize(loss)

    init=tf.initialize_all_variables()
    with tf.Session() as sess:
        sess.run(init)
        coord=tf.train.Coordinator()
        threads=tf.train.start_queue_runners(coord=coord)
```

```
flag=1
while(flag):
    e_val,l_val=sess.run([example_batch,label_batch])
    sess.run(train,feed_dict={x_:e_val,y:l_val})
    if sess.run(loss,{x:e_val,y:l_val})<=1:
        flag=0
print(sess.run(weight))
```

11.4 比特币的预测

比特币（Bitcoin）是一种用区块链作为支付系统的加密货币，由中本聪在 2009 年基于无国界的对等网络，用共识主动性开源软件发明创立。其通过加密数字签名，不需通过任何第三方信用机构，解决了电子货币的一币多付和交易安全问题，从而演化成为一个超主权货币体系。

大家非常希望能准确把握其价格的波动情况，本实例为利用 LSTM 来预测：

1）当日比特币价格。

2）一周内的波动率（Volatility），它反映了进行比特币投资时可能遇到的风险。

提示：

1）之所以选择价格和波动率这两个量来进行预测，是因为进行投资时，我们不止需要知道预期的收益，也需要知道相应的风险，只有同时了解了这两个方面的信息，才能更理性地进行投资。

2）在实例中，TensorFlow 程序直接预测的是“价格”，然而这并不是金融领域的标准做法。以股市为例，在金融理论中，有效市场假说（Efficient Market Hypothesis）可以推导出下面的结论：如果股市具有弱形式有效性（Weak Form Efficiency），那么股票价格的变化服从随机行走。股票价格的“随机行走”并非是指股票价格完全随机，而是指股票价格的波动服从随机行走。用一个例子来简要说明数据的预处理方法，假设四天内股票的收盘价格 y 为[100, 101, 103, 97]，那么通常将价格数据预处理为 x 为[0.01, 0.0198, −0.0583]，即：

通常所说的金融市场上的“随机行走”指的是价格波动情况 x 的随机行走。而波动率通常被引入来衡量资产价格或投资回报率波动的剧烈程度。简单来说，波动率 Vol 被定义为一段时间内 x 的标准差 $\mathrm{Vol}=\mathrm{std}(x)$。用循环神经网络进行价格预测时，建议先对数据进行上述预处理，以便于以后进行更为系统的计量经济学或金融物理学研究。

1. 数据处理

对比特币的数据进行以下两点处理：

1）选取最高价格（High），用 20 天的数据预测未来一天的价格。

2）将最高价格提取出来进行预处理，计算上面说的收益率 x 、一周波动率 Vol，选 x 为特征，预测对象为 Vol。

2. LSTM 代码和预测结果

两个目标的代码基本一致，只是输入数据大小有些不同。

1）用一段时间（20 天）的最高价格数据预测未来一天（第 21 天）的价格，实现代码为（stock1.py）：

```
import pandas as pd
import numpy as np
import matplotlib.pyplot as plt
import tensorflow as tf
time_step=50          #时间步
rnn_unit=30           #hidden layer units
batch_size=60         #每一批次训练多少个样例
input_size=1          #输入层维度
output_size=1         #输出层维度
lr=0.0006             #学习率 FLAG='train'
## 导入数据
f=open('.\dataset\Bitcoin_rev_high.csv')
df=pd.read_csv(f)
data=df.iloc[:,0].values
normalize_data=(data-np.mean(data))/np.std(data)  #标准化
normalize_data=normalize_data[:,np.newaxis]      #增加维度
data_x,data_y=[],[]
for i in range(len(normalize_data)-time_step-1):
   x=normalize_data[i:i+time_step]
   y=normalize_data[i+time_step]     #用前 20 天预测未来 1 天,短期预测
   data_x.append(x.tolist())
   data_y.append(y.tolist())
data_y=np.reshape(data_y,(-1,1,1))
#分训练集和测试集
train_num=1300
train_x=data_x[0:train_num]
train_y=data_y[0:train_num]
test_x=data_x[train_num:]
test_y=data_y[train_num:]
##定义神经网络变量
X=tf.placeholder(tf.float32, [None,time_step,input_size])
Y=tf.placeholder(tf.float32, [None,1,output_size])
#输入层、输出层权重、偏置
weights={
        'in':tf.Variable(tf.random_normal([input_size,rnn_unit])),
        'out':tf.Variable(tf.random_normal([rnn_unit,1]))
        }
biases={
       'in':tf.Variable(tf.constant(1.0,shape=[rnn_unit,])),
       'out':tf.Variable(tf.constant(1.0,shape=[1,]))
       }
```

```
## 定义神经网络
def lstm(batch):
    w_in=weights['in']
    b_in=biases['in']
    X_in=tf.reshape(X,[-1,input_size])   #将X转换成2维,为了输入层"in"的输入
    input_rnn=tf.matmul(X_in,w_in)+b_in
    input_rnn=tf.reshape(input_rnn,[-1,time_step,rnn_unit])
#将张量转换回3维,作为LSTM cell的输入
    cell=tf.nn.rnn_cell.BasicLSTMCell(rnn_unit)
    init_state=cell.zero_state(batch,dtype=tf.float32)
    # output_rnn是记录LSTM每个输出节点的结果，final_states是最后一个cell的结果
    output_rnn, final_states=tf.nn.dynamic_rnn(cell, input_rnn,initial_
state=init_state, dtype=tf.float32)
    outputs=tf.unstack(tf.transpose(output_rnn, [1,0,2]))    #作为输出层
"out"的输入
    w_out=weights['out']
    b_out=biases['out']
    pred=tf.matmul(outputs[-1],w_out)+b_out  #time_step只取最后一项
    return pred,final_states
## 训练模型
def train_lstm():
    global batch_size
    pred,_=lstm(batch_size)
    print('train pred', pred.get_shape())
    #损失函数
    loss=tf.reduce_mean(tf.square(tf.reshape(pred,[-1,1])-tf.reshape
(Y,[-1,1])))
    train_op=tf.train.AdamOptimizer(lr).minimize(loss)
    saver=tf.train.Saver()
    with tf.Session() as sess:
        sess.run(tf.global_variables_initializer())
        start=0
        end=start+batch_size
        for i in range(1000):
            _,loss_=sess.run([train_op,loss],feed_dict={X:train_x[start:end],
Y:train_y[start:end]})
            start+=batch_size
            end=start+batch_size
            print(i,loss_)
            if i%30==0:
                print("保存模型: ",saver.save(sess,'./savemodel_1/bitcoin.
ckpt'))
            if end<len(train_x):
                start=0
```

```
                end=start+batch_size
    ## 预测模型
    def prediction():
        global test_y
        pred,_=lstm(len(test_x)) #预测时只输入[test_batch,time_step,input_
size]的测试数据
        print('test pred', pred.get_shape())
        saver=tf.train.Saver()
        with tf.Session() as sess:
            #参数恢复
            module_file = './savemodel_1/bitcoin.ckpt'
            saver.restore(sess, module_file)
            #取测试样本,shape=[test_batch,time_step,input_size]
            test_pred=sess.run(pred, feed_dict={X:test_x})
            test_pred=np.reshape(test_pred, (-1))
            test_y=np.reshape(test_y, (-1))
            #以折线图表示结果
            plt.figure()
            plt.plot(range(len(test_y)), test_y, 'r-', label='real')
            plt.plot(range(len(test_pred)), (test_pred), 'b-', label='pred')
            plt.legend(loc=0)
            plt.title('prediction')
            plt.show()
    if __name__ == '__main__':
        if FLAG=='train':
            train_lstm()
        elif FLAG=='test':
            prediction()
```

运行程序，得到训练的损失函数如图 11-8a 所示，预测的价格曲线如图 11-8b 所示。

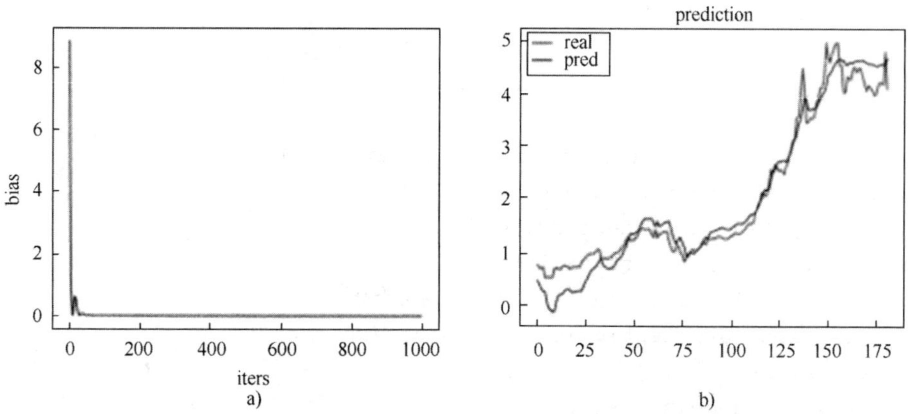

图 11-8　损失函数与预测价格曲线图 1

a) 损失函数曲线　b) 预测价格曲线

2）用第 t 天的收益率 x，预测第 t 天的未来一周波动率 Vol。代码为(stock2.py)：

```
import pandas as pd
import numpy as np
import matplotlib.pyplot as plt
import tensorflow as tf
#定义常量
rnn_unit=10
input_size=1
output_size=1
lr=0.0006
FLAG='train'
## 导入数据
f=open('.\dataset\Bitcoin_proc_rev_x.csv')
df=pd.read_csv(f)
data=df.iloc[:,0:2].values  #取第 3-10 列
#获取训练集
def get_train_data(batch_size=40,time_step=15,train_begin=0,train_
end=1300):
    batch_index=[]
    data_train=data[train_begin:train_end,]
    data_train=(data_train-np.mean(data_train,axis=0))/np.std(data_
train,axis=0)  #标准化
    train_x,train_y=[],[]
    for i in range(len(data_train)-time_step):
       if i % batch_size==0:
          batch_index.append(i)
       x=data_train[i:i+time_step,0:1]
       y=data_train[i:i+time_step,1]
       train_x.append(x.tolist())
       train_y.append(y.tolist())
    batch_index.append((len(data_train)-time_step))
    return batch_index,train_x,train_y
#获取测试集
def get_test_data(time_step=15,test_begin=1300):
    data_test=data[test_begin:]
    mean=np.mean(data_test,axis=0)
    std=np.std(data_test,axis=0)
    data_test=(data_test-mean)/std    #标准化
    size=(len(data_test)+time_step-1)//time_step
    test_x,test_y=[],[]
    for i in range(size-1):
       x=data_test[i*time_step:(i+1)*time_step,0:1]
       y=data_test[i*time_step:(i+1)*time_step,1]
       test_x.append(x.tolist())
```

```
        test_y.extend(y)
    test_x.append((data_test[(i+1)*time_step:,0:1]).tolist())
    test_y.extend((data_test[(i+1)*time_step:,1]).tolist())
    return mean,std,test_x,test_y
## 定义网络变量
#输入层、输出层权重、偏置
weights={
         'in':tf.Variable(tf.random_normal([input_size,rnn_unit])),
         'out':tf.Variable(tf.random_normal([rnn_unit,1]))
        }
biases={
        'in':tf.Variable(tf.constant(0.1,shape=[rnn_unit,])),
        'out':tf.Variable(tf.constant(0.1,shape=[1,]))
       }
## 定义神经网络
def lstm(X):
    batch_size=tf.shape(X)[0]
    time_step=tf.shape(X)[1]
    w_in=weights['in']
    b_in=biases['in']
    input=tf.reshape(X,[-1,input_size])
    input_rnn=tf.matmul(input,w_in)+b_in
    input_rnn=tf.reshape(input_rnn,[-1,time_step,rnn_unit])
#将张量转成3维，作为LSTM cell的输入
    cell=tf.nn.rnn_cell.BasicLSTMCell(rnn_unit)
    init_state=cell.zero_state(batch_size,dtype=tf.float32)
  #output_rnn是记录LSTM每个输出节点的结果，final_states是最后一个cell的结果
    output_rnn,final_states=tf.nn.dynamic_rnn(cell, input_rnn,initial_
state=init_state, dtype=tf.float32)
    output=tf.reshape(output_rnn,[-1,rnn_unit]) #作为输出层的输入
    w_out=weights['out']
    b_out=biases['out']
    pred=tf.matmul(output,w_out)+b_out
    return pred,final_states
## 训练模型
def train_lstm(batch_size=40,time_step=15,train_begin=0,train_end=1300):
#共1526
    X=tf.placeholder(tf.float32, shape=[None,time_step,input_size])
    Y=tf.placeholder(tf.float32, shape=[None,time_step,output_size])
    batch_index,train_x,train_y=get_train_data(batch_size,time_step,
train_begin,train_end)
    train_x = np.reshape(train_x,(-1,time_step,input_size))
    train_y = np.reshape(train_y,(-1,time_step,output_size))
    pred,_=lstm(X)
```

```
        #损失函数
        loss=tf.reduce_mean(tf.square(tf.reshape(pred,[-1])-tf.reshape(Y,
[-1])))
        train_op=tf.train.AdamOptimizer(lr).minimize(loss)
        saver=tf.train.Saver()
        with tf.Session() as sess:
            sess.run(tf.global_variables_initializer())
            for i in range(1500):
                for step in range(len(batch_index)-1):
                    _,loss_=sess.run([train_op,loss],feed_dict={X:train_x[batch_
index[step]:batch_index[step+1]],Y:train_y[batch_index[step]:batch_index[st
ep+1]]})
                if i % 50==0:
                    print("保存模型: ",saver.save(sess,'./savemodel/bitcoin.
ckpt'))
    ## 预测模型
    def prediction(time_step=15):
        X=tf.placeholder(tf.float32, shape=[None,time_step,input_size])
        #Y=tf.placeholder(tf.float32, shape=[None,time_step,output_size])
        mean,std,test_x,test_y=get_test_data(time_step)
        pred,_=lstm(X)
        saver=tf.train.Saver()
        with tf.Session() as sess:
            #参数恢复
            module_file = './savemodel/bitcoin.ckpt'
            saver.restore(sess, module_file)
            test_predict=[]
            for step in range(len(test_x)-1):
              prob=sess.run(pred,feed_dict={X:[test_x[step]]})
              predict=prob.reshape((-1))
              test_predict.extend(predict)
            test_y=np.array(test_y)*std[0]+mean[0]
            test_predict=np.array(test_predict)*std[0]+mean[0]
            #以折线图表示结果
            plt.figure()
            plt.plot(list(range(len(test_predict))), test_predict, color='b')
            plt.plot(list(range(len(test_y))), test_y,  color='r')
            plt.title('prediction')
            plt.show()
    if __name__ == '__main__':
        if FLAG=='train':
            train_lstm()
        elif FLAG=='test':
            prediction()
```

运行程序，得到训练的损失函数如图 11-9a 所示，得到预测价格曲线如图 11-9b 所示。

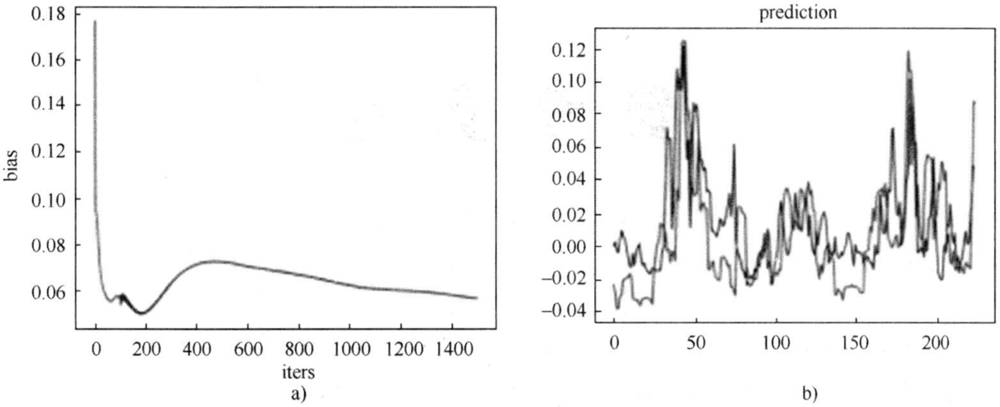

图 11-9　损失函数与预测价格曲线图 2

a) 损夫函数曲线　b) 预测价格曲线

分析图 11-8 和图 11-9 可知：价格单因素预测比较准，说明 LSTM 的短期预测有效，长期的目前没试过；而波动率预测差异较大，但因为对象是一周波动的量化，这个波动率值本身就小，所以差距也在可以理解的范围内。

参考文献

[1] 李嘉璇．TensorFlow 技术解析与实战[M]．北京：人民邮电出版社，2017．

[2] Rodolfo Bonnin．TensorFlow 机器学习项目实战[M]．姚鹏鹏，译．北京：人民邮电出版社，2017．

[3] 李金洪．深度学习之 TensorFlow 入门、原理与进阶实战[M]．北京：机械工业出版社，2018．

[4] Nick McClure．TensorFlow 机器学习实战指南[M]．曾益强，译．北京：机械工业出版社，2017．

[5] 罗冬日．TensorFlow 入门与实战[M]．北京：人民邮电出版社，2018．

[6] 郑泽宇，梁博文，顾思宇．TensorFlow 实战 Google 深度学习框架[M]．2 版．北京：电子工业出版社，2018．

[7] 周志华．机器学习[M]．北京：清华大学出版社，2018．

[8] 黄鸿波．TensorFlow 进阶指南[M]．北京：电子工业出版社，2018．

[9] 王晓华．TensorFlow 深度学习应用实战[M]．北京：清华大学出版社，2017．

[10] https://baike.sogou.com/v142529649.htm?fromTitle=TensorFlow.

[11] https://blog.csdn.net/luodongri/article/details/53870560.

[12] https://blog.csdn.net/sinat_29957455/article/details/78307179.